CAXA CAD 电子图板从入门到精通

CAD/CAM/CAE技术联盟 ◎编著

清华大学出版社
北 京

内 容 简 介

本书重点介绍了 CAXA CAD 电子图板的新功能及各种基本使用方法、操作技巧和应用实例。全书共分 13 章，分别介绍了 CAXA CAD 电子图板基础，系统设置，简单图形绘制，复杂图形绘制，曲线的编辑，图形编辑，界面定制与界面操作，显示控制，图纸幅面，工程标注与标注编辑，块操作、块在位编辑和图库操作，系统查询和齿轮泵设计实例等。

本书在讲解的过程中，注意由浅入深，从易到难，各章节既相互独立又前后关联。作者根据多年的经验及学习者的通常心理，及时给出典型实例、总结和提示，以帮助读者快捷地掌握所学知识。

本书既可以作为 CAXA CAD 电子图板软件初学者的入门与提高教程，也可以作为机械、建筑、电子等相关专业专、本科学生学习工程制图课程的参考教材，还可以作为相关专业工程技术人员的参考书。

图书在版编目（CIP）数据

CAXA CAD 电子图板从入门到精通 / CAD/CAM/CAE 技术联盟编著. —北京：清华大学出版社，2021.8
（清华社“视频大讲堂”大系 CAD/CAM/CAE 技术视频大讲堂）
ISBN 978-7-302-58521-3

Ⅰ. ①C… Ⅱ. ①C… Ⅲ. ①自动绘图—软件包 Ⅳ. ①TP391.72

中国版本图书馆 CIP 数据核字（2021）第 121991 号

责任编辑：贾小红
封面设计：闰江文化
版式设计：文森时代
责任校对：马军令
责任印制：沈 露

出版发行：清华大学出版社
网 址：http://www.tup.com.cn，http://www.wqbook.com
地 址：北京清华大学学研大厦 A 座　　**邮 编：**100084
社 总 机：010-62770175　　**邮 购：**010-62786544
投稿与读者服务：010-62776969，c-service@tup.tsinghua.edu.cn
质量反馈：010-62772015，zhiliang@tup.tsinghua.edu.cn
印 装 者：三河市金元印装有限公司
经 销：全国新华书店
开 本：203mm×260mm　　**印 张：**21.75　　**字 数：**643 千字
版 次：2021 年 9 月第 1 版　　**印 次：**2021 年 9 月第 1 次印刷
定 价：79.80 元

产品编号：074122-01

前　言

CAXA CAD 电子图板是北京数码大方科技股份有限公司开发的二维绘图通用软件，该软件易学易用、符合工程师的设计习惯，而且功能强大、兼容 AutoCAD，是国内普及率最高的 CAD 软件之一。CAXA CAD 电子图板在机械、电子、航空航天、汽车、船舶、军工、建筑、教育和科研等多个领域都得到了广泛的应用。目前，已在众多大中型企业普及应用，正版用户已超过 12 万，清华大学、北京大学等 1000 多所高校将其作为机械设计与绘图课程的教学软件，此外，CAXA CAD 电子图板还是劳动部制图员资格考试指定软件。

CAXA CAD 电子图板的新版本在保持与以前版本兼容的基础上又在图形绘制、编辑和系统设置等多个方面都有较大的改进。

一、本书内容

本书以该软件的用户指南为基础，结合作者在多年从事教学和科研的过程中使用 CAXA CAD 电子图板的经验体会编写而成，书中很多地方都体现出了作者独到的见解，衷心希望本书能够对广大读者的学习有所帮助。

本书重点介绍了 CAXA CAD 电子图板的基本操作方法及操作技巧，并增加了新功能的讲解。书中利用 167 个实例及其配套视频详细讲解了各个知识模块。全书共分 13 章，由简入深地逐步加深内容的难度，其中包括多个综合实例的讲解及其配套视频，使读者可以系统地掌握 CAXA CAD 电子图板的绘图方法和绘图技巧。

二、本书特点

☑　**专业性强**

本书的编者都是在高校从事计算机图形教学研究多年的一线人员，他们具有丰富的教学实践经验与编写教材经验，有一些执笔者是国内 CAXA CAD 电子图板图书出版界知名的作者，前期出版的一些相关书籍经过市场检验，很受读者欢迎。多年的教学工作使他们能够准确地把握学生的心理与实际需求，本书是作者总结多年的设计经验以及教学的心得体会，历时多年精心准备编写而成的，力求全面细致地展现 CAXA CAD 电子图板在工业设计应用领域的各种功能和使用方法。

☑　**实例丰富**

本书的实例不论是数量还是种类，都非常丰富。从数量上说，本书结合大量的工业设计实例详细地讲解 CAXA CAD 电子图板知识要点，全书包含 167 个实例，让读者在学习案例的过程中潜移默化地掌握 CAXA CAD 电子图板软件操作技巧；从种类上说，基于本书面向专业面宽泛的特点，我们在组织实例的过程中，注意实例的行业分布广泛性，以普通工业造型和机械零件造型为主，并辅助一些建筑、电气等专业方向的实例。

☑　**涵盖面广**

本书在有限的篇幅内，包罗了 CAXA CAD 电子图板常用的功能以及常见的机械零件设计讲解，

Note

涵盖了 CAXA CAD 电子图板绘图基础知识、二维工程图绘制等知识。“秀才不出屋，能知天下事”，只要本书在手，CAXA CAD 电子图板工程设计知识全精通。

☑ **突出技能提升**

本书从全面提升 CAXA CAD 电子图板设计能力的角度出发，结合大量的案例来讲解如何利用 CAXA CAD 电子图板进行工程设计，让读者懂得计算机辅助设计并能够独立地完成各种工程设计。

本书中有很多实例本身就是工程设计项目案例，经过作者精心提炼和改编，不仅保证了读者能够学好知识点，而且更重要的是能帮助读者掌握实际的操作技能，同时培养工程设计实践能力。

三、本书的配套资源

本书提供了极为丰富的学习配套资源，以便读者朋友在最短的时间学会并精通这门技术。读者可扫描本书封底的“文泉云盘”二维码以获取下载方式。

1．配套教学视频

针对本书实例专门制作了 167 集配套教学视频，读者可以先扫描书中的二维码观看视频，像看电影一样轻松愉悦地学习本书内容，然后对照课本加以实践和练习，可以大大提高学习效率。

2．全书实例的源文件和素材

本书附带了很多实例，包含实例和练习实例的源文件和素材，读者可以安装 CAXA CAD 电子图板软件打开并使用它们。

四、关于本书的服务

1．CAXA CAD 安装软件的获取

按照本书上的实例进行操作练习，需要事先在计算机上安装 CAXA CAD 电子图板软件。针对“CAXA CAD 电子图板”的安装软件，读者可以登录 http://www.caxa.com/联系购买正版软件，或者使用其试用版。另外，当地电脑城、软件经销商一般都有售。

2．关于本书的技术问题或有关本书信息的发布

当读者朋友遇到有关本书的技术问题时，可以扫描封底“文泉云盘”二维码查看是否已发布相关勘误/解疑文档，如果没有，可在页面下方寻找作者联系方式，或点击“读者反馈”留下问题，我们会及时回复。

3．关于手机在线学习

扫描书中二维码，可在手机中观看对应教学视频。充分利用碎片化时间，随时随地学习。需要强调的是，书中给出的只是实例的重点步骤，实例的详细操作过程还需要读者通过视频来仔细领会。

五、关于作者

本书由 CAD/CAM/CAE 技术联盟编著。CAD/CAM/CAE 技术联盟是一个集 CAD/CAM/CAE 技术研讨、工程开发、培训咨询和图书创作于一体的工程技术人员协作联盟，包含 20 多位专职成员和众多兼职 CAD/CAM/CAE 工程技术专家。

CAD/CAM/CAE 技术联盟负责人由 Autodesk 中国认证考试中心首席专家担任，全面负责 Autodesk 中国官方认证考试大纲制定、题库建设、技术咨询和师资力量培训工作，成员精通 Autodesk 系列软件。CAD/CAM/CAE 技术联盟创作的很多教材成为国内具有引导性的旗帜作品，在国内相关专业方向图书创作领域具有举足轻重的地位。

六、致谢

在本书的写作过程中，策划编辑贾小红和艾子琪女士给予了很大的帮助和支持，提出了很多中肯的建议，在此表示感谢。同时，还要感谢清华大学出版社的所有编审人员为本书的出版所付出的辛勤劳动。本书的成功出版是大家共同努力的结果，谢谢所有给予支持和帮助的人士。

Note

编　者

2021 年 3 月

目 录

Contents

Note

Note

Note

Note

Note

第1章 CAXA CAD 电子图板基础

CAXA CAD 电子图板是被中国工程师广泛采用的二维绘图软件，可以作为绘图和设计的平台。它易学易用、符合工程师的设计习惯，而且功能强大、兼容 AutoCAD，是国内普及率最高的 CAD 软件之一。在本章中，我们首先介绍 CAXA CAD 电子图板的系统特点、CAXA CAD 电子图板的新增功能、系统运行，然后对 CAXA CAD 电子图板的用户界面、基本操作和文件管理做了详细的介绍。

学习重点

☑ 用户界面
☑ 基本操作
☑ 文件管理

1.1 概　　述

Note

CAXA CAD 电子图板将设计人员从繁重的设计绘图工作中解脱出来，大大提高了设计效率。CAXA CAD 电子图板的功能简洁、实用，每增加一项新功能，都充分考虑到国内客户的实际需求。与国外的一些绘图软件相比，切合我国国情、易学、好用、够用是 CAXA CAD 电子图板的最大优势。

1.1.1 CAXA CAD 电子图板的系统特点

CAXA CAD 电子图板作为目前国内最有影响力的本土 CAD 软件之一，经过多年的完善和发展，具有了如下鲜明的特点。

1. 中文全程在线帮助

图标和全中文菜单结合；系统状态、提示及帮助信息均为中文；使用者在需要时，只需按下热键，即可获得详细的帮助信息。

2. 全面采用国标设计

按照最新国标提供图框、标题栏、明细表、文字标注、尺寸标注以及工程标注，已通过国家机械 CAD 标准化审查。

3. 与比例无关的图形生成

图框、标题栏、明细表、文字、尺寸及其他标注的大小不随绘图比例的变化而改变，设计时不必考虑比例换算。

4. 方便快捷的交互方式

菜单与键盘输入相结合，所有命令既可用鼠标操作，也可用键盘操作；用户可以按照自己的习惯定义热键；系统独特的立即菜单取代了传统的逐级问答式选择和输入，所有菜单均有快捷键。

5. 直观灵活的拖画设计

图形绘制功能支持直观的拖画方式，直至用户满意。

6. 强大的动态导航功能

按照工程制图高平齐、长对正、宽相等的原则实现三视图动态导航。

7. 灵活自如的 undo/redo

绘图过程中设计人员可多次取消和重复操作，以消除操作失误。

8. 智能化的工程标注

系统智能判断尺寸类型，并自动完成所有标注；尺寸公差数值可以按国标偏差代号和公差等级自动查询标出；提供坐标标注、倒角标注、引出说明、粗糙度、基准代号、形位公差、焊接符号和剖切位置符号等工程标注；使用标注编辑命令可对所有的工程图标注进行修改，如调整标注位置，改变标注内容等；用户在标注形位公差、粗糙度以及焊接符号时，可用预显窗口方便地设计自己需要的标注内容和标注形式；所有标注自动消隐，提供文字自动填充。

9. 轻松的剖面线绘制

对任意复杂的封闭区域，单击区域内任意一点，系统可自动完成剖面线填充。此外，还存在多种

剖面图案可供选择。

10. 方便的明细表与零件序号联动

进行零件序号标注时，可自动生成明细表，并且将标准件的数据自动填写到明细表中，如零件序号在中间插入序号，则其后的零件序号和明细表会自动进行排序；若对明细表进行操作，则零件序号也会发生相应的变动；用户还可自行设计明细表格式，并可随时修改明细表内容。

11. 种类齐全的参量国标图库

国标图库中的图符可以设置成 6 个视图，且 6 个视图之间保持联动。提取图符时既可按照图库中设定的系列标准数据提取，也可给定非标准的数据；提出图符后还可以进行图符再修改，图符上所有的标注尺寸、文字、剖面线以及工程标注都可以同时随图符提出，并根据给定的尺寸进行变化；提取的图符还能实现自动消隐，十分有利于装配图的绘制。

12. 全开放的用户建库手段

无须懂得编程，只需要把图形绘制出来，标上尺寸，即可建立用户自己的参量图库。

13. 先进的局部参数化设计

可对任意复杂的零件图或装配图进行编辑修改，在欠约束或过约束的情况下都能给出合理的结果，用户在设计产品时，只需将精力集中在产品的构思上而不必关心具体的尺寸细节，产品设计定形之后，选择要修改的图形部分，输入准确的尺寸值，系统则根据输入的尺寸值自动修改图形，并且保持几何约束关系不变，这对于复杂的二维图形，通过修改其局部参数化来更改其设计则更具优势。

14. 通用的数据接口

通过 DXF 接口、HPGL 接口和 DWG 接口可与其他 CAD 软件进行图纸数据交换，可以利用用户在其他 CAD 系统上所做的工作转换为 CAXA CAD 电子图板文件。

15. 全面支持市场上流行的打印机和绘图仪

绘图输出提供拼图功能，使得用户能够用小号图纸输出大号图形，这意味着使用普通的打印机也能输出零号图纸。

1.1.2　CAXA CAD 电子图板新增功能简介

1. 平台升级

（1）更友好的界面布局。

提供 3 种界面颜色，即蓝色、深灰色和白色；根据功能命令的使用频率、辨识性等提供直观和合理的选项面板布局；特性面板支持布局记忆，每个对象在特性面板编辑布局后，此布局信息会被记录以供下次使用；增加“自定义功能区”功能，可修改选项卡和功能图标布置。

（2）支持 Windows 10 操作系统。

（3）优化 CRX 二次开发平台，提升了稳定性。

（4）性能优化。

提升了打开和保存 DWG 文件的性能；优化了图片数据的内存占用，并提高了缩放时的显示效果。

（5）支持快捷键和快捷命令的数据迁移。

2. 绘图编辑

（1）图库功能改进。

新增图符近 1000 个，图库图符数量达到 4600 多个覆盖了 50 多个大类。

Note

图库管理中，支持 Ctrl 或 Shift 键选择多个图符后，可以批量修改属性信息。

（2）优化样条功能，增加新的样条编辑功能。

拾取样条后，支持进行闭合或打开、合并、拟合数据、编辑顶点、转化为多段线等操作。

（3）优化局部放大图序号编辑功能。

（4）剖面线支持夹点编辑边界。

（5）添加图片多边形裁剪功能。

（6）表格功能提升。

表格支持文字竖写属性；表格对象支持随图幅比例变化。

3. 标注

（1）支持创建多标准，通过标准管理可以修改相应设置。

（2）基准代号增加用于调整引线长度的夹点。

（3）增加新的剖切符号编辑功能。

拾取剖切符号后，右击，可以切换符号方向；双击剖切符号后，可以添加标签、删除标签、修改标签。

（4）标高对象支持双击编辑修改参数。

（5）符号标注支持添加多条引线。

形位公差、粗糙度、焊接符号、引出说明、基准代号等标注均支持添加多条引线。拾取已有的符号并右击，在弹出的快捷菜单中选择“添加引线”命令即可进行相关操作。

（6）自动列表和自动孔表改进。

利用坐标标注的自动列表和自动孔表功能，可以将生成的表格改为使用表格对象，从而提高了编辑的方便性。

4. 图幅

（1）增加明细表夹点以更方便地定位。

拾取明细表后，4 个角点均可以用于定位操作。

（2）添加调整明细表的表头位置功能。

拾取明细表后，右击，在弹出的快捷菜单中可以进行“切换方向”。

（3）明细表风格可配置合并选项。

（4）添加序号合并功能。

拾取两个以上序号，可以合并为只包含一个引出点的连续序号。

（5）明细表中的总重可以自动更新。

5. PDM 集成

（1）集成组件提供接口支持用户自定义配置路径，如外部文件路径。

（2）集成组件支持将图纸转换为 PDF 格式或图片格式。

（3）优化了集成组件的签名文字与图片相关功能。

（4）集成组件和打印工具新增添加水印的功能。

（5）增强了集成组件的错误反馈。

6. 工具集

新增扩展工具提供多种专业功能，包括图纸重命名、替换标题栏、导入样式、一致性检查、合并图层线型、图纸清理、文字替换、修改图纸信息、导入零件信息、创建零件模板等。

1.1.3　系统运行

CAXA CAD 电子图板系统运行的常用方法有以下两种。

1. 快捷方式

在正常安装完成时，Windows 桌面上会出现 CAXA CAD 电子图板的图标，双击该图标即可运行软件。

2. 程序方式

选择桌面左下角的“开始”→“所有程序”→CAXA→“CAXA CAD 电子图板”命令即可运行该软件。

1.2　用户界面

用户界面（简称界面）是交互式绘图软件与用户进行信息交流的中介。系统通过界面反映当前信息状态或将要执行的操作，只需按照界面提供的信息做出判断，并经由输入设备进行下一步的操作。CAXA CAD 电子图板系统采用了两种用户显示模式，提供给用户进行选择：一种是时尚风格，借鉴了 Microsoft Office 2007 软件的设计风格，将界面按照各个“功能”分成几个区域，方便查找；另一种是传统界面模式，对于习惯使用以前版本的用户，这种方式还是很方便的。两种界面切换的操作方法如下。

☑　按 F9 键，进行双向切换。

☑　从新风格到传统风格：单击“视图”选项卡“界面操作”面板中的“切换风格”按钮。

☑　从传统风格到新风格：选择“工具”→“界面操作”→“切换”命令。

图 1-1 为 CAXA CAD 电子图板最新风格的用户界面。

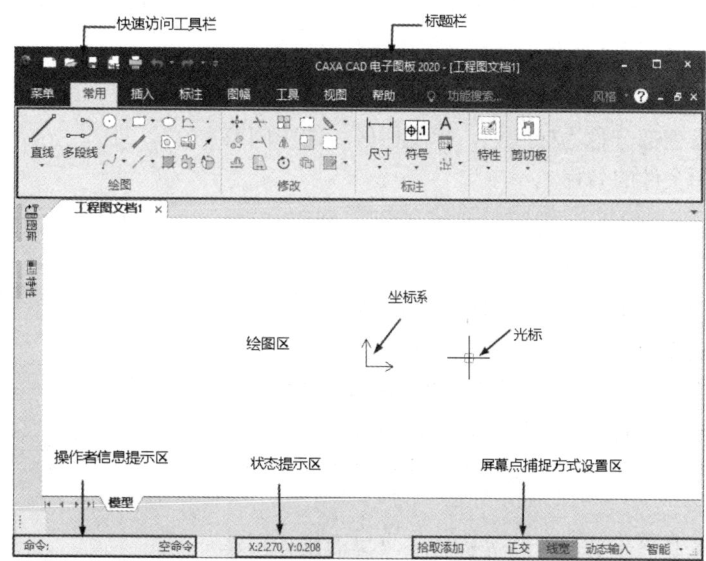

图 1-1　CAXA CAD 电子图板最新风格的用户界面

CAXA CAD 电子图板的传统用户界面如图 1-2 所示。

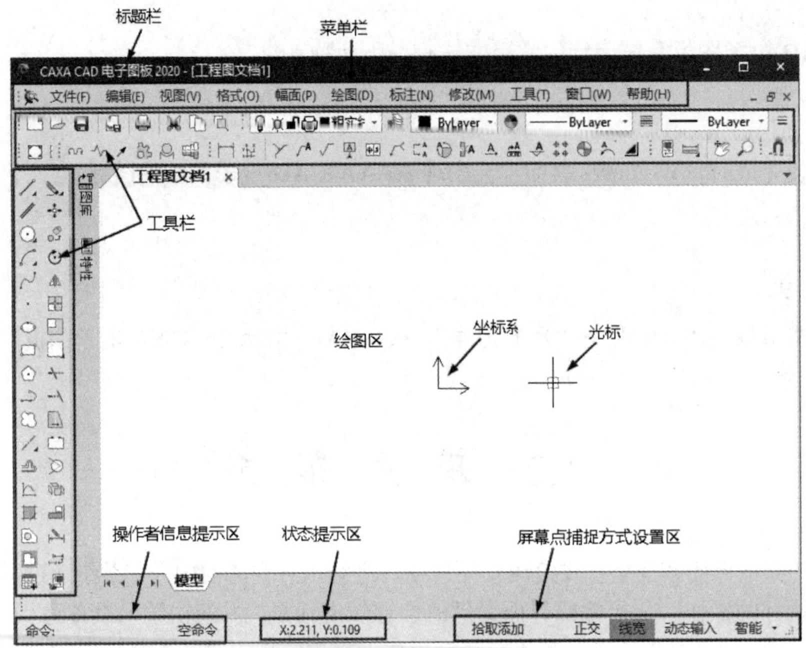

图 1-2　CAXA CAD 电子图板的传统用户界面

注意：在本书中，除了当介绍必要的工具栏时，需要切换到传统用户界面之外，其他均以新风格用户界面为基础来介绍。

1.2.1　绘图区

绘图区是进行绘图设计的工作区，如图 1-1 或图 1-2 所示的空白区域。在绘图区的中央设置了一个标准的平面直角坐标系，坐标系的原点是（0.0000,0.0000），十字形的光标出现在绘图区。

1.2.2　标题栏

界面最上方的蓝色部分称为标题栏，标题栏区域的中间或最左侧显示当前绘图文件的名称。

1.2.3　菜单栏

菜单栏位于标题栏的下方，菜单栏中包括“文件”“编辑”“视图”“格式”“幅面”“绘图”“标注”“修改”“工具”“窗口”“帮助”等，单击任何一个主菜单，将会弹出相应的下拉菜单。下拉菜单中的菜单条右侧有箭头的表示该项操作有下一级下拉子菜单；菜单条右侧有省略号的则表示单击该菜单条将出现相应的对话框。

例如，单击“工具”主菜单，将光标置于“界面操作”菜单条上，则出现如图 1-3 所示的画面；单击“格式”主菜单，

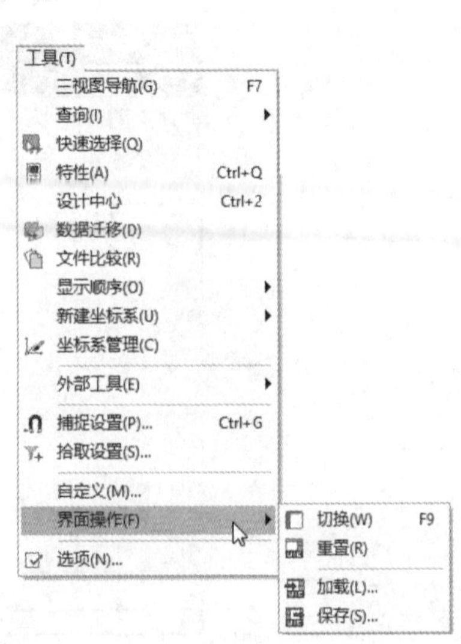

图 1-3　多层式下拉菜单

再单击“颜色”菜单条，则出现如图 1-4 所示的对话框。

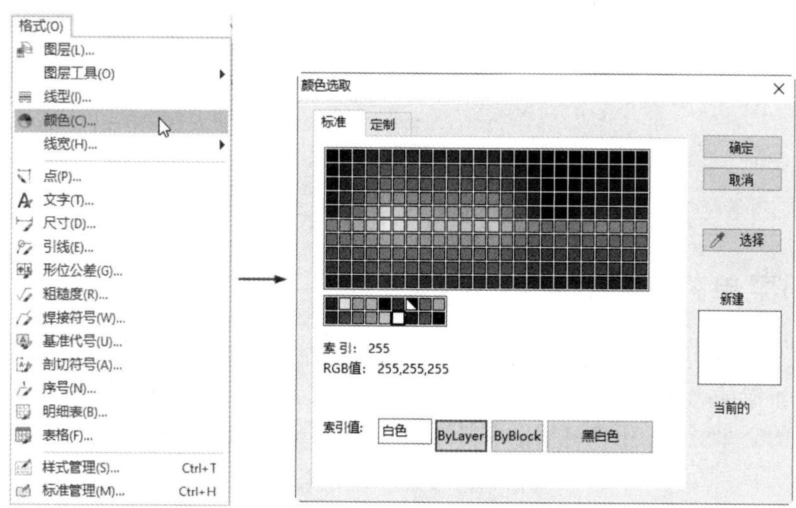

图 1-4　下拉式菜单与对话框

1.2.4　工具栏

下拉式菜单中的大部分菜单条在工具栏中都有对应的按钮。在工具栏中，用户可以单击相应的图标按钮执行操作。另外，使用工具栏中的图标按钮进行操作有助于提高绘图设计的效率。

系统默认的出现在界面中的工具栏有编辑工具、绘图工具 II、颜色图层、设置工具、图幅、常用工具、绘图工具、标准、标注等，如图 1-5 所示。用户界面中的工具栏可以用鼠标拖动，任意调整其位置。

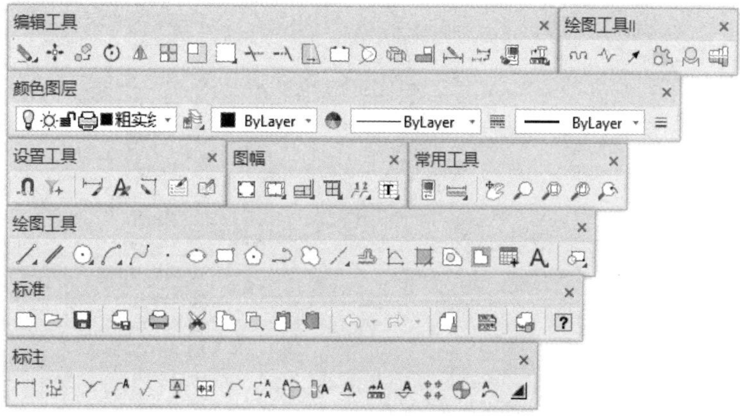

图 1-5　工具栏

1.2.5　状态栏

状态栏位于屏幕底部，主要用于显示当前系统的操作状态。

状态栏的左侧是操作者信息提示区，用于提示当前命令执行情况或提示输入命令和数据（用于由键盘输入命令和数据）；中间为状态提示区，用于提示当前点的捕捉状态或拾取方式，还用来显示当前光标点的坐标；最右侧为点捕捉方式设置区，在此区域内可设置点的捕捉方式，分别为“自由”“智

能”“栅格”“导航”，如图 1-6 所示。设置方法如下：先单击右侧的向下箭头，然后选取所需的捕捉方式。

Note

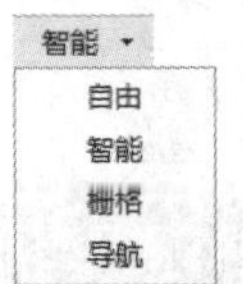

图 1-6　点的捕捉方式

1.2.6　立即菜单

立即菜单用来描述当前命令执行的各种情况和使用条件。根据当前的作图要求，正确地选择某一选项，即可得到准确的响应。例如，绘制圆时，单击绘图工具栏中的绘制圆的图标，窗口左下角出现如图 1-7 所示的立即菜单。用户可根据当前的作图要求，选择立即菜单中的相应内容。

图 1-7　绘制直线时的立即菜单

1.2.7　工具菜单

工具菜单包括空格键的工具点菜单、右键快捷菜单，下面分别给予介绍。在进入绘图命令（例如，绘制直线、圆、圆弧等）后需要输入特征点时，只要按空格键，即可在屏幕上弹出如图 1-8 所示的工具点菜单；当选择点亮的图形元素时，右击可以弹出右键快捷菜单，如图 1-9 所示。

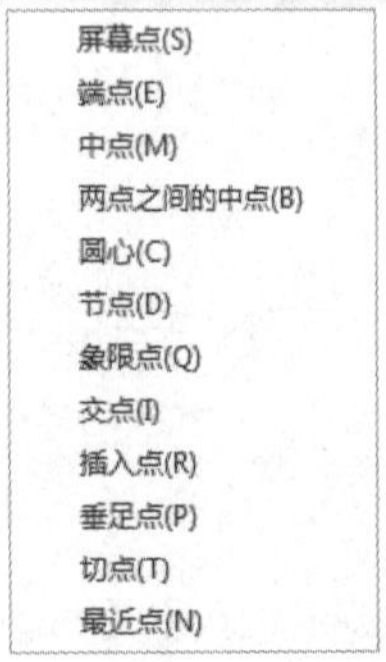

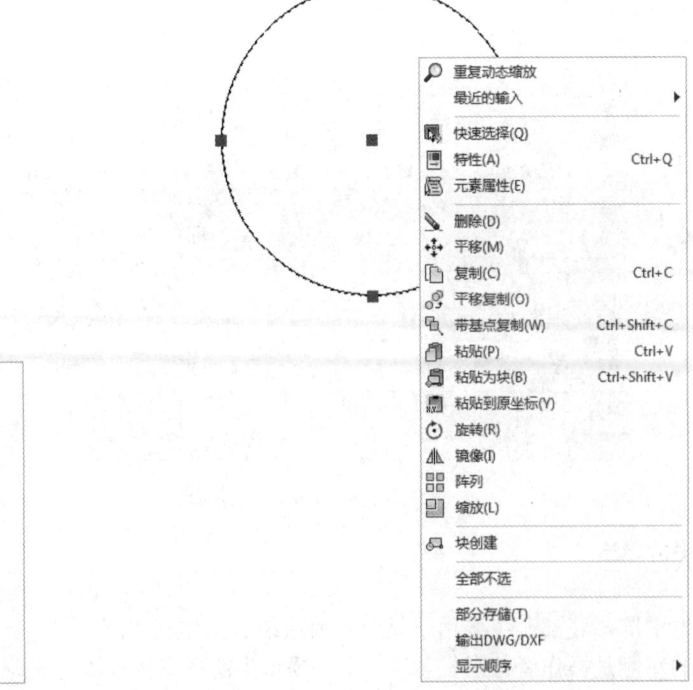

图 1-8　工具点菜单　　　　图 1-9　右键快捷菜单

1.3　基本操作

1.3.1　命令的执行

CAXA CAD 电子图板命令的执行有以下两种方法。

1. 鼠标选择

鼠标选择方式就是根据屏幕显示的状态或提示，单击菜单或者工具栏图标按钮以执行相应操作。

2. 键盘输入

键盘方式则是用键盘输入所需的命令和数据。初学者一般采用鼠标选择方式。

1.3.2　点的输入

CAXA CAD 电子图板提供了 3 种点的输入方式。

1. 由键盘输入点的坐标

点在屏幕上的坐标有绝对坐标和相对坐标两种，它们在输入方法上是完全不同的。绝对坐标可直接输入（X,Y）即可。

注意： *X 与 Y 之间必须用逗号隔开，并且是英文状态下的逗号，如（30,45）。*

相对坐标是指相对系统当前点的坐标，与坐标系原点无关。在输入时，为了区分不同性质的坐标，CAXA CAD 电子图板对相对坐标的输入做了如下规定：输入相对坐标时，必须在第一个数值前面加一个“@”，以表示相对。例如，@30,40，表示输入点相对于系统当前点的坐标为（30,40）；另外，相对坐标也可以用极坐标的方式表示，例如，@60<80，表示输入了一个相对当前点的极坐标，相对当前点的极坐标半径是 60mm，半径与 X 轴的逆时针夹角为 80°。

2. 用鼠标输入的点

鼠标输入点的坐标就是通过移动十字光标选择需要的点的位置。选中后按鼠标左键，该点的坐标即被输入。

3. 工具点的捕捉

工具点捕捉就是在绘图过程中用鼠标捕捉工具点菜单中具有某些几何特征的点，如圆心点、曲线端点、切点等。

【例 1-1】 绘制图 1-10（a）中的三角形的内切圆，结果如图 1-10（b）所示。

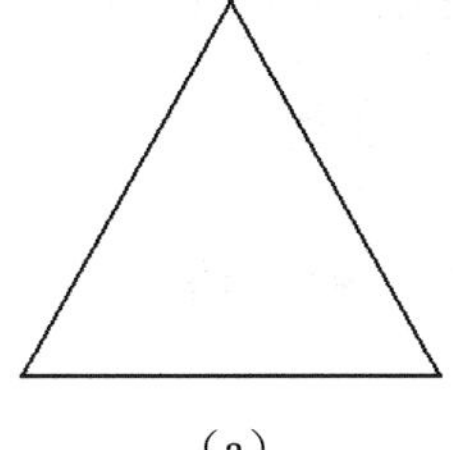

（a）

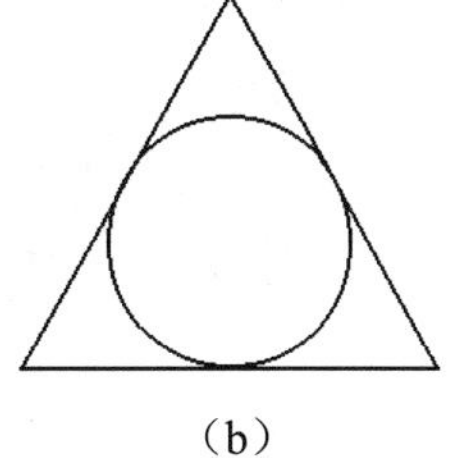

（b）

图 1-10　工具点捕捉

Note

操作步骤：

（1）单击“常用”选项卡“绘图”面板中的“圆”按钮，在左下角弹出绘制圆的立即菜单。

（2）在立即菜单 1 中选择“三点”绘制圆选项，然后按空格键，出现如图 1-8 所示的工具点菜单。

（3）选择“切点”选项，移动鼠标在三角形内部选择一条线段。

（4）重复步骤（2）和（3）继续绘制另外两条线段的切线，完成三角形的内切圆。

1.3.3 选择实体

在绘图区所绘制的图形（如直线、圆、图框等）均被称为实体。CAXA CAD 电子图板中选择实体的方式有以下两种方式。

1. 单击方式

单击要选择的实体，实体呈现加亮状态（默认为蓝色），则表明该实体被选中。用户可连续拾取多个实体。

2. 框选方式

除单击方式外，用户还可用框选方式一次选择多个实体。当窗口是从左向右的方向拉开时，被窗口完全包含的实体被选中，部分被包含的实体不被选中；当窗口是从右向左的方向拉开时，被窗口完全包含的实体和部分被包含的实体都将被选中。

1.3.4 立即菜单的操作

对立即菜单的操作主要是选择适当的选项或填入各项的内容。例如，绘制直线时，单击“常用”选项卡“绘图”面板中的“直线”按钮，窗口左下角出现如图 1-11 所示的立即菜单。我们可根据当前的绘图要求，单击立即菜单 1、2 各项中右侧的向下箭头，以选择立即菜单中适当的内容。

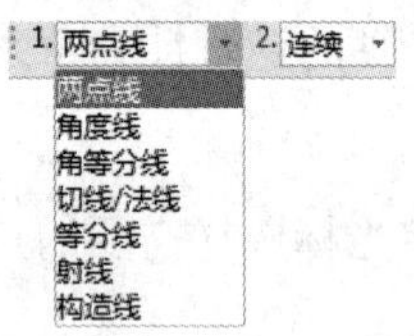

图 1-11 绘制直线的立即菜单

1.3.5 公式的输入操作

CAXA CAD 电子图板系统提供了计算功能，在图形绘制过程中，在操作提示区中，系统提示要输入数据时，既可以直接输入数据，也可以输入一些公式表达式，系统会自动完成公式的计算，如 7^2+35/7、32*sin(π/3)等。

1.4 文件管理

文件管理包括新建文件、打开文件和保存文件等操作。

1.4.1　新建文件

新建文件功能用于创建新的空文件。

1. 执行方式

☑　命令行：new。

☑　快速访问工具栏：单击快速访问工具栏中的“新建文档”按钮□。

☑　菜单栏：选择菜单栏中的“文件”→“新建”命令。

☑　工具栏：单击“标准”工具栏中的“新建文档”按钮□。

☑　选项卡：选择“菜单”选项卡“文件”栏中的“新建”命令，如图 1-12 所示。

☑　快捷键：Ctrl+N。

2. 操作步骤

（1）启动新建文件命令后，弹出“新建”对话框，如图 1-13 所示。在该对话框中列出了若干个模板文件。

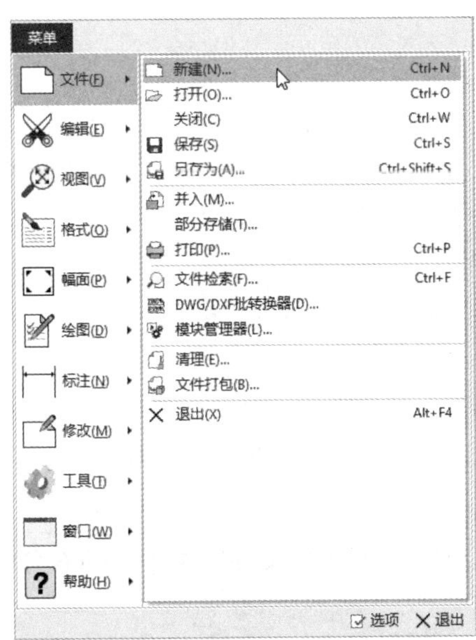

图 1-12　“菜单”选项卡

图 1-13　“新建”对话框

（2）在“新建”对话框中选择 BLANK 图标或其他标准模板，单击“确定”按钮即可。

注意： 用户在绘图之前，也可以不执行“新建文件”操作，而采用调用图幅、图框、标题栏的方法。建立新文件后，用户就可以应用前面介绍的图形绘制、编辑等功能进行绘图操作了。

1.4.2　打开文件

打开文件功能用于打开一个 CAXA CAD 电子图板的图形文件。

1. 执行方式

☑　命令行：open。

☑　快速访问工具栏：单击快速访问工具栏中的“打开文件”按钮。

☑　菜单栏：选择菜单栏中的“文件”→“打开”命令。

☑　工具栏：单击“标准”工具栏中的“打开文件”按钮。

☑　选项卡：选择“菜单”选项卡“文件”栏中的“打开”命令。

☑　快捷键：Ctrl+O。

Note

2. 操作步骤

（1）启动打开文件命令后，弹出“打开”对话框，如图 1-14 所示。在该对话框中列出了所选文件夹中的所有图形文件。

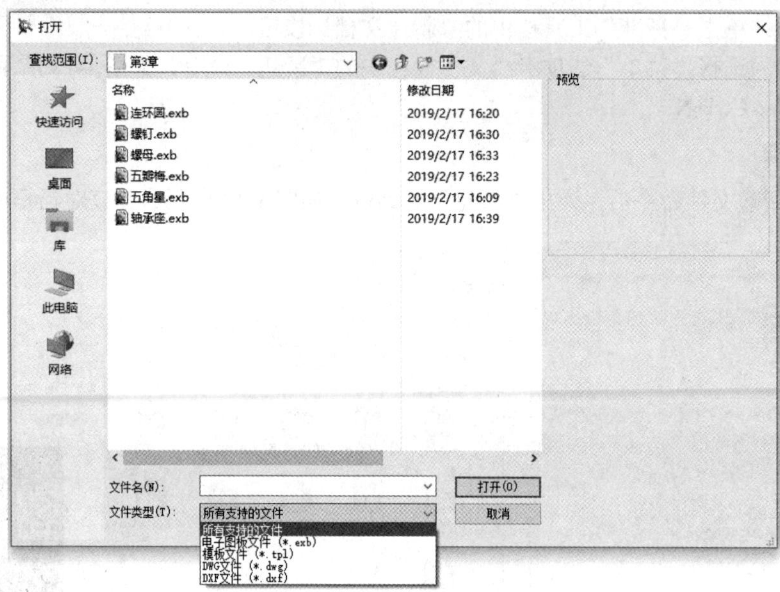

图 1-14　“打开”对话框

（2）在“打开”对话框中选择一个 CAXA CAD 电子图板文件，单击“打开”按钮即可。

3. 选项说明

如果用户希望打开其他格式的数据文件，则可通过“文件类型”选择所需的文件格式。CAXA CAD 电子图板支持的文件格式有.exb、.tpl、.dwg、.dxf 文件。

CAXA CAD 电子图板提供了 DWG/DXF 的文件读入功能，可以将绘制 AutoCAD 以及其他 CAD 软件所能识别的 DWG 或 DXF 格式读入 CAXA CAD 电子图板中进行编辑。CAXA CAD 电子图板可以读入以下几种格式的 DWG/DXF 文件：AutoCAD 2004 DWG、AutoCAD 2000 DWG、AutoCAD R14 DWG、AutoCAD R14 DXF、AutoCAD R13 DXF、AutoCAD R12 DXF。

目前国外许多 CAD 软件的 IGES 接口均不支持中文，这些软件的图形文件中如果包含中文，那么在它们的 IGES 输出功能输出的 IGES 文件里，中文基本上都变成了问号。CAXA CAD 电子图板读入这样的 IGES 文件后，中文自然还是问号，这不是 CAXA CAD 电子图板的问题，即使用这些软件本身读这种文件，也必然出现同样的问题。

1.4.3　存储文件

存储文件功能用于将当前绘制的图形以文件形式存储到磁盘上。

1. 执行方式

☑ 命令行：save。
☑ 快速访问工具栏：单击快速访问工具栏中的“保存文档”按钮。
☑ 菜单栏：选择菜单栏中的“文件”→“保存”命令。
☑ 工具栏：单击“标准”工具栏中的“保存文档”按钮。
☑ 选项卡：选择“菜单”选项卡“文件”栏中的“保存”命令。
☑ 快捷键：Ctrl+S。

2. 操作步骤

（1）启动存储文件命令后，弹出“另存文件”对话框，如图 1-15 所示。

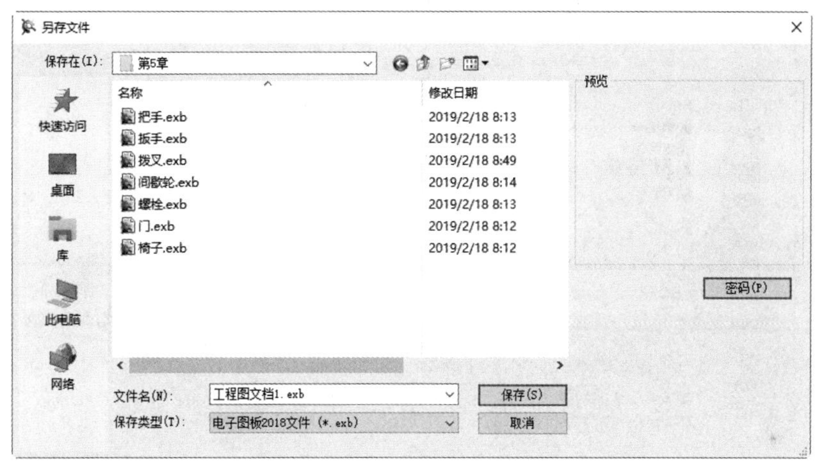

图 1-15　“另存文件”对话框

（2）在“文件名”文本框中输入要保存的文件名称，单击“保存”按钮即可。

注意： 将当前绘制的图形以文件形式存储到磁盘上时，可以将文件存储为 CAXA CAD 电子图板 97/V2/XP 版本文件，或者存储为其他格式的文件，以方便 CAXA CAD 电子图板与其他软件间的数据转换。

1.4.4　另存文件

另存文件功能用于将当前绘制的图形另取一个文件名存储到磁盘上。

1. 执行方式

☑ 命令行：saveas。
☑ 快速访问工具栏：单击快速访问工具栏中的“另存文档”按钮。
☑ 菜单栏：选择菜单栏中的“文件”→“另存为”命令。
☑ 工具栏：单击“标准”工具栏中的“另存文档”按钮。
☑ 选项卡：选择“菜单”选项卡“文件”栏中的“另存为”命令。

2. 操作步骤

与 1.4.3 节完全相同。

Note

1.4.5　并入文件

并入文件功能用于将其他的电子图板文件并入当前绘制的文件中。

1. 执行方式

☑　命令行：merge。
☑　菜单栏：选择菜单栏中的“文件”→“并入”命令。
☑　选项卡：选择“菜单”选项卡“文件”栏中的“并入”命令。

2. 操作步骤

（1）启动并入文件命令后，弹出“并入文件”对话框 1，如图 1-16 所示。

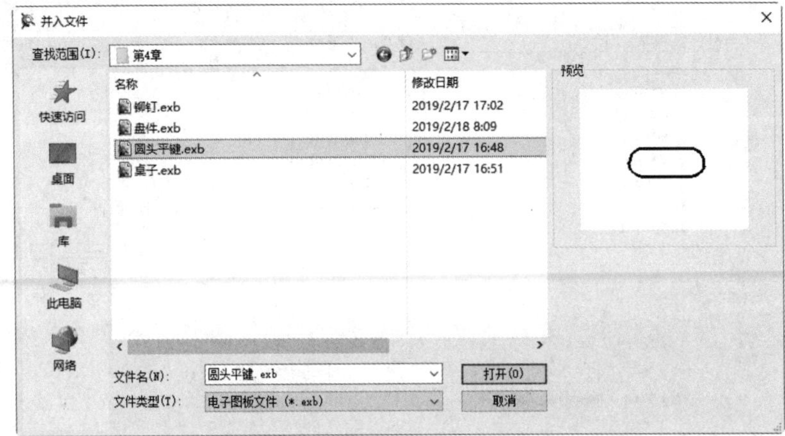

图 1-16　“并入文件”对话框 1

（2）选择要并入的电子图板文件，单击“打开”按钮，弹出“并入文件”对话框 2，如图 1-17 所示。

（3）选择“并入到当前图纸”或“作为新图纸并入”。当选中“并入到当前图纸”单选按钮时，只能选择一张图纸；当选中“作为新图纸并入”单选按钮时，可以选择一张或多张图纸。当并入的图纸名称和当前文件中的图纸名称相同时，将会提示修改图纸名称。选择完成后，单击“确定”按钮。

（4）屏幕左下角出现并入文件立即菜单，如图 1-18 所示。在立即菜单 1 中选择“定点”或“定区域”，2 中选择“保持原态”或“粘贴为块”，3 中输入并入文件的比例系数，再根据系统提示，输入图形的定位点即可。

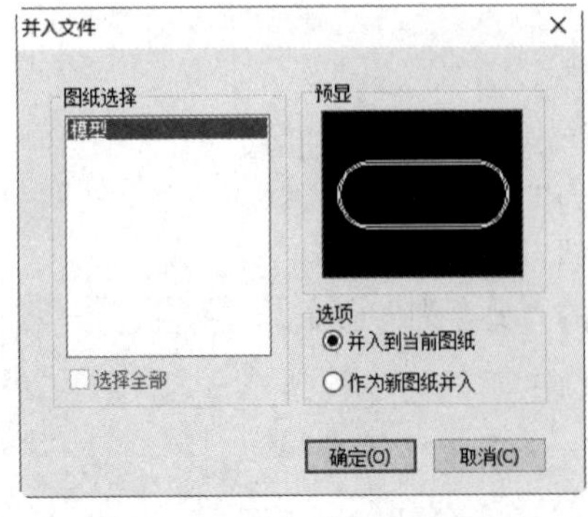

图 1-17　“并入文件”对话框 2

图 1-18　并入文件立即菜单

注意：如果一张图纸要由多位设计人员完成，可以让每位设计人员使用相同的模板进行设计，最后将每位设计人员设计的图纸并入一张图纸上。要特别注意的是，在开始设计之前，需要定义好一个模板，可在模板中定义好这张图纸的参数设置，以及层、线型、颜色的定义和设置，以保证最后并入时，每张图纸的参数设置，以及层、线型、颜色的定义和设置都是一致的。

1.4.6　部分存储

部分存储功能用于将当前绘制的图形中的一部分图形以文件的形式存储到磁盘上。

1. 执行方式

☑　命令行：partsave。

☑　菜单栏：选择菜单栏中的“文件”→“部分存储”命令。

☑　选项卡：选择“菜单”选项卡“文件”栏中的“部分存储”命令。

2. 操作步骤

（1）启动部分存储命令后，根据系统提示拾取要存储的图形，右击确认，然后指定图形基点。

（2）系统弹出“部分存储文件”对话框，如图 1-19 所示。输入文件的名称，然后单击“保存”按钮即可。

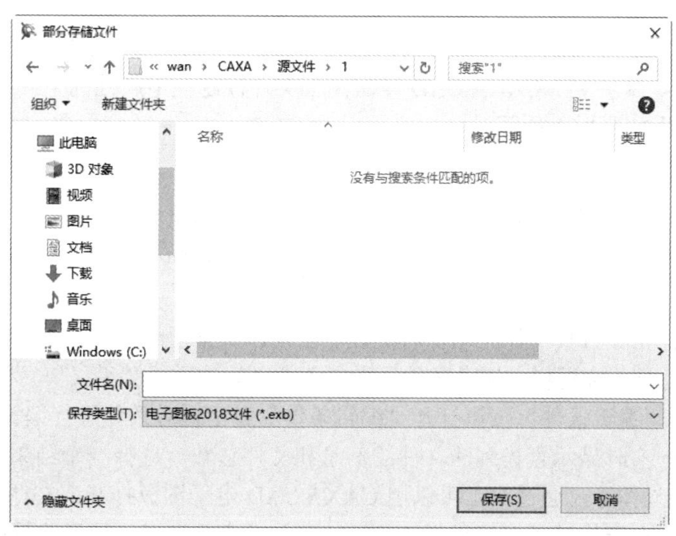

图 1-19　“部分存储文件”对话框

注意：部分存储只存储了图形的实体数据而没有存储图形的属性数据（参数设置，以及层、线型、颜色的定义和设置），而存储文件菜单则将图形的实体数据和属性数据都存储到文件中。

1.4.7　文件检索

文件检索的主要功能是从本地计算机或网络计算机上查找符合条件的文件。

1. 执行方式

☑　菜单栏：选择菜单栏中的“文件”→“文件检索”命令。

☑ 选项卡：选择“菜单”选项卡“文件”栏中的“文件检索”命令。

2. 操作步骤

（1）启动文件检索命令后，系统弹出“文件检索”对话框，如图 1-20 所示。

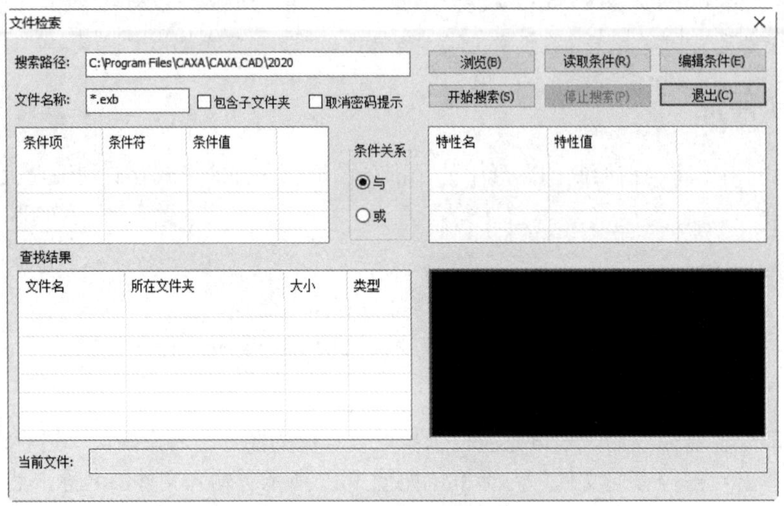

图 1-20 “文件检索”对话框

（2）在“文件检索”对话框中设定搜索条件，单击“开始搜索”按钮。在该步骤中设定检索条件时，可以指定路径、文件名、CAXA CAD 电子图板文件标题栏中属性的条件。

（3）搜索的结果如图 1-21 所示。

3. 选项说明

（1）搜索路径：指定查找的范围，可以通过手工填写，也可以通过单击“浏览”按钮用路径浏览对话框选择，选中或取消选中“包含子文件夹”复选框可以决定查找范围包括子文件夹还是只在当前文件夹下。

（2）文件名称：指定查找文件的名称和扩展名条件，支持通配符“*”。

（3）条件关系：显示标题栏中信息条件，指定条件之间的逻辑关系（“与”或“或”）。标题栏信息条件可以通过单击“编辑条件”按钮打开“编辑条件”对话框对条件进行编辑。

（4）查找结果：实时显示查找到的文件的信息和文件总数。选择一个结果可以在右面的属性区查看标题栏内容和预显图形，通过双击可以用 CAXA CAD 电子图板打开该文件。

（5）当前文件：在查找过程中显示正在分析的文件，查找完毕后显示的是选择的当前文件。

（6）编辑条件：单击“编辑条件”按钮，弹出“编辑条件”对话框进行条件编辑，如图 1-22 所示。要添加条件必须先单击“添加条件”按钮，使“条件显示”区出现灰色条。条件分为条件项、条件符和条件值 3 个部分。

☑ 条件项：是指标题栏中的属性标题，如设计时间、名称等。下拉菜单中提供了可选的属性。

☑ 条件符：分为 3 类，即字符型、数值型、日期型。每类有几个选项，可以通过条件符的下拉菜单选择。

☑ 条件值：相应的逻辑符分为 3 类，即字符型、数值型、日期型。可以通过条件值后面的编辑框来输入值，如果条件类型是日期型，编辑框会显示当前日期，通过单击右面的箭头可以激活日期选择对话框进行日期选择。

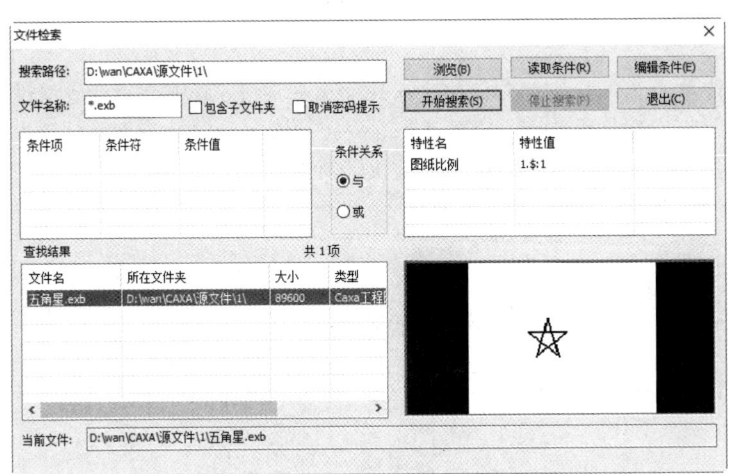

图 1-21　搜索的结果

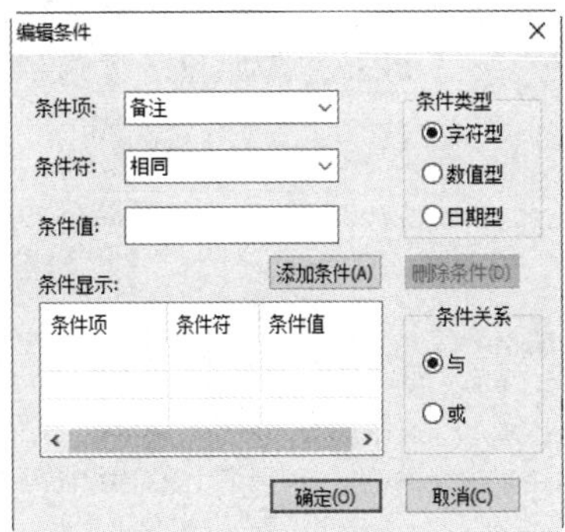

图 1-22　“编辑条件”对话框

1.4.8　打印

打印功能用于打印当前绘图区的图形。

1. 执行方式

☑　命令行：plot。

☑　快速访问工具栏：单击快速访问工具栏中的“打印”按钮。

☑　菜单栏：选择菜单栏中的“文件”→“打印”命令。

☑　工具栏：单击“标准”工具栏中的“打印”按钮。

☑　选项卡：选择“菜单”选项卡“文件”栏中的“打印”命令。

☑　快捷键：Ctrl+P。

2. 操作步骤

（1）启动打印命令后，系统弹出“打印对话框”对话框，如图 1-23 所示。

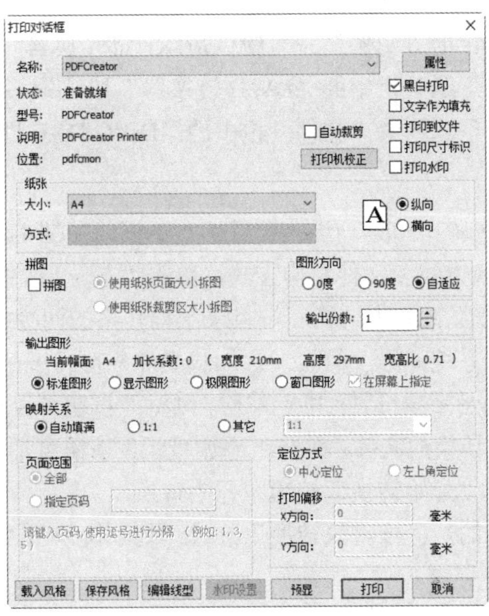

图 1-23　“打印对话框”对话框

（2）设置完成后，单击“打印”按钮。

Note

注意： 如果希望更改打印线型，请单击“编辑线型”按钮，系统弹出如图 1-24 所示的“线型设置”对话框。如果希望将一张大图用多张较小的图纸分别输出，在“打印对话框”对话框中选中“拼图”复选框，并在“页面范围”栏选择要输出的页码。

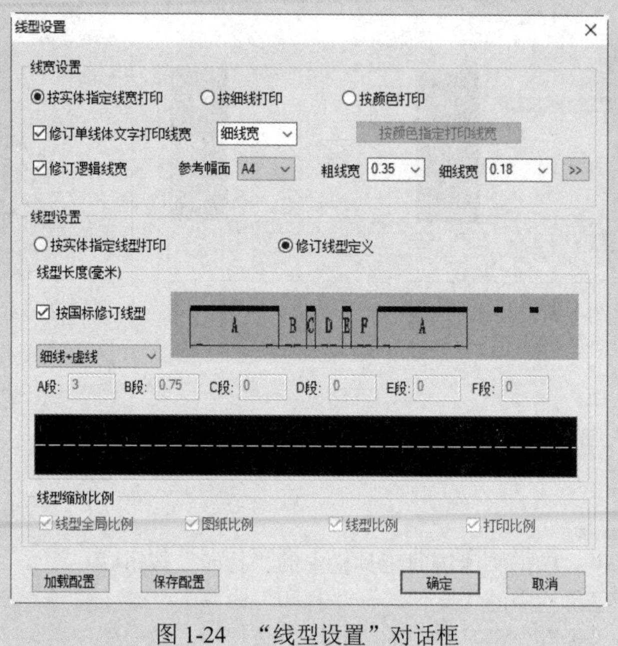

图 1-24 “线型设置”对话框

1.4.9 DWG/DXF 批转换器

DWG/DXF 批转换器功能可以实现 DWG/DXF 和 EXB 格式的批量转换。

1. 执行方式

☑ 菜单栏：选择菜单栏中的“文件”→“DWG/DXF 批转换器”命令。

☑ 工具栏：单击“标准”工具栏中的“DWG 转换器”按钮。

☑ 选项卡：选择“菜单”选项卡“文件”栏中的“DWG/DXF 批转换器”命令。

2. 操作步骤

（1）启动批量转换命令，弹出“第一步：设置”对话框，如图 1-25 所示。

（2）在对话框中选择转换方式和文件结构方式，单击“下一步”按钮。

（3）此批量转换器支持按文件列表转换和按目录结构转换的两种方式。若步骤（2）中选择的是“按文件列表转换”方式，则系统弹出“第二步：加载文件”对话框，如图 1-26 所示。

（4）在“第二步：加载文件”对话框中，单击“浏览”按钮可以选择转换后文件的路径；单击“添加文件”按钮可以加载要转换的文件；单击“添加目录”按钮可把某一目录中的全部文件添加到列表框中；加载完毕后，单击“开始转换”按钮即开始转换。

（5）若步骤（1）中选择的是“按目录转换”方式，则系统弹出“第二步：加载文件”对话框，如图 1-27 所示。

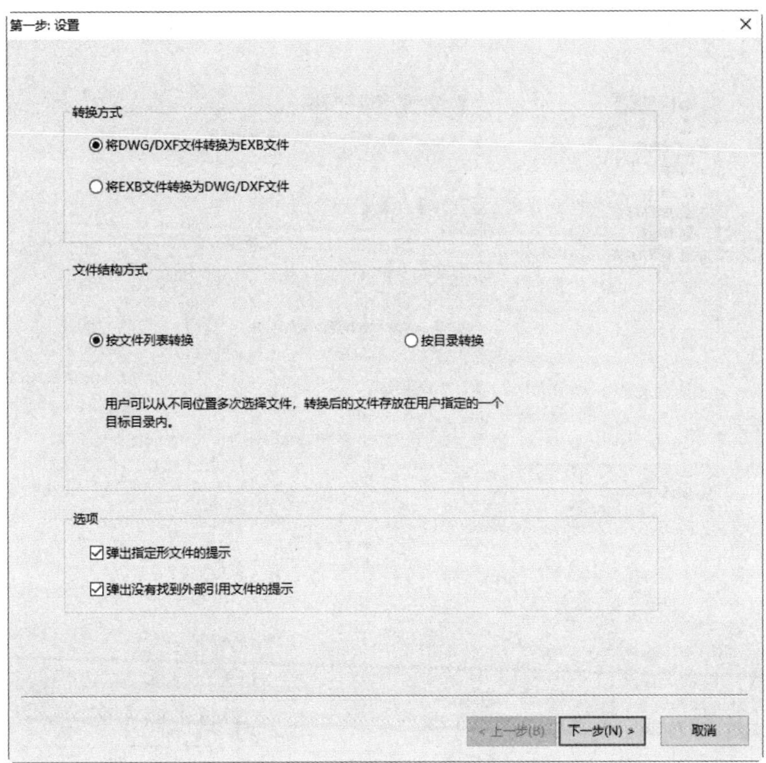

图 1-25　“第一步：设置”对话框

图 1-26　“第二步：加载文件”对话框

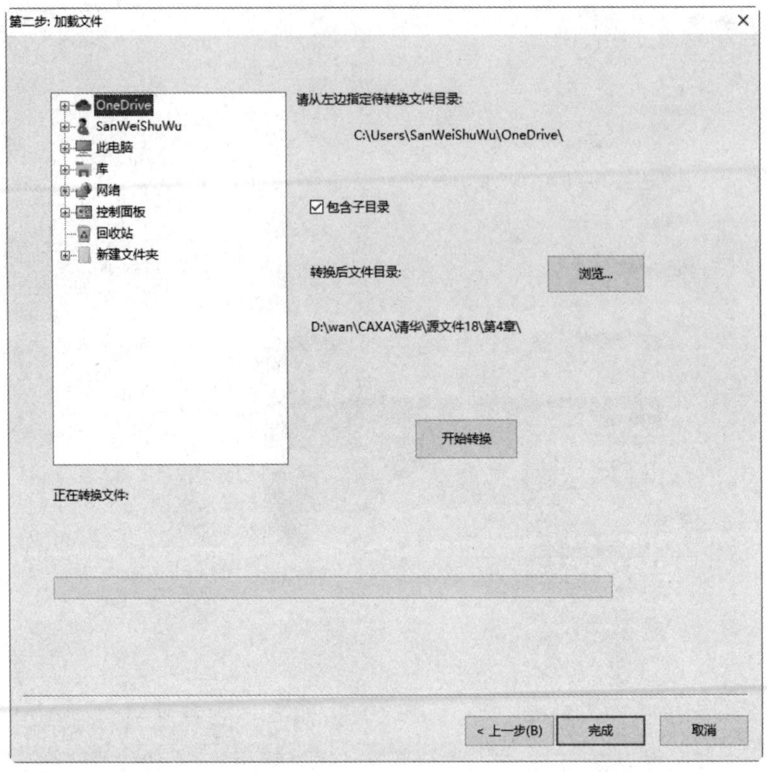

图 1-27 “第二步：加载文件”对话框

（6）在“第二步：加载文件”对话框中，在左边的目录列表中选择待转换文件的目录。单击“浏览”按钮选择转换后的文件目录，然后单击“开始转换”按钮即可开始转换。

1.4.10 退出

1. 执行方式

☑ 命令行：quit/exit/end。
☑ 菜单栏：选择菜单栏中的“文件”→“退出”命令。
☑ 选项卡：选择“菜单”选项卡“文件”栏中的“退出”命令。
☑ 快捷键：Alt+X。

2. 操作步骤

启动退出命令即可。

注意：如果当前文件还未存盘，那么系统将弹出文件是否存盘的提示。

1.5 上机实验

（1）绘制一张图形，并将其保存为 AutoCAD Drawing（*.dwg）类型的文件，并再次用 CAXA CAD 电子图板打开此文件。

Note

操作提示

❶ 绘制图形。

❷ 启动存储文件命令，弹出“另存文件”对话框。

❸ 在“文件名”栏中输入要保存的文件名称，在“保存类型”栏中选择“AutoCAD Drawing (*.dwg)”，单击“保存”按钮。

❹ 关闭 CAXA CAD 电子图板，重新打开一个新界面。

❺ 启动打开文件命令，弹出“打开”对话框，在“文件类型”栏中选择“DWG/DXF 文件”类型，然后在相应的文件夹中找到要打开的文件，单击“打开”按钮即可。

（2）绘制一张幅面为 A3、横放的图纸，然后用拼图的方式以 A4 的图纸打印输出。

操作提示

❶ 以横放 A3 的图框绘制图形。

❷ 启动“绘图输出”命令，系统弹出“打印对话框”对话框，在该对话框中选择图纸大小为 A4，选中“拼图”复选框，再单击“预显”按钮观察浏览图形。

1.6 思考与练习

（1）练习当绘制的直线被选中呈高亮状态时，按空格键弹出拾取工具菜单。

（2）练习当绘制的直线被选中呈高亮状态时，右击弹出右键快捷菜单。

（3）试绘制一条从点（0,15）到点（30,50）的直线。

（4）用相对坐标输入法绘制第 3 题中的直线。

（5）尝试在绘制第 3 题的直线的过程中打开工具点菜单。

（6）如何将一张大图用多张较小的图纸分别输出？

系统设置

系统设置是对系统的初始化环境和条件进行设置，设置项包括图层、线型、颜色、线宽、点、文字、尺寸、新建坐标系、捕捉设置、拾取设置、自定义和界面操作等。系统设置和界面定制的命令主要集中在“格式”和“工具”菜单（见图 2-1 和图 2-2）中，工具栏操作主要集中在“颜色图层”和“设置工具”工具栏（见图 2-3）中。

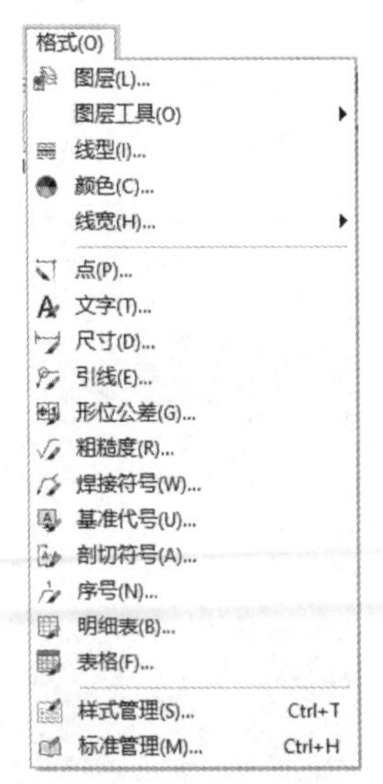

图 2-1 “格式”菜单

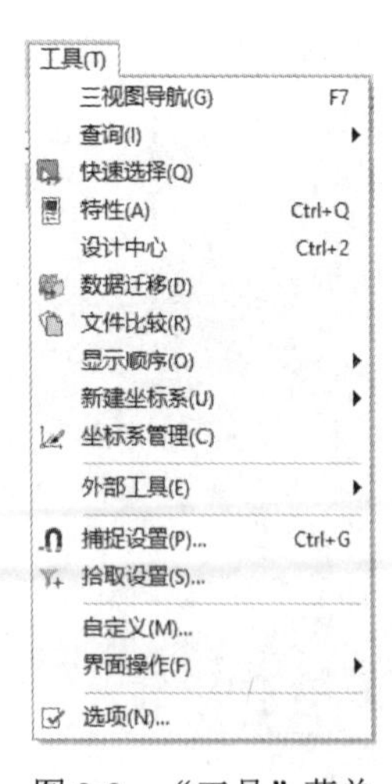

图 2-2 “工具”菜单

图 2-3 “颜色图层”和“设置工具”工具栏

学习重点

- ☑ 图层
- ☑ 线型与颜色的设置
- ☑ 文本风格、标注风格
- ☑ 用户坐标系
- ☑ 精确捕捉
- ☑ 系统配置

Note

2.1　图　　层

1. 执行方式

☑　命令行：layer。

☑　菜单栏：选择菜单栏中的“格式”→“图层”命令。

☑　工具栏：单击“颜色图层”工具栏中的“图层”按钮。

☑　选项卡：单击“常用”选项卡“特性”面板中的“图层”按钮。

2. 操作步骤

（1）启动“图层”命令，系统弹出“层设置”对话框，如图 2-4 所示。

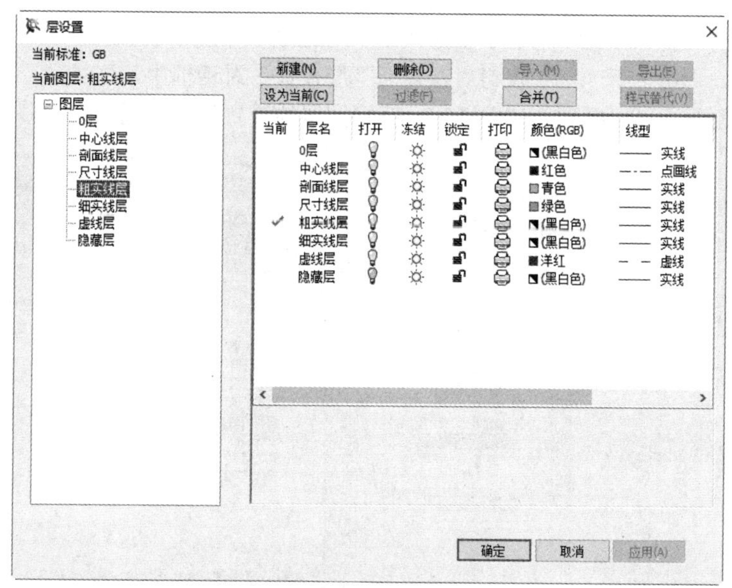

图 2-4　“层设置”对话框

（2）在“层设置”对话框中，可以进行相关的图层操作。下面分别予以说明。

2.1.1　设置当前图层

当前图层是指绘图时正在使用的图层，要想在某图层上绘图，必须首先将该图层设置为当前图层。将某图层设置为当前图层，有以下两种方法来实现：

（1）单击“颜色图层”工具栏中的当前层下拉列表右侧的向下箭头，在列表中选择所需图层即可。

（2）在如图 2-4 所示的“层设置”对话框中选择所需的图层，然后单击设为当前(C)按钮，即可将该图层设置为当前图层。

注意：单击图 2-5 中的颜色设置条框 ■ ByLayer 或层线条框 —— ByLayer 右侧的向下箭头可直接改变当前图层的颜色或线型。

Note

图 2-5　设置当前图层

2.1.2　新建图层和删除图层

1. 新建图层

在如图 2-4 所示的“层设置”对话框中单击 新建(N) 按钮，弹出“CAXA CAD 电子图板”对话框，再单击该对话框中的“是”按钮，弹出“新建风格”对话框，如图 2-6 所示。输入一个图层名称，并选择一个基准风格，单击“下一步”按钮后，返回“层设置”对话框中，这时在“当前图层：粗实线层”列表框的最下面一行可以看到新建的图层，新建图层的设置默认使用所选的基准图层的设置，如图 2-7 所示。

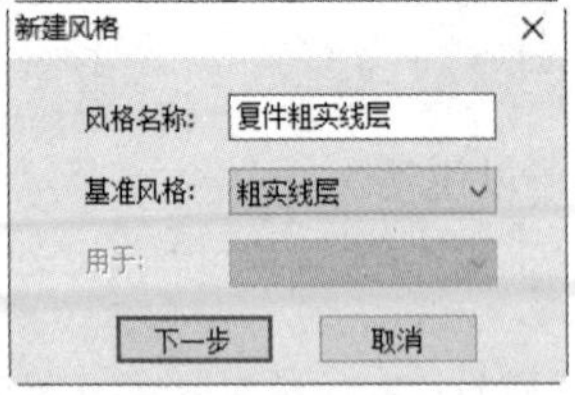

新建风格
风格名称：复件粗实线层
基准风格：粗实线层
用于：
下一步　取消

图 2-6　“新建风格”对话框

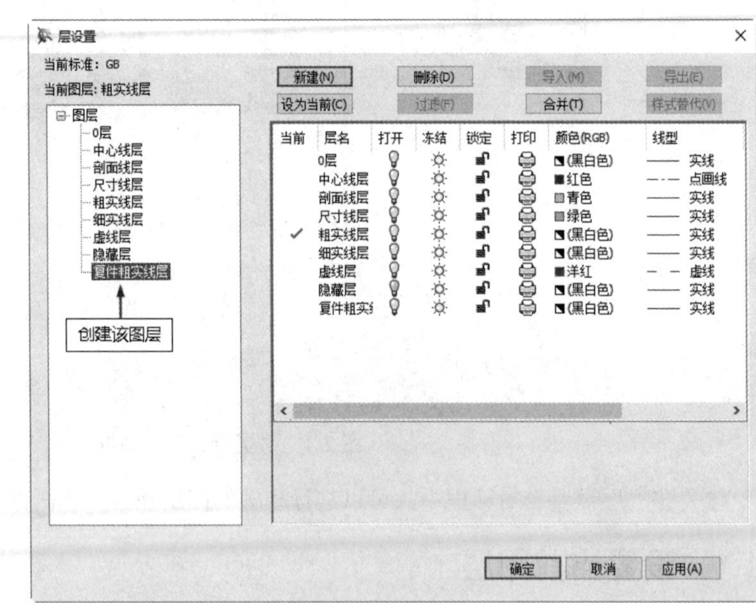

图 2-7　新建图层结果

2. 删除图层

在如图 2-4 所示的“层设置”对话框中，选取所需删除的图层，然后单击“删除”按钮即可。

注意： 系统的当前图层和初始图层不能被删除。

2.1.3　层属性操作

从图 2-7 中可以看出，新建的图层“复件粗实线层”的层状态为“打开”、颜色为“黑白色”、线型为“实线”、层锁定状态为“打开”，层打印状态为“打印”。用户可以对其中任何一项进行修改。

1. 修改层名

在“层设置”对话框左侧的图层列表框中选择所需改名的图层，然后右击，在弹出的快捷菜单选择“重命名图层”，如图 2-8 所示。此时，该图层名称变为可编辑状态，输入文字“7”，然后单击该对话框空白处，可以看到，修改后的层名结果如图 2-9 所示。

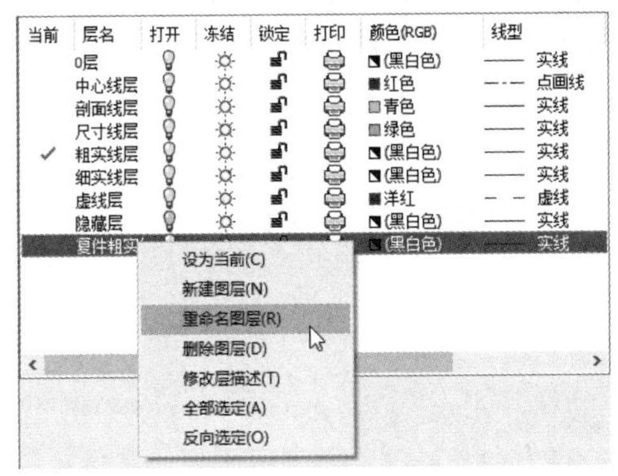

图 2-8　修改层名

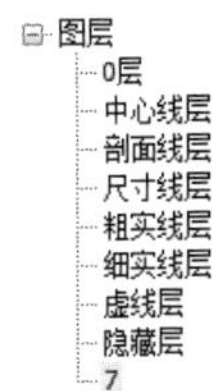

图 2-9　修改后的层名结果

2. 修改层状态

在要打开或关闭图层的层状态/处，通过单击/按钮，可以进行图层打开或关闭的切换。

3. 改变颜色

例如，单击图层“复件粗实线层”的层颜色(黑白色)按钮，将出现“颜色选取”对话框，如图 2-10 所示。在此对话框中选择或定制该图层的颜色，然后单击“确定”按钮即可。具体方法将在 2.3 节“颜色设置”中介绍。

4. 改变线型

例如，单击图层“复件粗实线层”的层线型—— 实线按钮，将出现“线型”对话框，如图 2-11 所示。在此对话框中选择该图层的线型，然后单击“确定”按钮即可。

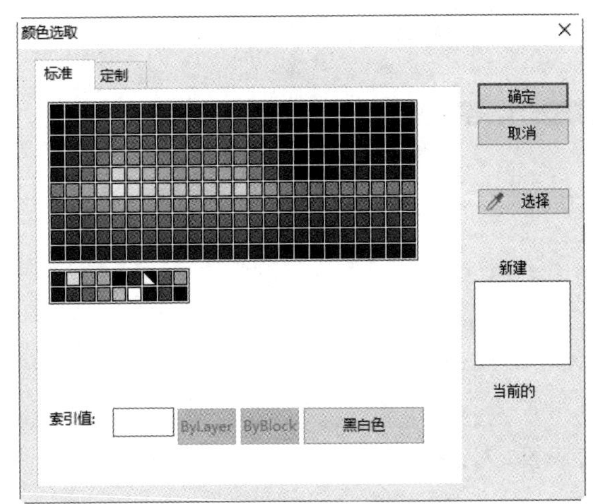

图 2-10　“颜色选取”对话框

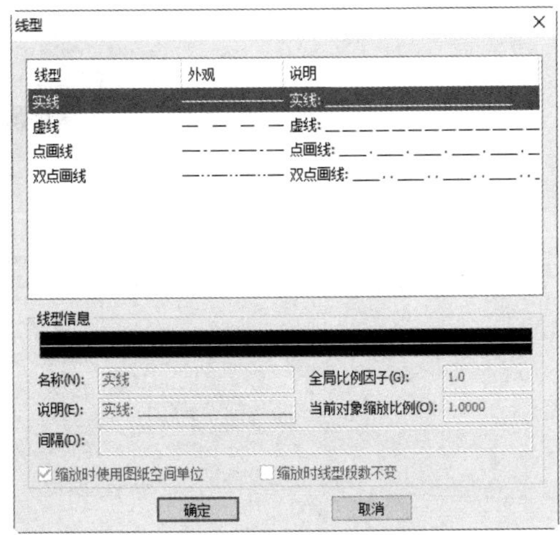

图 2-11　“线型”对话框

5. 改变层冻结

在要解冻或冻结图层的层状态/处，通过单击/按钮，可以进行图层解冻或冻结的切换。

6. 改变层锁定

在要解锁或锁定图层的层状态/处，通过单击/按钮，可以进行图层解锁或锁定的切换。

7. 改变层打印

在要设置为打印或不打印图层的层状态处，通过单击/按钮，可以进行图层打印或不打印的切换。当图层不打印的层状态的图标变为时，此图层的内容在打印时不会被输出，这对于绘图中不想被打印的辅助线层很有帮助。

2.2 线型设置

1. 执行方式

☑ 命令行：ltype。

☑ 菜单栏：选择菜单栏中的“格式”→“线型”命令。

☑ 工具栏：单击“颜色图层”工具栏中的“线型”按钮。

☑ 选项卡：单击“常用”选项卡“特性”面板中的“线型”按钮。

2. 操作步骤

启动线型设置命令后，系统弹出“线型设置”对话框，如图 2-12 所示。在该对话框中列出了系统中的所有线型，用户可以对线型进行设置。

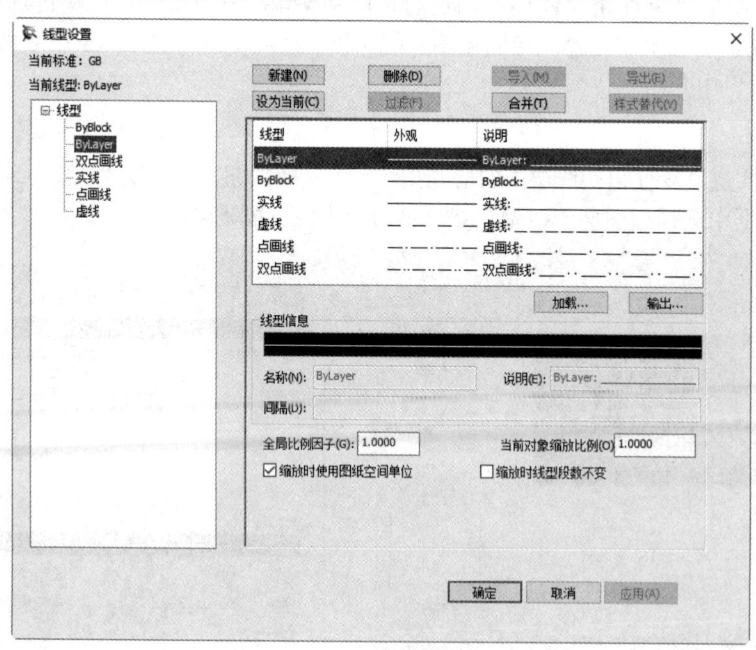

图 2-12 “线型设置”对话框

2.2.1 加载线型

加载线型就是将线型加载到当前程序中。单击图 2-12 中的“加载”按钮，屏幕上会出现如图 2-13 所示的“加载线型”对话框。单击该对话框中的“文件”按钮，系统弹出 2-14 所示的“打开线型文

件”对话框，选择要加载的线型，然后单击“打开”按钮。

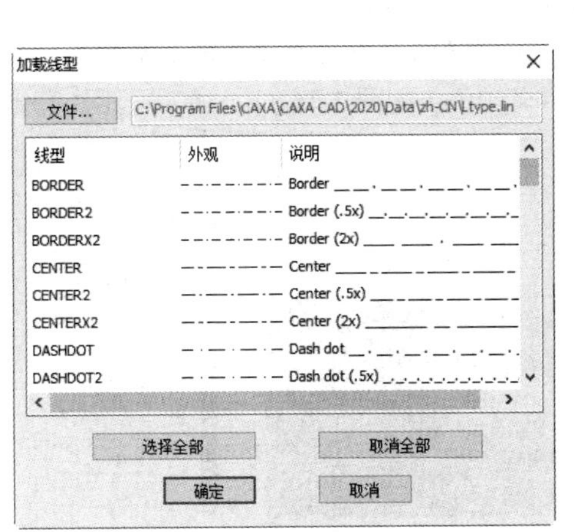

图 2-13　“加载线型”对话框

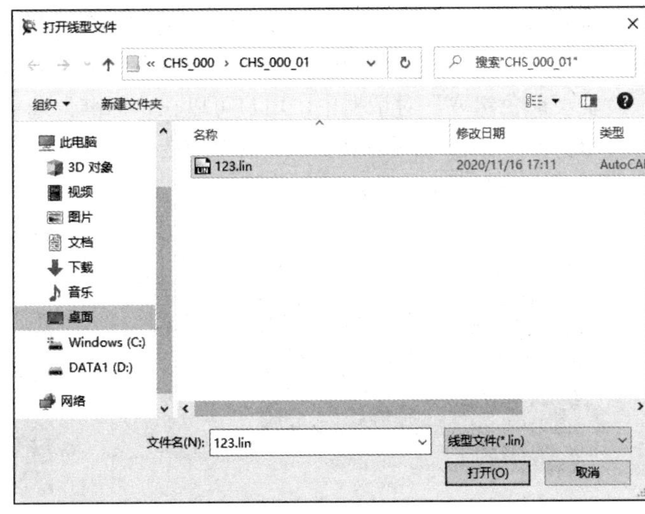

图 2-14　“打开线型文件”对话框

2.2.2　输出线型

将已有线型输出为一个线型文件并保存。在如图 2-12 所示的“线型设置”对话框中，单击“输出”按钮，系统弹出“输出线型”对话框，如图 2-15 所示。在该对话框的列表框中选中需要输出的自定义线型，单击“确定”按钮即可输出该线型。

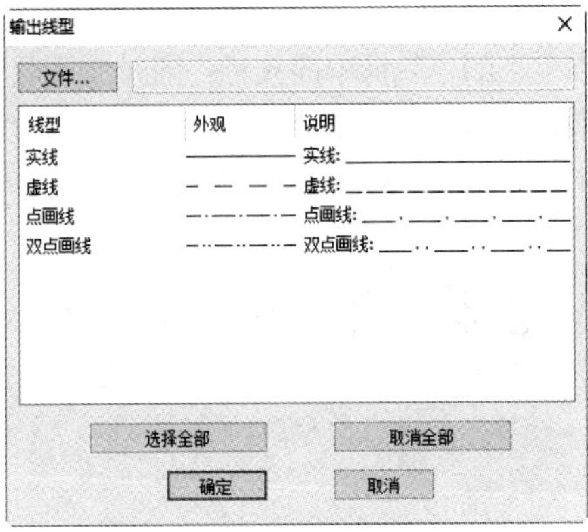

图 2-15　“输出线型”对话框

2.3　颜色设置

1. 执行方式

☑　命令行：color。

☑　菜单栏：选择菜单栏中的“格式”→“颜色”命令。

☑　工具栏：单击“颜色图层”工具栏中的“颜色”按钮。

☑　选项卡：单击“常用”选项卡“特性”面板中的“颜色”按钮。

Note

2. 操作步骤

（1）启动颜色命令后，系统弹出“颜色选取”对话框，如图2-16所示。

（2）当选中适当的颜色后，单击“确定”按钮即可完成颜色的设置。

在“颜色选取”对话框中，用户可以在“标准”选项卡中直接通过单击选择某种基本颜色，如图2-16（a）所示；也可以切换到“定制”选项卡中添加自定义颜色，如图2-16（b）所示。添加自定义颜色的方法有以下3种。

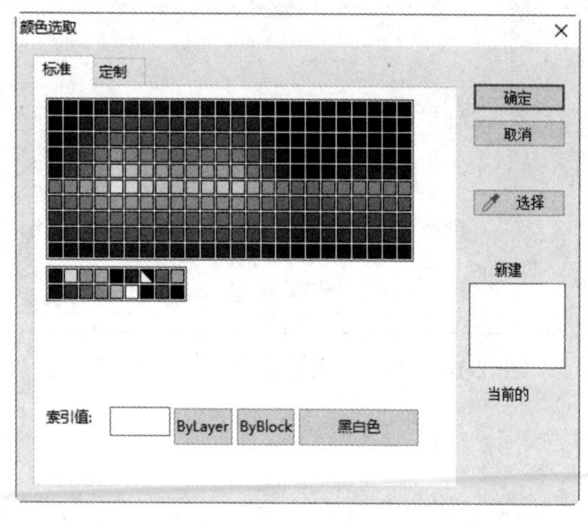

（a）“标准”选项卡

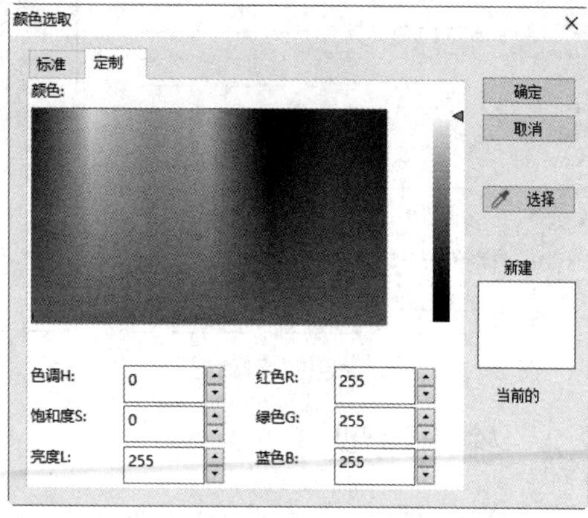

（b）“定制”选项卡

图2-16 “颜色选取”对话框

❶ 可以直接在“定制”选项卡左下角的6个文本框中输入相应的数值来选择颜色。

❷ 也可以拖曳“定制”选项卡“颜色”框中的光标，同时注意观察“颜色”下面的颜色文本框中值的变化，当颜色文本框中的颜色值符合要求时，松开鼠标。

❸ 单击“定制”选项卡中的 选择 按钮，光标变为后，单击屏幕上一点以拾取一种颜色即可。

2.4 文本风格

1. 执行方式

☑ 命令行：textpara。

☑ 菜单栏：选择菜单栏中的“格式”→“文字”命令。

☑ 工具栏：单击“设置工具”工具栏中的“文本样式”按钮。

☑ 选项卡：单击“常用”选项卡“特性”面板“样式管理”下拉菜单中的“文本样式”按钮。

2. 操作步骤

（1）启动文本样式命令后，系统弹出“文本风格设置”对话框，如图2-17所示。

（2）通过对此对话框的操作，可以设置绘图区文字的各种参数。设置完毕后，单击“确定”按钮即可。

在“文本风格设置”对话框中，列出了当前文件中所有已定义的字型。如果尚未定义字型，系统预定义了“标准”和“机械”的样式，“标准”样式不可被删除但可以编辑。选中一个文字样式

后，在该对话框中可以设置字体、宽度系数、字符间距、倾斜角、字高等参数，并可以在对话框中预览。

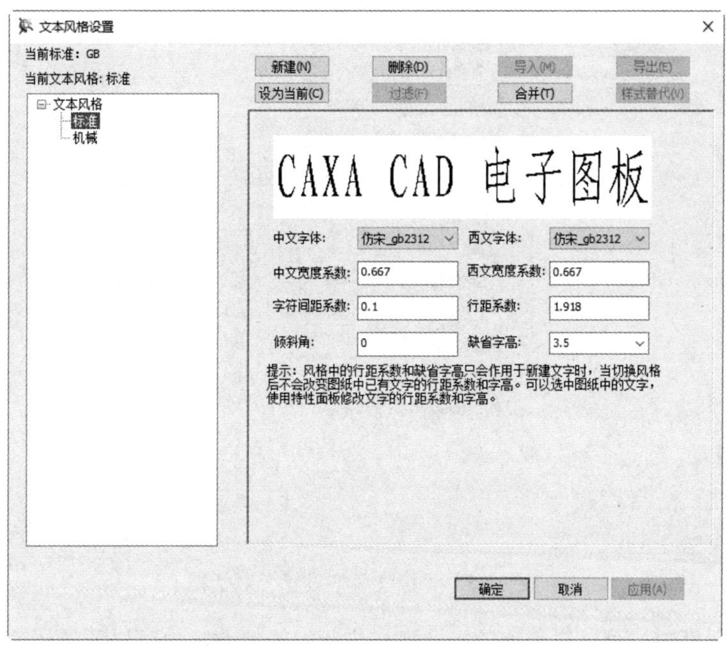

图 2-17　“文本风格设置”对话框

❶ 中文字体：可选择中文文字所使用的字体。

❷ 西文字体：选择方式与中文相同，只是限定的是文字中的西文。

❸ 中文宽度系数、西文宽度系数：当宽度系数为 1 时，文字的长宽比例与 TrueType 字体文件中描述的字形保持一致；当宽度系数为其他值时，文字宽度在此基础上缩小或放大相应的倍数。

❹ 字符间距系数：同一行（列）中两个相邻字符的间距与设定字高的比值。

❺ 行距系数：横写时两个相邻行的间距与设定字高的比值。

❻ 倾斜角：横写时为一行文字的延伸方向与坐标系的 X 轴正方向按逆时针测量的夹角；竖写时为一列文字的延伸方向与坐标系的 Y 轴负方向按逆时针测量的夹角。旋转角的单位为度（°）。

❼ 缺省字高：设置生成文字时默认的字高。

2.5　标注风格

1. 执行方式

☑　命令行：dimpara。

☑　菜单栏：选择菜单栏中的“格式”→“尺寸”命令。

☑　工具栏：单击“设置工具”工具栏中的“尺寸样式”按钮。

☑　选项卡：单击“常用”选项卡“特性”面板“样式管理”下拉菜单中的“尺寸样式”按钮。

2. 操作步骤

（1）启动尺寸样式命令后，系统弹出“标注风格设置”对话框，如图 2-18 所示。

Note

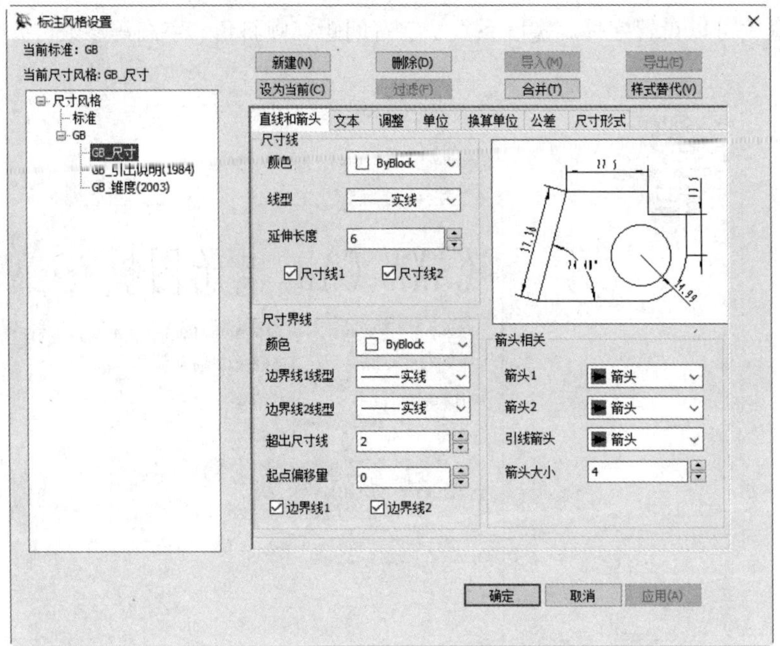

图 2-18　“标注风格设置”对话框

（2）在该对话框中，可以对当前的标注风格进行编辑修改，也可以新建标注风格并设置为当前的标注风格。系统预定义了“标准”标注风格，它不能被删除或改名，但可以编辑。

（3）在“直线和箭头”选项卡中可以对尺寸线、尺寸界线及箭头进行颜色和风格的设置；在“文本”选项卡中可以设置文本风格及与尺寸线的参数关系；在“调整”选项卡中可以设置尺寸线及文字的位置，并确定标注的显示比例；“单位”选项卡可以设置标注的精度；在“换算单位”选项卡中可以指定标注测量值中换算单位的显示并设置其格式和精度；在“公差”选项卡中可以设置标注文字中公差的格式及显示；在“尺寸形式”选项卡中可以控制弧长标注和引出点等参数。

2.5.1　新建标注风格

（1）单击图 2-18 中的“新建”按钮，将出现如图 2-19 所示的“新建风格”对话框，可以重新创建其他标注风格。

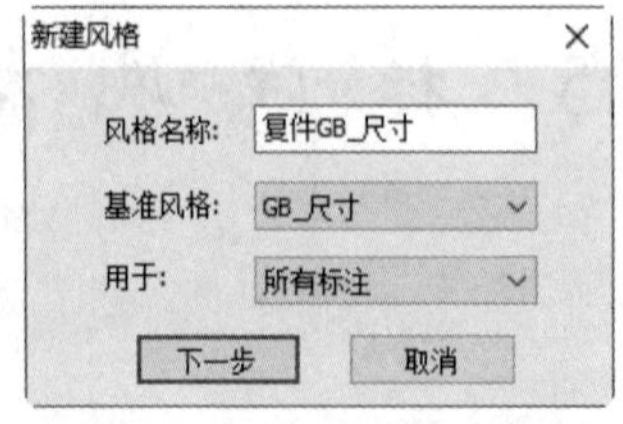

图 2-19　“新建风格”对话框

（2）在“风格名称”文本框中输入新建风格的名称，单击“下一步”按钮，将出现如图 2-20 所示的“标注风格设置”对话框。在“直线和箭头”“文本”“调整”“单位”“换算单位”“公差”“尺寸形式”7 个选项卡中可以对新建的标注风格进行设置。

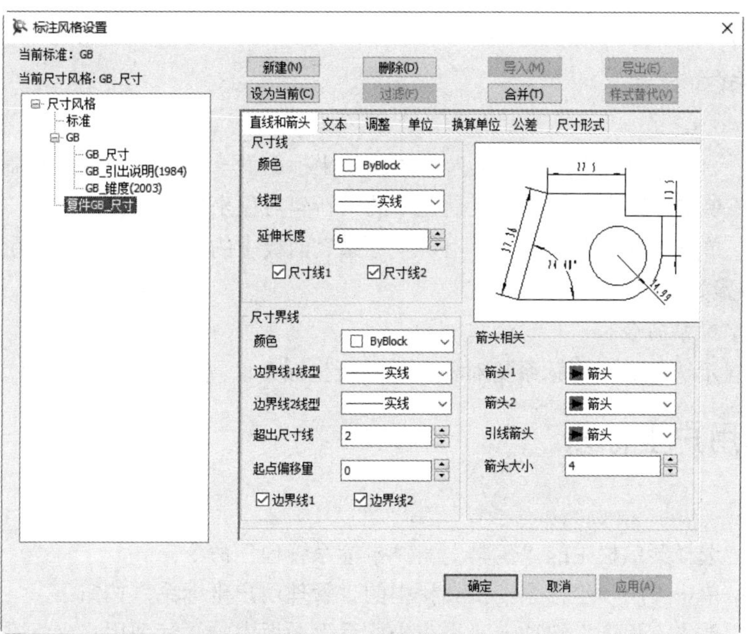

图 2-20　“标注风格设置”对话框

（3）设置完成后，单击“确定”按钮即可。

2.5.2　设置为当前标注风格

在图 2-20 中的“当前尺寸风格”列表中选择一种标注风格，单击“设为当前”按钮就可以将这种标注风格设置为当前风格。

2.6　用户坐标系

绘制图形时，合理使用用户坐标系可以使得坐标点的输入很方便，从而提高绘图效率。

2.6.1　新建用户坐标系

1. 原点坐标系

（1）执行方式如下。

☑　命令行：newucs。

☑　菜单栏：选择菜单栏中的“工具”→“新建坐标系”→“原点坐标系”命令。

☑　工具栏：单击“用户坐标系”工具栏中的“新建原点坐标系”按钮。

☑　选项卡：单击“视图”选项卡“用户坐标系”面板中的“新建原点坐标系”按钮。

（2）操作步骤如下。

❶ 启动原点坐标系命令。

❷ 按照系统提示输入用户坐标系的原点，然后再根据提示输入坐标系的旋转角，这时新坐标系设置完成。

Note

2. 对象坐标系

（1）执行方式如下。

☑ 命令行：ocs。

☑ 菜单栏：选择菜单栏中的“工具”→“新建坐标系”→“对象坐标系”命令。

☑ 工具栏：单击“用户坐标系”工具栏中的“新建对象坐标系”按钮。

☑ 选项卡：单击“视图”选项卡“用户坐标系”面板中的“新建对象坐标系”按钮。

（2）操作步骤如下。

❶ 启动对象坐标系命令。

❷ 按照系统提示选择放置坐标系的对象，这时新坐标系设置完成。

2.6.2 管理用户坐标系

1. 执行方式

☑ 菜单栏：选择菜单栏中的“工具”→“坐标系管理”命令。

☑ 工具栏：单击“用户坐标系”工具栏中的“管理用户坐标系”按钮。

☑ 选项卡：单击“视图”选项卡“用户坐标系”面板中的“管理用户坐标系”按钮。

2. 操作方法

（1）启动管理用户坐标系命令，系统弹出如图 2-21 所示的“坐标系”对话框。

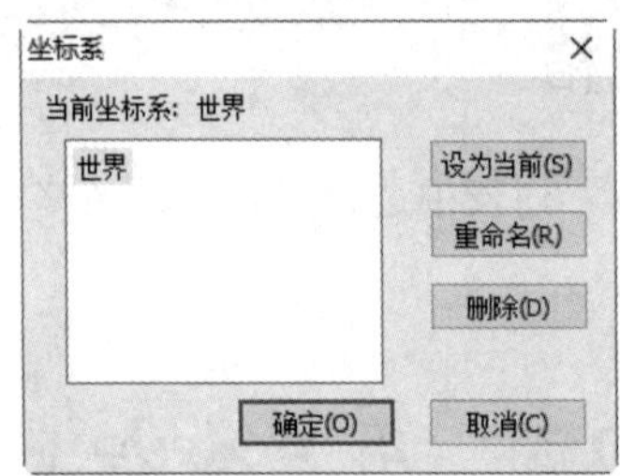

图 2-21 “坐标系”对话框

（2）在“坐标系”对话框中可以对坐标系进行重命名或删除。

原当前坐标系失效，颜色变为非当前坐标系颜色；新的坐标系生效，其颜色变为当前坐标系颜色。

2.7 精确捕捉

2.7.1 捕捉点设置

1. 执行方式

☑ 命令行：potset。

☑ 菜单栏：选择菜单栏中的“工具”→“捕捉设置”命令。

☑ 工具栏：单击“设置工具”工具栏中的“捕捉设置”按钮。

☑ 选项卡：单击“工具”选项卡“选项”面板中的“捕捉设置”按钮。

2. 操作步骤

启动捕捉设置命令后，系统弹出“智能点工具设置”对话框，如图 2-22 所示。通过对该对话框进行操作，可以设置光标在屏幕上的捕捉方式。

点的捕捉方式有如下几种。

☑　自由：点的输入完全由光标当前的实际位置来确定。

☑　栅格：可以用光标捕捉栅格点并可设置栅格的可见与不可见。

☑　智能：光标自动捕捉一些特征点，如圆心、切点、中点等。

☑　导航：系统可以通过光标对若干特征点进行导航，如孤立点、线段中点等。

“捕捉和栅格”选项卡中可以设置间距捕捉和栅格显示；在“极轴导航”选项卡中可以设置极轴导航参数；在“对象捕捉”选项卡中可以设置对象捕捉参数。

既可以通过“智能点工具设置”对话框来设置屏幕点的捕捉方式，也可以通过屏幕右下角的捕捉状态立即菜单来转换捕捉方式，如图 2-23 所示。

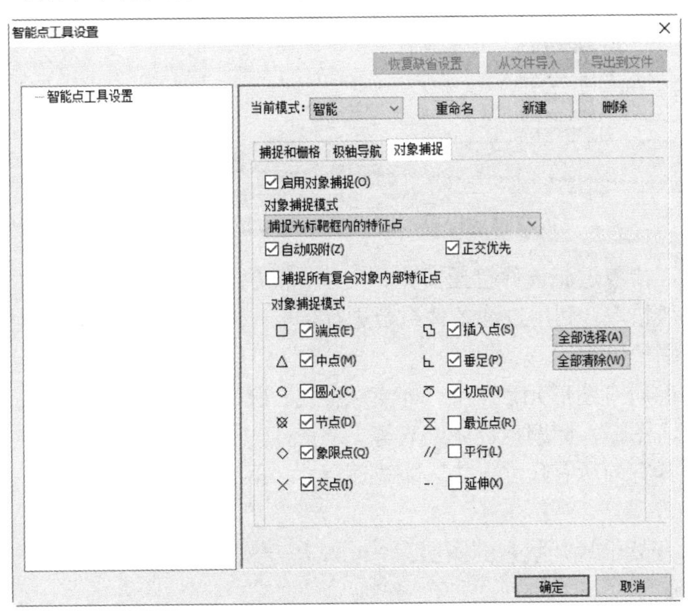

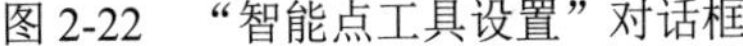

图 2-22　“智能点工具设置”对话框

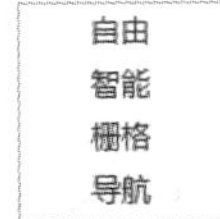

图 2-23　捕捉状态立即菜单

2.7.2　拾取过滤设置

1. 执行方式

☑　命令行：objectset。

☑　菜单栏：选择菜单栏中的“工具”→“拾取设置”命令。

☑　工具栏：单击“设置工具”工具栏中的“拾取设置”按钮。

☑　选项卡：单击“工具”选项卡“选项”面板中的“拾取设置”按钮。

2. 操作步骤

（1）启动拾取设置命令后，系统弹出“拾取过滤设置”对话框，如图 2-24 所示。

（2）通过对该对话框进行操作可以设置拾取图形元素的过滤条件。

（3）设置完成后单击“确定”按钮即可。

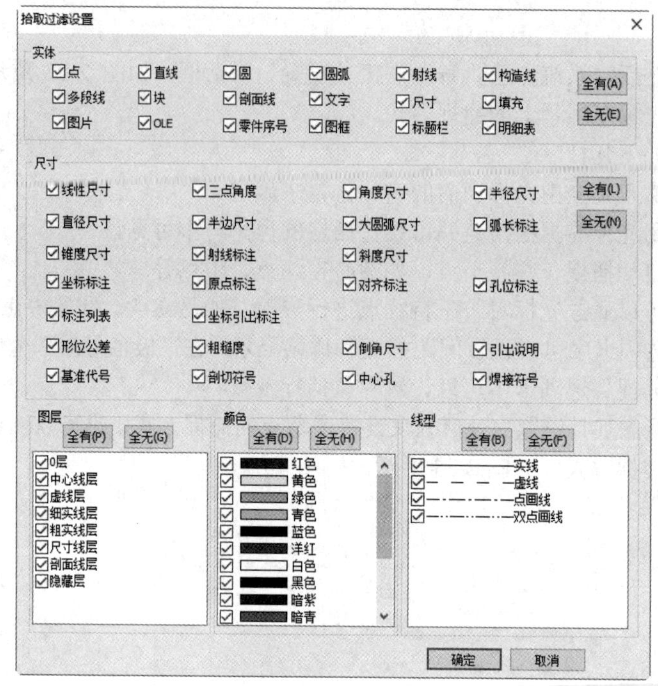

图 2-24 “拾取过滤设置”对话框

在“拾取过滤设置”对话框中，拾取过滤条件包括实体、尺寸、图层、颜色、线型。

这 4 种过滤条件的交集就是有效拾取，利用过滤条件组合进行拾取，可以快速、准确地从图中拾取到想要拾取的图形元素。下面分别予以介绍。

❶ 实体过滤：包括系统所具有的所有图形元素种类，即点、直线、圆、圆弧、多段线、块、剖面线、文字、尺寸、填充、零件序号、图框、标题栏、明细表等。

❷ 尺寸过滤：包括系统当前所具有的所有尺寸种类，即线性尺寸、角度尺寸、半径尺寸、直径尺寸、弧长标注等。

❸ 图层过滤：包括系统当前所有处于打开状态的图层。

❹ 颜色过滤：包括系统 64 种颜色。

❺ 线型过滤：包括系统当前所具有的所有线型种类，即实线、虚线、点画线、双点画线。

2.8 系统配置

1. 执行方式

☑ 菜单栏：选择菜单栏中的“工具”→“选项”命令。

☑ 选项卡：单击“工具”选项卡“选项”面板中的“选项”按钮☑。

2. 操作步骤

（1）启动选项命令后，系统弹出“选项”对话框。

（2）选择“路径”选项，显示出“路径”选项卡，如图 2-25 所示。在该选项卡中对文件路径进行设置。

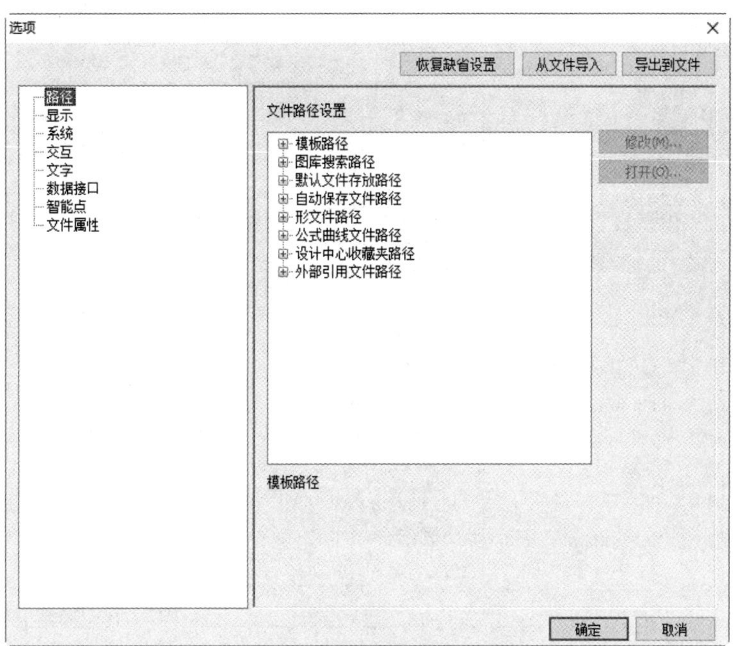

图 2-25　“路径”选项卡

（3）选择“显示”选项，显示出“显示”选项卡，如图 2-26 所示。在该选项卡中可以对系统的一些颜色参数和光标进行设置。

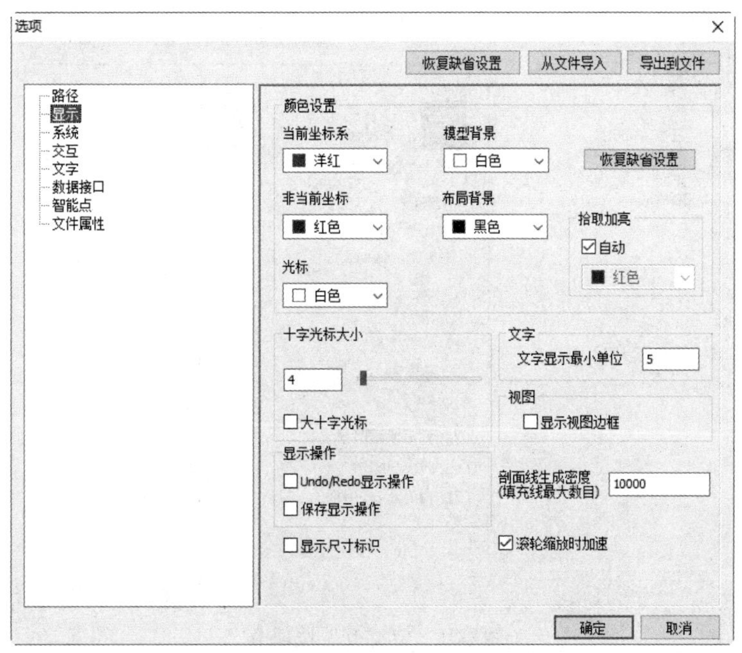

图 2-26　“显示”选项卡

（4）选择“系统”选项，显示出“系统”选项卡，如图 2-27 所示。在该选项卡中对系统的一些参数进行设置。

Note

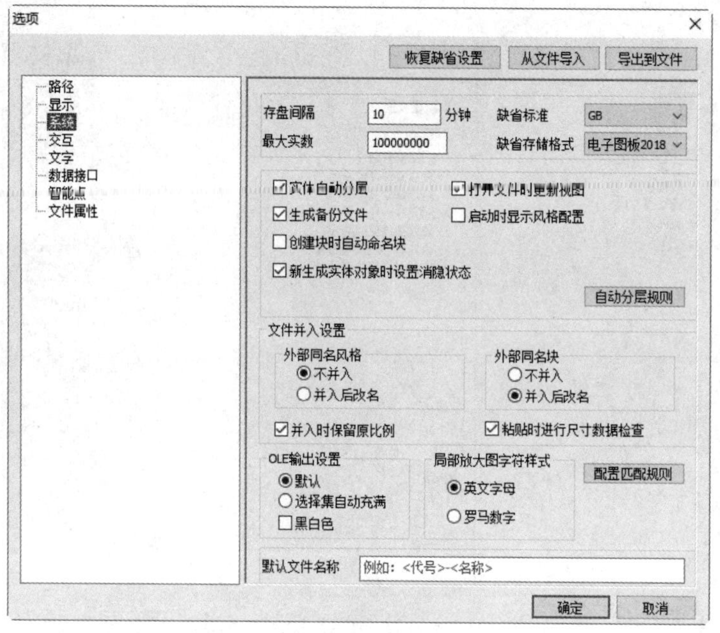

图 2-27 “系统”选项卡

（5）选择“交互”选项，显示出“交互”选项卡，如图 2-28 所示。在该选项卡中可以设置拾取框及颜色、夹点大小、夹点颜色、命令风格、自定义右键单击等。

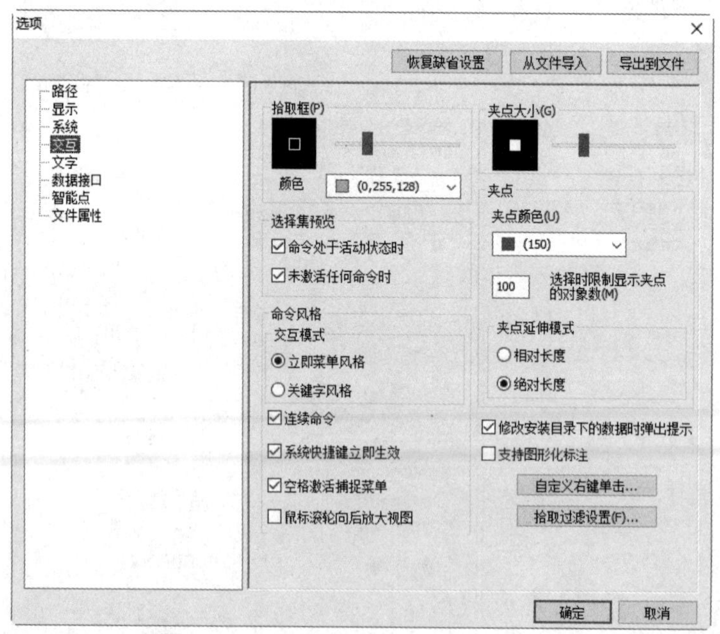

图 2-28 “交互”选项卡

（6）选择“文字”选项，显示出“文字”选项卡，如图 2-29 所示。在该选项卡中可以对系统的一些文字参数进行设置。

（7）选择“数据接口”选项，显示出“数据接口”选项卡，如图 2-30 所示。在该选项卡中可以对系统的一些接口参数进行设置。

Note

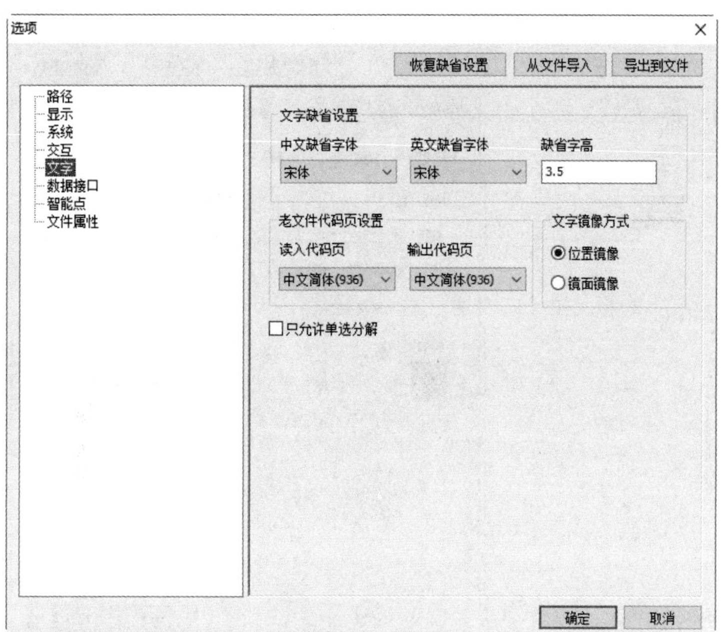

图 2-29 “文字”选项卡

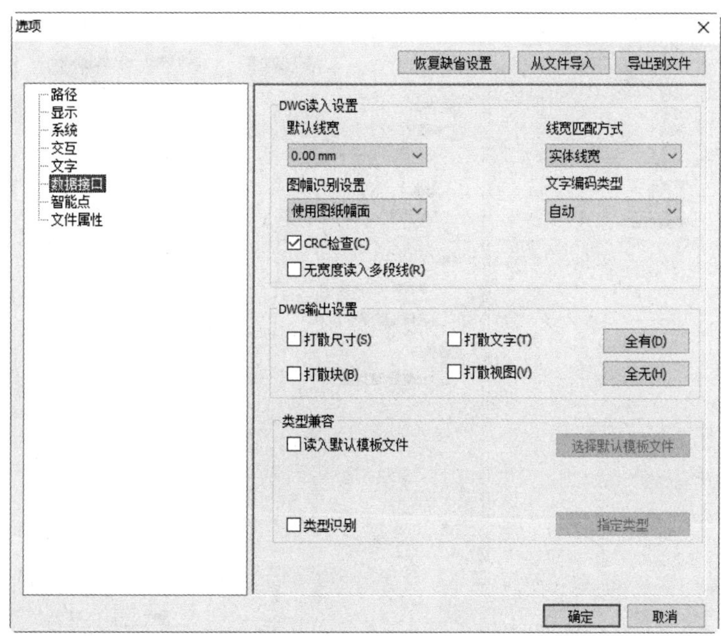

图 2-30 “数据接口”选项卡

（8）选择“智能点”选项，显示出“智能点”选项卡，如图 2-31 所示。在该选项卡中可以设置光标在屏幕上的捕捉方式。

（9）选择“文件属性”选项，显示出“文件属性”选项卡，如图 2-32 所示。在该选项卡中可以设置文件的图形单位的长度、角度、标注是否关联、填充的剖面线是否关联，以及在创建新图纸时创建视口。

（10）设置完成，单击“确定”按钮即可。

Note

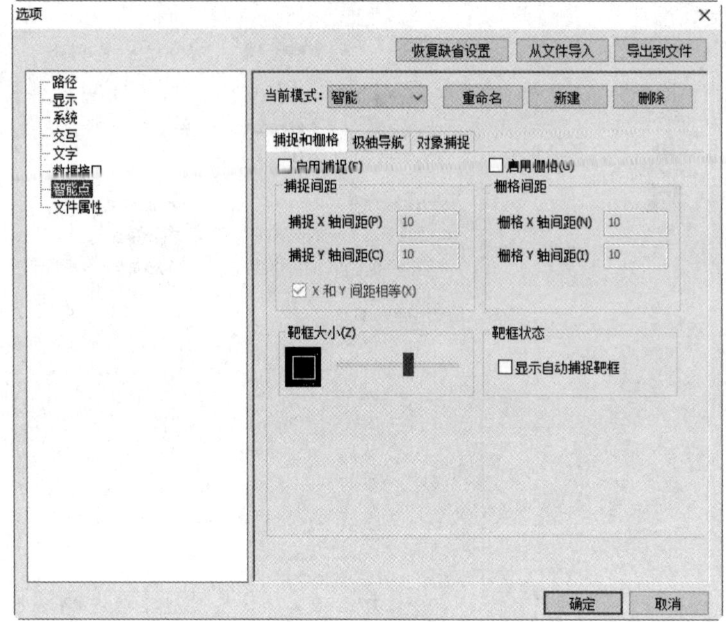

图 2-31 “智能点”选项卡

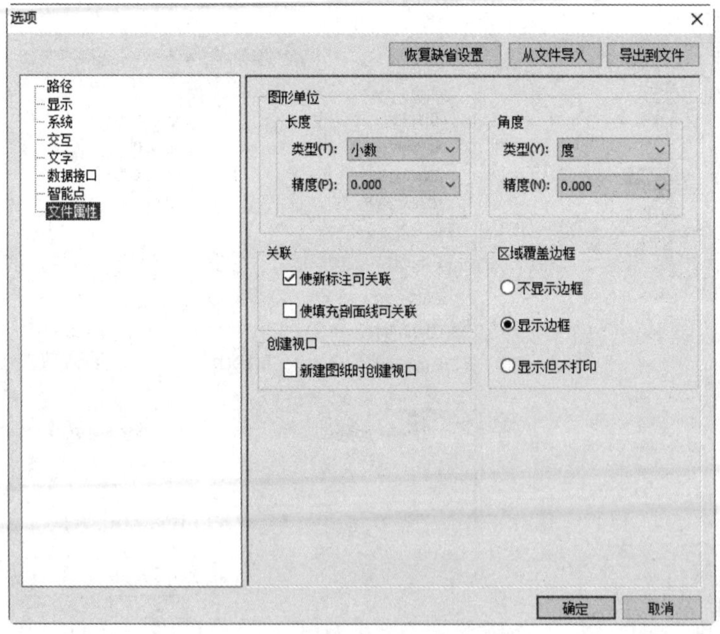

图 2-32 “文件属性”选项卡

2.9 属性查看

1. 执行方式

☑ 菜单栏：选择菜单栏中的“工具”→“特性”命令。

Note

☑　工具栏：单击“常用工具”工具栏中的“特性”按钮。

2. 操作步骤

当没有选择图素时，系统查看显示的是全局信息，选择不同的图素，则显示不同的系统信息。图 2-33 是选择直线时的属性查看信息，信息中的内容除灰色项外都可进行修改。

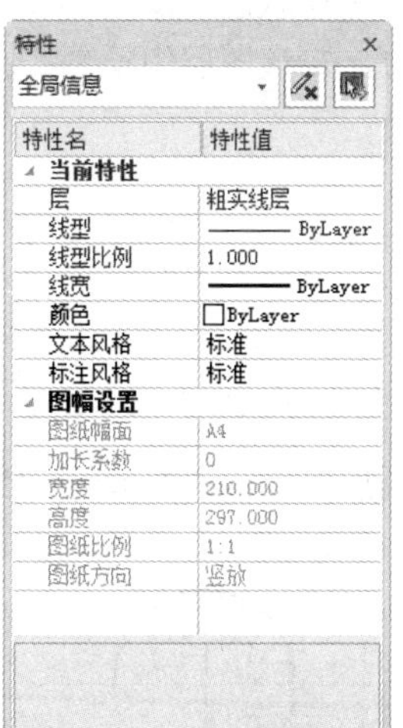

图 2-33　属性查看信息

2.10　上 机 实 验

（1）试将当前图层变为“中心线层”，颜色和线型均为 ByLayer。

操作提示

方法 1：单击属性工具栏中的当前层下拉列表右侧的向下箭头，在列表中选择“0 层”即可。

方法 2：选择“格式”→“图层”命令（或单击“颜色图层”工具栏中的按钮），系统弹出“层设置”对话框，选择“0 层”，然后单击“设为当前”按钮，再单击“确定”按钮。

（2）试对图 2-34（a）中的图形进行图层、颜色和线型的改变，结果如图 2-34（b）所示。

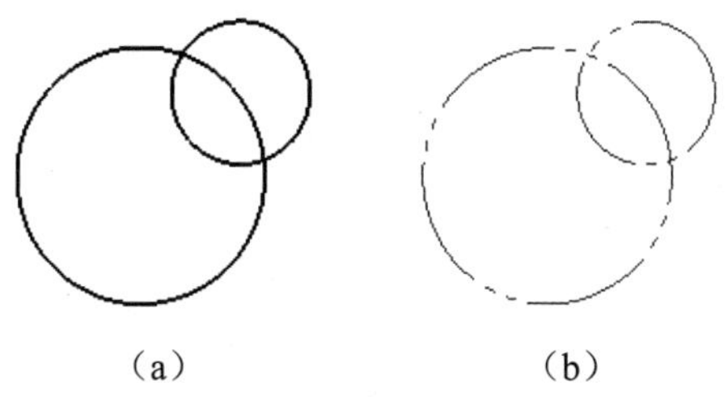

（a）　　（b）

图 2-34　改变图形的层、颜色和线型

操作提示

方法：将图形选中，然后右击，出现“属性修改”对话框，分别对层、颜色和线型进行设置。

2.11　思考与练习

Note

（1）建立一个新图层，并将其层名、层状态、颜色和线型分别设置为“7”“打开”“红色”“双点画线”，然后将该图层设置为当前图层，在该图层中绘制如图 2-35 所示的图形。

图 2-35　练习（1）图形

（2）将图 2-36 图形中的所有粗实线层以及该层的颜色、线型分别改为“虚线层”“黄色”“虚线”。

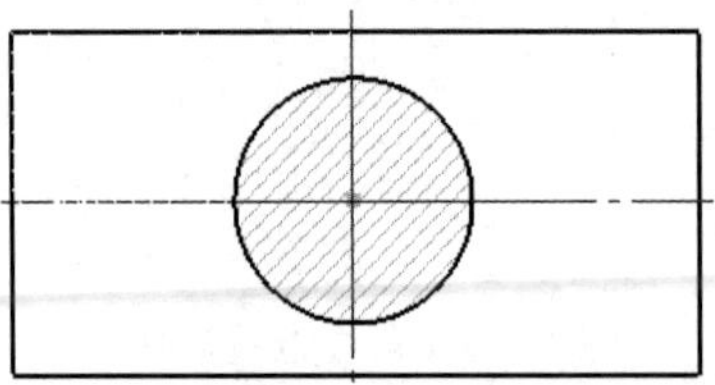

图 2-36　练习（2）图形

第3章 简单图形绘制

基本图形的绘制是 CAD 绘图软件构成的基础，CAXA CAD 电子图板以先进的计算机技术和简捷的操作方式代替了传统的手工绘图方法，CAXA CAD 电子图板为用户提供了功能齐全的绘图方式，利用它，可以绘制各种复杂的工程图纸。本章主要介绍各种曲线的绘制方法，这些命令的菜单操作主要集在“常用”选项卡的“绘图”面板（见图 3-1）和“绘图”菜单（见图 3-2）中，工具栏操作主要集中在“绘图工具”工具栏（见图 3-3）和“绘图工具 II”工具栏（见图 3-4）中。

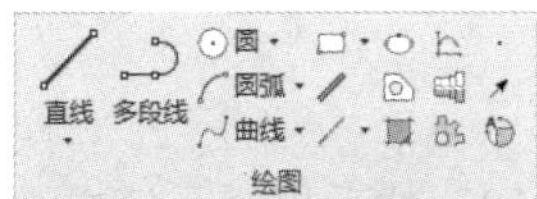

图 3-1 “绘图”面板

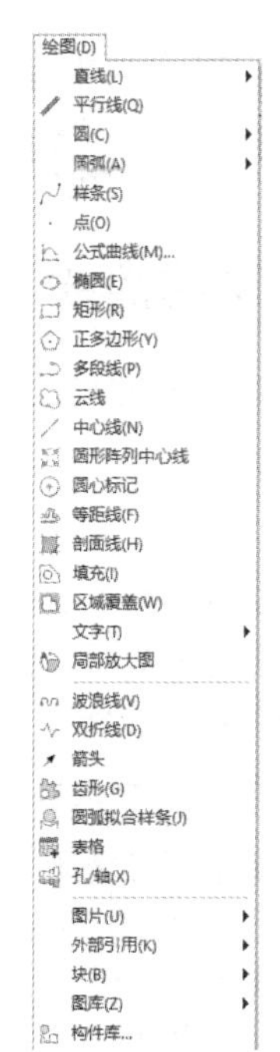

图 3-2 “绘图”菜单

图 3-3 “绘图工具”工具栏

图 3-4 “绘图工具 II”工具栏

学习重点

- ☑ 绘制直线
- ☑ 绘制圆
- ☑ 绘制点
- ☑ 绘制矩形
- ☑ 绘制平行线
- ☑ 绘制圆弧
- ☑ 绘制椭圆
- ☑ 绘制正多边形

3.1 绘制直线

1. 执行方式

☑ 命令行：line。

☑ 菜单栏：选择菜单栏中的“绘图”→“直线”命令。

☑ 工具栏：单击“绘图工具”工具栏中的“直线”按钮╱。

☑ 选项卡：单击“常用”选项卡“绘图”面板中的“直线”按钮╱。

2. 立即菜单选项说明

单击“绘图”面板中的“直线”按钮╱，进入绘制直线命令后，将在屏幕左下角的操作提示区出现绘制直线的立即菜单，单击立即菜单 1 可选择绘制直线的不同方式，如图 3-5 所示；单击立即菜单 2，该项内容由“连续”变为“单个”，“连续”表示每段直线段相互连接，前一直线段的终点作为下一直线段的起点，而单个是指每次绘制的直线段相互独立且互不相连。

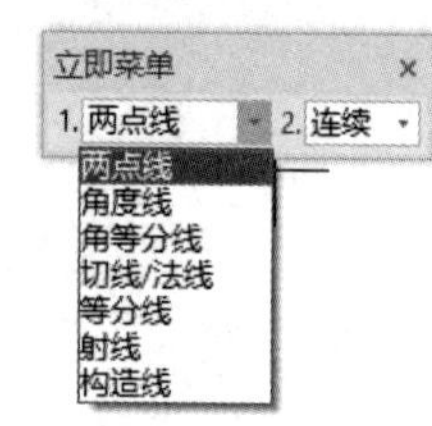

图 3-5 绘制直线的立即菜单

CAXA CAD 电子图板提供了 7 种绘制直线的方式，即两点线、角度线、角等分线、切线/法线、等分线、射线和构造线。下面分别举例进行介绍。

3.1.1 绘制两点线

视频讲解

【例 3-1】绘制两点线。

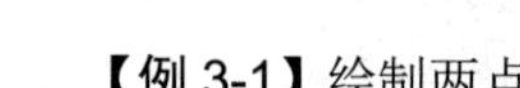

1. 操作步骤

（1）启动绘制直线命令后，将在绘图区左下角弹出绘制直线的立即菜单。

（2）在立即菜单 1 中选择“两点线”选项，2 中选择“连续”选项。

（3）按照系统提示，在操作提示区输入第一点坐标（0,0），然后根据系统提示输入第二点坐标（60,80），此时屏幕上将出现如图 3-6 所示的直线。

2. 正交方式操作步骤

（1）启动绘制直线命令后，则在绘图区左下角弹出绘制直线的立即菜单。

（2）在立即菜单 1 中选择“两点线”选项。

（3）选择屏幕点捕捉方式设置区中的“正交”选项。

（4）按照系统提示，在操作提示区输入第一点坐标（0,0），然后根据系统提示依次输入第二点坐标（0,80）、第三点坐标（−80,80），此时屏幕上将出现如图 3-7 所示的两条正交直线。

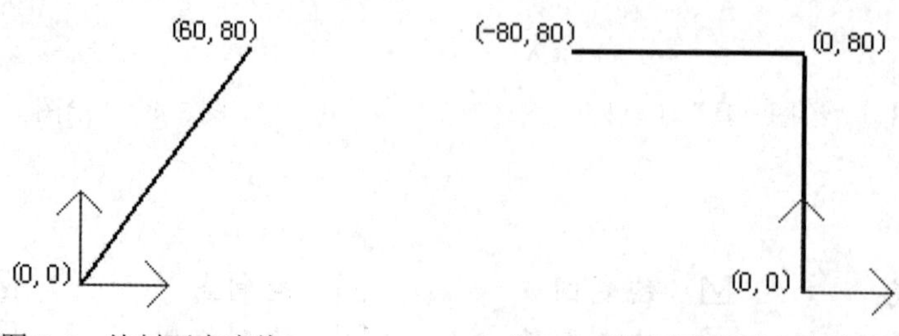

图 3-6 绘制两点直线　　图 3-7 绘制两条正交直线

Note

视频讲解

3.1.2　绘制角度线

【例 3-2】绘制角度线。

操作步骤：

（1）启动绘制直线命令后，将在绘图区左下角弹出绘制直线的立即菜单。

（2）在立即菜单 1 中选择“角度线”选项；后面几项的选择如图 3-8 所示。

（3）在操作提示区输入直线的起点坐标（0,0），屏幕上直线的起点锁定在坐标系原点上。

（4）移动光标到直线的终点位置时单击，绘制完成的角度线如图 3-9 所示。

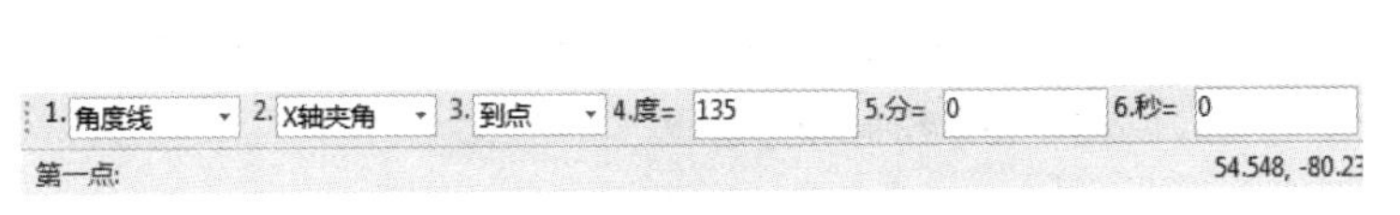

图 3-8　绘制角度线立即菜单

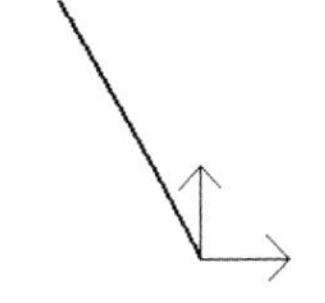

图 3-9　绘制角度线

3.1.3　绘制角等分线

视频讲解

【例 3-3】绘制角等分线。

操作步骤：

（1）打开源文件，启动绘制直线命令后，将在绘图区左下角弹出绘制直线的立即菜单。

（2）在立即菜单 1 中选择“角等分线”选项；后面几项的选择如图 3-10 所示。

（3）根据系统提示，依次拾取图 3-11（a）中∠AOB 的两条边，∠AOB 的四等分线绘制生成的结果如图 3-11（b）所示。

1. 角等分线　2.份数 4　3.长度 100

图 3-10　绘制角等分线的立即菜单

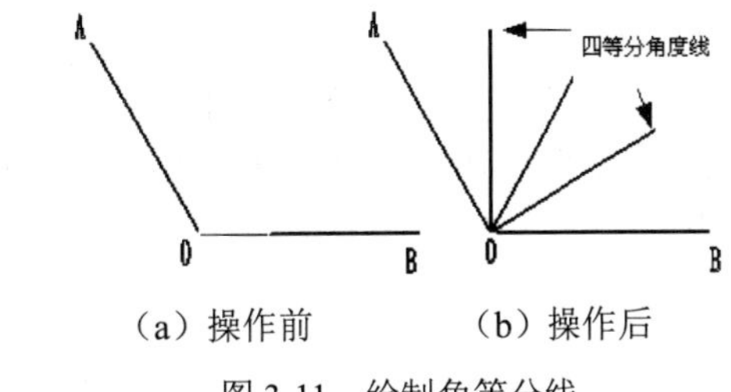

（a）操作前　（b）操作后

图 3-11　绘制角等分线

3.1.4　绘制切线/法线

视频讲解

【例 3-4】绘制切线/法线。

操作步骤：

（1）打开源文件，启动绘制直线命令后，将在绘图区左下角弹出绘制直线的立即菜单。

（2）在立即菜单 1 中选择“切线/法线”选项；后面几项的选择如图 3-12 所示。

1. 切线/法线　2. 切线　3. 非对称　4. 到点

图 3-12　绘制切线的立即菜单

（3）当系统提示拾取曲线时，单击图 3-13（a）中的圆弧，系统提示选择输入点，单击该图中的第一点；然后系统提示输入第二点或长度，这时再单击图 3-13（a）中的第二点。此时，切线绘制完成，如图 3-13（b）所示。

（4）如绘制如图 3-13（c）所示的圆弧的法线，则在步骤（2）中的立即菜单 2 中选择“法线”选项，如图 3-14 所示。然后根据系统提示拾取圆弧，再根据系统提示，分别在图 3-13（c）中的第一点和第二点处单击即可。

Note

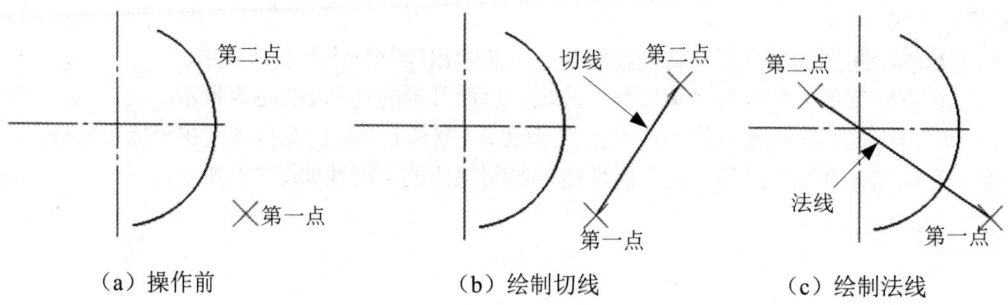

（a）操作前　（b）绘制切线　（c）绘制法线

图 3-13　绘制切线/法线

1. 切线/法线　2. 法线　3. 非对称　4. 到点

图 3-14　绘制法线的立即菜单

注意：在 CAXA CAD 电子图板中拾取点时，可充分利用工具点、智能点、导航点、栅格点等功能。

3.1.5　绘制等分线

视频讲解

【例 3-5】绘制等分线。

操作步骤：

（1）打开源文件，启动绘制直线命令后，将在绘图区左下角弹出绘制直线的立即菜单。

（2）在立即菜单 1 中选择“等分线”选项，这时显示立即菜单 2 为等分量，在其文本框中输入 5，如图 3-15 所示。

（3）当系统提示拾取第一条曲线时，单击图 3-16（a）中任意一条直线；当系统提示拾取另一条曲线时，单击图 3-16（a）中的另一条直线，等分线绘制完成，如图 3-16（b）所示。

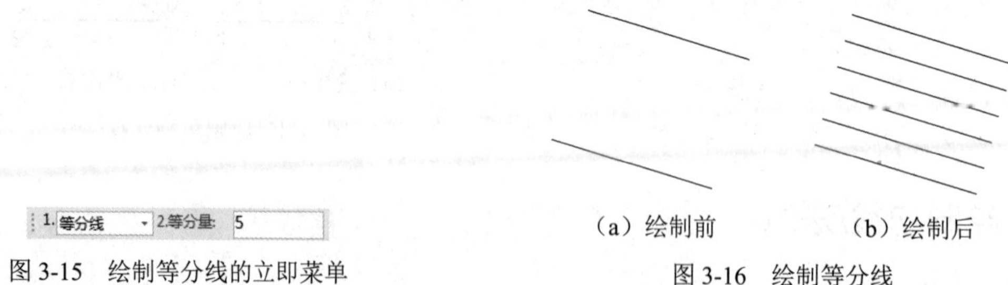

图 3-15　绘制等分线的立即菜单

（a）绘制前　（b）绘制后

图 3-16　绘制等分线

3.1.6　绘制射线

视频讲解

【例 3-6】绘制射线。射线是一条由特征点向一端无限延伸的直线。

操作步骤：

（1）启动绘制直线命令后，将在绘图区左下角弹出绘制直线的立即菜单。

（2）在立即菜单 1 中选择“射线”选项，如图 3-17 所示。

（3）当系统提示指定起点时，在绘图区域单击任一点；当系统提示指定通过点时，在绘图区域

单击另一点。此时，射线绘制完成，如图 3-18 所示。

1. 射线

图 3-17　绘制射线的立即菜单

图 3-18　绘制射线

注意： 图 3-18 中显示的夹点是选中射线后射线的起点，这样更直观地表现射线是由一点向一端无限延伸的。

3.1.7　绘制构造线

【例 3-7】绘制构造线。构造线是一条由特征点向两端无限延伸的直线。

视频讲解

操作步骤：

（1）启动绘制直线命令后，将在绘图区左下角弹出绘制直线的立即菜单。

（2）在立即菜单 1 中选择“构造线”选项，立即菜单 2 中将显示为“两点”选项，如图 3-19 所示。

（3）当系统提示指定点时，在绘图区域单击任一点；当系统提示指定通过点时，在绘图区域单击另一点。此时，构造线绘制完成，如图 3-20 所示。

1. 构造线　2. 两点

图 3-19　绘制构造线的立即菜单

图 3-20　绘制构造线

注意： 图 3-20 中显示的夹点是选中构造线后构造线的起点，这样更直观地表现构造线是由一点向两端无限延伸的。

3.1.8　实例——五角星

利用直线命令中的两点线绘制方式，采用极坐标和相对坐标绘制如图 3-21 所示的五角星。

视频讲解

操作步骤：

（1）准备绘图：单击“快速访问工具栏”中的“新建文档”按钮，建立一个新的图形文件。

（2）绘制图形：单击“常用”选项卡“绘图”面板中的“直线”按钮，设置立即菜单如图 3-22 所示。

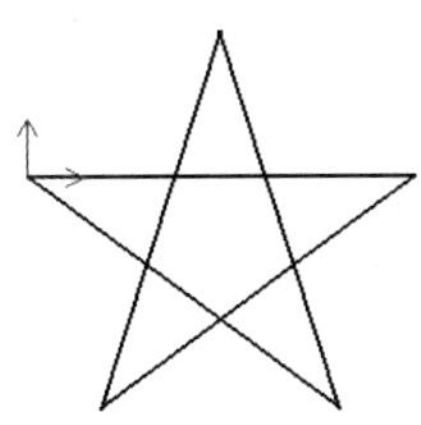

图 3-21　五角星

1. 两点线　2. 连续

图 3-22　直线命令立即菜单

命令行提示：

```
第一点：0,0
第二点：@40,0
第二点：@40<-144
第二点：@40<72
第二点：@40<-72
第二点：0,0
```

完成五角星的绘制，最后结果如图 3-21 所示。

注意：极坐标的角度是指从 X 正半轴开始，逆时针旋转为正，顺时针旋转为负。

Note

3.2 绘制平行线

1. 执行方式

☑ 命令行：ll。

☑ 菜单栏：选择菜单栏中的“绘图”→“平行线”命令。

☑ 工具栏：单击“绘图工具”工具栏中的“平行线”按钮。

☑ 选项卡：单击“常用”选项卡“绘图”面板中的“平行线”按钮。

2. 立即菜单选项说明

单击“绘图”面板中的“平行线”按钮。进入绘制平行线命令后，在屏幕左下角的操作提示区出现如图 3-23 所示的绘制平行线的立即菜单，单击立即菜单 1 可以选择绘制平行线的两种方式，即偏移方式和两点方式；单击立即菜单 2，该项内容由“单向”变为“双向”。下面分别举例进行介绍。

视频讲解

【例 3-8】以“偏移方式”绘制平行线。

操作步骤：

（1）打开源文件，启动绘制平行线命令后，则在绘图区左下角弹出绘制平行线的立即菜单。

（2）在立即菜单 1 中选择“偏移方式”选项，2 中选择“双向”选项。

（3）按照系统提示，单击已知直线，然后在操作提示区输入偏移的距离值或拖曳生成的平行线到所需位置处单击确定即可，如图 3-24 所示。

注意：若在立即菜单 2 中选择“单向”选项，平行线只在光标的偏移方向上出现其中一条。

视频讲解

【例 3-9】以“两点方式”绘制平行线。

操作步骤：

（1）打开源文件，启动绘制平行线命令后，将在绘图区左下角弹出绘制平行线的立即菜单。

（2）在立即菜单 1 中选择“两点方式”选项，2 中选择“点方式”选项，3 中选择“到点”选项。

（3）按照系统提示，单击图 3-25（a）中的直线 L1，系统提示输入平行线起点，这时按空格键，弹出工具点菜单，然后选择“端点”选项，单击图 3-25（a）中的直线 L2 的上半部，平行线的起点自动锁定在 L2 的上端点处；移动光标，系统提示输入直线的终点或长度，输入长度“90”，按 Enter 键。此时，屏幕上将出现如图 3-25（b）所示的平行线。

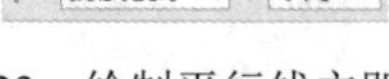

1.偏移方式 2.单向

图 3-23 绘制平行线立即菜单

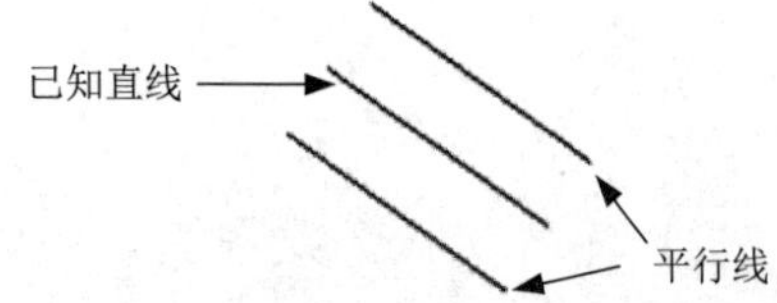

图 3-24 以偏移方式绘制直线的平行线

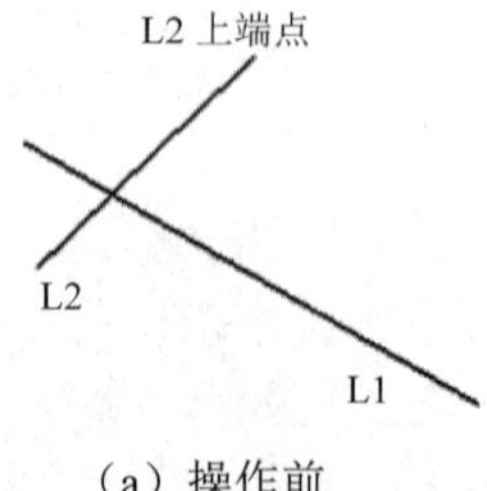

（a）操作前

L2 上端点
平行线
L2
L1

（b）操作后

图 3-25 过 L2 线的上端点绘制直线 L1 的平行线

3.3　绘　制　圆

Note

1. 执行方式

☑　命令行：circle。

☑　菜单栏：选择菜单栏中的“绘图”→“圆”命令。

☑　工具栏：单击“绘图工具”工具栏中的“圆”按钮⊙。

☑　选项卡：单击“常用”选项卡“绘图”面板中的“圆”按钮⊙。

2. 立即菜单选项说明

单击“绘图”面板中的“圆”按钮⊙，进入绘制圆命令后，在屏幕左下角的操作提示区出现绘制圆的立即菜单，单击立即菜单 1 可选择绘制圆的不同方式（见图 3-26）；单击立即菜单 2，该项内容由“直径”变为“半径”，“直径”表示用户通过键盘输入的值为直径；单击立即菜单 3，该项内容由“无中心线”变为“有中心线”；单击立即菜单 4 可以输入中心线的延伸长度。CAXA CAD 电子图板提供了 4 种绘制圆的方式，即圆心_半径方式、两点方式、三点方式、两点_半径方式。下面分别举例进行介绍。

图 3-26　绘制圆的立即菜单

3.3.1　已知圆心、半径绘制圆

【例 3-10】已知圆心、半径绘制圆。

操作步骤：

（1）启动绘制圆命令后，将在绘图区左下角弹出绘制圆的立即菜单。

（2）在立即菜单 1 中选择“圆心_半径”选项，2 中选择“半径”选项，如图 3-27 所示。

（3）在操作提示区输入圆的圆心点坐标（0,0），屏幕上会生成一个圆心固定、半径由鼠标拖曳改变的动态圆，这时系统提示输入圆的半径，在操作提示区输入“30”，然后按 Enter 键完成绘制，得到的圆如图 3-28 所示。

视频讲解

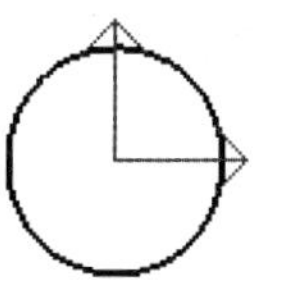

图 3-27　绘制圆的立即菜单

图 3-28　圆

3.3.2　绘制两点圆

【例 3-11】绘制两点圆。

操作步骤：

（1）打开源文件，启动绘制圆命令后，将在绘图区左下角弹出绘制圆的立即菜单。

视频讲解

Note

（2）在立即菜单 1 中选择“两点”选项。

（3）系统提示输入圆的第一点的坐标，按空格键，在工具点菜单中选择“端点”选项，单击图 3-29（a）中直线 L1 的左下部分，这时一个以光标点与该图中直线 L1 的左下端点为直径的动态圆出现在屏幕上；系统提示输入第二点的坐标，再次按空格键，在工具点菜单中选择“端点”选项，单击图 3-29（a）中直线 L1 的右上部分。这时，一个以直线 L1 的两端点为直径的圆绘制完成，如图 3-29（b）所示。

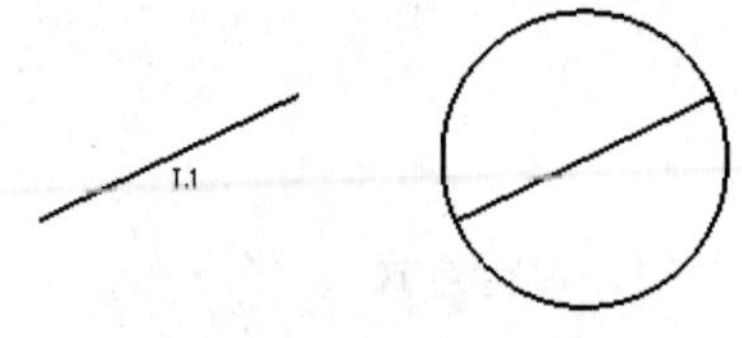

（a）操作前　（b）操作后

图 3-29　绘制两点圆

3.3.3　绘制三点圆

视频讲解

【例 3-12】绘制三点圆。

操作步骤：

（1）打开源文件，启动绘制圆命令后，将在绘图区左下角弹出绘制圆的立即菜单。

（2）在立即菜单 1 中选择“三点”选项。

（3）绘制如图 3-30（a）所示图形的内切圆。系统提示输入圆的第一点的坐标，按空格键，在工具点菜单中选择“切点”选项，单击图 3-30（a）中三角形的任一条边；系统提示输入第二点，再次按空格键，并在工具点菜单中选择“切点”选项，单击该图中三角形的另一条边，这时屏幕上会生成一个与边相切且过光标点的动态圆；系统提示输入第三点，再次按空格键，并在工具点菜单中选择“切点”选项，单击三角形的第三条边。这时，屏幕上会生成一个与三条边均相切的内接圆，如图 3-30（b）所示。

（4）绘制外接圆。重复步骤（1）～（2）；系统提示输入圆的第一点的坐标，按空格键，在工具点菜单中选择“交点”选项，单击图 3-30（b）中三角形的任意一个顶点；系统提示输入任意第二点，再次按空格键，并在工具点菜单中选择“交点”选项，单击图 3-30（b）中三角形的另一个顶点，这时屏幕上会生成一个过两个顶点和光标点的动态圆；系统提示输入第三点，再次按空格键，并在工具点菜单中选择“交点”选项，单击三角形的第三个顶点。这时，屏幕上会生成一个过 3 个顶点的外接圆，如图 3-30（b）所示。

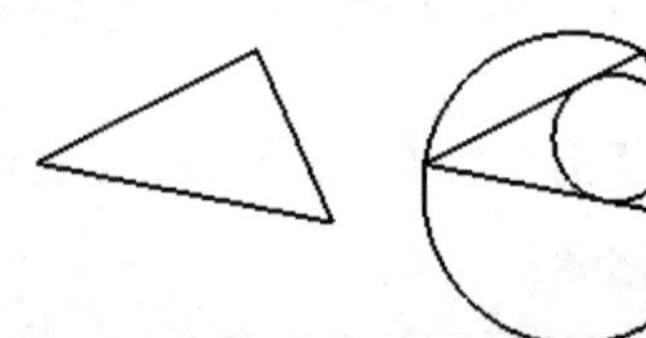
（a）操作前　（b）操作后

图 3-30　利用“三点”方式绘制三角形的内切圆和外接圆

3.3.4　已知两点、半径绘制圆

视频讲解

【例 3-13】已知两点、半径绘制圆。

操作步骤：

（1）打开源文件，启动绘制圆命令后，将在绘图区左下角弹出绘制圆的立即菜单。

（2）在立即菜单 1 中选择“两点_半径”选项。

（3）系统提示输入圆的第一点的坐标，按空格键，在工具点菜单中选择“切点”选项，单击图 3-31（a）中∠AOB 的任意一条边；系统提示输入第二点，再次按空格键，并在工具点菜单中选择“切点”选项，单击图 3-31（a）中∠AOB 的另一条边，这时屏幕上会生成一个与两边均相切且过光标点的动态圆；系统提示输入第三点或圆的半径，在操作提示区输入“70”。这时，屏幕上将生成如

Note

图 3-31（b）所示的圆。

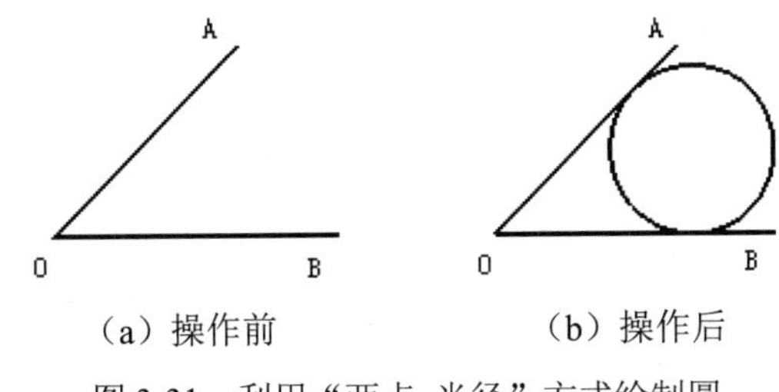

（a）操作前　　（b）操作后

图 3-31　利用“两点_半径”方式绘制圆

3.3.5　实例——连环圆

视频讲解

首先采用“圆心_半径”方式绘制圆 A；然后采用“三点”方式绘制圆 B；接着采用“两点”方式绘制圆 C；再采用“两点_半径”方式绘制圆 D；最后采用“三点”方式绘制圆 E。绘制结果如图 3-32 所示。

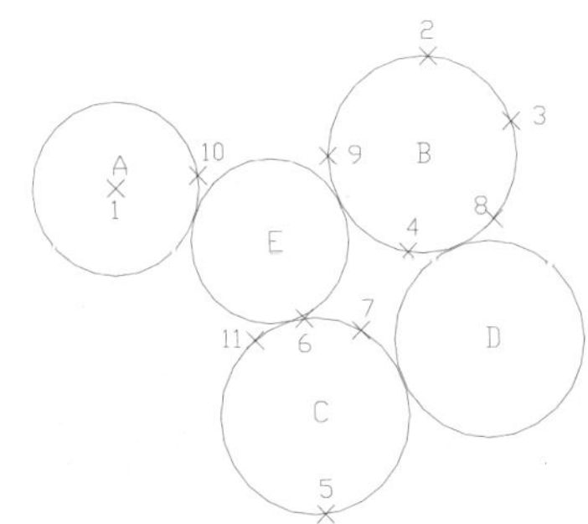

图 3-32　连环圆

操作步骤：

（1）准备绘图。单击快速访问工具栏中的“新建文档”按钮，建立一个新的图形文件。

（2）绘制圆 A。单击“常用”选项卡“绘图”面板中的“圆”按钮，设置立即菜单如图 3-33 所示。

命令行提示：

```
圆心点：150,160↙(见图 3-32 中的点 1)
输入半径或圆上一点：40↙(画出如图 3-32 所示的圆 A)
```

（3）绘制圆 B。单击“常用”选项卡“绘图”面板中的“圆”按钮，设置立即菜单如图 3-34 所示。

1. 圆心_半径　2. 直径　3. 无中心线

图 3-33　圆命令立即菜单 1

1. 三点　2. 无中心线

图 3-34　圆命令立即菜单 2

命令行提示：

```
第一点：300,220↙(见图 3-32 中的点 2)
第二点：340,190↙(见图 3-32 中的点 3)
第三点：290,130↙(见图 3-32 中的点 4)(画出如图 3-32 所示的圆 B)
```

Note

（4）绘制圆 C。单击“常用”选项卡“绘图”面板中的“圆”按钮⊙，设置立即菜单如图 3-35 所示。

命令行提示：

> 第一点：250,10↙（见图 3-32 中的点 5）
> 第二点：240,100↙（见图 3-32 中的点 6）（画出如图 3-32 所示的圆 C）

（5）绘制圆 D。单击“常用”选项卡“绘图”面板中的“圆”按钮⊙，设置立即菜单如图 3-36 所示。

命令行提示：

> 第一点：（按空格键，在工具点菜单中选择“切点”）（在图 3-32 中的点 7 附近选中圆 C）
> 第二点：（按空格键，在工具点菜单中选择“切点”）（在图 3-32 中的点 8 附近选中圆 B）
> 第三点（半径）：45↙（画出如图 3-32 所示的圆 D）

（6）绘制圆 E。单击“常用”选项卡“绘图”面板中的“圆”按钮⊙，设置立即菜单如图 3-37 所示。

1. 两点 2. 无中心线

图 3-35　圆命令立即菜单 3

1. 两点_半径 2. 无中心线

图 3-36　圆命令立即菜单 4

1. 三点 2. 无中心线

图 3-37　圆命令立即菜单 5

命令行提示：

> 第一点：（按空格键，在工具点菜单中选择“切点”）（相切到图 3-32 中的点 9）
> 第二点：（按空格键，在工具点菜单中选择“切点”）（相切到图 3-32 中的点 10）
> 第三点：（按空格键，在工具点菜单中选择“切点”）（相切到图 3-32 中的点 11）（画出如图 3-32 所示的圆 E）

3.4　绘制圆弧

1. 执行方式

☑ 命令行：arc。
☑ 菜单栏：选择菜单栏中的“绘图”→“圆弧”命令。
☑ 工具栏：单击“绘图工具”工具栏中的“圆弧”按钮⌒。
☑ 选项卡：单击“常用”选项卡“绘图”面板中的“圆弧”按钮⌒。

2. 立即菜单选项说明

单击“绘图”面板中的“圆弧”按钮⌒，进入绘制圆弧命令后，在屏幕左下角的操作提示区出现绘制圆弧的立即菜单，单击立即菜单 1 可选择绘制圆弧的不同方式，如图 3-38 所示。

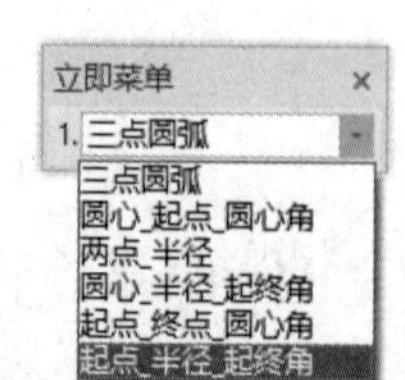

图 3-38　绘制圆弧的立即菜单

CAXA CAD 电子图板提供了 6 种绘制圆弧的方式，即三点圆弧、圆心_起点_圆心角、两点_半径、圆心_半径_起终角、起点_终点_圆心角、起点_半径_起终角。下面举例进行介绍。

3.4.1 通过三点绘制圆弧

【例 3-14】通过三点绘制圆弧。

操作步骤：

（1）打开源文件，启动绘制圆弧命令后，在绘图区左下角将弹出绘制圆弧的立即菜单。

（2）在立即菜单 1 中选择“三点圆弧”选项。

（3）系统提示输入圆的第一点的坐标，按空格键，在工具点菜单中选择“端点”选项，单击如图 3-39（a）所示的∠AOB 的 AO 边的右上半部分；系统提示输入第二点，再次按空格键并在工具点菜单中选择“交点”选项，单击∠AOB 的顶点 O，这时屏幕上会生成一个过点 A、点 O 和光标点的动态圆弧；系统提示输入第三点，按空格键，在工具点菜单中选择“端点”选项，单击∠AOB 的 OB 边的右半部分。此时，绘制完成的圆弧如图 3-39（b）所示。

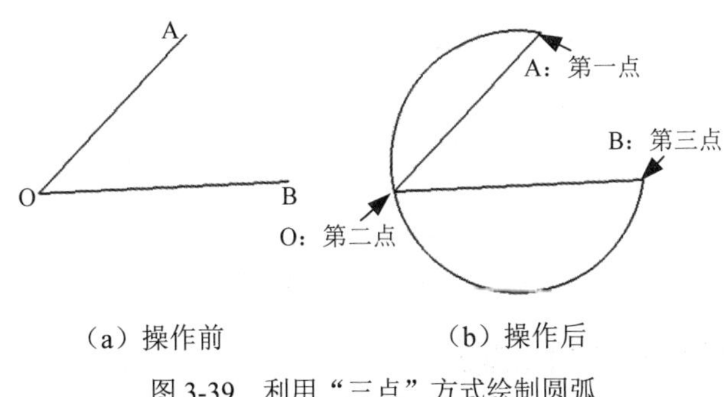

图 3-39 利用“三点”方式绘制圆弧

注意：本例中，A、O、B 三点选择的顺序不同，绘制的圆弧也就不同。如果将点 A 选作第一点，点 B 选作第二点，点 O 选作第三点，则绘制的圆弧如图 3-40 所示。

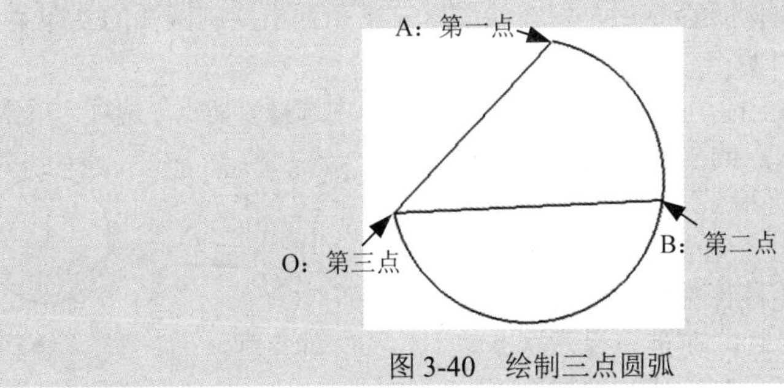

图 3-40 绘制三点圆弧

3.4.2 已知圆心、起点、圆心角绘制圆弧

【例 3-15】已知圆心、起点、圆心角绘制圆弧。

操作步骤：

（1）打开源文件，启动绘制圆弧命令后，在绘图区左下角将弹出绘制圆弧的立即菜单。

（2）在立即菜单 1 中选择“圆心_起点_圆心角”选项。

（3）系统提示输入圆心的坐标，单击图 3-41（a）中的点 O 所在的位置；系统提示输入圆弧的起点，单击图 3-41（a）中的点 A 所在的位置，这时屏幕上会生成一个以点 O 为圆心，以点 A 为起点，终点由鼠标拖曳改变的动态圆弧；系统提示输入圆弧的角度，在操作提示区输入“300”。这时，

Note

圆弧绘制完成，结果如图 3-41（b）所示。

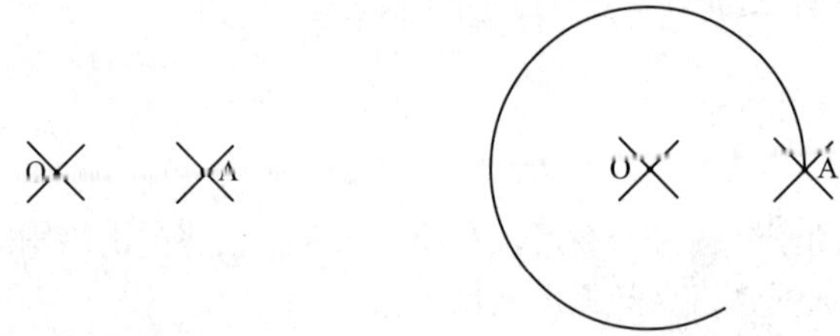

（a）操作前　　（b）操作后

图 3-41　已知圆心、起点、圆心角绘制圆弧

注意：CAXA CAD 电子图板中的圆弧以逆时针方向为正，如果在上述步骤（3）中输入的圆弧角度为-300°，则绘制的圆弧如图 3-42 所示。

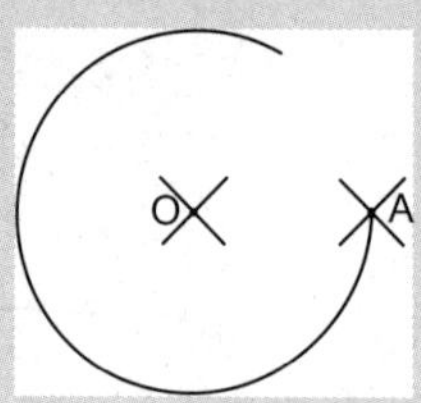

图 3-42　绘制角度为-300°的圆弧

3.4.3　已知两点和半径绘制圆弧

视频讲解

【例 3-16】已知两点和半径绘制圆弧。

操作步骤：

（1）打开源文件，启动绘制圆弧命令后，将在绘图区左下角弹出绘制圆弧的立即菜单。

（2）在立即菜单 1 中选择“两点_半径”选项。

（3）系统提示输入第一点的坐标，按空格键，在工具点菜单中选择“切点”选项，单击图 3-43（a）中左侧的圆；系统提示输入第二点的坐标，再次按空格键，在工具点菜单中选择“切点”选项，单击图 3-43（a）中右侧的圆，屏幕上会生成一段起点和终点固定（与两圆相切），半径由鼠标拖曳改变的动态圆弧；移动鼠标使圆弧成凹形时，在操作提示区输入圆弧半径“30”。这时，圆弧绘制完成，结果如图 3-43（b）所示。

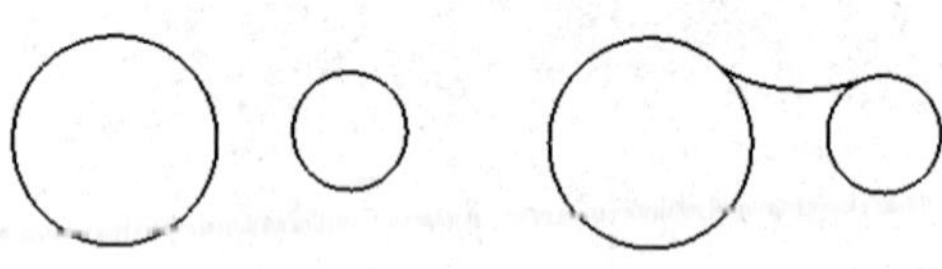
（a）操作前　　（b）操作后

图 3-43　利用“两点_半径”方式绘制圆弧

注意：如果在上述步骤（3）中移动光标使圆弧成凸形，并在操作提示区输入圆弧半径“30”，则绘制完成的圆弧如图 3-44 所示。

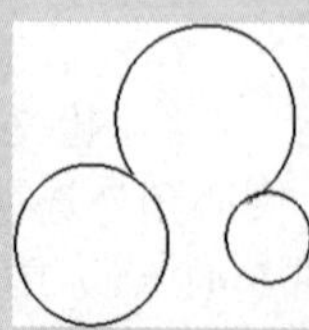
图 3-44　利用“两点_半径”方式绘制凸圆弧

视频讲解

3.4.4　已知圆心、半径、起终角绘制圆弧

【例 3-17】已知圆心、半径、起终角绘制圆弧。

操作步骤：

（1）打开源文件，启动绘制圆弧命令后，在绘图区左下角弹出绘制圆弧的立即菜单。

（2）在立即菜单 1 中选择“圆心_半径_起终角”选项，输入其余立即菜单中的值如图 3-45 所示。

图 3-45　利用“圆心_半径_起终角”方式绘制圆弧的立即菜单

（3）系统提示输入圆心点的坐标，按空格键，在工具点菜单中选择“圆心”选项，单击如图 3-46（a）所示的 ϕ10 的圆，屏幕上将生成如图 3-46（b）所示的圆弧。

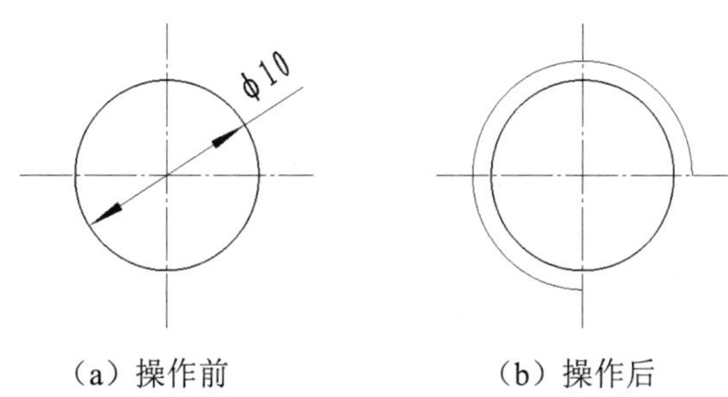

（a）操作前　　　　（b）操作后

图 3-46　利用“圆心_半径_起终角”方式绘制圆弧

3.4.5　已知起点、终点、圆心角绘制圆弧

视频讲解

【例 3-18】已知起点、终点、圆心角绘制圆弧。

操作步骤：

（1）启动绘制圆弧命令后，将在绘图区左下角弹出绘制圆弧的立即菜单。

（2）在立即菜单 1 中选择“起点_终点_圆心角”选项，在 2 中输入圆弧的圆心角，如图 3-47 所示。

图 3-47　利用“起点_终点_圆心角”方式绘制圆弧的立即菜单

（3）或用键盘输入圆弧的起点，在屏幕上将会生成一段起点固定、圆心角固定的圆弧，拖曳圆弧的终点到合适的位置后单击确定即可。

3.4.6　已知起点、半径、起终角绘制圆弧

视频讲解

【例 3-19】已知起点、半径、起终角绘制圆弧。

操作步骤：

（1）启动绘制圆弧命令后，将在绘图区左下角弹出绘制圆弧的立即菜单。

（2）在立即菜单 1 中选择“起点_半径_起终角”选项，在 2 中输入圆弧半径的值，在 3、4 中分别输入圆弧的起始角、终止角，如图 3-48 所示。

1. 起点_半径_起终角 2.半径= 30 3.起始角= 0 4.终止角= 60

图 3-48 利用“起点_终点_圆心角”方式绘制圆弧的立即菜单

（3）输入上述条件后，就会生成一段符合上述条件的圆弧，拖曳圆弧的起点到合适的位置处单击确定即可。

Note

视频讲解

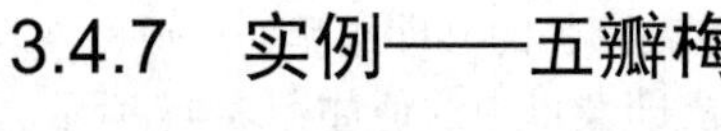

3.4.7 实例——五瓣梅

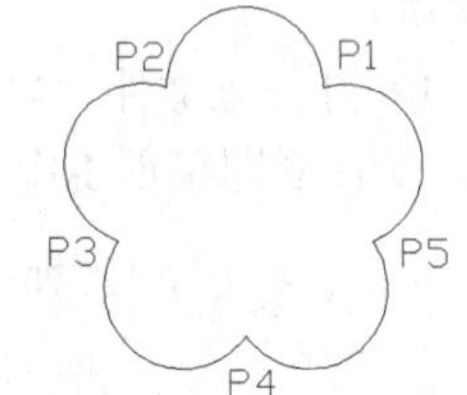

图 3-49 圆弧组成的梅花图案

首先利用圆弧命令中的“两点_半径”方式绘制第一段圆弧，然后采用“起点_终点_圆心角”方式绘制其余的 4 段圆弧，结果如图 3-49 所示。

操作步骤：

1. 准备绘图

单击快速访问工具栏中的“新建文档”按钮，建立一个新的图形文件。

2. 绘制第一段圆弧

单击“常用”选项卡“绘图”面板中的“圆弧”按钮，设置立即菜单如图 3-50 所示。

命令行提示：

```
第一点：140,110↙（见图 3-49 中的 P1）
第二点：@40<180↙（见图 3-49 中的 P2）
第三点（半径）：20↙
```

3. 绘制第二段圆弧

单击“常用”选项卡“绘图”面板中的“圆弧”按钮，设置立即菜单如图 3-51 所示。

1. 两点_半径

图 3-50 圆弧命令立即菜单 1

1. 起点_终点_圆心角 2.圆心角: 180

图 3-51 圆弧命令立即菜单 2

命令行提示：

```
起点：（指定刚才绘制圆弧的端点 P2）
拾取终点：@40<252↙（见图 3-49 中的 P3）
```

4. 绘制第三段圆弧

单击“常用”选项卡“绘图”面板中的“圆弧”按钮，设置立即菜单如图 3-51 所示。

命令行提示：

```
起点：（指定刚才绘制圆弧的端点 P3）
拾取终点：@40<324↙（见图 3-49 中的 P4）
```

5. 绘制第四段圆弧

单击“常用”选项卡“绘图”面板中的“圆弧”按钮，设置立即菜单如图 3-51 所示。

命令行提示：

```
起点：（指定刚才绘制圆弧的端点 P4）
拾取终点：@40<396↙（见图 3-49 中的 P5）
```

6. 绘制第五段圆弧

单击“常用”选项卡“绘图”面板中的“圆弧”按钮，设置立即菜单如图 3-51 所示。

命令行提示：

```
起点：(指定刚才绘制圆弧的端点 P5)
拾取终点：(指定刚才绘制圆弧的端点 P1)
```

3.5 绘制点

CAXA CAD 电子图板可以生成孤立点实体，该点既可作为点实体绘图输出，也可用于绘图中的定位捕捉。

1. 执行方式

☑ 命令行：point。

☑ 菜单栏：选择菜单栏中的“绘图”→“点”命令。

☑ 工具栏：单击“绘图工具”工具栏中的“点”按钮▫。

☑ 选项卡：单击“常用”选项卡“绘图”面板中的“点”按钮▫。

2. 立即菜单选项说明

单击“绘图”面板中的“点”按钮，启动绘制点命令后，将在屏幕左下角的操作提示区出现绘制点的立即菜单，单击立即菜单 1 可转换绘制点的不同方式。下面分别进行介绍。

3.5.1 绘制孤立点

视频讲解

【例 3-20】绘制孤立点。

操作步骤：

(1) 启动绘制点命令后，将在绘图区左下角弹出绘制点的立即菜单。

(2) 在立即菜单 1 中选择“孤立点”选项。

(3) 直接单击所需孤立点的位置，或输入孤立点的坐标即可生成孤立点（也可用工具点菜单绘制曲线的特征点）。

3.5.2 绘制等分点

视频讲解

【例 3-21】绘制等分点。

操作步骤：

(1) 打开源文件，启动绘制点命令后，将在绘图区左下角弹出绘制点的立即菜单。

(2) 在立即菜单 1 中选择“等分点”选项，在 2 中输入曲线将被等分的份数。

(3) 单击需要等分的曲线即可。图 3-52 为绘制等分点的图例。

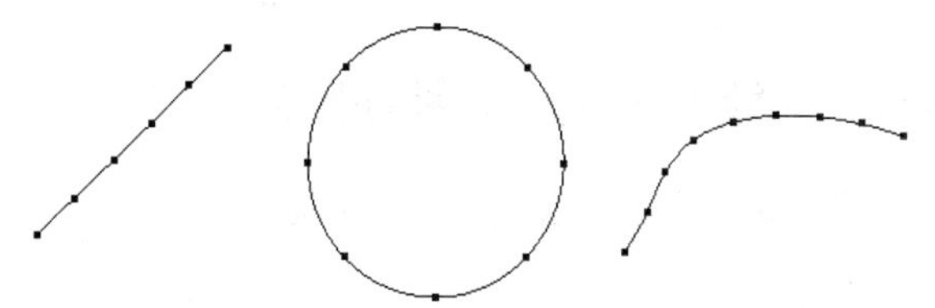

图 3-52　绘制等分点的图例

3.5.3 绘制等距点

Note

视频讲解

【例 3-22】绘制等距点。

操作步骤：

（1）打开源文件，启动绘制点命令后，将在绘图区左下角弹出绘制点的立即菜单。

（2）在立即菜单 1 中选择“等距点”选项，在 2 中选择“指定弧长”选项，在 3 中输入每一份的弧长度，在 4 中输入等分的份数，如图 3-53 所示。

1.等距点 2.指定弧长 3.弧长 7 4.等分数 5

图 3-53　绘制等弧长点的立即菜单

（3）系统提示拾取要等分的曲线，这时单击图 3-54（a）中的曲线，接着系统提示拾取起始点，按空格键，在工具点菜单中选择“端点”选项，单击图 3-54（a）中曲线的左半部分，再根据绘图区出现的提示箭头选择等分方向为“向右”，即可绘制出曲线的等弧长点。绘制结果如图 3-54（b）所示。

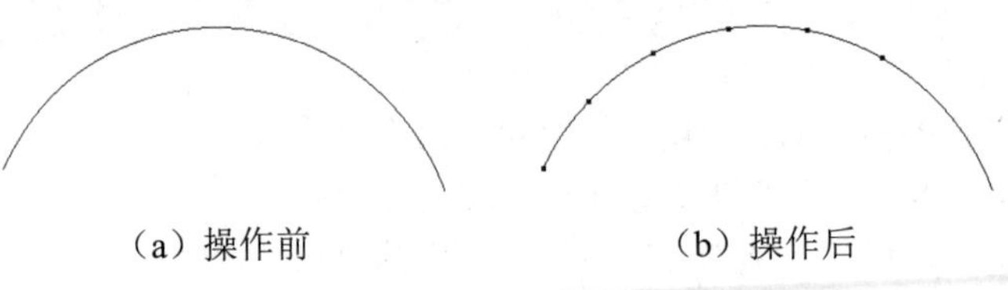

（a）操作前　　（b）操作后

图 3-54　绘制等弧长点的图例

3.6 绘制椭圆

1. 执行方式

☑ 命令行：ellipse。

☑ 菜单栏：选择菜单栏中的“绘图”→“椭圆”命令。

☑ 工具栏：单击“绘图工具”工具栏中的“椭圆”按钮。

☑ 选项卡：单击“常用”选项卡“绘图”面板中的“椭圆”按钮。

2. 立即菜单选项说明

单击“绘图”面板中的“椭圆”按钮，进入绘制椭圆命令后，将在屏幕左下角的操作提示区出现绘制椭圆的立即菜单，单击立即菜单 1 可选择绘制椭圆的不同方式，如图 3-55 所示。下面分别进行介绍。

图 3-55　选择绘制椭圆的不同方式

3.6.1 给定长短轴绘制椭圆

视频讲解

【例 3-23】给定长短轴绘制椭圆。

操作步骤：

（1）启动绘制椭圆命令后，将在绘图区左下角弹出绘制椭圆的立即菜单。

（2）在立即菜单 1 中选择“给定长短轴”选项，在 2 中输入“长半轴”的长度值，在 3 中输入

"短半轴"的长度值，在 4 中输入旋转角度值，在 5 中输入起始角度值，在 6 中输入终止角度值。

（3）输入上述条件后，就会生成一段符合上述条件的椭圆（弧），拖曳椭圆（弧）的中心点到合适的位置后单击确定即可。

3.6.2　通过轴上两点绘制椭圆

【例 3-24】通过轴上两点绘制椭圆。

操作步骤：

（1）启动绘制椭圆命令后，将在绘图区左下角弹出绘制椭圆的立即菜单。

（2）在立即菜单 1 中选择"轴上两点"选项。

（3）按屏幕提示的要求或键盘输入椭圆轴的两个端点，屏幕上会生成一个一轴固定、另一轴随鼠标拖曳而改变的动态椭圆，拖曳椭圆的未定轴到合适的长度单击确定，或输入未定轴的半轴长度即可。

注意：未定轴的半轴长度等于光标点到椭圆中心点的距离。

3.6.3　通过中心点和起点绘制椭圆

【例 3-25】通过中心点和起点绘制椭圆。

操作步骤：

（1）启动绘制椭圆命令后，将在绘图区左下角弹出绘制椭圆的立即菜单。

（2）在立即菜单 1 中选择"中心点_起点"选项。

（3）按屏幕提示的要求或键盘输入椭圆的中心点和一个轴的一个端点，屏幕上会生成一段一轴固定、另一轴随鼠标拖曳而改变的动态椭圆，拖曳椭圆的未定轴到合适的长度单击确定，或输入未定轴的半轴长度即可。

注意：未定轴的半轴长度等于光标点到椭圆中心点的距离。

3.7　绘 制 矩 形

1. 执行方式

- ☑　命令行：rect。
- ☑　菜单栏：选择菜单栏中的"绘图"→"矩形"命令。
- ☑　工具栏：单击"绘图工具"工具栏中的"矩形"按钮□。
- ☑　选项卡：单击"常用"选项卡"绘图"面板中的"矩形"按钮□。

2. 立即菜单选项说明

单击"绘图"面板中的"矩形"按钮□，进入绘制矩形命令后，将在屏幕左下角的操作提示区出现绘制矩形的立即菜单，单击立即菜单 1 可选择绘制矩形的不同方式。下面分别进行介绍。

3.7.1　通过两角点绘制矩形

【例 3-26】通过两角点绘制矩形。

操作步骤：

（1）启动绘制矩形的命令后，将在绘图区左下角弹出绘制矩形的立即菜单。

（2）在立即菜单 1 中选择“两角点”选项，在 2 中选择“有中心线”选项，在 3 中输入中心线延伸长度值，如图 3-56 所示。

（3）按屏幕提示的要求或键盘输入矩形的“第一角点”与“第二角点”即可。图 3-57 为用以上步骤和参数绘制的矩形。

Note

图 3-56　以“两角点”方式绘制矩形的立即菜单

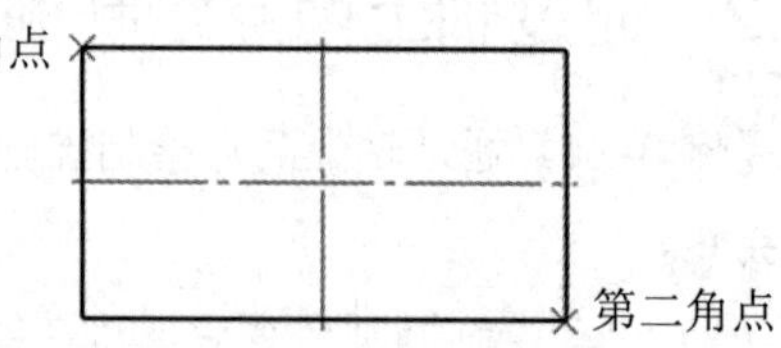

图 3-57　以“两角点”方式绘制的矩形

3.7.2　已知长度和宽度绘制矩形

视频讲解

【例 3-27】已知长度和宽度绘制矩形。

操作步骤：

（1）启动绘制矩形命令后，将在绘图区左下角弹出绘制矩形的立即菜单。

（2）在立即菜单 1 中选择“长度和宽度”选项，2 中选择“中心定位”选项，3 中输入矩形的角度值，4 和 5 中分别输入矩形的长度和宽度值，6 中选择“有中心线”选项，7 中输入中心线的延伸长度值，如图 3-58 所示。

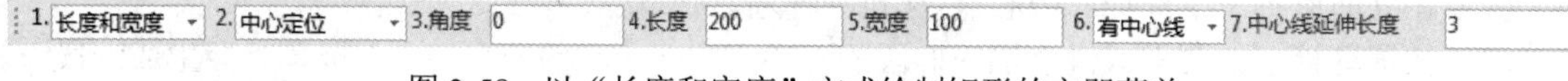

图 3-58　以“长度和宽度”方式绘制矩形的立即菜单

（3）给定上述参数后，屏幕上将出现一个由上述给定参数生成的动态矩形，系统提示输入矩形的定位点。按系统提示的要求用鼠标或用键盘输入矩形的定位点即可（本例中，用键盘输入矩形的定位点为（0,0））。图 3-59 为用上述步骤和参数绘制的矩形。

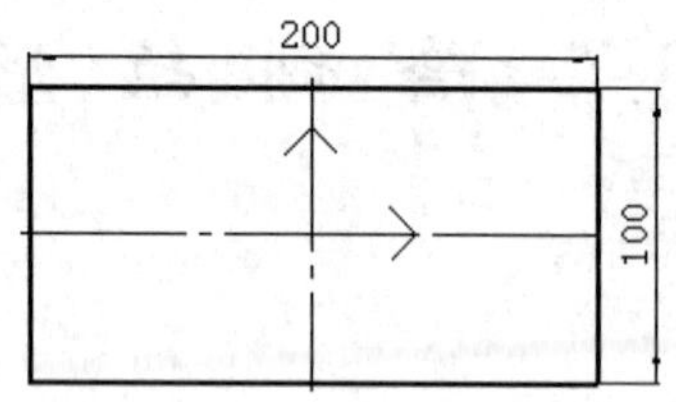

图 3-59　以“长度和宽度”方式绘制的矩形

视频讲解

3.7.3　实例——螺栓

首先利用矩形命令中的“长度和宽度”方式绘制螺栓的头部矩形，然后采用“两角点”方式绘制螺杆矩形，再利用直线命令绘制直线，最后修改图形的图层，结果如图 3-60 所示。

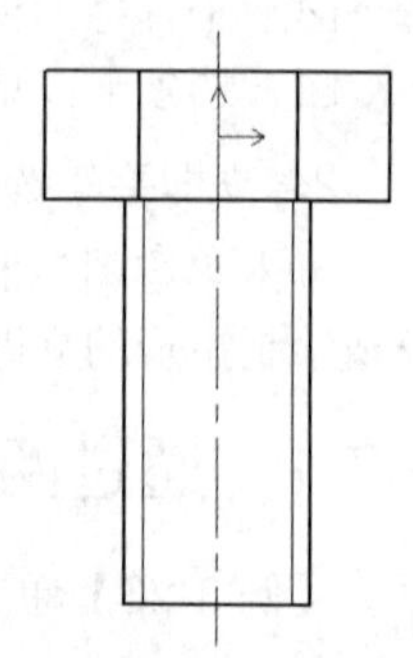
图 3-60　绘制螺栓

操作步骤：

1．准备绘图

单击快速访问工具栏中的“新建文档”按钮□，建立一个新的图形文件。

Note

2. 绘制螺栓头部矩形

单击“常用”选项卡“绘图”面板中的“矩形”按钮，设置立即菜单如图 3-61 所示。

1. 长度和宽度　2. 中心定位　3.角度 0　4.长度 18.5　5.宽度 6.4　6. 无中心线

图 3-61　矩形命令立即菜单 1

命令行提示：

```
定位点：0,0↙
```

3. 绘制螺杆矩形

单击“常用”选项卡“绘图”面板中的“矩形”按钮，设置立即菜单如图 3-62 所示。

命令行提示：

```
第一角点：-5,-3.2↙
另一角点：5,-23.2↙
```

4. 绘制直线

单击“常用”选项卡“绘图”面板中的“直线”按钮，设置立即菜单如图 3-63 所示。

1. 两角点　2. 无中心线

图 3-62　矩形命令立即菜单 2

1. 两点线　2. 单根

图 3-63　矩形命令立即菜单 3

命令行提示：

```
第一点：-4.25,3.2
第二点：-4.25,-3.2
```

重复“直线”命令绘制另外 4 条直线，点坐标分别为“(4.25,3.2)、(4.25,−3.2)”“(−4,−3.2)、(−4,−23.2)”“(4,−3.2)、(4,−23.2)”“(0,5.2)、(0,−25.2)”。

5. 切换图层

选择螺杆处的两条内螺纹直线，然后单击“常用”选项卡“特性”面板中的“图层”下拉按钮 粗实，从下拉列表中选择“细实线层”，即可将内螺纹直线改为细实线；采用同样的方法，将中间的线改为中心线，结果如图 3-60 所示。

3.8　绘制正多边形

1. 执行方式

☑ 命令行：polygon。

☑ 菜单栏：选择菜单栏中的“绘图”→“正多边形”命令。

☑ 工具栏：单击“绘图工具”工具栏中的“正多边形”按钮。

☑ 选项卡：单击“常用”选项卡“绘图”面板“矩形”下拉按钮中的“正多边形”按钮。

2. 立即菜单选项说明

单击“绘图”面板中的“正多边形”按钮，进入绘制正多边形命令后，将在屏幕左下角的操作提示区出现绘制正多边形的立即菜单，单击立即菜单 1 可选择绘制正多边形的不同方式。下面分别进行介绍。

Note

视频讲解

3.8.1 以中心定位绘制正多边形

【例 3-28】以中心定位绘制正多边形。

操作步骤：

（1）启动绘制正多边形命令后，将在绘图区左下角弹出绘制正多边形的立即菜单。

（2）在立即菜单 1 中选择“中心定位”选项，2 中选择“给定半径”或“给定边长”选项，3 中选择“内接于圆”或“外切于圆”选项，4 和 5 中分别输入正多边形的边数值和旋转角度值，6 中选择“无中心线”或“有中心线”选项，如图 3-64 所示。

图 3-64　以“中心定位”方式绘制正多边形的立即菜单

（3）在立即菜单项中的内容全部设定完之后，按照系统提示输入一个中心定位点，随后系统又提示输入“圆上一点或内接（或外切）圆半径”，这时输入半径值或输入圆上一点，由立即菜单所决定的内接正六边形被绘制出来，图 3-65（a）和图 3-65（b）分别为以内接和外切方式生成多边形的示意图。

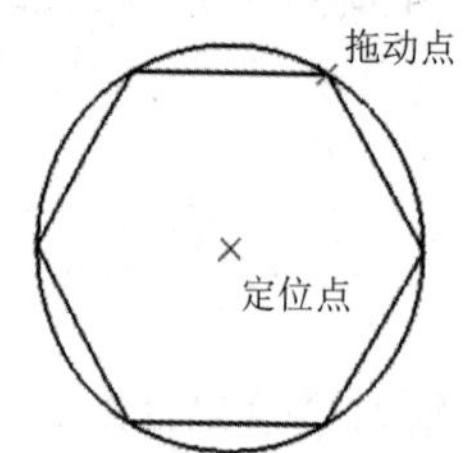

（a）以内接方式生成正多边形

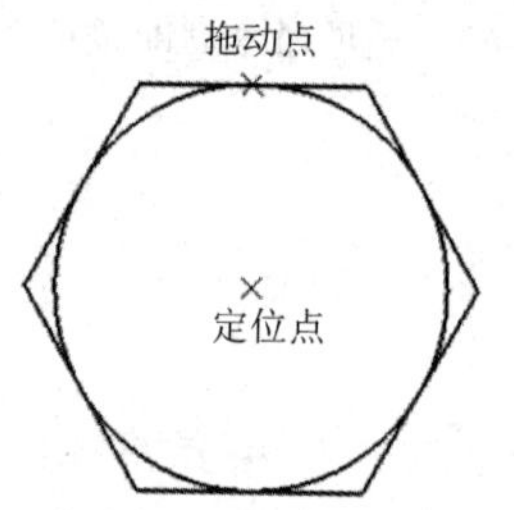

（b）以外切方式生成正多边形

图 3-65　以“中心定位”方式绘制正多边形

3.8.2 以底边定位绘制正多边形

视频讲解

【例 3-29】以底边定位绘制正多边形。

操作步骤：

（1）启动绘制正多边形命令后，将在绘图区左下角弹出绘制正多边形的立即菜单。

（2）在立即菜单 1 中选择“底边定位”选项，2 中输入多边形的边数值，3 中输入正多边形的旋转角度值，4 中选择“无中心线”或“有中心线”选项，如图 3-66 所示。

1. 底边定位	2.边数 6	3.旋转角 0	4. 无中心线

图 3-66　以“底边定位”方式绘制正多边形的立即菜单

（3）在立即菜单项中的内容全部设定完之后，按照系统提示输入第一点，随后系统又提示输入“第二点或边长”，输入第二点或边长后，由立即菜单决定的正六边形被绘制。图 3-67 为以“底边定位”方式绘制正多边形的示意图。

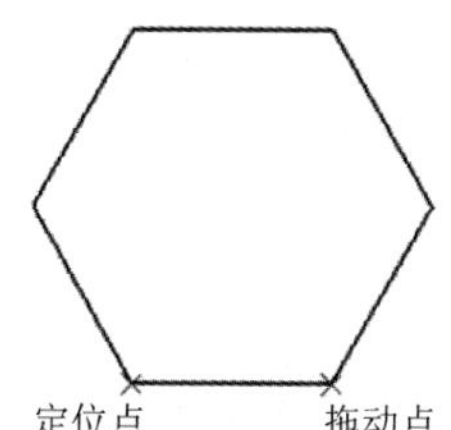

图 3-67　以“底边定位”方式绘制正多边形

视频讲解

3.8.3　实例——螺母

首先利用圆命令绘制两同心圆，然后利用正多边形命令绘制螺母外轮廓，最后利用圆弧命令绘制螺纹，结果如图 3-68 所示。

操作步骤：

1. 绘制圆

将“0 层”设置为当前图层，单击“常用”选项卡“绘图”面板中的“圆”按钮⊙，设置立即菜单如图 3-69 所示。

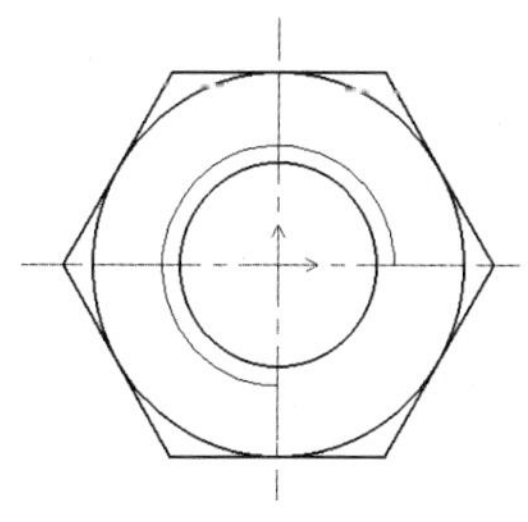

图 3-68　螺母

1. 圆心_半径　2. 直径　3. 有中心线　4.中心线延伸长度　3

图 3-69　圆命令立即菜单

命令行提示：

```
圆心点：0,0↙
输入直径或圆上一点：16↙
输入直径或圆上一点：8.5↙
```

绘制结果如图 3-70 所示。

2. 绘制正多边形

单击“常用”选项卡“绘图”面板中的“正多边形”按钮⬠，设置立即菜单如图 3-71 所示。

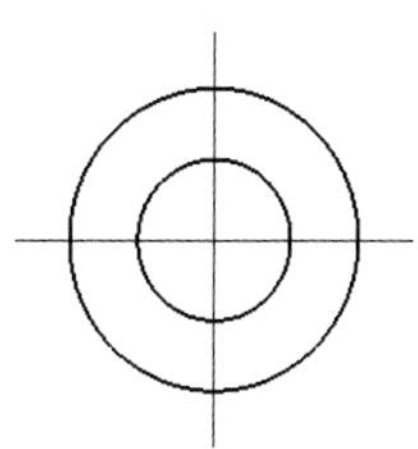

图 3-70　绘制圆

1. 中心定位　2. 给定半径　3. 外切于圆　4.边数　6　5.旋转角　0　6. 无中心线

图 3-71　正多边形命令立即菜单

命令行提示：

```
中心点：0,0↙
圆上点或内切圆半径：8↙
```

Note

绘制结果如图 3-72 所示。

3. 绘制圆

将“细实线层”设置为当前图层，单击“常用”选项卡“绘图”面板中的“圆弧”按钮，设置立即菜单如图 3-73 所示。

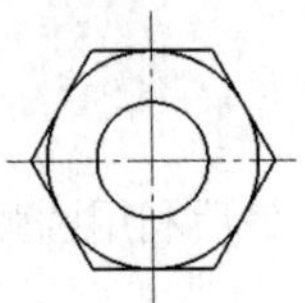

图 3-72　绘制正多边形

1. 圆心_半径_起终角　2.半径= 5　3.起始角= 0　4.终止角= 270

图 3-73　绘制圆弧立即菜单

命令行提示：

```
圆心点：0,0↙
```

绘制结果如图 3-68 所示。

视频讲解

3.9　综合实例——轴承座

首先利用绘图命令中的圆命令、矩形命令和直线命令绘制轴承座的主视图，然后利用直线命令和矩形命令绘制其左视图，结果如图 3-74 所示。具体绘制流程如图 3-75 所示。

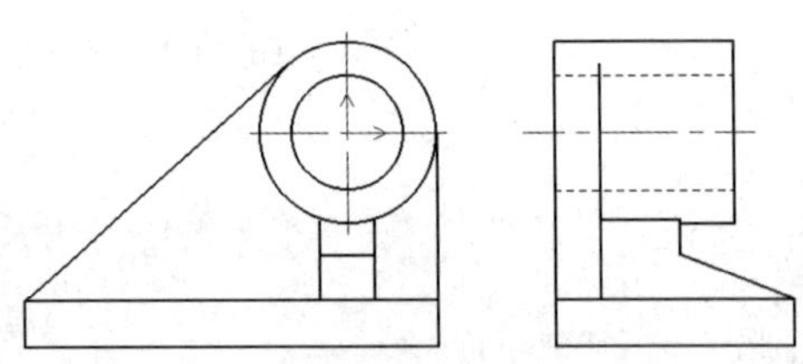

图 3-74　轴承座

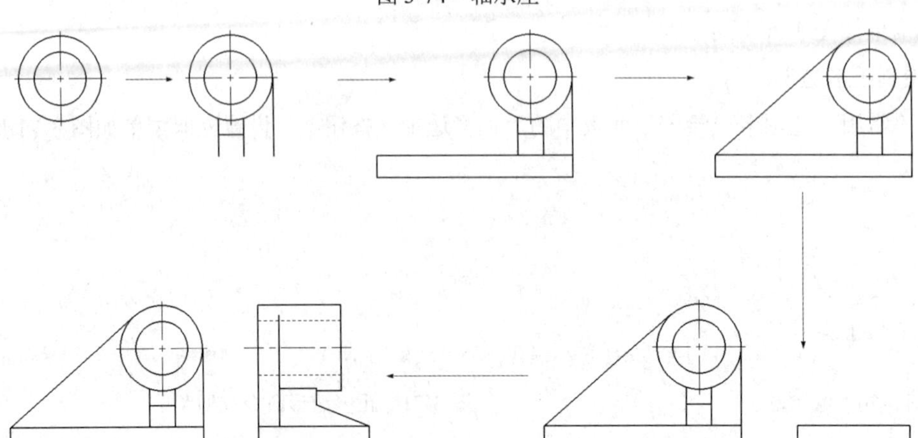

图 3-75　轴承座的绘制流程图

Note

操作步骤：

1. 绘制圆

将“0 层”设置为当前图层，单击“常用”选项卡“绘图”面板中的“圆”按钮⊙，设置立即菜单如图 3-76 所示。

命令行提示：

```
圆心点：0,0↙
输入直径或圆上一点：60↙
输入直径或圆上一点：38↙
```

绘制结果如图 3-77 所示。

1. 圆心_半径　2. 直径　3. 有中心线　4.中心线延伸长度　3

图 3-76　圆命令立即菜单

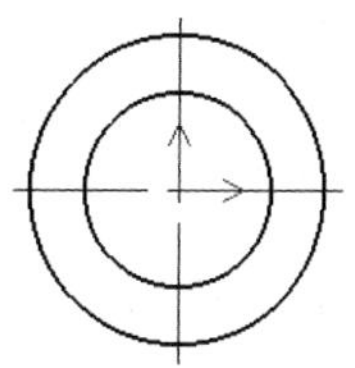

图 3-77　绘制圆

2. 绘制直线

单击“常用”选项卡“绘图”面板中的“直线”按钮，设置立即菜单如图 3-78 所示。

命令行提示：

```
第一点：30,0↙
第二点：30,-55↙
第一点：9,-55↙
第二点：(选择与直径为 60 的圆的交点)
第一点：-9,-55↙
第二点：(选择与直径为 60 的圆的交点)
第一点：-9,-40↙
第二点：9,-40↙
```

绘制结果如图 3-79 所示。

1. 两点线　2. 单根

图 3-78　直线命令立即菜单

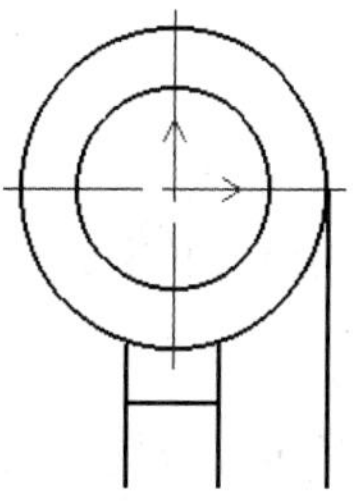

图 3-79　绘制直线

3. 绘制矩形

单击“常用”选项卡“绘图”面板中的“矩形”按钮，设置立即菜单如图 3-80 所示。

命令行提示：

```
定位点：-110,-55↙
```

绘制结果如图 3-81 所示。

Note

1. 长度和宽度 2. 左上角点定位 3.角度 0 4.长度 140 5.宽度 15 6. 无中心线

图 3-80　矩形命令立即菜单

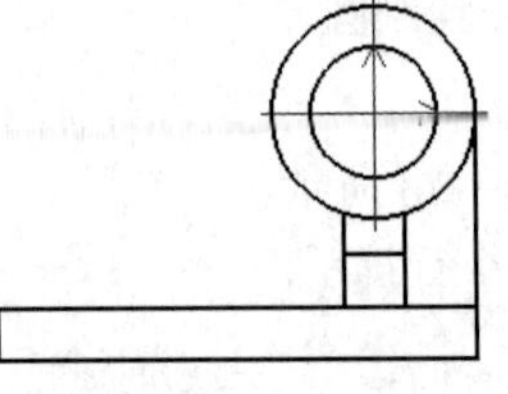

图 3-81　绘制矩形

4. 绘制直线

单击“常用”选项卡“绘图”面板中的“直线”按钮，设置立即菜单如图 3-82 所示。

命令行提示：

```
第一点：-110,-55↙
第二点：（按空格键，在弹出的快捷菜单中选择“切点”选项，然后拾取大圆左侧的切点）
```

绘制结果如图 3-83 所示。

1. 两点线 2. 单根

图 3-82　直线命令立即菜单

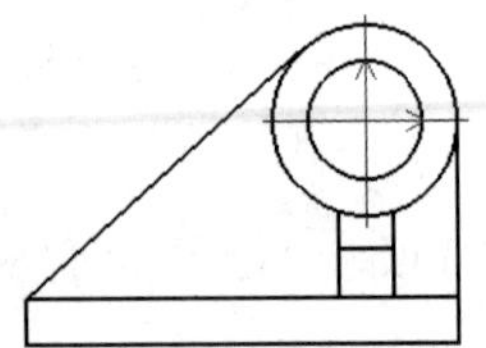

图 3-83　绘制直线

5. 绘制矩形

单击“常用”选项卡“绘图”面板中的“矩形”按钮，设置立即菜单如图 3-84 所示。

命令行提示：

```
定位点：70,-55↙
```

绘制结果如图 3-85 所示。

1. 长度和宽度 2. 左上角点定位 3.角度 0 4.长度 80 5.宽度 15 6. 无中心线

图 3-84　矩形命令立即菜单

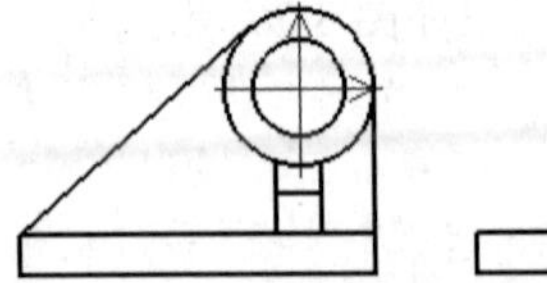

图 3-85　绘制矩形

6. 绘制直线

单击“常用”选项卡“绘图”面板中的“直线”按钮，设置立即菜单如图 3-86 所示。

命令行提示：

```
第一点：70,-55↙
第二点：70,30↙
第二点：130,30↙
第二点：130,-30↙
第二点：112,-30↙
```

重复“直线”命令绘制其他直线，直线点坐标分别为“(150,-55)、(112,-40)”“(112,-28.6)、(85,-28.6)”“(85,-55)、(85,22.75)”“(70,19)、(130,19)”“(70,-19)、(130,-19)”“(60,0)、(137,0)”，并将绘制的直线设置到适当的线层中，结果如图 3-87 所示。

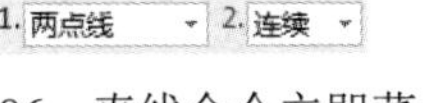

图 3-86　直线命令立即菜单

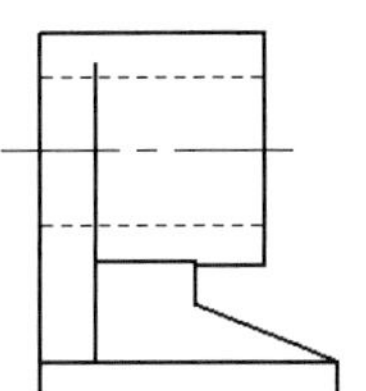

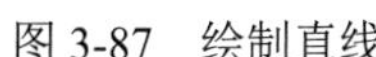

图 3-87　绘制直线

3.10　上机实验

(1) 绘制图 3-88 (a) 中的两个圆的公切线，绘制结果如图 3-88 (b) 所示。

操作提示

❶ 启动绘制直线命令后，将在绘图区左下角弹出绘制直线的立即菜单。

❷ 在立即菜单 1 中选择“两点线”选项；在立即菜单 2 中选择“连续”选项。

❸ 当系统提示输入第一点坐标时，按空格键弹出工具点菜单，选择“切点”选项（见图 3-89），然后按提示拾取第一个圆，拾取点的位置如图 3-88 (a) 中点 1 所示；当系统提示输入第二点时，按空格键又弹出工具点菜单，再次选择“切点”选项，然后按提示拾取第二个圆，拾取点的位置如图 3-88 (a) 中点 2 所示。此时，两圆的外公切线自动生成，结果如图 3-88 (b) 所示。

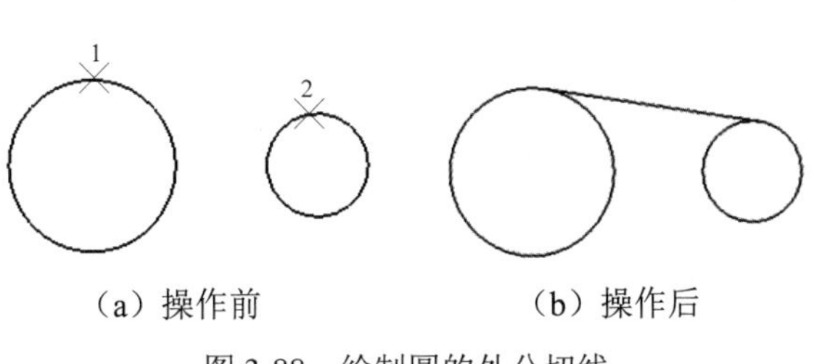

(a) 操作前　　(b) 操作后

图 3-88　绘制圆的外公切线

屏幕点(S)
端点(E)
中点(M)
两点之间的中点(B)
圆心(C)
节点(D)
象限点(Q)
交点(I)
插入点(R)
垂足点(P)
切点(T)
最近点(N)

图 3-89　工具点菜单

❹ 当拾取圆时，拾取点的位置不同，因而绘制的圆的切线位置也就不同。若在步骤 (3) 中将第二个圆的点的拾取位置选在如图 3-90 (a) 中的点 2 所示，则绘制的结果为两圆的内公切线，如图 3-90 (b) 所示。

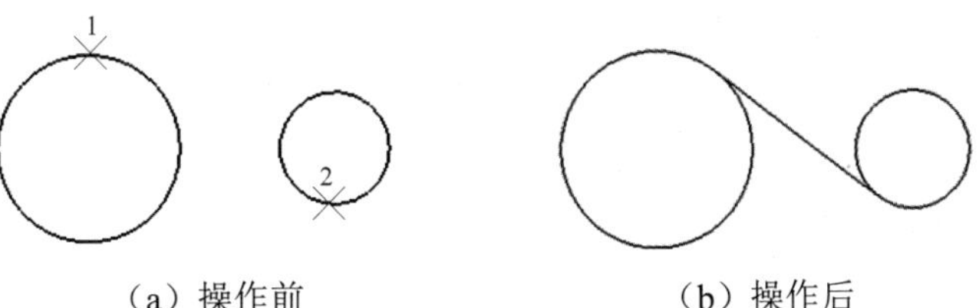

(a) 操作前　　(b) 操作后

图 3-90　绘制圆的内公切线

（2）绘制如图 3-91 所示的卡通造型。

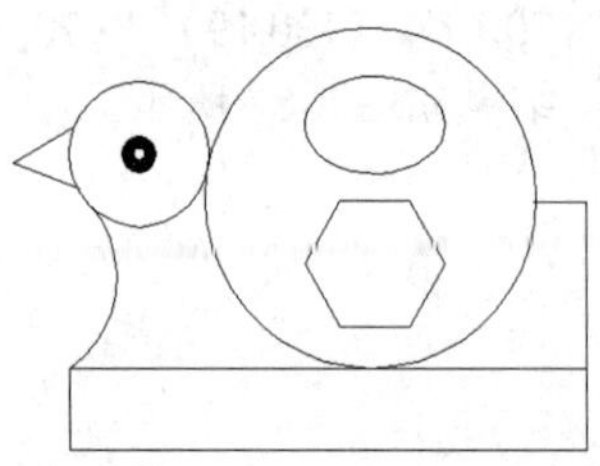

图 3-91　卡通造型

操作提示

❶ 绘制左边小圆及圆环。

❷ 绘制矩形。

❸ 绘制右边大圆、小椭圆和正六边形。

❹ 绘制左边折线及圆弧。

❺ 绘制右边折线。

3.11　思考与练习

（1）在绘制直线的立即菜单中，“单根”和“连续”的含义分别是什么？

（2）正多边形、椭圆、矩形的命令各有几种方式？

（3）绘制如图 3-92 所示的电阻。

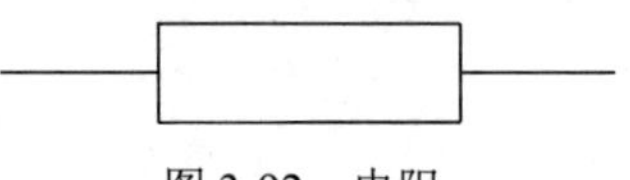

图 3-92　电阻

第4章 复杂图形绘制

CAXA CAD 电子图板为用户提供了功能齐全的绘图方式，利用它可以绘制各种复杂的工程图纸。本章主要介绍各种曲线的绘制方法。

学习重点

- ☑ 绘制等距线、剖面线和填充、文字
- ☑ 绘制中心线、多段线、波浪线、双折线、箭头、齿轮轮廓
- ☑ 绘制样条、孔/轴、公式曲线、局部放大图

4.1 绘制等距线

Note

CAXA CAD 电子图板可以按等距方式生成一条或同时生成数条给定曲线的等距线。

1. 执行方式

☑ 命令行：offset。

☑ 菜单栏：选择菜单栏中的“绘图”→“等距线”命令。

☑ 工具栏：单击“绘图工具”工具栏中的“等距线”按钮。

☑ 选项卡：单击“常用”选项卡“修改”面板中的“等距线”按钮。

2. 立即菜单选项说明

启动绘制等距线命令后，将在绘图区左下角弹出绘制等距线的立即菜单，单击立即菜单 1 可选择用不同的拾取方式绘制等距线。下面分别进行说明。

4.1.1 单个拾取绘制等距线

视频讲解

【例 4-1】通过“单个拾取”方式对图 4-1 中的图形分别绘制如图 4-2（a)、图 4-2（b）和图 4-2（c）所示的等距线。

图 4-1 等距线操作前的图形

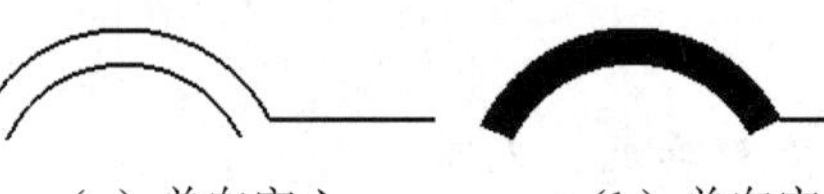

（a）单向空心　（b）单向实心

（c）双向空心

图 4-2 以“单个拾取”方式绘制等距线

操作步骤：

（1）打开源文件，启动绘制等距线命令后，将在绘图区左下角弹出绘制等距线的立即菜单。

（2）在立即菜单 1 中选择“单个拾取”选项，2 中选择“指定距离”选项，3 中选择“单向”选项，4 中选择“空心”选项，5 中输入距离为“10”，6 中输入份数为“1”，7 中选择“保留源对象”选项，8 中选择“使用源对象属性”选项，如图 4-3 所示。

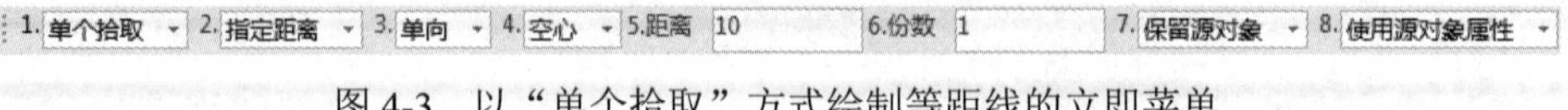

图 4-3 以“单个拾取”方式绘制等距线的立即菜单

（3）立即菜单项中的内容全部设定完之后，系统提示拾取曲线，单击图 4-1 中的圆弧部分，系统会显示等距方向的箭头，并提示选择方向，如图 4-4 所示。单击图 4-4 中的下方箭头，即生成如图 4-2（a）所示的等距线。

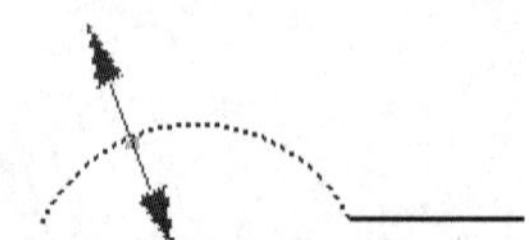

图 4-4 系统提示确认等距方向

（4）当绘制图 4-2（b）中的单向实心等距线时，同上述步骤（1）～（3)，只需将上述步骤（2）

中的立即菜单 4 的选项由“空心”改为“实心”即可。

（5）当绘制图 4-2（c）中的双向空心等距线时，同上述步骤（1）～（3），只需将上述步骤（2）中的立即菜单 3 的选项由“单向”改为“双向”即可。

4.1.2 链拾取绘制等距线

【例 4-2】通过“链拾取”方式对图 4-5（a）中的图形分别绘制如图 4-5（b）和图 4-5（c）所示的曲线的等距线。

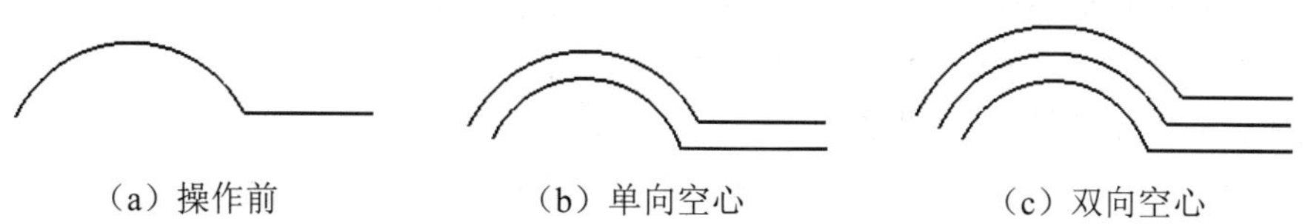

（a）操作前　（b）单向空心　（c）双向空心

图 4-5 以“链拾取”方式绘制曲线的等距线

操作步骤：

（1）打开源文件，启动绘制等距线命令后，将在绘图区左下角弹出绘制等距线的立即菜单。

（2）在立即菜单 1 中选择“链拾取”选项，2 中选择“指定距离”选项，3 中选择“单向”选项，4 中选择“尖角连接”选项，5 中选择“空心”选项，6 中输入距离为“10”，7 中输入份数为“1”，8 中选择“保留源对象”选项，如图 4-6 所示。

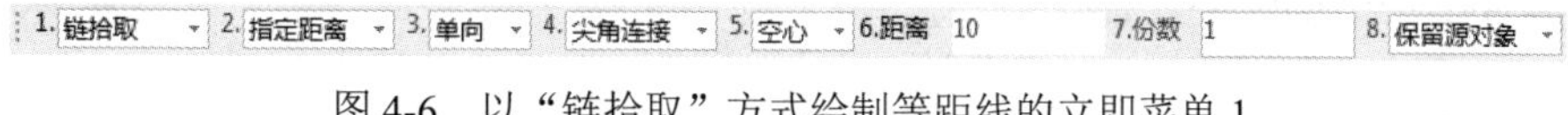

图 4-6 以“链拾取”方式绘制等距线的立即菜单 1

（3）立即菜单项中的内容全部设定完之后，系统提示拾取曲线，单击图 4-5（a）中曲线的任意部分，系统会显示等距方向的箭头，并提示选择方向，如图 4-7 所示；单击图 4-7 中的下方箭头，即生成如图 4-5（b）所示的等距线。

（4）当绘制图 4-5（c）中的双向空心等距线时，同上述步骤（1）～（3），只需将上述步骤（2）中的立即菜单 3 的选项由“单向”改为“双向”即可。

【例 4-3】通过“链拾取”方式对图 4-8 中的图形分别绘制如图 4-9（a）、图 4-9（b）和图 4-9（c）所示的矩形的等距线。

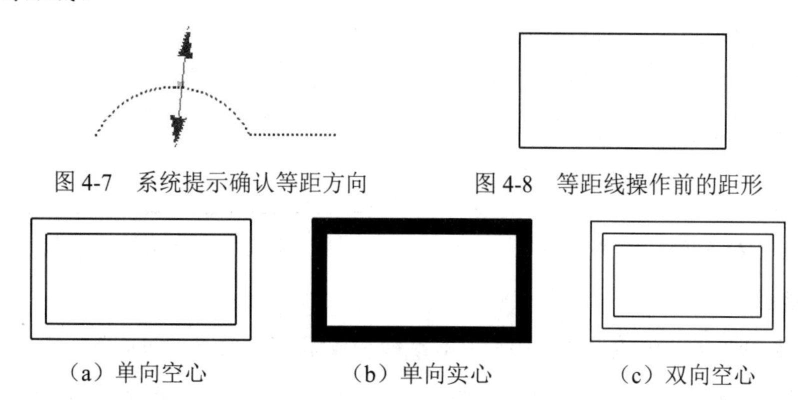

图 4-7 系统提示确认等距方向　图 4-8 等距线操作前的距形

（a）单向空心　（b）单向实心　（c）双向空心

图 4-9 以“链拾取”方式绘制矩形的等距线

操作步骤：

（1）打开源文件，启动绘制等距线命令后，将在绘图区左下角弹出绘制等距线的立即菜单。

（2）在立即菜单 1 中选择“链拾取”选项，2 中选择“指定距离”选项，3 中选择“单向”选项，4 中选择“尖角连接”选项，5 中选择“空心”选项，6 中输入距离为“8”，7 中输入份数为“1”，8 中选择“保留源对象”选项，如图 4-10 所示。

Note

1.链拾取 2.指定距离 3.单向 4.尖角连接 5.空心 6.距离 8 7.份数 1 8.保留源对象

图 4-10　以“链拾取”方式绘制等距线的立即菜单 2

（3）立即菜单项中的内容全部设定完之后，系统提示拾取曲线，单击图 4-8 中矩形的任一条边，系统会显示等距方向的箭头，并提示选择方向，如图 4-11 所示。单击图 4-11 中的下方箭头，即生成图 4-9（a）所示的等距线。

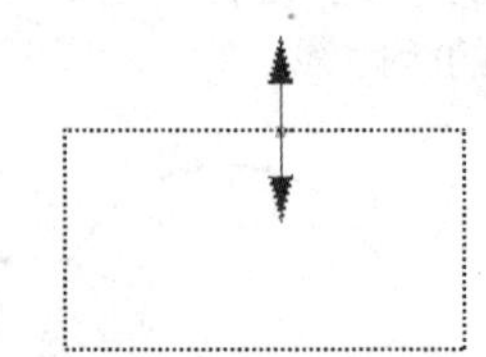

图 4-11　系统提示确认等距方向

（4）当绘制图 4-9（b）中的单向实心等距线时，同上述步骤（1）～（3），只需将上述步骤（2）中的立即菜单 5 的选项由“空心”改为“实心”即可。

（5）当绘制图 4-9（c）中的双向空心等距线时，同上述步骤（1）～（3），只需将上述步骤（2）中的立即菜单 3 的选项由“单向”改为“双向”即可。

注意： 只有封闭的曲线图形才能用“链拾取”方式绘制实心等距线；对于非封闭的图形只能先生成空心等距线，然后用后面将要介绍的填充功能间接生成。

视频讲解

4.1.3　实例——圆头平键

首先利用直线、圆弧等命令绘制圆头平键的轮廓，最后利用等距线命令中的“链拾取”方式将其向外偏移得到圆头平键的最终轮廓，如图 4-12 所示。

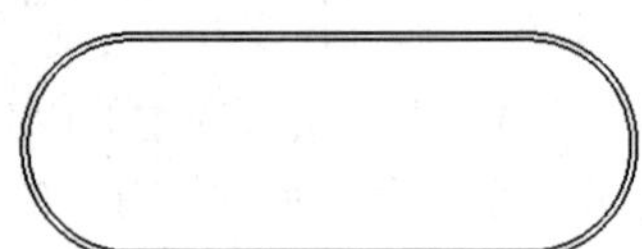

图 4-12　圆头平键

操作步骤：

1. 绘制直线

单击“常用”选项卡“绘图”面板中的“直线”按钮，设置立即菜单如图 4-13 所示。

命令行提示：

第一点：（拾取一点）
第二点：36↙

绘制结果如图 4-14 所示。

1.两点线 2.连续
第一点:

图 4-13　绘制直线立即菜单

图 4-14　绘制的第一条直线

2. 绘制等距线

单击“常用”选项卡“修改”面板中的“等距线”按钮，设置立即菜单如图 4-15 所示。

1.单个拾取 2.指定距离 3.单向 4.空心 5.距离 20 6.份数 1 7.保留源对象 8.使用源对象属性
拾取曲线:

图 4-15　等距线命令立即菜单的各个选项

命令行提示：

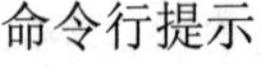

```
拾取曲线：（拾取步骤 1 中绘制的直线）
请拾取所需的方向：（选择向下的箭头）
```

绘制结果如图 4-16 所示。

3. 绘制圆弧

单击“常用”选项卡“绘图”面板中的“圆弧”按钮，设置立即菜单如图 4-17 所示。

命令行提示：

```
第一点：（拾取图 4-16 中的点 1）
第二点：（拾取图 4-16 中的点 2）
第三点（半径）：10↙
```

重复上述命令，绘制右侧圆弧，结果如图 4-18 所示。

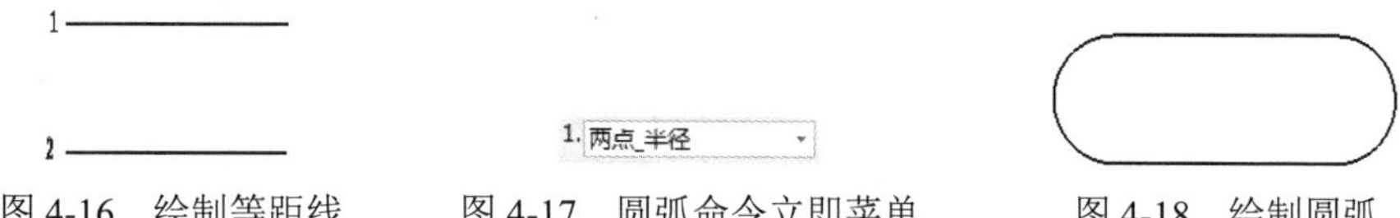

图 4-16　绘制等距线　　图 4-17　圆弧命令立即菜单　　图 4-18　绘制圆弧

4. 绘制等距线

单击“常用”选项卡“修改”面板中的“等距线”按钮，设置立即菜单如图 4-19 所示，向内偏移曲线，结果如图 4-12 所示。

图 4-19　等距线链拾取立即菜单

4.2 剖　面　线

1. 执行方式

☑ 命令行：hatch。

☑ 菜单栏：选择菜单栏中的“绘图”→“剖面线”命令。

☑ 工具栏：单击“绘图工具”工具栏中的“剖面线”按钮。

☑ 选项卡：单击“常用”选项卡“绘图”面板中的“剖面线”按钮。

2. 立即菜单选项说明

单击“绘图”面板中的“剖面线”按钮，进入绘制剖面线命令后，将在屏幕左下角出现绘制剖面线的立即菜单，单击立即菜单 1 可选择绘制剖面线的方式。系统提供了两种绘制剖面线的方式，下面分别予以说明。

4.2.1 通过拾取环内点绘制剖面线

以拾取环内点方式生成剖面线——系统根据拾取点搜索最小封闭环，再根据环生成剖面线。搜索方向为从拾取点向左的方向，如果拾取点在环外，则操作无效。单击封闭环内任何点，可以同时拾取多个封闭环，如果所拾取的环相互包容，则在两环之间生成剖面线。

视频讲解

Note

【例 4-4】通过拾取环内点对图 4-20 中的图形绘制剖面线，绘制结果分别如图 4-21（a）和图 4-21（b）所示。

操作步骤：

（1）打开源文件，启动绘制剖面线命令后，将在绘图区左下角弹出绘制剖面线的立即菜单。

（2）在立即菜单 1 中选择“拾取点”选项，2 中选择“不选择剖面图案”选项，3 中选择“非独立”选项，4 中输入比例值“3”，5 中输入角度值“45”，6 中输入间距错开值“0”，7 中输入允许的间隙公差值“0.0035”，如图 4-22 所示。

（3）立即菜单项中的内容全部设定完之后，系统提示拾取环内点，单击图 4-20 中的距形内且在圆的左侧的任意一点，然后系统自动生成如图 4-21（a）所示的剖面线。

（4）图 4-21（b）中的剖面线的绘制与上述步骤（1）～（3）相同，只是在步骤（3）中，当系统提示拾取环内点时，单击图 4-20 中的距形内且在圆的左侧的任意一点后，再单击圆内任意一点，使得矩形和圆均成为绘制剖面线区域的边界线，然后系统将自动生成如图 4-21（b）所示的剖面线。

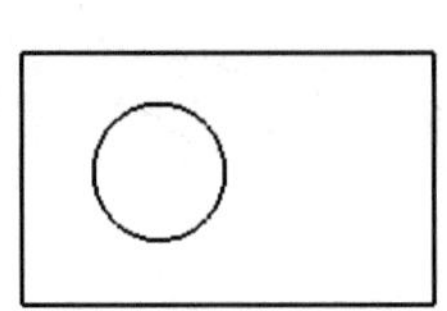

图 4-20　绘制剖面线前的图形

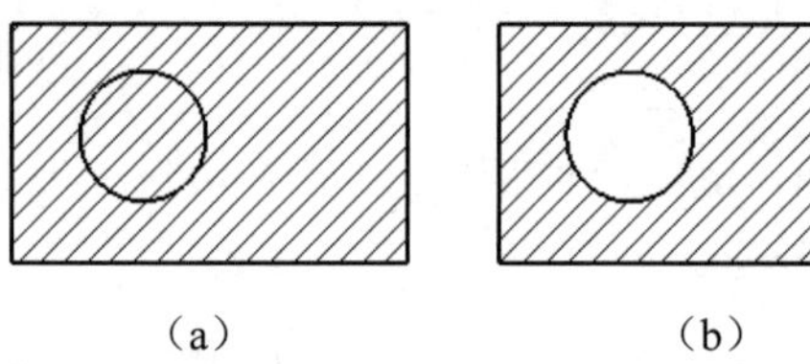

（a）　　（b）

图 4-21　绘制剖面线后的图形

图 4-22　以“拾取点”方式绘制剖面线的立即菜单

注意：如果拾取环内点存在孤岛，请尽量将拾取点放置在封闭环左侧区域。

4.2.2　通过拾取封闭环的边界绘制剖面线

以“拾取边界”方式生成剖面线——系统根据拾取到的曲线搜索封闭环，再根据封闭环生成剖面线。如果拾取到的曲线不能生成互相相交的封闭环，则操作无效。

视频讲解

【例 4-5】通过拾取封闭环的边界绘制如图 4-21（a）和图 4-21（b）所示的剖面线。

操作步骤：

（1）打开源文件，启动绘制剖面线命令后，将在绘图区左下角弹出绘制剖面线的立即菜单。

（2）在立即菜单 1 中选择“拾取边界”选项，2 中选择“不选择剖面图案”选项，3 中输入比例值“3”，4 中输入角度值“45”，5 中输入间距错开值“0”，如图 4-23 所示。

图 4-23　以“拾取边界”方式绘制剖面线的立即菜单

（3）立即菜单项中的内容全部设定完之后，系统提示拾取边界曲线，依次单击图 4-20 中矩形的 4 条边，然后右击，这时系统将自动生成图 4-21（a）所示的剖面线。

（4）若在步骤（2）中的立即菜单设置完成后，当系统提示拾取边界曲线时，用窗口方式拾取矩形和圆作为绘制剖面线的边界线（见图 4-24），将可生成如图 4-21（b）所示的剖面线。

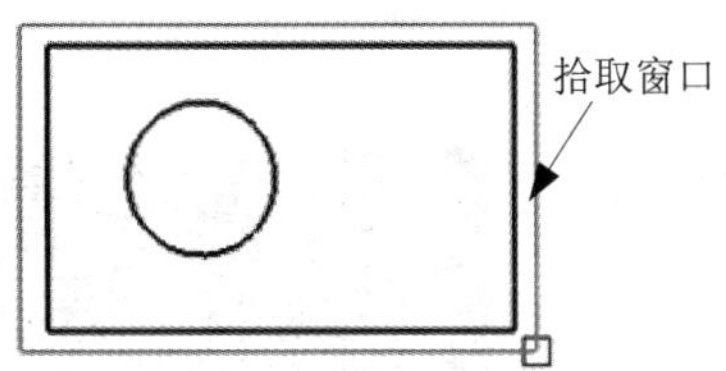

图 4-24　用窗口方式拾取边界

注意： 系统总是在由用户拾取点亮的所有线条（也就是边界）内部绘制剖面线，所以在拾取环内点或拾取边界以后，读者一定要仔细观察哪些线条被点亮了。通过调整被点亮的边界线，就可以调整剖面线的形成区域。

4.2.3　实例——桌子

利用矩形命令绘制桌子的轮廓，然后利用剖面线命令将桌子进行填充，结果如图 4-25 所示。

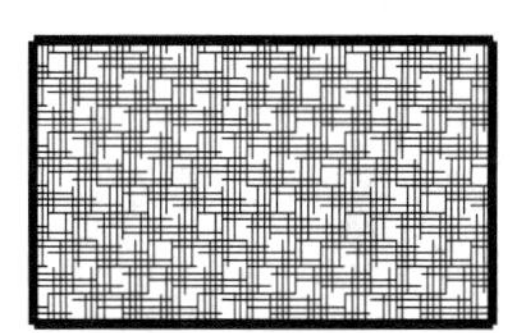

图 4-25　桌子

操作步骤：

1. 绘制矩形

单击“常用”选项卡“绘图”面板中的“矩形”按钮，设置立即菜单如图 4-26 所示。

命令行提示：

```
第一角点：(在视图中单击一点)
另一角点：@600,360↙
```

然后在常用工具栏里选择线宽，本例选择“2.00 毫米线宽”，如图 4-27 所示。绘制结果如图 4-28 所示。

1. 两角点　2. 无中心线

图 4-26　矩形命令立即菜单

2.00毫米线宽

图 4-27　选择线宽

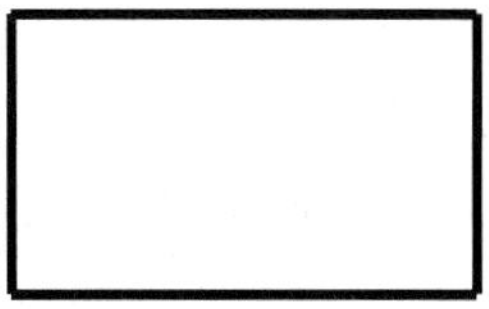

图 4-28　绘制矩形

2. 填充桌子图案

单击“常用”选项卡“绘图”面板中的“剖面线”按钮，设置立即菜单如图 4-29 所示。

1. 拾取点　2. 选择剖面图案　3. 非独立　4.允许的间隙公差　0.0035

图 4-29　剖面线命令立即菜单

命令行提示：

```
拾取环内一点：(在绘制的矩形内部点选一点)↙
```

右击，系统弹出“剖面图案”对话框，如图 4-30 所示。在“图案列表”中选择 HOUND 图案，设置“比例”为“6”，单击“确定”按钮，此时完成桌子的绘制，如图 4-25 所示。

Note

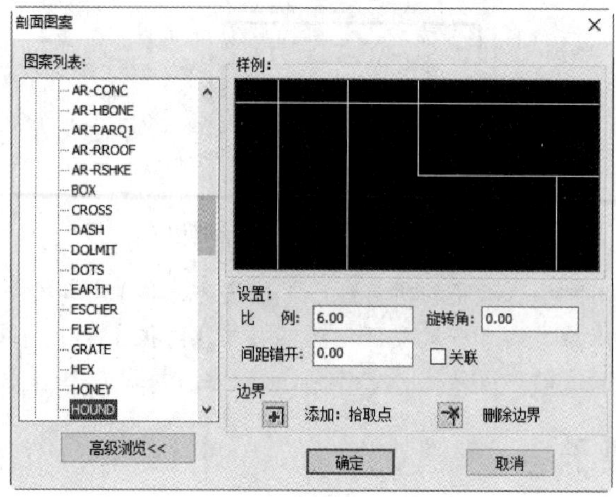

图 4-30 “剖面图案”对话框

4.3 绘制填充

填充是指将一块封闭区域用一种颜色填满——根据屏幕提示拾取一块封闭区域内的一点，系统即以当前颜色填充整个区域。填充实际是一种图形类型，其填充方式类似剖面线的填充，对于某些制件剖面需要涂黑时可用此功能。

1. 执行方式

☑ 命令行：solid。
☑ 菜单栏：选择菜单栏中的“绘图”→“填充”命令。
☑ 工具栏：单击“绘图工具”工具栏中的“填充”按钮。
☑ 选项卡：单击“常用”选项卡“绘图”面板中的“填充”按钮。

2. 绘制步骤

（1）单击“常用”选项卡“绘图”面板中的“填充”按钮，进入填充命令后，系统提示拾取环内点。

（2）单击所需填充区域内的任意一点，然后右击即可。

4.4 绘制（标注）文字

文字标注用于在图形中标注文字。文字可以是多行，可以横写或竖写，还可以根据指定的宽度进行自动换行。

1. 执行方式

☑ 命令行：text。
☑ 菜单栏：选择菜单栏中的“绘图”→“文字”命令。
☑ 工具栏：单击“绘图工具”工具栏中的“文字”按钮A。
☑ 选项卡：单击“常用”选项卡“标注”面板中的“文字”按钮A。

Note

视频讲解

2. 立即菜单选项说明

进入标注文字命令后，将在屏幕左下角出现标注文字的立即菜单，单击立即菜单 1 可选择标注文字的方式。

系统提供了 3 种标注文字的方式，下面分别介绍。

4.4.1　在指定两点的矩形区域内标注文字

【例 4-6】在指定两点的矩形区域内标注如图 4-31 所示的文字。

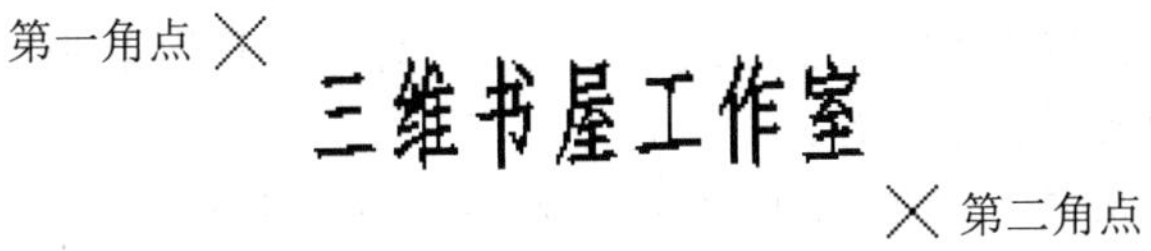

第一角点

三维书屋工作室

第二角点

图 4-31　指定两点的矩形区域内标注文字

操作步骤：

（1）启动标注文字命令后，将在绘图区左下角弹出标注文字的立即菜单。

（2）在立即菜单 1 中选择“指定两点”选项，如图 4-32 所示。

1. 指定两点

图 4-32　标注文字的立即菜单

（3）立即菜单项设定完成之后，根据系统提示依次指定图 4-31 中标注文字的矩形区域的第一角点和第二角点。系统弹出“文本编辑器-多行文字”对话框，如图 4-33 所示。

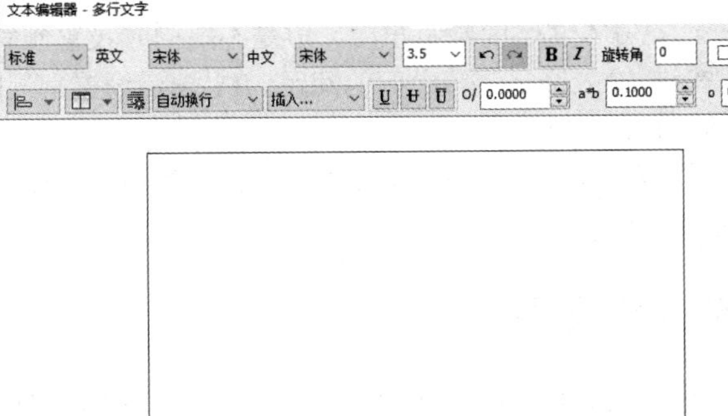

图 4-33　“文本编辑器-多行文字”对话框

（4）对话框下部的编辑框用于输入文字，对话框显示出当前的文字参数设置，可修改文字参数，如图 4-33 所示。

（5）完成输入和设置后，单击“确定”按钮，系统开始生成相应的文字并插入指定的位置，单击“取消”按钮则取消操作。

文字编辑器各项参数的含义和用法如下。

☑　文本风格：可以选择“标准”或“机械”标注风格。

☑　字体：在“英文”和“中文”选择框可以为新输入的文字指定字体或改变选定文字的字体。

☑　文字高度：设置新文字的字符高度或修改选定文字的高度。

☑　粗体：单击**B**打开或关闭新文字或选定文字的粗体格式。此选项仅适用于使用 TrueType 字体的字符。

☑ 斜体：单击[I]打开或关闭新文字或选定文字的斜体格式。

☑ 旋转角：在“旋转角”文本框中可以为新输入的文字设置旋转角度或改变已选定文字的旋转角度。横写时为一行文字的延伸方向与坐标系的 X 轴正方向按逆时针测量的夹角；竖写时为一列文字的延伸方向与坐标系的 Y 轴负方向按逆时针测量的夹角。旋转角的单位为度（°）。

Note

☑ 字符颜色：可以指定新文字的颜色或更改选定文字的颜色。也可以为文字指定与被打开的图层相关联的颜色（ByLayer）或所在的块的颜色（ByBlock），还可以从下拉列表中选择一种颜色，或从列表中选择“其他”选项以打开“选择颜色”对话框。

☑ 对齐方式：可以设置文字的对齐方式，包括左上对齐、中上对齐、右上对齐、左中对齐、居中对齐、右中对齐、左下对齐、中下对齐、右下对齐等。

☑ 换行：可以设置文字自动换行、压缩文字或手动换行。自动换行是指文字到达指定区域的右边界（横写时）或下边界（竖写时）时，自动以汉字、单词、数字或标点符号为单位换行，并可以避头尾字符，使文字不会超过边界（例外情况是当指定的区域很窄而输入的单词、数字或分数等很长时，为保证不将一个完整的单词、数字或分数等结构拆分到两行，生成的文字会超出边界）；压缩文字是指当指定的字型参数会导致文字超出指定区域时，系统自动修改文字的高度、中西文宽度系数和字符间距系数，以保证文字完全在指定的区域内；手动换行是指在输入标注文字时只要按 Enter 键，就能完成文字换行。

☑ 插入符号：单击“插入”可以插入各种特殊符号，包括直径符号、角度符号、正负号、偏差、上下标、分数、表面粗糙度、尺寸特殊符号等。

☑ 下画线：单击[U]为新文字或选定文字打开或关闭下画线。

☑ 中画线：单击[U]为新文字或选定文字打开或关闭中画线。

☑ 上画线：单击[U]为新文字或选定文字打开或关闭上画线。

☑ 字符倾斜角度：在[0/ 0.0000]输入文字的倾斜角度，但是不能同时设置倾斜角度和倾斜风格。

☑ 字符间距系数：在[a*b 0.1000]输入选定字符之间的间距。0.1 表示设置常规间距，设置大于 0.1 表示增大间距，设置小于 0.1 表示减小间距。

☑ 字符宽度系数：在[0.6670]输入字符的宽度。0.667 表示设置代表此字体中字母的常规宽度，可以增大该宽度或减小该宽度。

4.4.2 在封闭矩形内部标注文字

视频讲解

【例 4-7】在如图 4-34（a）所示的封闭矩形内部以“搜索边界”方式标注如图 4-34（b）所示的文字。

（a）操作前　　（b）操作后

图 4-34　在封闭矩形内部标注文字

操作步骤：

（1）打开源文件，启动绘制标注文字命令后，则在绘图区左下角弹出标注文字的立即菜单。

（2）在立即菜单 1 中选择“搜索边界”选项，2 中输入边界缩进系数“0”，如图 4-35 所示。

图 4-35　标注文字的立即菜单

（3）根据系统提示指定如图 4-34（a）所示的矩形边界内一点，系统弹出“文本编辑器-多行文字”对话框，如图 4-33 所示。

（4）其余步骤与 4.4.1 节中相同。

注意：在已知封闭矩形内部标注文字时，绘图区应该已有待填入文字的矩形，这种方式一般用于填写文字表格。

如果“搜索边界”方式是自动换行，同时相对于指定区域大小来说文字比较多，那么实际生成的文字可能超出指定区域，例如对齐方式为左上对齐时，文字可能超出指定区域下边界；如果“搜索边界”方式是压缩文字，则在必要时系数会自动修改文字的高度、中西文宽度系数和字符间距系数，以保证文字完全在指定区域内。

4.4.3　曲线上标注文字

【例 4-8】在如图 4-36（a）所示的曲线上标注如图 4-36（b）所示的文字。

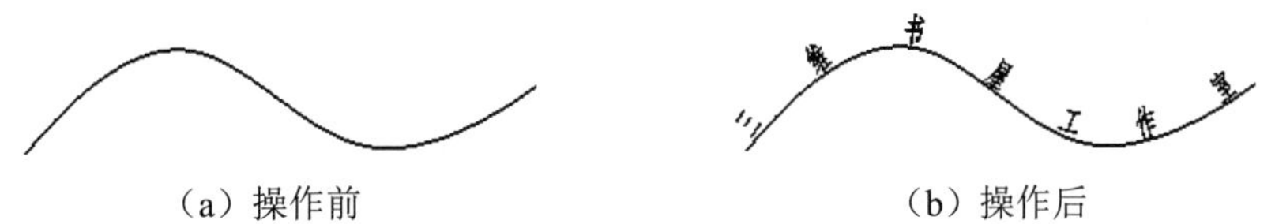

（a）操作前　　（b）操作后

图 4-36　在曲线上标注文字

操作步骤：

（1）打开源文件，启动绘制标注文字命令后，将在绘图区左下角弹出标注文字的立即菜单。

（2）在立即菜单 1 中选择“曲线文字”选项，如图 4-37 所示。

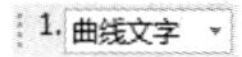

图 4-37　标注文字的立即菜单

（3）根据系统提示拾取曲线，然后指定文字所在的方向，如图 4-38 所示。在曲线上拾取要标注文字的起点位置和终点位置，系统弹出“曲线文字参数”对话框，如图 4-39 所示。

图 4-38　拾取文字所在的方向

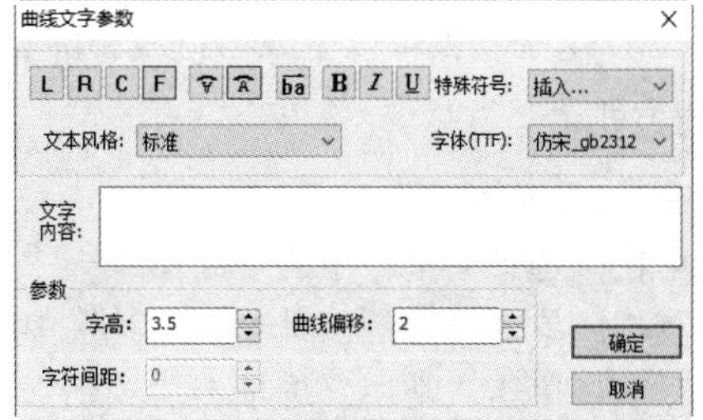

图 4-39　“曲线文字参数”对话框

（4）其余步骤与 4.4.1 节中相同。

4.5　绘制特殊曲线

4.5.1　绘制中心线

CAXA CAD 电子图板可以绘制孔、轴或圆、圆弧的中心线。

1. 执行方式

☑ 命令行：centerl。

☑ 菜单栏：选择菜单栏中的“绘图”→“中心线”命令。

☑ 工具栏：单击“绘图工具”工具栏中的“中心线”按钮⁄。

☑ 选项卡：单击“常用”选项卡“绘图”面板中的“中心线”按钮⁄。

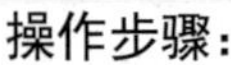

2. 立即菜单选项说明

单击“绘图”面板中的“中心线”按钮⁄，进入绘制中心线命令后，在屏幕左下角出现绘制中心线的立即菜单，在立即菜单 4 中可输入中心线的延伸长度。

视频讲解

【例 4-9】对如图 4-40（a）所示的圆绘制其中心线，结果如图 4-40（b）所示。

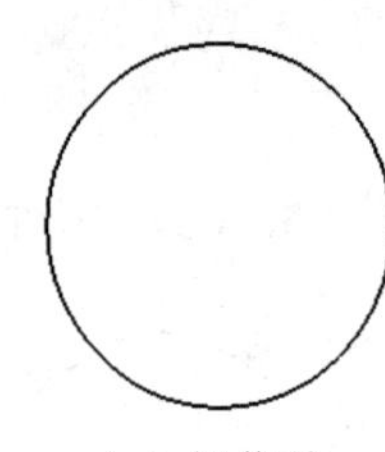

（a）操作前

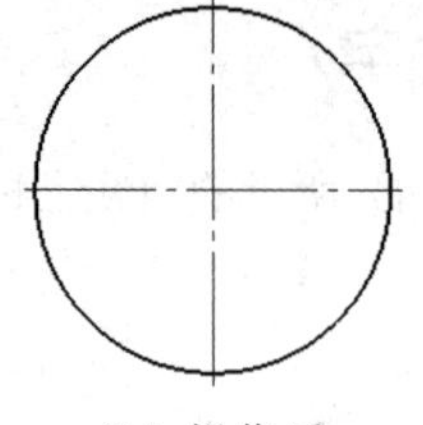

（b）操作后

图 4-40 绘制圆的中心线

操作步骤：

（1）打开源文件，启动绘制中心线命令后，在立即菜单 4 中输入中心线的延伸长度值，系统提示拾取圆（弧、椭圆）或第一条直线。

（2）拾取如图 4-40（a）所示的圆，即可生成一对相互正交且与当前坐标系方向一致的中心线，结果如图 4-40（b）所示。

4.5.2 绘制多段线

CAXA CAD 电子图板可以生成由直线和圆弧构成的首尾相接或不相接的一条多段线。

1. 执行方式

☑ 命令行：contour。

☑ 菜单栏：选择菜单栏中的“绘图”→“多段线”命令。

☑ 工具栏：单击“绘图工具 II”工具栏中的“多段线”按钮。

☑ 选项卡：单击“常用”选项卡“绘图”面板中的“多段线”按钮。

2. 立即菜单选项说明

单击“绘图”面板中的“多段线”按钮，系统弹出绘制多段线的立即菜单。单击立即菜单 1 可以选择轮廓为直线或轮廓为圆弧。在绘制过程中两种方式可交替进行，以生成由直线和圆弧构成的多段线。

视频讲解

【例 4-10】绘制如图 4-41 所示的轮廓线。

操作步骤：

（1）启动绘制多段线命令后，系统弹出绘制多段线的立即菜单。在立即菜单 1 中选择“直线”选项，2 中选择“封闭”选项，3 中输入起始宽度值为“0”，4 中输入终止宽度值为“0”，如图 4-42 所示。然后在状态栏中单击正交模式或者按 F8 键，以打开正交模式。

（2）系统提示输入多段线的“第一点”，在操作提示区输入坐标（0,0），系统又提示输入“下一点”，在操作提示区输入坐标（20,0），依次根据系统提示输入坐标（20,5）、（15,5）。

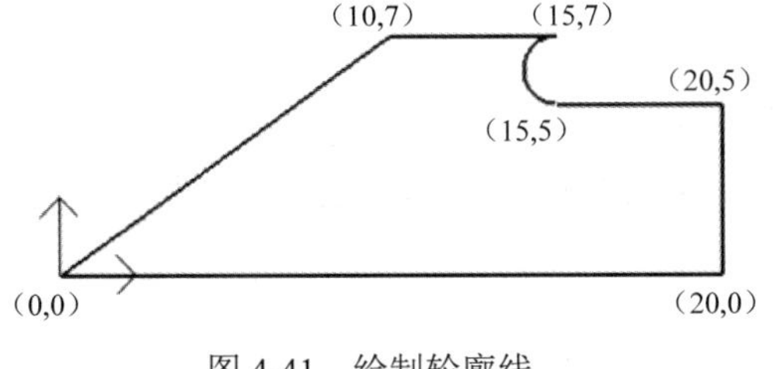

图 4-41　绘制轮廓线

图 4-42　绘制直线轮廓线的立即菜单

（3）单击立即菜单 1，选择“圆弧”多段线绘制方式，2 中选择“不封闭”选项，如图 4-43 所示。再根据系统提示输入坐标（15,7）。

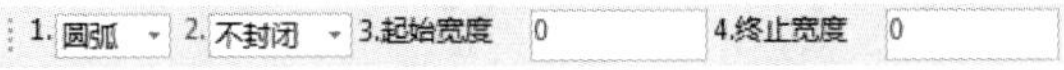

1. 圆弧　2. 不封闭　3.起始宽度 0　4.终止宽度 0

图 4-43　绘制圆弧轮廓线的立即菜单

（4）再次单击立即菜单 1 转换为“直线”多段线绘制方式，2 中选择“封闭”选项，根据系统提示输入点的坐标（10,7），然后右击，多段线将自动封闭，结果如图 4-41 所示。

当多段线为直线时，在立即菜单 2 中可选择多段线的封闭与否，如选择封闭，则多段线的最后一点可省略输入（即不输入），直接右击结束操作，系统将自行使最后一点回到第一点，使多段线图形封闭（正交封闭轮廓的最后一段直线不保证正交）。

当多段线为圆弧时，相邻两圆弧为相切的关系，立即菜单 2 中可以选择多段线的封闭与否，如选择封闭，则多段线的最后一点可省略输入（即不输入），直接右击结束操作，系统将自行使最后一点回到第一点，使多段线图形封闭（封闭多段线的最后一段圆弧与第一段圆弧不保证相切关系）。

4.5.3　绘制波浪线

CAXA CAD 电子图板可以按给定方式生成波浪形状的曲线。波浪线常用于绘制剖面线的边界线，它一般使用细实线。

1. 执行方式

☑　命令行：wave。
☑　菜单栏：选择菜单栏中的“绘图”→“波浪线”命令。
☑　工具栏：单击“绘图工具 II”工具栏中的“波浪线”按钮。
☑　选项卡：单击“常用”选项卡“绘图”面板“曲线”下拉菜单中的“波浪线”按钮。

2. 立即菜单选项说明

单击“绘图”面板中的“波浪线”按钮，系统弹出绘制波浪线的立即菜单。在立即菜单 1 中可以输入波浪线的波峰高度（即波峰到平衡位置的垂直距离），2 中可以输入波浪线段数，如图 4-44 所示。

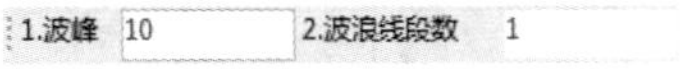

1.波峰 10　2.波浪线段数 1

图 4-44　波浪线立即菜单

【例 4-11】绘制如图 4-45 所示的波浪线。

视频讲解

操作步骤：

（1）启动绘制波浪线命令后，系统弹出绘制波浪线的立即菜单。在立即菜单 1 中输入波浪线的波峰高度，如图 4-44 所示。

第四点
第一点　第二点　第三点
第五点

图 4-45　绘制波浪线

Note

（2）根据系统提示，在屏幕中适当位置单击确定第一点和后面各点，绘制结果如图 4-45 所示。

（3）右击，结束绘制波浪线操作。

4.5.4　绘制双折线

基于图幅的限制，有些图形元素无法按比例画出，可以用双折线表示。用户可通过两点画出双折线，也可以直接拾取一条现有的直线将其改为双折线。

1. 执行方式

☑　命令行：condup。

☑　菜单栏：选择菜单栏中的“绘图”→“双折线”命令。

☑　工具栏：单击“绘图工具 II”工具栏中的“双折线”按钮。

☑　选项卡：单击“常用”选项卡“绘图”面板“曲线”下拉菜单中的“双折线”按钮。

2. 立即菜单选项说明

单击“绘图”面板中的“双折线”按钮，系统弹出绘制双折线的立即菜单。在立即菜单 1 中可以选择“折点个数”或“折点距离”方式，如图 4-46 所示。

图 4-46　双折线立即菜单

3. 绘制步骤

（1）启动绘制双折线命令后，系统弹出绘制双折线的立即菜单。

（2）如果在立即菜单 1 中选择“折点距离”，2 中输入长度值，3 中输入峰值，则要生成给定折点距离的双折线；如果在立即菜单 1 中选择“折点个数”，2 中输入折点个数，3 中输入峰值，则要生成给定折点个数的双折线。

（3）根据系统提示拾取直线或输入第一点坐标。如拾取直线，则直线按照步骤（2）中的参数变为双折线；如依次输入两点的坐标，则系统按照步骤（2）中的参数在两点之间生成双折线。

注意： 双折线根据图纸幅面将有不同的延伸长度——A0、A1 的延伸长度为 1.75，其余图纸幅面的延伸长度为 1.25。

4.5.5　绘制箭头

1. 执行方式

☑　命令行：arrow。

☑　菜单栏：选择菜单栏中的“绘图”→“箭头”命令。

☑　工具栏：单击“绘图工具 II”工具栏中的“箭头”按钮。

☑　选项卡：单击“常用”选项卡“绘图”面板中的“箭头”按钮。

2. 立即菜单选项说明

单击“绘图”面板中的“箭头”按钮，系统弹出绘制箭头的立即菜单，如图 4-47 所示。在立即菜单 1 中可以选择“正向”或“反向”方式，2 中可以输入箭头大小。

1. 正向　2.箭头大小　4

图 4-47　箭头立即菜单

Note

3. 绘制步骤

（1）启动绘制箭头命令后，系统弹出绘制箭头的立即菜单。

（2）在立即菜单 1 中选择箭头的方向。

（3）系统提示拾取直线、圆弧、样条或第一点。如果先拾取箭头第一点，再拾取第二点，即可绘制出带引线的实心箭头（如果在立即菜单 1 中选择了“正向”方式，则箭头指向第一点；否则指向第二点）；如果拾取了弧或直线，系统自动生成正向或反向的动态箭头，拖曳箭头到需要的位置单击即可。

注意： 为弧和直线添加箭头时，箭头方向定义如下：对于直线是以坐标系的 *X*、*Y* 轴的正方向作为箭头的正方向，*X*、*Y* 轴的负方向作为箭头的反方向；对于圆弧是以逆时针方向为箭头的正方向，顺时针方向为箭头的反方向。

4.5.6　绘制齿轮轮廓

1. 执行方式

- ☑ 命令行：gear。
- ☑ 菜单栏：选择菜单栏中的“绘图”→“齿形”命令。
- ☑ 工具栏：单击“绘图工具 II”工具栏中的“齿形”按钮。
- ☑ 选项卡：单击“常用”选项卡“绘图”面板中的“齿形”按钮。

2. 绘制步骤

视频讲解

【例 4-12】绘制齿轮轮廓，并将齿轮中心固定在坐标系原点上，结果如图 4-48 所示。

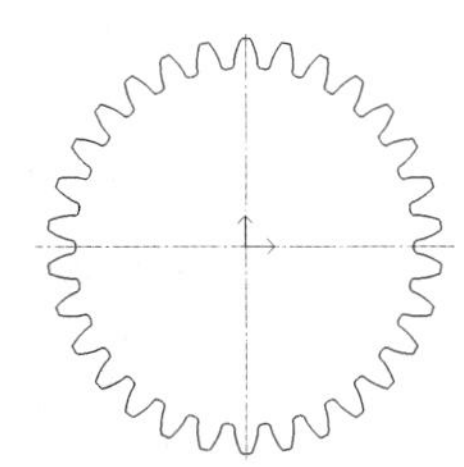

图 4-48　绘制齿轮轮廓的结果

（1）启动绘制齿形命令后，系统弹出“渐开线齿轮齿形参数”对话框，如图 4-49 所示。在此对话框中用户可以设置齿轮的齿数、模数、压力角、变位系数等。另外，用户还可通过齿轮的齿顶高系数和齿顶隙系数来改变齿轮的齿顶圆半径和齿根圆半径，或者可直接指定齿轮的齿顶圆直径和齿根圆直径。

（2）确定完齿轮的参数后，单击“下一步”按钮，系统弹出“渐开线齿轮齿形预显”对话框，如图 4-50 所示。在此对话框中，用户可以设置齿形的齿顶过渡圆角半径和齿根过渡圆角半径及齿形的精度，并可确定要生成的有效齿数和起始齿相对于齿轮圆心的有效齿起始角的角度，确定完参数后可单击“预显”按钮观察生成的齿形（如果要修改前面的参数，单击“上一步”按钮可返回前一对话框）。

注意： 该功能生成的齿轮要求模数大于 0.1、小于 50，齿数大于或等于 5、小于 1000。

（3）当图 4-50 的预览框中的齿形符合要求后，单击“完成”按钮。这时，系统提示输入齿轮的定位点，在操作提示区输入齿轮的中心点坐标为（0,0），随后按 Enter 键，即可将齿轮中心固定在坐标系原点上，绘制完成后的结果如图 4-48 所示。

Note

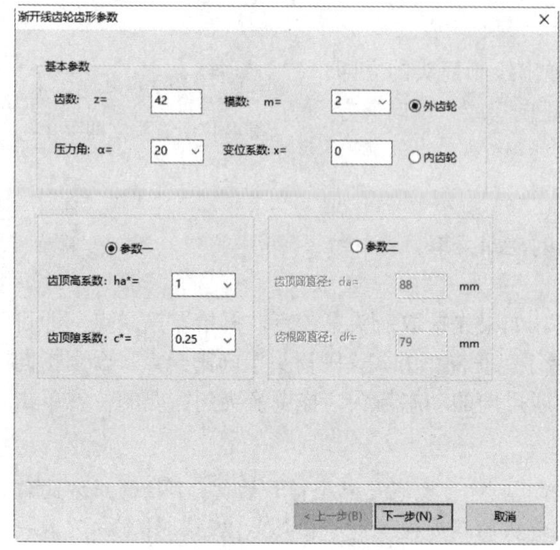

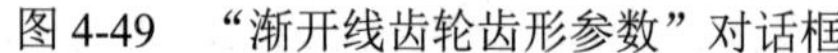

图 4-49 “渐开线齿轮齿形参数”对话框

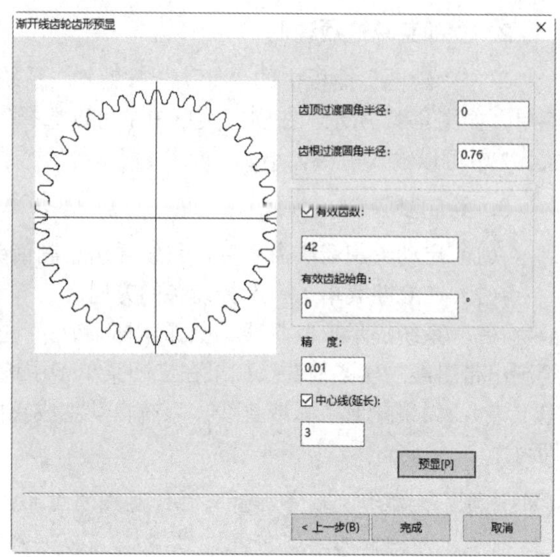

图 4-50 “渐开线齿轮齿形预显”对话框

4.6 绘制样条

样条是指通过一组给定点的平滑曲线，样条的绘制方法就是给定一系列顶点，由计算机根据这些给定点按照插值方式生成一条平滑曲线。

1. 执行方式

☑ 命令行：spline。

☑ 菜单栏：选择菜单栏中的“绘图”→“样条”命令。

☑ 工具栏：单击“绘图工具”工具栏中的“样条”按钮。

☑ 选项卡：单击“常用”选项卡“绘图”面板中的“样条”按钮。

2. 立即菜单选项说明

单击“绘图”面板中的“样条”按钮，进入绘制样条命令后，将在屏幕左下角的操作提示区出现绘制样条的立即菜单，单击立即菜单 1 可转换绘制样条的不同方式。下面分别进行介绍。

4.6.1 通过屏幕点直接绘制样条

视频讲解

【例 4-13】以“直接作图”方式绘制如图 4-51 所示的样条。

操作步骤：

（1）启动绘制样条命令后，则在绘图区左下角弹出绘制样条的立即菜单。

（2）在立即菜单 1 中选择“直接作图”选项，2 中选择“缺省切矢”选项，3 中选择“开曲线”选项，4 中输入拟合公差值“0”，如图 4-52 所示。

（3）系统提示输入点的坐标，用键盘输入第一点的坐标（0,0），按 Enter 键，根据系统提示，依次输入后面各插值点的坐标（2,5）、（8,12）、（40,30），并按 Enter 键确认，最后右击结束操作。绘制结果如图 4-51 所示。

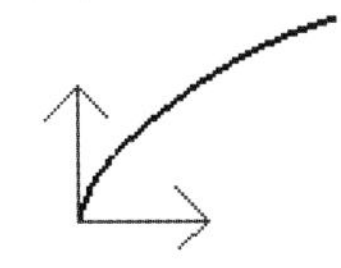

图 4-51　绘制样条的结果

图 4-52　绘制样条曲线的立即菜单

在图 4-52 中的立即菜单 2 中，可以选择“缺省切矢”或“给定切矢”；3 中可以选择“开曲线”或“闭曲线”。如果选择了“缺省切矢”，那么系统将根据数据点的性质，自动地确定端点切矢（一般采用从端点起的 3 个插值点构成的抛物线端点的切线方向）；如果选择了“给定切矢”，那么右击结束输入插值点后，输入一点，该点与端点形成的矢量作为给定的端点切矢。在“给定切矢”方式下，也可以右击忽略。

4.6.2　通过从文件读入数据绘制样条

【例 4-14】通过从文件读入数据绘制样条。

操作步骤：

（1）启动绘制样条命令后，将在绘图区左下角弹出绘制样条的立即菜单。

（2）在立即菜单 1 中选择“从文件读入”选项，系统弹出图 4-53 所示的“打开样条数据文件”对话框。

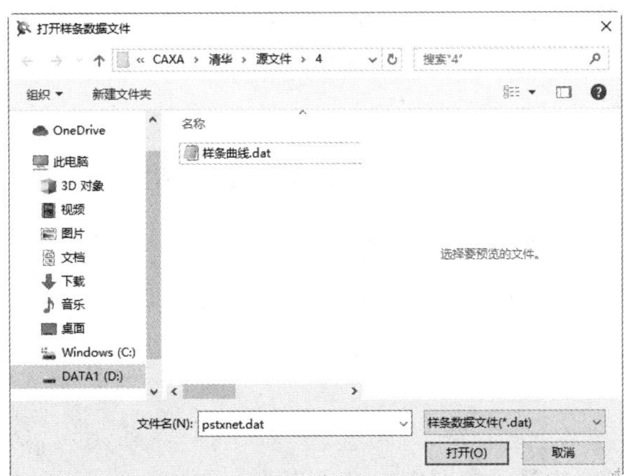

图 4-53　“打开样条数据文件”对话框

（3）样条文件中存储的是样条的插值点的坐标，因此从“打开样条数据文件”对话框中选择一个样条数据文件，然后单击“打开”按钮，系统将可自动生成样条。

注意： 存储样条数据的文本文件可用任何一种文本编辑器生成，结构如下。

```
P_SPLINE
OPEN
5
0,0
90,30
40,60
30,-40
-80,-40
```

第三行为插值点的个数（在本例中为 5），其以下各行分别为各个插值点的坐标。

4.6.3 圆弧拟合样条

Note

1. 执行方式

☑ 命令行：nhs。

☑ 菜单栏：选择菜单栏中的“绘图”→“圆弧拟合样条”命令。

☑ 工具栏：单击“绘图工具II”工具栏中的“圆弧拟合样条”按钮。

☑ 选项卡：单击“常用”选项卡“绘图”面板“曲线”下拉菜单中的“圆弧拟合样条”按钮。

2. 操作步骤

视频讲解

【例4-15】圆弧拟合样条曲线。

（1）打开源文件，启动圆弧拟合样条命令后，系统弹出圆弧拟合样条立即菜单，如图4-54所示。

图4-54 圆弧拟合样条立即菜单

（2）在立即菜单1中可以选取“不光滑连续”或“光滑连续”方式，2中可选取“保留原曲线”或“不保留原曲线”，3中可输入拟合误差，4中输入最大拟合半径。

（3）根据系统提示拾取需要进行圆弧拟合的样条，拟合完成。

注意： 圆弧拟合样条功能主要用来处理线切割加工图形，经上述处理后的样条，可以使图形加工结果更光滑，生成的加工代码更简单。

4.7 绘制孔/轴

CAXA CAD电子图板可以在给定位置画出带有中心线的孔或轴，也可画出带有中心线的圆锥孔或圆锥轴。

1. 执行方式

☑ 命令行：hole。

☑ 菜单栏：选择菜单栏中的“绘图”→“孔/轴”命令。

☑ 工具栏：单击“绘图工具II”工具栏中的“孔/轴”按钮。

☑ 选项卡：单击“常用”选项卡“绘图”面板中的“孔/轴”按钮。

2. 立即菜单选项说明

单击“孔/轴”按钮，系统弹出绘制孔/轴的立即菜单，如图4-55所示。在立即菜单1中可以选择绘制“孔”或“轴”选项，2中可以选择“直接给出角度”或“两点确定角度”选项。

1.轴 2.两点确定角度

图4-55 绘制孔/轴的立即菜单

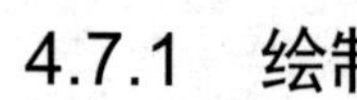

4.7.1 绘制轴

利用孔/轴命令可以绘制圆柱轴、圆锥轴、阶梯轴，另外轴的中心线可以水平、竖直、倾斜。

视频讲解

【例 4-16】绘制如图 4-56 所示的轴。

操作步骤：

（1）启动绘制孔/轴命令后，将在绘图区左下角弹出绘制孔/轴的立即菜单，在立即菜单 1 中选择“轴”选项，2 中选择“直接给出角度”选项，3 中输入中心线角度值“0”，如图 4-57 所示。然后按照系统提示，在操作提示区输入轴的插入点坐标（0,0），随后按 Enter 键。

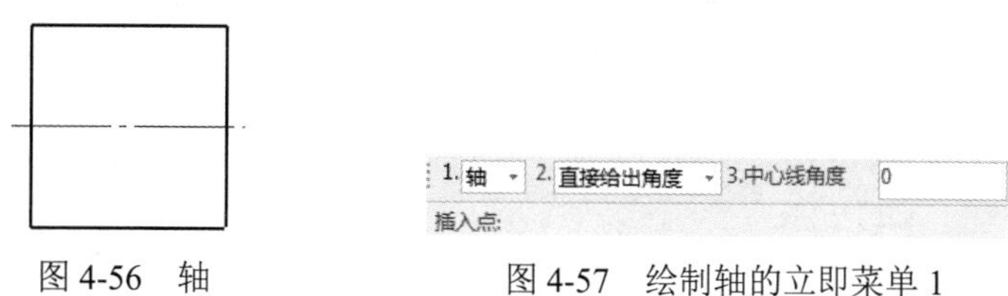

图 4-56　轴　　　图 4-57　绘制轴的立即菜单 1

（2）向右拖曳鼠标，一个直径为默认值的动态轴出现在屏幕上，这时在变化后的立即菜单 2 和 3 中均输入“30”，4 中选择“有中心线”选项，5 中输入中心线延伸长度值“3”，如图 4-58 所示。然后按照系统提示，在操作提示区输入轴的长度“30”，随后按 Enter 键，右击，此时轴绘制完毕。

图 4-58　绘制轴的立即菜单 2

4.7.2　绘制孔

利用孔/轴命令还可以绘制圆柱孔、圆锥孔、阶梯孔，另外孔的中心线可以水平、竖直、倾斜。

【例 4-17】绘制图 4-59 所示的阶梯孔图（不标注尺寸，孔的中心线与 X 轴的夹角为 20°）。

视频讲解

操作步骤：

（1）启动绘制孔/轴命令后，将在绘图区左下角弹出绘制孔/轴的立即菜单，在立即菜单 1 中选择“孔”选项，2 中选择“直接给出角度”选项，3 中输入角度值“20”，如图 4-60 所示。然后，按照系统提示，在操作提示区输入轴的插入点坐标（0,0），随后按 Enter 键。

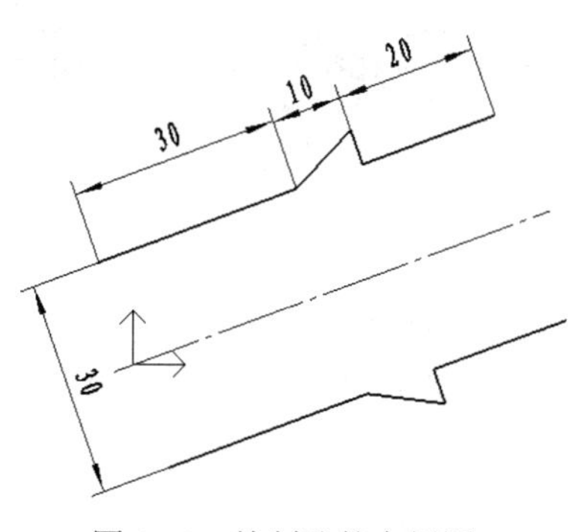

图 4-59　绘制孔的实例图

图 4-60　绘制孔的立即菜单 1

（2）向右拖曳鼠标，一个直径为默认值的动态轴出现在屏幕上，这时在变化后的立即菜单 2 和 3 中均输入“30”，4 中选择“有中心线”选项，5 中输入中心线延伸长度值“3”，如图 4-61 所示。然后按照系统提示，在操作提示区输入孔的长度“30”，随后按 Enter 键，第一段孔绘制完毕，如图 4-62 所示。

（3）继续向右上方拖曳鼠标，重新填写立即菜单，并在操作提示区中输入孔的长度“10”，如图 4-63 所示。随后按 Enter 键，第二段孔绘制完毕，如图 4-64 所示。

Note

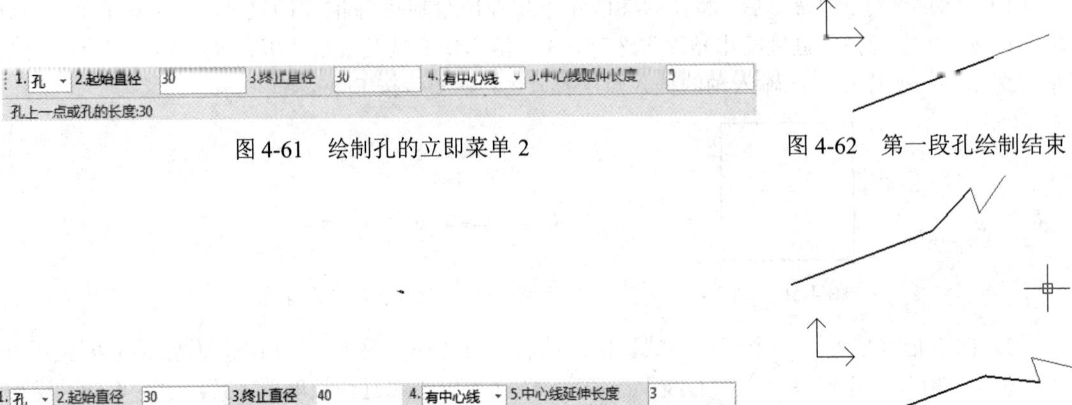

图 4-61　绘制孔的立即菜单 2

图 4-62　第一段孔绘制结束

图 4-63　绘制孔的立即菜单 3

图 4-64　第二段孔绘制结束

（4）继续向右上方拖曳鼠标，重新填写立即菜单，并在操作提示区中输入孔的长度“20”，如图 4-65 所示。随后按 Enter 键，第三段孔绘制完毕，右击结束绘制孔/轴命令。绘制结果如图 4-66 所示，各段孔的长度如图 4-59 所示。

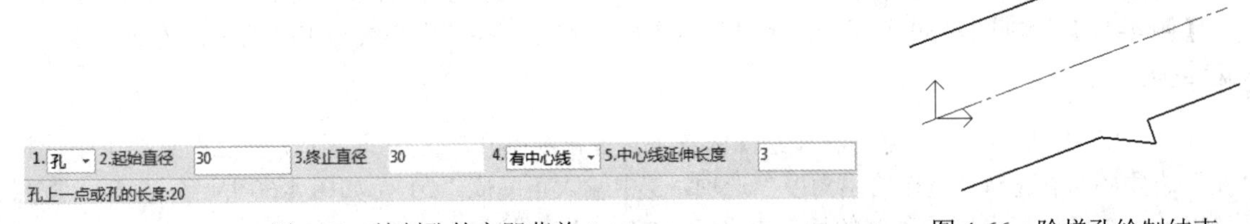

图 4-65　绘制孔的立即菜单 4

图 4-66　阶梯孔绘制结束

注意： 当单击绘制孔/轴的立即菜单 2，并输入起始直径时，同时也将会修改 3 中的终止直径；也可以单击立即菜单 3 单独修改终止直径。

视频讲解

4.7.3　实例——铆钉

利用孔/轴命令中的“轴”方式绘制铆钉的轮廓，然后利用圆弧命令中的“三点圆弧”方式绘制铆钉帽，最后利用删除命令将多余的线删除（删除命令详见第 7 章），结果如图 4-67 所示。

操作步骤：

1. 绘制轴

单击“常用”选项卡“绘图”面板中的“孔/轴”按钮，设置立即菜单如图 4-68 所示。

命令行提示：

插入点：（在绘图区域单击一点）

再次弹出立即菜单，设置该立即菜单如图 4-69 所示。

Note

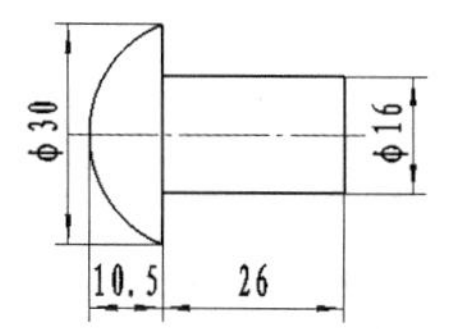

图 4-67　绘制铆钉的实例图

1. 轴　2. 直接给出角度　3.中心线角度　0
插入点:

图 4-68　绘制轴立即菜单 1

1. 轴　2.起始直径　30　3.终止直径　30　4. 有中心线　5.中心线延伸长度　3

图 4-69　绘制轴立即菜单 2

命令行提示：

```
孔上一点或孔的长度：10.5↙
```

同理绘制直径为 16、长度为 26 的轴，绘制结果如图 4-70 所示。

2. 绘制圆弧

单击“常用”选项卡“绘图”面板中的“圆弧”按钮，设置立即菜单如图 4-71 所示。

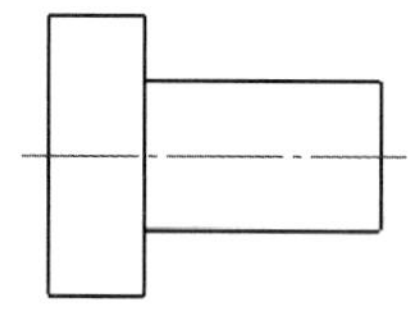

图 4-70　绘制轴

1. 三点圆弧

图 4-71　圆弧命令立即菜单

命令行提示：

```
第一点：(拾取图 4-72 中的点 1)
第二点：(拾取图 4-72 中的点 2)
第三点：(拾取图 4-72 中的点 3)
```

然后右击或者按 Enter 键，结束绘制圆弧命令。绘制结果如图 4-72 所示。

3. 删除处理

单击“常用”选项卡“修改”面板中的“删除”按钮，选择要删除的直线，处理结果如图 4-73 所示。

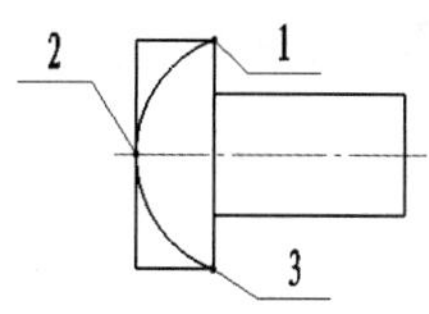

图 4-72　绘制圆弧

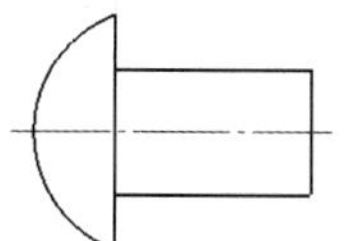

图 4-73　删除处理

4.8　绘制公式曲线

CAXA CAD 电子图板可以绘制数学表达式的曲线图形，也就是根据数学公式（或参数表达式）绘制出相应的数学曲线，公式的给出既可以是直角坐标形式的，也可以是极坐标形式的。

1. 执行方式

☑ 命令行：fomul。

☑ 菜单栏：选择菜单栏中的“绘图”→“公式曲线”命令。

☑ 工具栏：单击“绘图工具”工具栏中的“公式曲线”按钮。

☑ 选项卡：单击“常用”选项卡“绘图”面板中的“公式曲线”按钮。

Note

视频讲解

【例 4-18】绘制 y=70*(sin(x/30))的公式曲线，操作步骤如下。

操作步骤：

（1）启动绘制公式命令后，系统弹出“公式曲线”对话框，如图 4-74 所示。在该对话框中，在“坐标系”栏中选中“直角坐标系”单选按钮，在“单位”栏中选中“弧度”单选按钮，在“参变量”文本框中输入“t”，在“起始值”文本框中输入“0”，在“终止值”文本框中输入“300”。在“公式名”文本框中输入“1”（可以默认为“无名曲线”，也可输入曲线的名称），在“X(t)=”文本框中输入“t”，在“Y(t)=”文本框中输入“70*(sin(t/30))”，如图 4-74 所示。单击“预显”按钮在图形框中观察一下曲线是否合乎要求，如合适，则单击“确定”按钮。

（2）公式曲线出现在屏幕上，系统提示输入曲线的定位点，输入（0,0）并按 Enter 键，即可将该曲线的起始点定位在坐标系原点上，如图 4-75 所示。

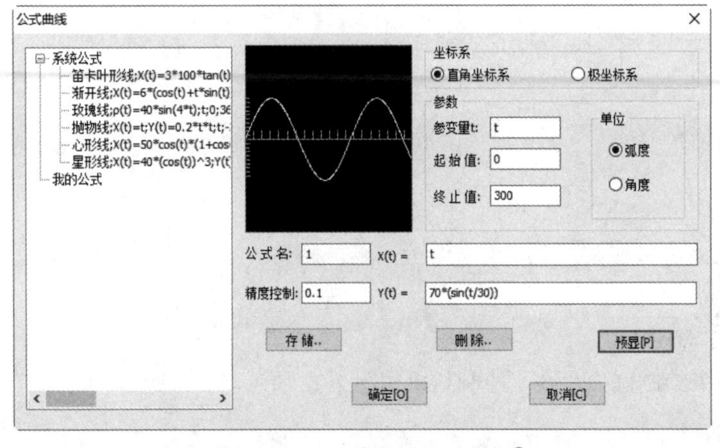

图 4-74 “公式曲线”对话框[①]

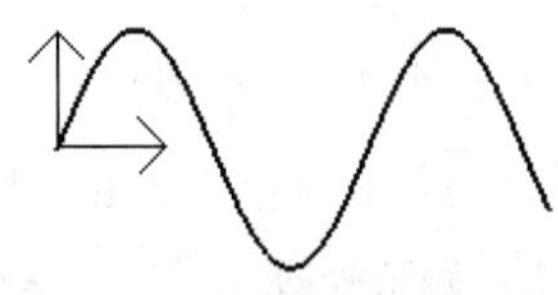

图 4-75 公式曲线绘制结果

4.9 绘制局部放大图

1. 执行方式

☑ 命令行：enlarge。

☑ 菜单栏：选择菜单栏中的“绘图”→“局部放大图”命令。

☑ 工具栏：单击“绘图工具”工具栏中的“局部放大图”按钮。

☑ 选项卡：单击“常用”选项卡“绘图”面板中的“局部放大图”按钮。

2. 立即菜单选项说明

单击“绘图”面板中的“局部放大图”按钮，系统弹出绘制局部放大图立即菜单。在立即菜单

[①] 软件中显示的笛卡叶形线应为笛卡儿叶形线。

1 中可以选择绘制局部放大图的方式。

4.9.1　用圆形边界绘制局部放大图

【例 4-19】绘制如图 4-76 所示的齿轮齿形的局部放大图。

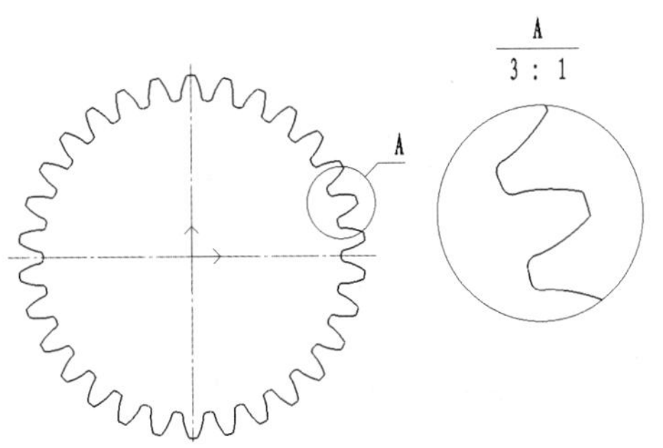

图 4-76　齿轮齿形的局部放大图

视频讲解

操作步骤：

（1）打开源文件，启动绘制局部放大图命令后，系统弹出绘制局部放大图立即菜单。在立即菜单 1 中选择“圆形边界”选项，2 中选择“加引线”选项，3 中输入放大倍数“3”，4 中输入该局部放大图的符号“A”，5 中选择“保持剖面线图样比例”选项，如图 4-77 所示。

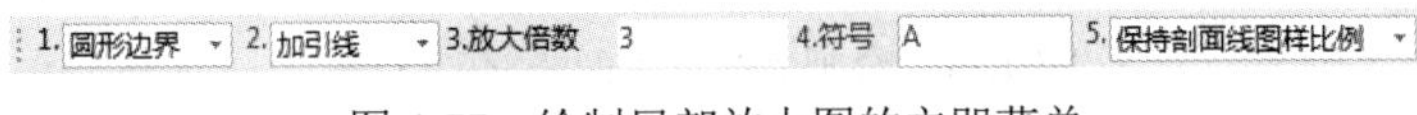

图 4-77　绘制局部放大图的立即菜单

注意：在图 4-77 中，立即菜单 3 中的放大倍数可以为 0.001～1000，当小于 1 时为缩小；立即菜单 4 中输入该局部视图的名称。

（2）在绘图区齿形的合适位置，单击以确定局部放大图形的圆心点；然后输入圆形边界上的一点或输入圆形边界的半径以确定要放大区域的大小，如图 4-78 所示。

（3）按照系统提示选择符号插入点，移动光标，在屏幕上选择可插入符号文字的位置后，单击插入符号文字（如果不需要标注符号文字，则右击）。

（4）此时系统提示指定“实体插入点”。已放大的局部放大图形虚像随着光标的移动动态显示。在屏幕合适的位置处单击以确定实体的插入点后，系统提示输入图形的旋转角度，此时可以在操作提示区输入局部放大图的旋转角“0”（注：直接右击也可默认旋转角为 0°），生成局部放大图。移动光标在屏幕合适的位置处单击以确定符号文字的插入点，生成符号文字（若此时右击，则不生成符号文字；按 Esc 键，则取消整个操作，不生成放大图形）。至此，局部放大图绘制完成，如图 4-79 所示。

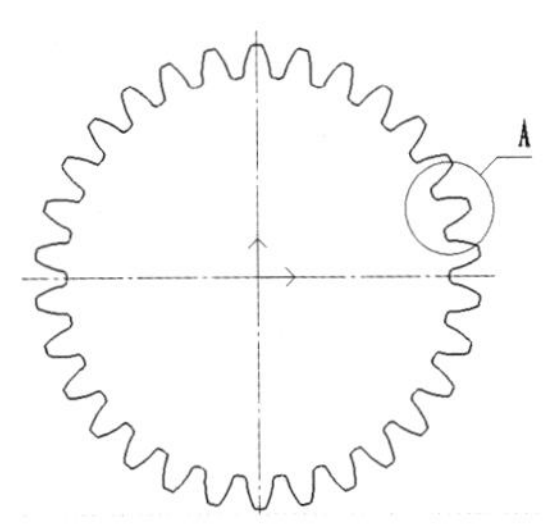

图 4-78　指定圆形放大区域的位置

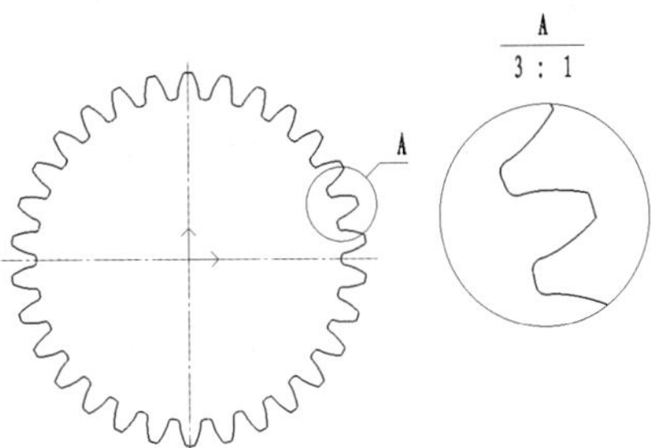

图 4-79　齿轮齿形的局部放大图

Note

视频讲解

4.9.2 用矩形边界绘制局部放大图

【例 4-20】用“矩形边界”方式绘制如图 4-80 所示的齿轮齿形的局部放大图。

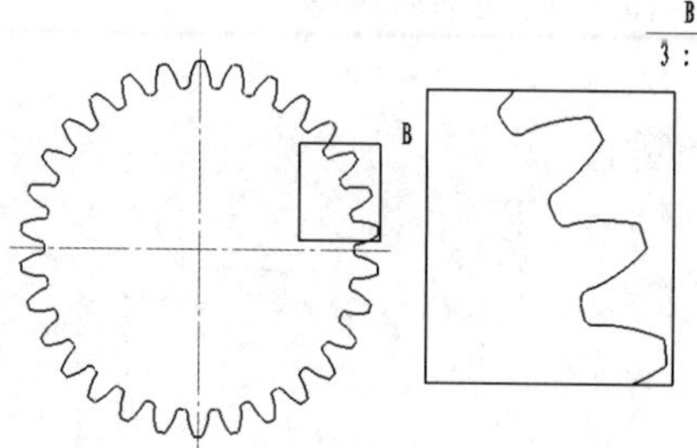

图 4-80 齿轮齿形的局部放大图

操作步骤：

（1）打开源文件，启动绘制局部放大图命令后，系统弹出绘制局部放大图立即菜单。在立即菜单 1 中选择“矩形边界”选项，2 中选择“边框可见”或“边框不可见”选项，3 中选择“加引线”选项，4 中输入放大倍数，5 中输入该局部放大图的符号“A”，6 中选择“保持剖面线图样比例”选项，如图 4-81 所示。

图 4-81 绘制局部放大图的立即菜单

（2）其余操作步骤与 4.9.1 节中基本相同，有兴趣的读者可以将上例中齿形的局部放大图用“矩形边界”绘制出来。

注意：局部放大图中标注的比例是此局部放大图的尺寸与真实零件尺寸之间的比例，而与图幅的比例无关。另外，细心的读者可能会发现，在系统默认的界面中，工具栏上面并没有绘制局部放大图的图标按钮。如果经常使用该功能的话，读者可以通过第 3 章中的界面设置操作使之显示在工具栏中。

视频讲解

4.10 综合实例——盘件

首先利用绘图命令中的孔/轴命令和偏移命令绘制主视图，然后利用圆命令和直线命令绘制左视图，最后绘制剖面线，结果如图 4-82 所示。具体绘制流程如图 4-83 所示。

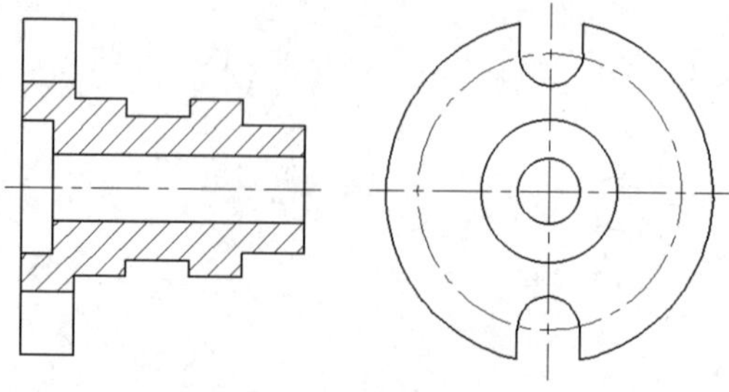

图 4-82 盘件

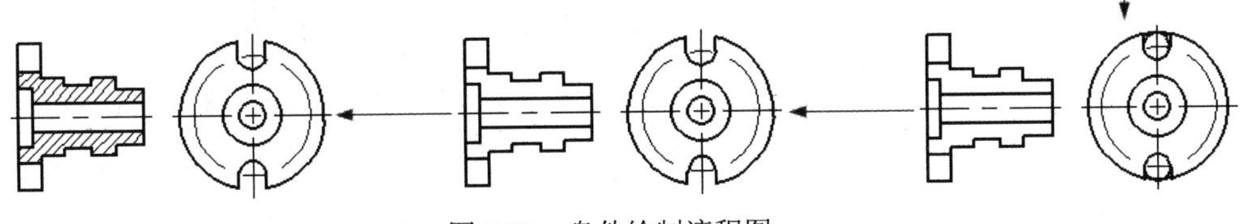

图 4-83　盘件绘制流程图

操作步骤：

1. 利用孔命令绘制轴段

将“0 层”设置为当前图层，单击“常用”选项卡“绘图”面板中的“孔/轴”按钮，设置立即菜单如图 4-84 所示。

1. 孔　2. 直接给出角度　3.中心线角度　0

图 4-84　孔立即菜单 1

命令行提示：

插入点：（在视图中单击一点）

再次弹出立即菜单，设置立即菜单如图 4-85 所示。

1. 孔　2.起始直径　60.8　3.终止直径　60.8　4. 有中心线　5.中心线延伸长度　3

图 4-85　孔立即菜单 2

命令行提示：

孔上一点或孔的长度：10↙

采用同样的方法，绘制右侧的轴，分别为直径 32，长度 10；直径 26，长度 12；直径 32，长度 10；直径 23，长度 12 的轴，结果如图 4-86 所示。

2. 绘制直线

单击“常用”选项卡“绘图”面板中的“直线”按钮，设置立即菜单如图 4-87 所示。绘制轴两端处的竖直直线，结果如图 4-88 所示。

3. 利用轴命令绘制孔

单击“常用”选项卡“绘图”面板中的“孔/轴”按钮，设置立即菜单如图 4-89 所示。

命令行提示：

插入点：（单击左侧竖直直线和水平中心线的交点）

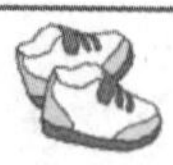

再次弹出立即菜单，设置该立即菜单如图 4-90 所示。

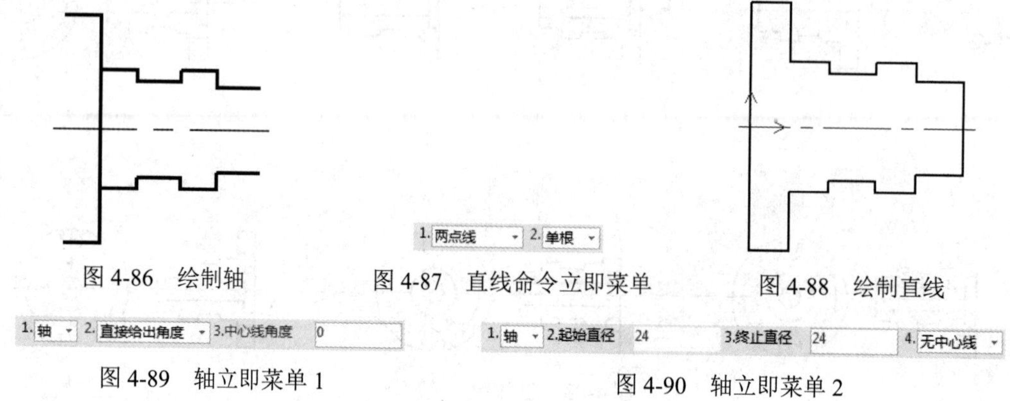

图 4-86 绘制轴

1. 两点线
2. 单根

图 4-87 直线命令立即菜单

图 4-88 绘制直线

1. 轴
2. 直接给出角度
3.中心线角度 0

图 4-89 轴立即菜单 1

1. 轴
2.起始直径 24
3.终止直径 24
4. 无中心线

图 4-90 轴立即菜单 2

命令行提示：

> 轴上一点或轴的长度：6↙

采用同样的方法，绘制右侧的孔，直径为 12，长度为 48，结果如图 4-91 所示。

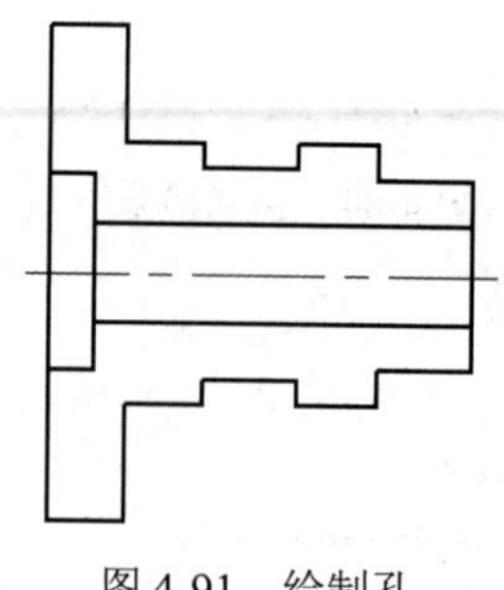

图 4-91 绘制孔

4. 绘制等距线

单击“常用”选项卡“修改”面板中的“等距线”按钮，设置立即菜单如图 4-92 所示。

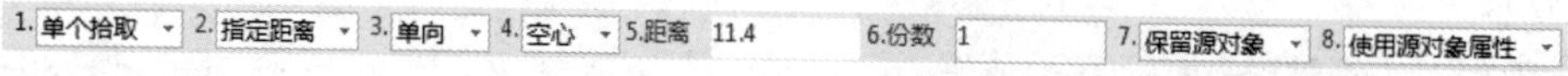

1. 单个拾取
2. 指定距离
3. 单向
4. 空心
5.距离 11.4
6.份数 1
7. 保留源对象
8. 使用源对象属性

图 4-92 等距线命令立即菜单

命令行提示：

> 拾取曲线：(拾取主视图最上部的水平直线)
> 请拾取所需方向：(在直线的下方单击)

重复上述命令：

> 拾取曲线：(拾取主视图最下方的水平直线)
> 请拾取所需方向：(在直线的上方单击)

绘制等矩线的结果如图 4-93 所示。

5. 绘制左视图的圆

单击“常用”选项卡“绘图”面板中的“圆”按钮，设置立即菜单如图 4-94 所示。

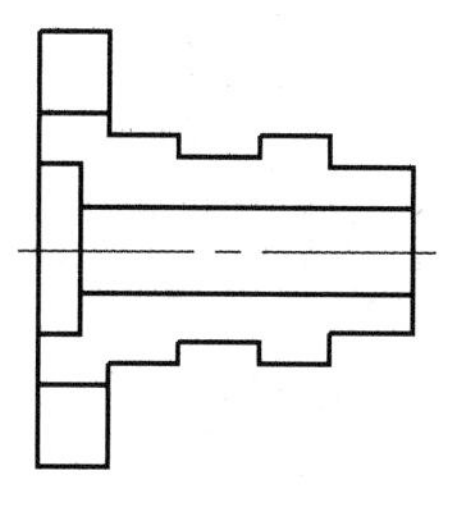

图 4-93 绘制等距线的结果

1. 圆心_半径 2. 直径 3. 有中心线 4.中心线延伸长度 3

图 4-94 圆命令立即菜单（有中心线）

命令行提示：

> 圆心点：(拾取水平中心线延长线上的一点)
> 输入直径或圆上一点：62↙

重复圆命令，设置立即菜单 3 为“无中心线”，分别绘制直径为 50、24 和 12 的同心圆，右击或者按 Enter 键，结束画圆命令；然后将直径为 50 的圆的层属性改为“中心线层”，结果如图 4-95 所示。

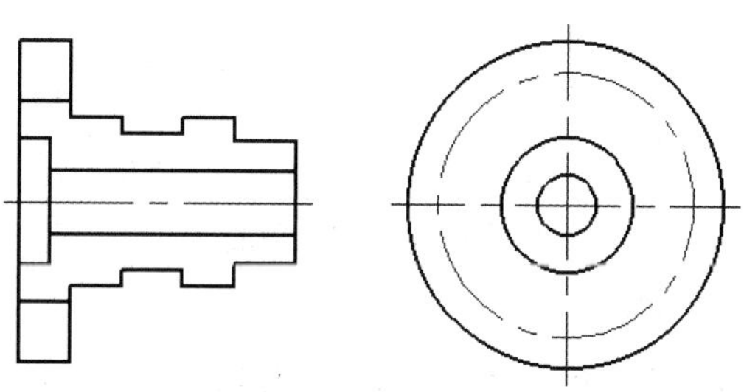

图 4-95 绘制圆

6. 绘制圆

单击“常用”选项卡“绘图”面板中的“圆”按钮⊙，设置立即菜单如图 4-96 所示。

命令行提示：

> 圆心点：(拾取直径为 50 的中心圆与竖直直线的交点)
> 输入直径或圆上一点：12↙

重复圆命令，绘制下方的圆，结果如图 4-97 所示。

1. 圆心_半径 2. 直径 3. 无中心线

图 4-96 圆命令立即菜单（无中心线）

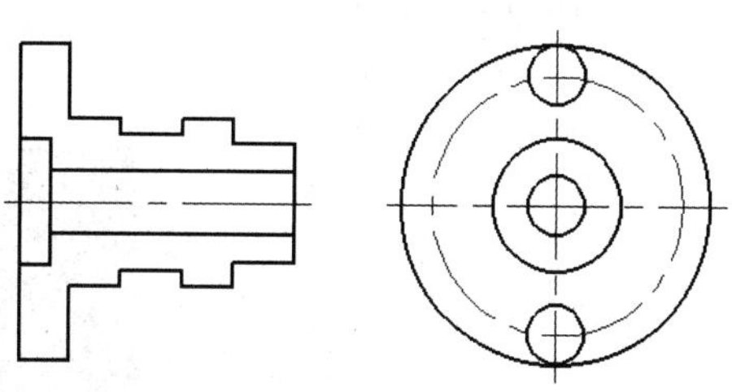

图 4-97 绘制直径为 12 的圆

7. 绘制直线

单击“常用”选项卡“绘图”面板中的“直线”按钮╱，设置立即菜单如图 4-98 所示。在上述步骤 6 中绘制的圆的左右象限点处向最外侧的圆引出直线，结果如图 4-99 所示。

Note

图 4-98　直线命令立即菜单

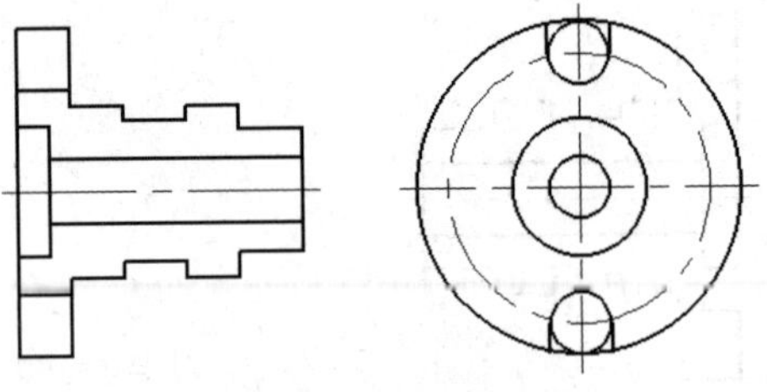

图 4-99　绘制直线

8. 裁剪处理

单击“常用”选项卡“修改”面板中的“裁剪”按钮，在立即菜单 1 中选择“快速裁剪”选项，分别拾取要裁剪的曲线，结果如图 4-100 所示。

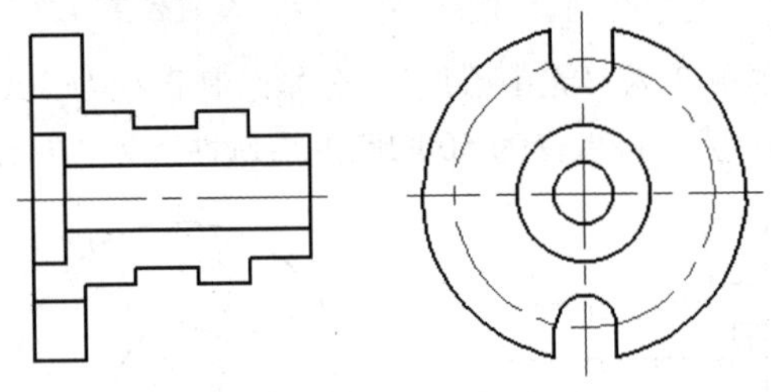

图 4-100　修剪图形

9. 填充剖面线

单击“常用”选项卡“绘图”面板中的“剖面线”按钮，设置立即菜单如图 4-101 所示。

1. 拾取点　2. 选择剖面图案　3. 非独立　4.允许的间隙公差　0.0035

图 4-101　剖面线命令立即菜单

命令行提示：

拾取环内一点：(在剖面图中需要绘制剖面线的位置上拾取一点)
成功拾取到环，拾取环内一点：(在剖面图中需要绘制剖面线的位置上拾取其他点)

拾取完毕后右击，弹出“剖面图案”对话框，设置对话框如图 4-102 所示，设置完毕后单击“确定”按钮，最后绘制结果如图 4-82 所示。

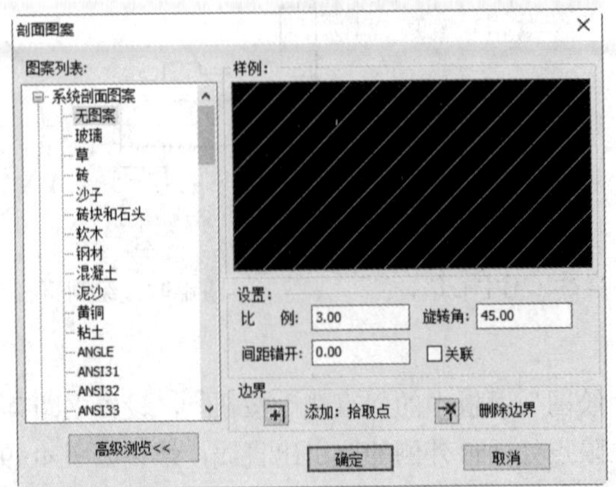

图 4-102　“剖面图案”对话框

4.11　上机实验

（1）绘制如图 4-103 所示的手柄图形（不标注尺寸）。

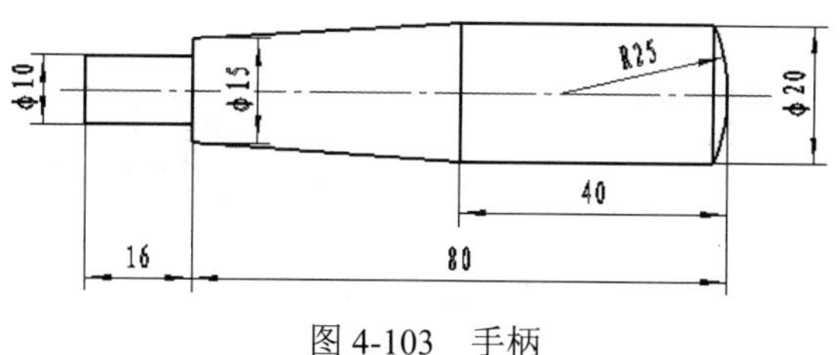

图 4-103　手柄

操作提示

❶ 将当前图层设置为“中心线层”。

❷ 绘制图 4-103 中的中心线。

❸ 将当前图层设置为“0 层”。

❹ 利用孔/轴命令绘制手柄的外轮廓线。使用该命令时可单击“常用”选项卡“绘图”面板中的“孔/轴”按钮。

❺ 利用圆弧命令绘制手柄右侧的圆弧。使用该命令时可单击“常用”选项卡“绘图”面板中的“圆弧”按钮。

（2）绘制如图 4-104 所示的凸轮的图形（不标注尺寸）。

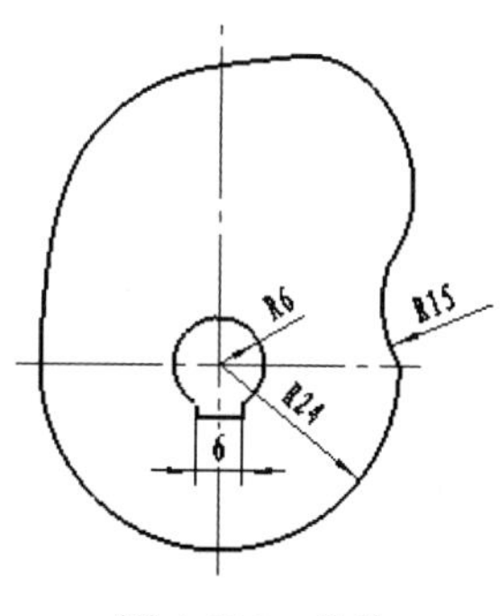

图 4-104　凸轮

操作提示

本例主要使用圆、直线和样条命令。

❶ 利用圆命令绘制凸轮的基圆。使用该命令时可单击“常用”选项卡“绘图”面板中的“圆”按钮。

❷ 利用直线命令生成不同长度的直线，以利于绘制后期的样条曲线。使用直线命令时可单击“常用”选项卡“绘图”面板中的“直线”按钮。

❸ 利用样条命令生成凸轮的不规则的外形轮廓。使用该命令时可单击“常用”选项卡“绘图”面板中的“样条”按钮。

Note

4.12 思考与练习

（1）绘制如图 4-105 所示的齿轮轴，尺寸不限。

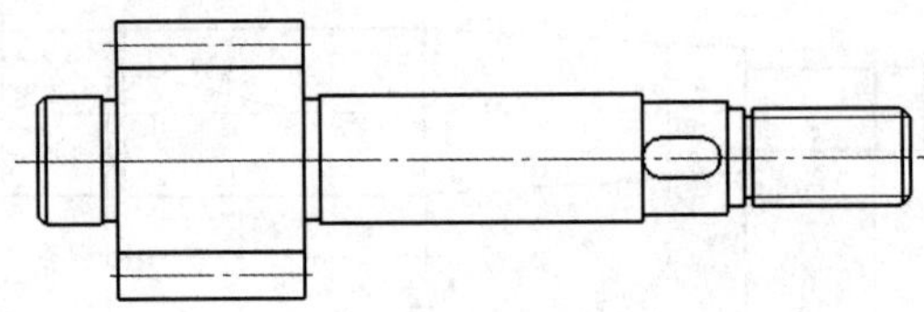

图 4-105 齿轮轴

（2）试绘制公式曲线 y=8x^2+15，$x\in(0,100)$。

（3）绘制如图 4-106 所示的密封圈，尺寸不限。

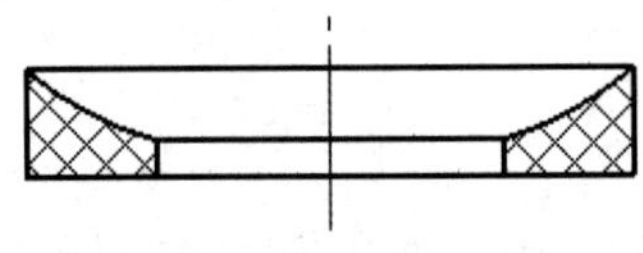

图 4-106 密封圈

（4）绘制轴与绘制孔的命令有何区别和联系？

第5章 曲线的编辑

对当前的图形进行编辑修改，是交互式绘图软件不可缺少的功能，它对提高绘图速度和质量都具有至关重要的作用，CAXA CAD 电子图板充分考虑了用户的需求，提供了功能齐全、操作灵活的编辑修改功能。对曲线进行编辑的主要目的是为了提高作图效率以及删除在作图过程中产生的多余线条，曲线编辑的命令的菜单操作主要集中在“修改”菜单（见图 5-1），工具栏操作主要集中在“编辑工具”工具栏（见图 5-2），选项卡操作主要集中在“常用”选项卡的“修改”面板中（见图 5-3）。

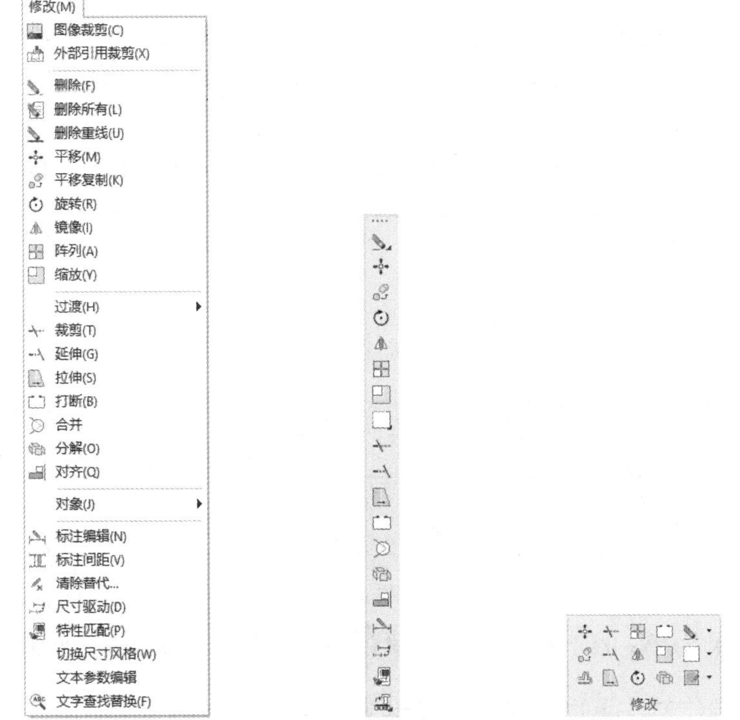

图 5-1 “修改”菜单 图 5-2 “编辑工具”工具栏 图 5-3 “修改”面板

学习重点

☑ 曲线的裁剪、过渡、延伸、打断、拉伸操作

☑ 实体的平移、平移复制、旋转、镜像操作

☑ 实体的比例缩放、阵列操作

Note

5.1 裁　　剪

裁剪功能用于对给定曲线（一般称为被裁剪线）进行修整，删除不需要的部分，得到新的曲线。

1. 执行方式

☑ 命令行：trim。

☑ 菜单栏：选择菜单栏中的“修改”→“裁剪”命令。

☑ 工具栏：单击“编辑工具”工具栏中的“裁剪”按钮。

☑ 选项卡：单击“常用”选项卡“修改”面板中的“裁剪”按钮。

2. 立即菜单选项说明

进入裁剪操作命令后，在屏幕左下角的操作提示区出现裁剪的立即菜单，在立即菜单1中可选择裁剪的不同方式，如图5-4所示。

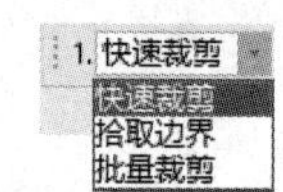

图5-4　裁剪立即菜单

5.1.1　快速裁剪

视频讲解

【例5-1】直接单击被裁剪的曲线，系统自动判断边界并做出裁剪响应，系统视裁剪边为与该曲线相交的曲线。快速裁剪一般用于比较简单的边界情况（例如一条线段只与两条以下的线段相交）。

操作步骤：

（1）打开源文件，启动裁剪操作命令，在立即菜单1中选择“快速裁剪”方式。

（2）根据系统提示单击被裁剪线的要裁剪部分即可。

图5-5和图5-6均为快速裁剪的实例。

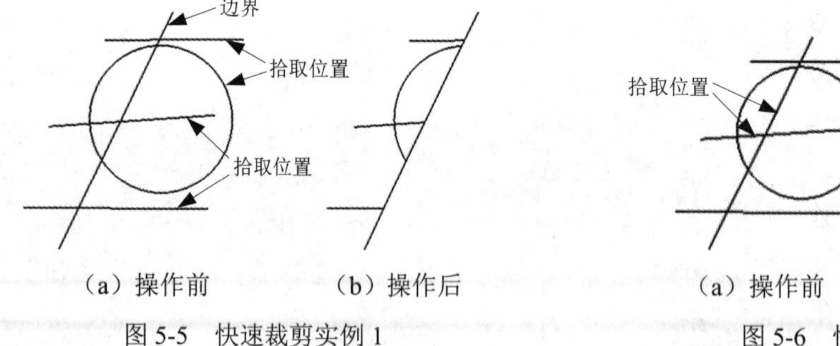

图5-5　快速裁剪实例1　　图5-6　快速裁剪实例2

注意：对于与其他曲线不相交的一条单独的曲线不能使用裁剪命令，只能用删除命令将其去掉。

5.1.2　通过拾取边界裁剪

视频讲解

【例5-2】CAXA CAD电子图板允许以一条或多条曲线作为剪刀线，对一系列被裁剪的曲线进行裁剪。

操作步骤：

（1）打开源文件，启动裁剪操作命令，在立即菜单1中选择“拾取边界”方式。

（2）系统提示拾取剪刀线，依次拾取一条或多条曲线，右击确认。

（3）系统提示拾取要裁剪的曲线，单击确认。单击的曲线段至边界部分被裁剪，而边界另一侧的部分被保留。

图 5-7 为拾取边界裁剪的实例。

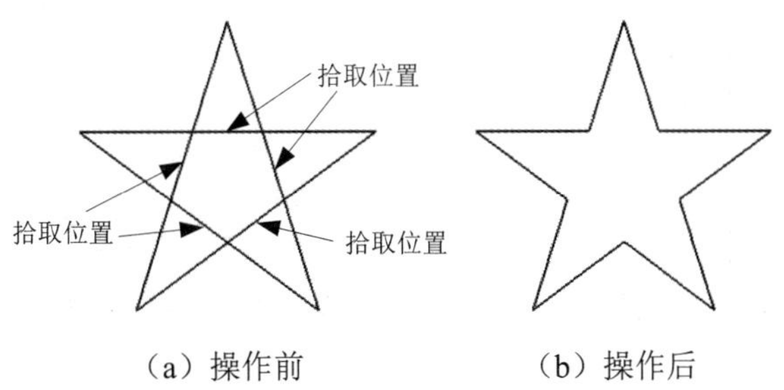

（a）操作前　　（b）操作后

图 5-7　拾取边界裁剪实例

5.1.3　批量裁剪

【例 5-3】当曲线较多时，可以对曲线或曲线组用批量裁剪。

视 频 讲 解

操作步骤：

（1）打开源文件，启动裁剪操作命令，在立即菜单 1 中选择“批量裁剪”方式。

（2）根据系统提示单击拾取剪刀链（剪刀链可以是一条曲线，也可以是首尾相连的多条曲线）。

（3）系统提示拾取要裁剪的曲线，单击依次拾取要裁剪的曲线（用窗口方式拾取也可），右击确认。然后选择要裁减的方向，裁剪完成。

5.1.4　实例——门

视 频 讲 解

首先利用直线和等距线命令绘制墙体，然后利用圆和直线命令绘制门的轮廓，最后利用裁剪命令裁剪多余的线段，结果如图 5-8 所示。

图 5-8　门

操作步骤：

1. 绘制中心线

将“中心线层”设为当前图层，单击“常用”选项卡“绘图”面板中的“直线”按钮，立即菜单设置如图 5-9 所示，绘制如图 5-10 所示的中心线。

图 5-9　直线命令立即菜单　　图 5-10　绘制中心线

2. 绘制等距线

单击“常用”选项卡“修改”面板中的“等距线”按钮，立即菜单设置如图 5-11 所示。选择步骤 1 中绘制的直线，并将偏移后的两条直线修改为“0 层”，绘制结果如图 5-12 所示。

图 5-11　等距线命令立即菜单

Note

3. 绘制圆

将“0 层”设为当前图层，单击“常用”选项卡“绘图”面板中的“圆”按钮，立即菜单设置如图 5-13 所示。

图 5-12　绘制等距线

1. 圆心_半径 2. 直径 3. 无中心线

图 5-13　圆命令立即菜单

命令行提示：

圆心点：（竖直中心线上任一点）
输入直径或圆上一点：（输入直径或拖动圆到合适大小，右击确认）

4. 绘制直线

单击“常用”选项卡“绘图”面板中的“直线”按钮，立即菜单设置如图 5-9 所示，绘制水平直线，绘制结果如图 5-14 所示。

5. 裁剪处理

单击“常用”选项卡“修改”面板中的“裁剪”按钮，在立即菜单 1 中选择“快速裁剪”方式，分别拾取要裁剪的曲线，裁剪结果如图 5-15 所示。

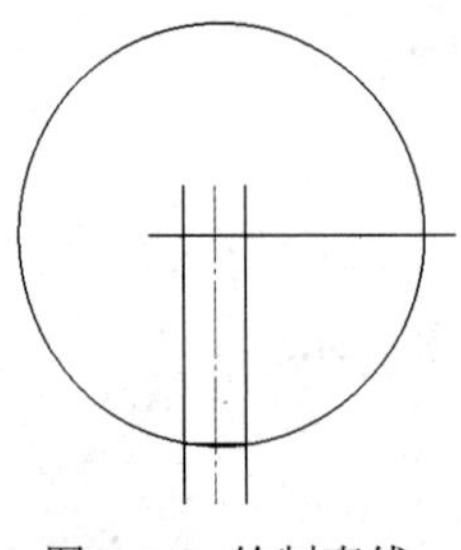

图 5-14　绘制直线

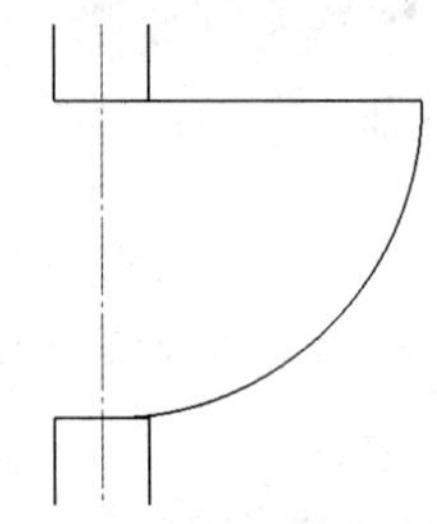

图 5-15　裁剪处理结果

5.2　过　　渡

过渡功能包含了一般 CAD 软件的圆角、尖角、倒角等功能。

1. 执行方式

☑　命令行：corner。
☑　菜单栏：选择菜单栏中的“修改”→“过渡”命令。
☑　工具栏：单击“编辑工具”工具栏中的“过渡”按钮。
☑　选项卡：单击“常用”选项卡“修改”面板中的“过渡”按钮。

2. 立即菜单选项说明

进入过渡操作命令后，在屏幕左下角的操作提示区出现过渡的立即菜单，在立即菜单 1 中可选择不同的过渡方式，如图 5-16 所示。

图 5-16　过渡操作的立即菜单

Note

5.2.1　圆角过渡

【例 5-4】圆角过渡用于对两条曲线（直线、圆弧、圆）进行圆弧光滑过渡。曲线可以被裁剪或往角的方向延伸。

视频讲解

操作步骤：

（1）打开源文件，启动过渡操作命令，在立即菜单 1 中选择“圆角”过渡方式，2 中可以选择“裁剪”“裁剪始边”“不裁剪”3 种方式之一，3 中可以输入过渡圆角的半径，如图 5-17 所示。

1. 圆角　2. 裁剪　3.半径 10

图 5-17　圆角过渡的立即菜单

（2）根据系统提示依次拾取要进行圆角过渡的两条曲线即可。图 5-18 为圆角过渡的实例。

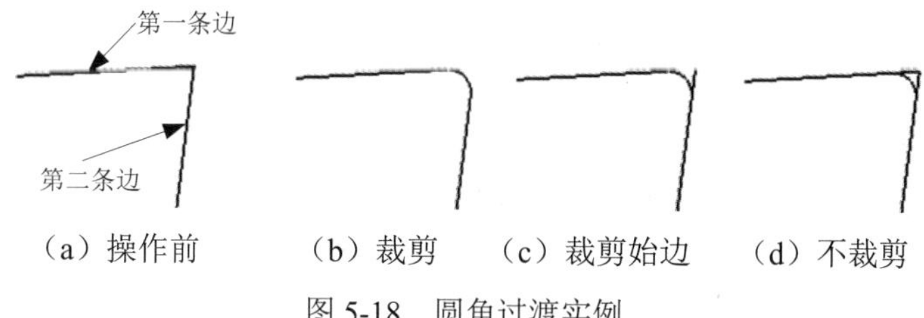

（a）操作前　（b）裁剪　（c）裁剪始边　（d）不裁剪

图 5-18　圆角过渡实例

注意：选择的曲线位置不同，会得到不同的结果。

5.2.2　多圆角过渡

【例 5-5】多圆角过渡用于对多条首尾相连的直线进行圆弧光滑过渡。

视频讲解

操作步骤：

（1）打开源文件，启动过渡操作命令，在立即菜单 1 中选择“多圆角”过渡方式，2 中可以输入过渡圆角的半径，如图 5-19 所示。

1. 多圆角　2.半径 3
拾取首尾相连的直线

图 5-19　多圆角过渡的立即菜单

（2）根据系统提示再拾取要进行过渡的首尾相连的直线即可。图 5-20 为多圆角过渡的实例。

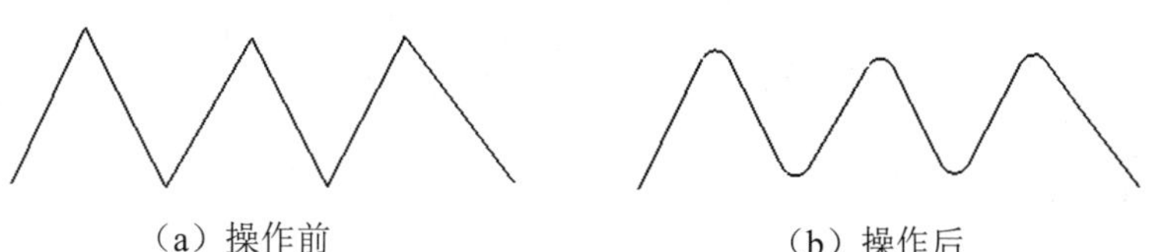

（a）操作前　（b）操作后

图 5-20　多圆角过渡的实例

5.2.3 倒角过渡

【例 5-6】倒角过渡用于对两条直线之间进行直线倒角过渡。直线可以被裁剪或往角的方向延伸。

操作步骤：

Note

视频讲解

（1）打开源文件，启动过渡操作命令，在立即菜单 1 中选择“倒角”过渡方式，2 中可以选择“长度和角度方式”或“长度和宽度方式”，3 中可以选择“裁剪”“裁剪始边”或“不裁剪”，4 中输入倒角的长度，5 中输入倒角的角度或宽度，如图 5-21 所示。

图 5-21 倒角过渡的立即菜单

（2）根据系统提示再拾取要进行倒角过渡的两条直线即可。图 5-22 为倒角过渡的实例。

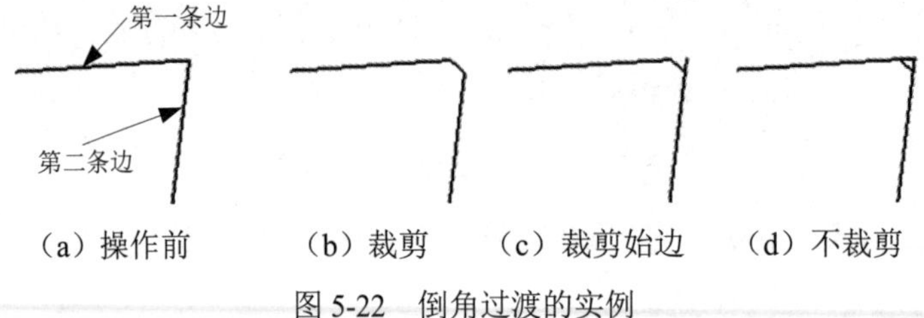

（a）操作前 （b）裁剪 （c）裁剪始边 （d）不裁剪

图 5-22 倒角过渡的实例

5.2.4 外倒角过渡

视频讲解

【例 5-7】外倒角过渡用于对轴端等有 3 条正交的直线进行倒角过渡。

操作步骤：

（1）打开源文件，启动过渡操作命令，在立即菜单 1 中选择“外倒角”过渡方式，2 中可以选择“长度和角度方式”或“长度和宽度方式”，3 中可以输入倒角的长度，4 中输入倒角的角度或宽度，如图 5-23 所示。

图 5-23 外倒角过渡的立即菜单

（2）根据系统提示再拾取要生成外倒角的 3 条正交的直线即可。图 5-24 为外倒角过渡的实例。

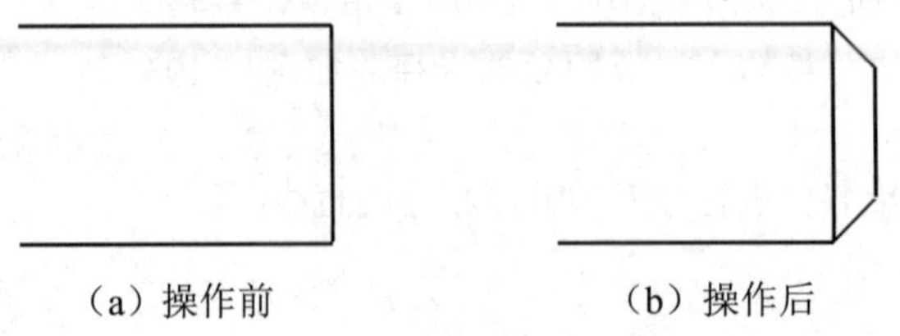

（a）操作前 （b）操作后

图 5-24 外倒角过渡的实例

5.2.5 内倒角过渡

【例 5-8】内倒角过渡用于对孔端等有 3 条两两垂直的直线进行倒角过渡。

Note

操作步骤：

（1）打开源文件，启动过渡操作命令，在立即菜单 1 中选择“内倒角”过渡方式，2 中选择“长度和角度方式”或“长度和宽度方式”，3 中输入倒角的长度，4 中输入倒角的角度或宽度，如图 5-25 所示。

图 5-25　内倒角过渡的立即菜单

（2）根据系统提示再拾取要生成内倒角的 3 条正交的直线即可。图 5-26 为内倒角过渡的实例。

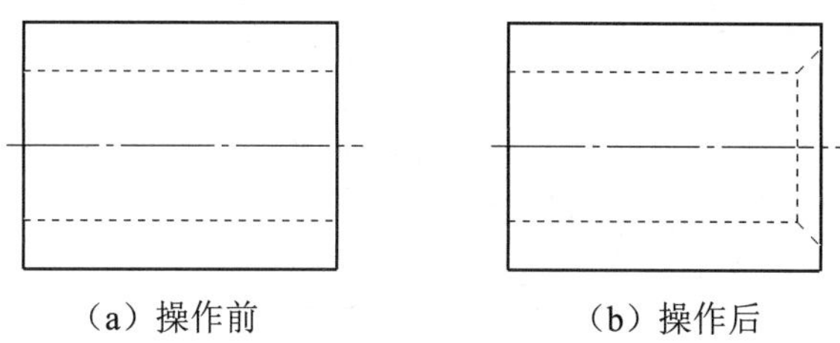

（a）操作前　（b）操作后

图 5-26　内倒角过渡的实例

5.2.6　多倒角过渡

【例 5-9】多倒角过渡用于对多条首尾相连的直线进行倒角过渡。

操作步骤：

（1）打开源文件，启动过渡操作命令，在立即菜单 1 中选择“多倒角”过渡方式，2 中输入倒角的长度，3 中输入倒角的角度，如图 5-27 所示。

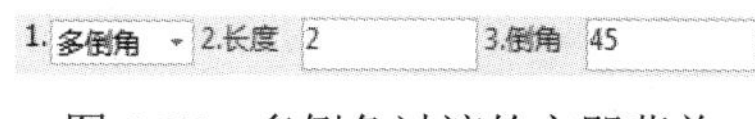

图 5-27　多倒角过渡的立即菜单

（2）根据系统提示再拾取要进行过渡的首尾相连的直线即可。图 5-28 为多倒角过渡的实例。

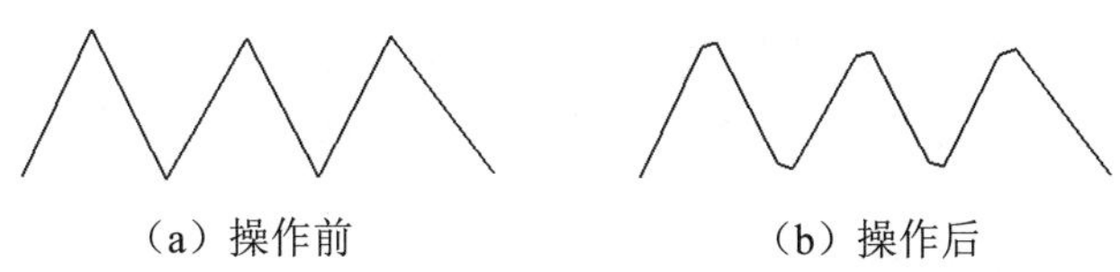

（a）操作前　（b）操作后

图 5-28　多倒角过渡的实例

5.2.7　尖角过渡

【例 5-10】尖角过渡在第一条曲线与第二条曲线（直线、圆弧、圆）的交点处形成尖角过渡。曲线在尖角处可被裁剪或往角的方向延伸。

操作步骤：

（1）打开源文件，启动过渡操作命令，在立即菜单 1 中选择“尖角”过渡方式，如图 5-29 所示。

图 5-29　尖角过渡的立即菜单

（2）根据系统提示依次拾取两条曲线即可。图 5-30 和图 5-31 均为尖角过渡的实例。

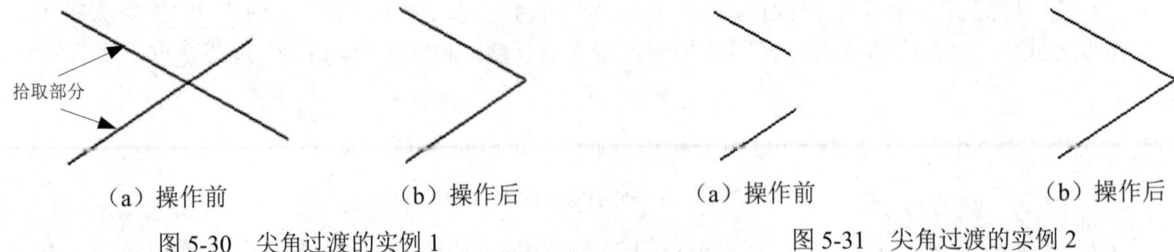

图 5-30　尖角过渡的实例 1　　图 5-31　尖角过渡的实例 2

视频讲解

5.2.8　实例——椅子

首先利用矩形和孔/轴命令绘制椅子的轮廓，然后利用圆弧和过渡命令绘制椅子的细节部分，最后利用裁剪命令将多余的线段进行裁剪，结果如图 5-32 所示。

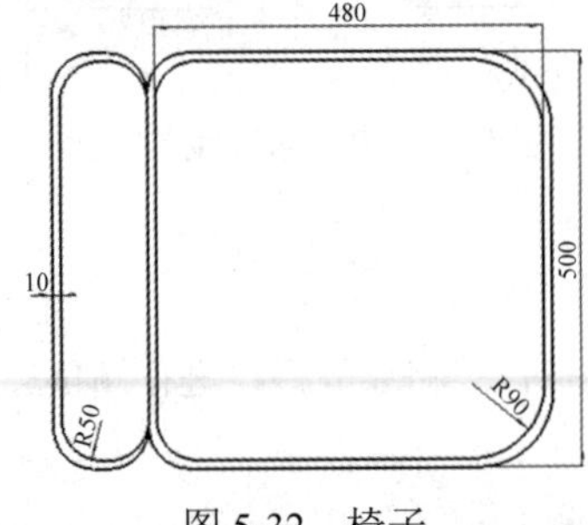

图 5-32　椅子

操作步骤：

1. 绘制矩形

单击“常用”选项卡“绘图”面板中的“矩形”按钮，立即菜单设置如图 5-33 所示。绘制结果如图 5-34 所示。

图 5-33　绘制矩形立即菜单

2. 过渡处理

单击“常用”选项卡“修改”面板中的“过渡”按钮，立即菜单设置如图 5-35 所示。对步骤 1 中绘制的矩形进行过渡处理，结果如图 5-36 所示。

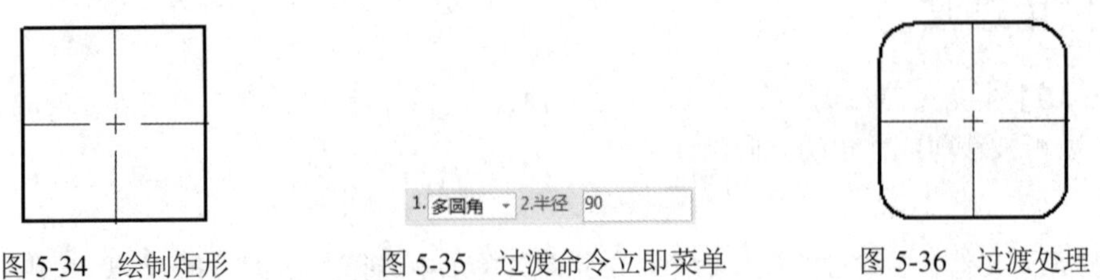

图 5-34　绘制矩形　　图 5-35　过渡命令立即菜单　　图 5-36　过渡处理

3. 绘制靠背

单击“常用”选项卡“绘图”面板中的“孔/轴”按钮，立即菜单设置如图 5-37 所示。

1. 轴　2. 直接给出角度　3.中心线角度　0

图 5-37　绘制轴立即菜单 1

命令行提示：

> 插入点：(选择步骤 2 中绘制的矩形的左侧竖直直线的中点)

再次弹出立即菜单，设置立即菜单如图 5-38 所示。

1. 轴　2.起始直径　500　3.终止直径　500　4. 有中心线　5.中心线延伸长度　3

图 5-38　绘制轴立即菜单 2

命令行提示：

> 轴上一点或轴的长度：100↙

绘制结果如图 5-39 所示。

4. 绘制圆弧

单击“常用”选项卡“绘图”面板中的“圆弧”按钮，立即菜单设置如图 5-40 所示。

命令行提示：

> 第一点：(按空格键，在弹出的快捷菜单中选择切点，选择步骤 3 中绘制的图形的左侧直线)
> 第二点：(按空格键，在弹出的快捷菜单中选择切点，选择步骤 3 中绘制的图形的上边直线)
> 第三点：(按空格键，在弹出的快捷菜单中选择切点，选择步骤 3 中绘制的图形的右侧直线)

重复圆弧命令，绘制另一个圆弧，结果如图 5-41 所示。

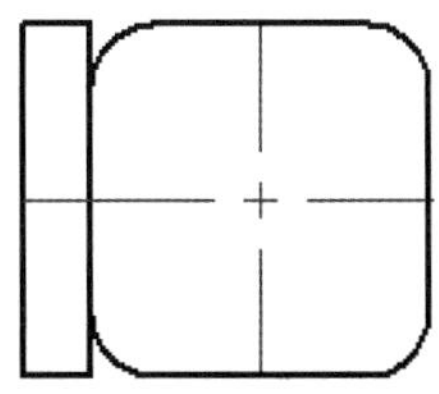

图 5-39　绘制左侧矩形

图 5-40　圆弧命令立即菜单

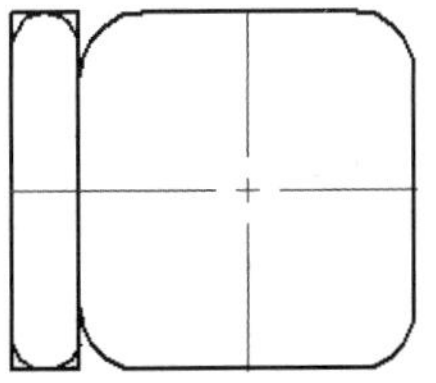

图 5-41　绘制圆弧

5. 裁剪处理

单击“常用”选项卡“修改”面板中的“裁剪”按钮，在立即菜单 1 中选择“快速裁剪”方式，拾取要裁剪的曲线，裁剪结果如图 5-42 所示。(注意：裁剪到最后一段时，要用删除命令将其删除)

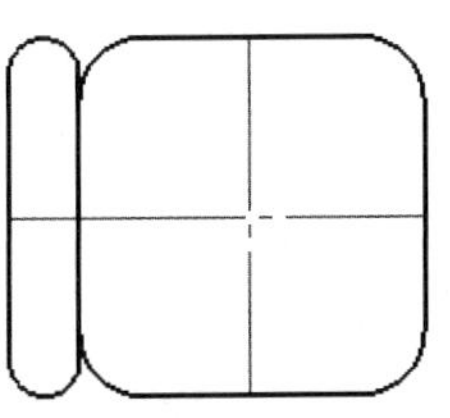

图 5-42　裁剪处理 1

6. 等距线处理

单击“常用”选项卡“修改”面板中的“等距线”按钮，立即菜单设置如图 5-43 所示。

1. 链拾取　2. 指定距离　3. 单向　4. 尖角连接　5. 空心　6.距离　10　7.份数　1　8. 保留源对象

图 5-43　等距线命令立即菜单

命令行提示：

拾取首尾相连的曲线：(拾取右方的矩形)
请拾取所需方向：(方向选择为向内)
拾取首尾相连的曲线：(拾取左方的靠背)
请拾取所需方向：(方向选择为向外)

Note

处理结果如图 5-44 所示。

7. 裁剪处理

单击“常用”选项卡“修改”面板中的“裁剪”按钮，在立即菜单 1 中选择“快速裁剪”方式，拾取要裁剪的曲线，裁剪结果如图 5-45 所示。

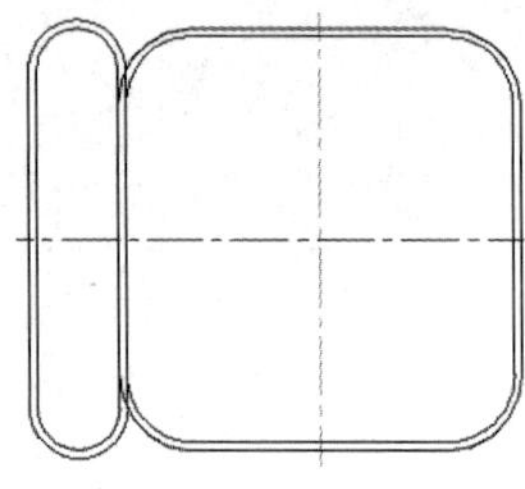
图 5-44　等距线处理

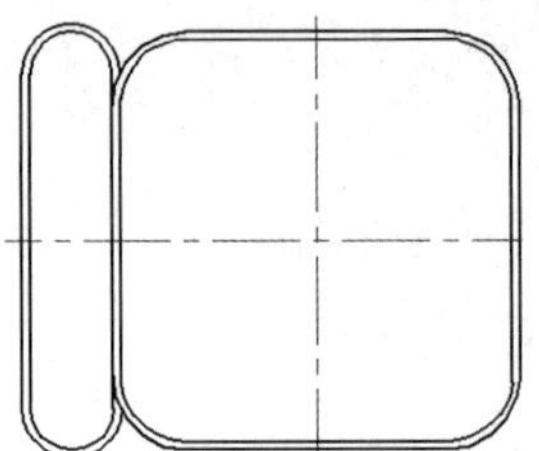
图 5-45　裁剪处理 2

5.3　延　　伸

5.3.1　延伸命令

延伸功能是以一条曲线为边界对一系列曲线进行裁剪或延伸。

1. 执行方式

☑　命令行：edge。
☑　菜单栏：选择菜单栏中的“修改”→“延伸”命令。
☑　工具栏：单击“编辑工具”工具栏中的“延伸”按钮。
☑　选项卡：单击“常用”选项卡“修改”面板中的“延伸”按钮。

2. 立即菜单选项说明

(1) 进入延伸操作命令后，根据屏幕提示选择一条曲线作为边界。
(2) 选择一系列曲线进行编辑修改。

注意：如果选择的曲线与边界曲线有交点，则系统按“裁剪”命令进行操作，即系统将裁剪所拾取的曲线至边界位置；如果被裁剪的曲线与边界曲线没有交点，则系统将把曲线延伸至边界（圆或圆弧可能会有例外，因为它们无法向无穷远处延伸，它们的延伸范围是有限的）。

5.3.2　实例——螺栓

视频讲解

首先利用圆和正多边形命令绘制螺栓左视图，然后利用孔/轴、延伸、过渡、直线以及裁剪命令绘制螺栓主视图，结果如图 5-46 所示。

M12
25
7.5
55
18

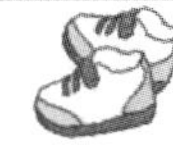

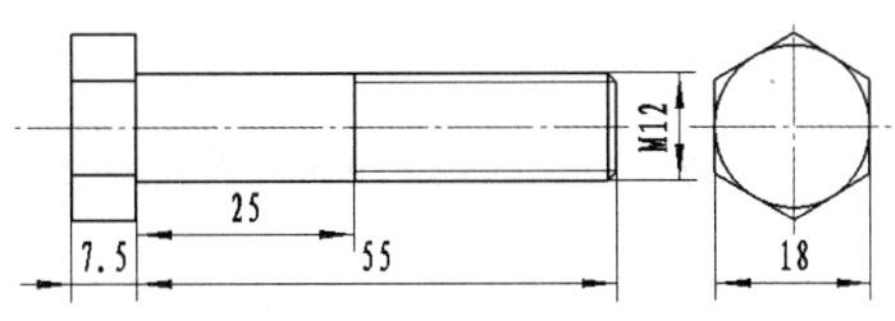

图 5-46　螺栓

操作步骤：

1. 绘制左视图直径为 18 的圆

将“0 层”设置为当前图层，单击“常用”选项卡“绘图”面板中的“圆”按钮，立即菜单如图 5-47 所示。

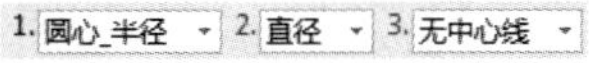

1. 圆心_半径
2. 直径
3. 无中心线

图 5-47　圆命令立即菜单

命令行提示：

圆心点：（在绘图区内单击确定圆心点）
输入直径或圆上一点：18↙

2. 绘制外接正六边形

单击“常用”选项卡“绘图”面板中的“正多边形”按钮，立即菜单设置如图 5-48 所示。

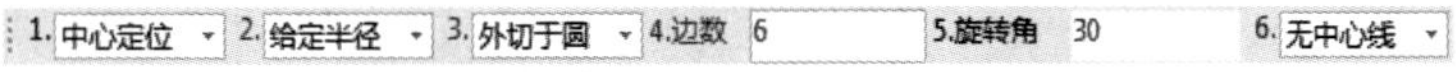

1. 中心定位
2. 给定半径
3. 外切于圆
4.边数 6
5.旋转角 30
6. 无中心线

图 5-48　绘制正六边形的立即菜单

命令行提示：

中心点：（选择所绘制圆的圆心）
圆上的点或外切圆的半径：9↙

3. 绘制中心线

单击“常用”选项卡“绘图”面板中的“中心线”按钮，立即菜单设置如图 5-49 所示。

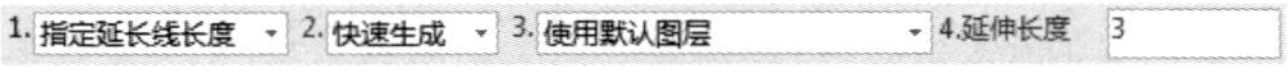

1. 指定延长线长度
2. 快速生成
3. 使用默认图层
4.延伸长度 3

图 5-49　绘制中心线的立即菜单

命令行提示：

拾取圆（弧、椭圆、圆弧形多段线）或第一条直线：（选择图形中的圆）

结果如图 5-50 所示。

4. 绘制主视图

单击“常用”选项卡“绘图”面板中的“孔/轴”按钮，立即菜单设置如图 5-51 所示。

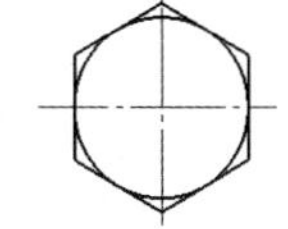

图 5-50　螺栓的左视图

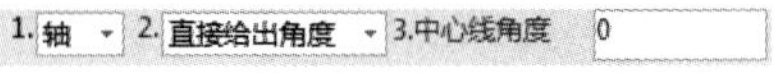

1. 轴
2. 直接给出角度
3.中心线角度 0

图 5-51　绘制轴立即菜单 1

命令行提示：

插入点：（在螺栓左视图水平中心线左侧延长线上单击一点）

再次弹出立即菜单，设置立即菜单如图 5-52 所示。

1.轴 2.起始直径 12 3.终止直径 12 4.有中心线 5.中心线延伸长度 3

图 5-52　绘制轴立即菜单 2

命令行提示：

轴上一点或轴的长度：30↙

采用同样的方法，绘制另外两段轴，分别为直径 12mm、长度 25mm，直径 12mm、长度 7.5mm，绘制结果如图 5-53 所示。

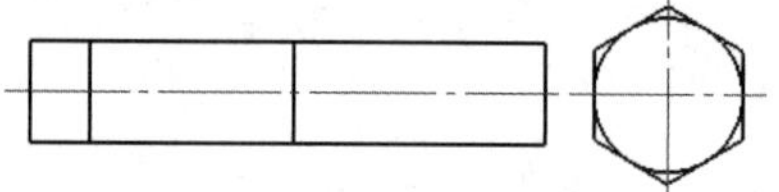

图 5-53　螺栓的主视图

5. 绘制虚线

将“虚线层”设置为当前图层。单击“常用”选项卡“绘图”面板中的“直线”按钮，立即菜单设置如图 5-54 所示。绘制过螺母左视图的正六边形的最上和最下象限点的水平虚线，结果如图 5-55 所示。

1.两点线 2.单根

图 5-54　绘制直线立即菜单

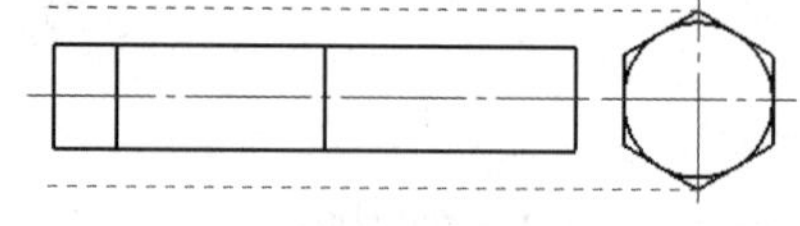

图 5-55　绘制虚线

6. 延伸处理

单击“常用”选项卡“修改”面板中的“延伸”按钮，立即菜单设置如图 5-56 所示。

命令行提示：

拾取剪刀线：（拾取上方的水平虚线）
拾取要编辑的曲线：（拾取左侧的第一条竖直曲线）
拾取要编辑的曲线：（拾取左侧的第二条竖直曲线）

重复上述命令，

拾取剪刀线：（拾取下方的水平虚线）
拾取要编辑的曲线：（拾取左侧的第一条竖直曲线）
拾取要编辑的曲线：（拾取左侧的第二条竖直曲线）

结果如图 5-57 所示。

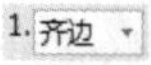

1.齐边

图 5-56　延伸命令立即菜单

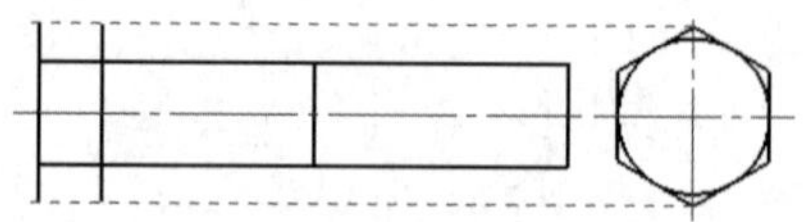

图 5-57　齐边处理结果

7. 绘制倒角

将“0 层”设置为当前图层。单击“常用”选项卡“修改”面板中的“过渡”按钮，立即菜单设置如图 5-58 所示。

图 5-58　绘制倒角的立即菜单

命令行提示：

```
拾取第一条直线：(选择主视图中直线 1)
拾取第二条直线：(选择主视图中的直线 2)
```

重复此命令，结果如图 5-59 所示。

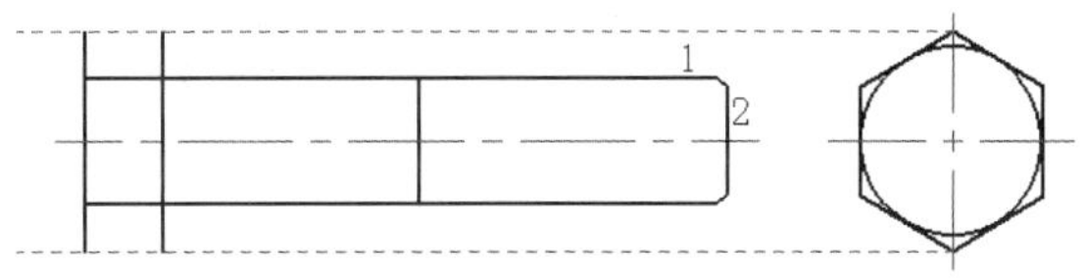

图 5-59　绘制倒角

8. 绘制直线

单击“常用”选项卡“绘图”面板中的“直线”按钮，立即菜单设置如图 5-60 所示。设置“屏幕点”的捕捉方式为“导航”模式，结合左视图，补全螺栓头部的直线，结果如图 5-61 所示。

1.两点线　2.单根

图 5-60　直线命令立即菜单

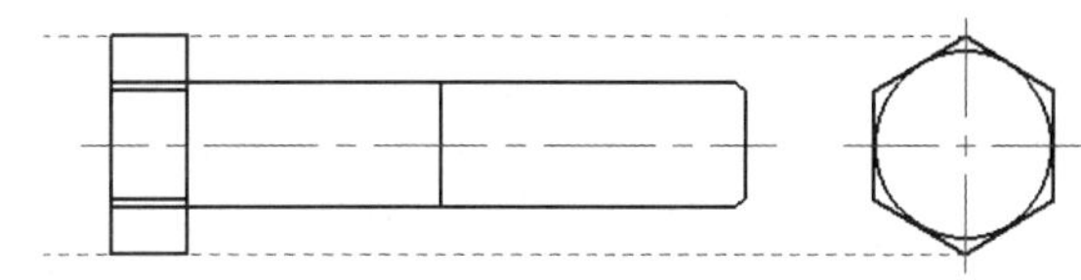

图 5-61　绘制螺栓头直线

9. 绘制螺纹线

将“细实线层”设置为当前图层。单击“常用”选项卡“绘图”面板中的“直线”按钮，设置立即菜单如图 5-60 所示。绘制螺纹线，结果如图 5-62 所示。

10. 删除处理

单击“常用”选项卡“修改”面板中的“删除”按钮，删除多余的曲线，结果图 5-63 所示。

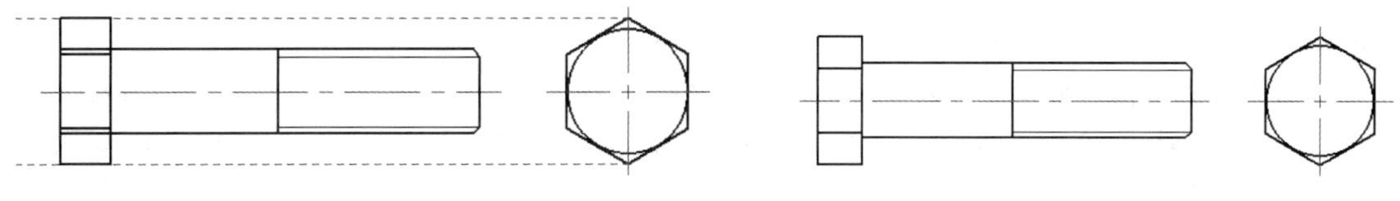

图 5-62　绘制螺纹线　　　图 5-63　处理后的螺栓

5.4 打　断

打断功能是将一条曲线在指定点处打断成两条曲线，以便于分别操作。

Note

1. 执行方式

☑ 命令行：break。

☑ 菜单栏：选择菜单栏中的“修改”→“打断”命令。

☑ 工具栏：单击“编辑工具”工具栏中的“打断”按钮。

☑ 选项卡：单击“常用”选项卡“修改”面板中的“打断”按钮。

2. 立即菜单选项说明

（1）进入打断操作命令后，根据屏幕提示选择一条待打断的曲线。

（2）然后选择曲线的打断点即可。

打断点最好选在需要打断的曲线上，为作图准确，可充分利用智能点、导航点、栅格点和工具点菜单。为了更灵活地使用此功能，CAXA CAD 电子图板也允许把点设在曲线外，使用规则如下：若打断的为直线，则系统从选定点向直线作垂线，设定垂足点为打断点；若打断线为圆弧或圆，则从圆心向选定点作直线，该直线与圆弧的交点被设定为打断点。另外，打断后的曲线与打断前并没有什么两样，但实际上，原来的曲线已经变成了两条互不相干的曲线，各自成了一个独立的实体。

5.5 平　　移

平移图形是指对拾取到的实体进行平移操作。

1. 执行方式

☑ 命令行：move。

☑ 菜单栏：选择菜单栏中的“修改”→“平移”命令。

☑ 工具栏：单击“编辑工具”工具栏中的“平移”按钮。

☑ 选项卡：单击“常用”选项卡“修改”面板中的“平移”按钮。

2. 立即菜单选项说明

进入平移操作命令后，在屏幕左下角的操作提示区出现平移立即菜单，在立即菜单 1 中可选择不同的平移方式。

5.5.1 以给定偏移的方式平移图形

视频讲解

【例 5-11】CAXA CAD 电子图板可以用给定偏移量的方式进行复制或平移实体。

操作步骤：

（1）打开源文件，启动平移命令后，在立即菜单 1 中选择“给定偏移”方式，2 中选择“保持原态”或“平移为块”，3 中输入旋转角度（−360°～360°），4 中输入比例（0.001～1000），如图 5-64 所示。

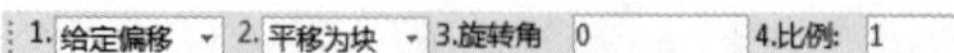

图 5-64　以“给定偏移”方式平移立即菜单

（2）根据系统提示依次拾取要平移的元素（或用窗口拾取），右击确认。

（3）根据系统提示在操作提示区输入 X 和 Y 方向的偏移量后按 Enter 键，或直接在选择的位置点单击即可。

5.5.2　以给定两点的方式平移图形

Note

视频讲解

【例 5-12】CAXA CAD 电子图板可以给定两点方式进行复制或平移实体。用指定两点作为复制或平移的位置依据，可以在任意位置输入两点，系统将两点间距离作为偏移量，然后进行复制或平移操作。

操作步骤：

（1）打开源文件，启动平移命令后，在立即菜单 1 中选择“给定两点”方式，其他选项与“给定偏移”方式相同，如图 5-65 所示。

1.给定两点　2.平移为块　3.旋转角 0　4.比例 1

图 5-65　以“给定两点”方式平移立即菜单

（2）根据系统提示依次拾取要平移的元素（或用窗口拾取），右击确认。

（3）根据系统提示在操作提示区输入第一点和第二点的坐标后按 Enter 键，或直接在绘图区选定两点即可。

图 5-66 为图形平移的实例。

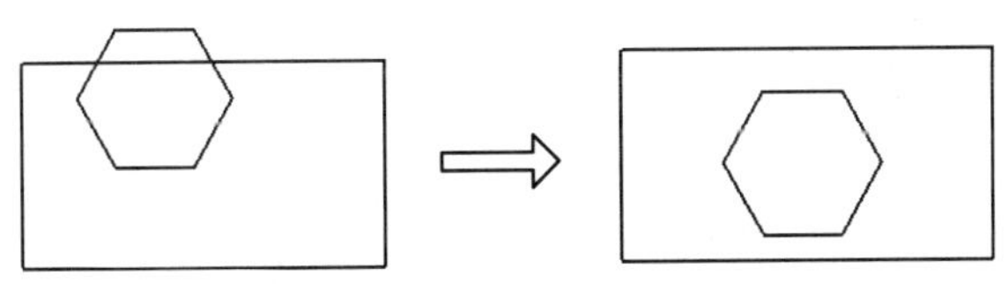

图 5-66　平移实例

5.6　平移复制

平移复制是指对拾取到的实体进行复制粘贴。

1. 执行方式

☑ 命令行：copy。

☑ 菜单栏：选择菜单栏中的“修改”→“平移复制”命令。

☑ 工具栏：单击“编辑工具”工具栏中的“平移复制”按钮。

☑ 选项卡：单击“常用”选项卡“修改”面板中的“平移复制”按钮。

2. 立即菜单选项说明

进入平移复制操作命令后，在屏幕左下角的操作提示区出现平移复制立即菜单，在立即菜单 1 中可选择不同的复制方式。

5.6.1　给定两点复制图形

视频讲解

【例 5-13】CAXA CAD 电子图板可以通过两点的定位方式完成图形元素的复制。

操作步骤：

（1）打开源文件，启动平移复制命令后，在立即菜单 1 中选择“给定两点”方式，2 中选择“保

持原态”或“粘贴为块”，3 中输入旋转角度，4 中输入比例，5 中输入份数，如图 5-67 所示。

1. 给定两点	2. 保持原态	3.旋转角	0	4.比例:	1	5.份数	1

图 5-67　以“给定两点”方式复制的立即菜单

（2）根据系统提示依次拾取要复制的元素（或用窗口拾取），右击确认。

（3）根据系统提示输入第一点和第二点，或直接在选择的位置点单击即可。

Note

5.6.2　给定偏移复制图形

视频讲解

【例 5-14】CAXA CAD 电子图板可以通过给定偏移的方式完成图形元素的复制。

操作步骤：

（1）打开源文件，启动平移复制命令后，在立即菜单 1 中选择“给定偏移”方式，其他选项与“给定两点”方式相同，如图 5-68 所示。

1. 给定偏移	2. 保持原态	3.旋转角	0	4.比例:	1	5.份数	1

图 5-68　以“给定偏移”方式复制的立即菜单

（2）根据系统提示依次拾取要复制的元素（或框选拾取），右击确认。

（3）根据系统提示输入 X 或 Y 方向的偏移量，或直接在选择的位置点单击即可。

5.7　旋　　转

旋转图形是指对拾取到的实体进行旋转或复制操作。

1. 执行方式

☑　命令行：rotate。

☑　菜单栏：选择菜单栏中的“修改”→“旋转”命令。

☑　工具栏：单击“编辑工具”工具栏中的“旋转”按钮。

☑　选项卡：单击“常用”选项卡“修改”面板中的“旋转”按钮。

2. 立即菜单选项说明

进入旋转操作命令后，在屏幕左下角的操作提示区出现旋转立即菜单，在立即菜单 1 中可选择不同的旋转方式。

5.7.1　给定旋转角旋转图形

视频讲解

【例 5-15】CAXA CAD 电子图板可以以给定的基准点和角度将图形进行旋转或复制。

操作步骤：

（1）打开源文件，启动旋转命令后，在立即菜单 1 中选择“给定角度”方式，2 中选择“旋转”（删除源图形）或“拷贝”（保留源图形），如图 5-69 所示。

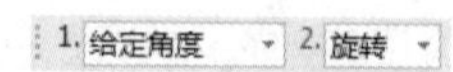

图 5-69　以“给定角度”方式旋转的立即菜单

（2）根据系统提示依次拾取要旋转的元素（或用窗口拾取），右击确认。

（3）根据系统提示输入基准点（旋转的中心）。

（4）系统提示输入旋转角，此时可按提示输入需要的角度，或用光标在屏幕上动态旋转所选择的图形至需要的角度后单击确认。

5.7.2　给定起始点和终止点旋转图形

视频讲解

【例 5-16】CAXA CAD 电子图板可以根据给定的两点和基准点之间的角度将图形进行旋转或复制。

操作步骤：

（1）打开源文件，启动旋转命令后，在立即菜单 1 中选择“起始终止点”方式，其他选项与“给定角度”方式相同，如图 5-70 所示。

1. 起始终止点　2. 旋转

图 5-70　以“起始终止点”方式旋转的立即菜单

（2）根据系统提示依次指定基点、起始点和终止点，所选实体转过三点所决定的夹角。

图 5-71 和图 5-72 均为图形旋转的实例。

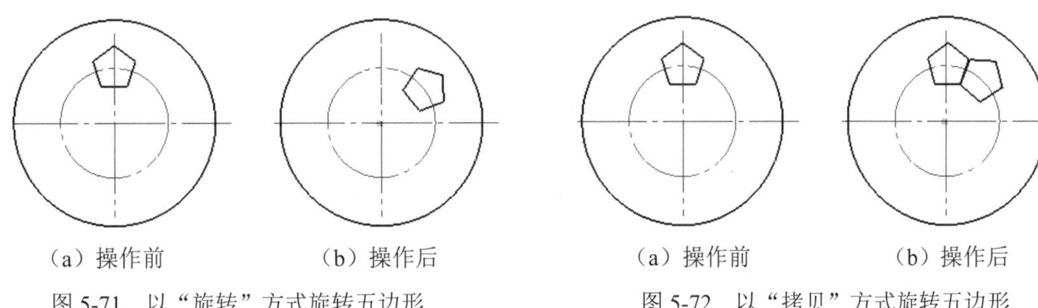

（a）操作前　（b）操作后

图 5-71　以“旋转”方式旋转五边形

（a）操作前　（b）操作后

图 5-72　以“拷贝”方式旋转五边形

5.8　镜　　像

镜像图形是对拾取到的图形元素进行镜像复制或镜像位置移动，可利用图上已有的直线，或由用户交互给出两点作为镜像用的轴。

1. 执行方式

☑　命令行：mirror。

☑　菜单栏：选择菜单栏中的“修改”→“镜像”命令。

☑　工具栏：单击“编辑工具”工具栏中的“镜像”按钮。

☑　选项卡：单击“常用”选项卡“修改”面板中的“镜像”按钮。

2. 立即菜单选项说明

进入镜像操作命令后，在屏幕左下角的操作提示区出现镜像立即菜单，在立即菜单 1 中可选择不同的镜像方式。

5.8.1　选择轴线镜像

视频讲解

【例 5-17】CAXA CAD 电子图板可以以拾取的直线为镜像轴生成镜像图形。

Note

操作步骤：

（1）打开源文件，启动镜像命令后，在立即菜单 1 中选择“选择轴线”方式，2 中选择“镜像”（删除源图形）或“拷贝”（保留源图形），如图 5-73 所示。

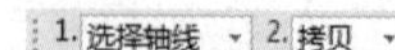

图 5-73 “选择轴线”方式镜像的立即菜单

（2）根据系统提示依次拾取要镜像的图形，右击确认。

（3）根据系统提示拾取图中已有直线作为镜像的轴线，系统将生成以该直线为镜像轴的新图形。

5.8.2 选择两点镜像

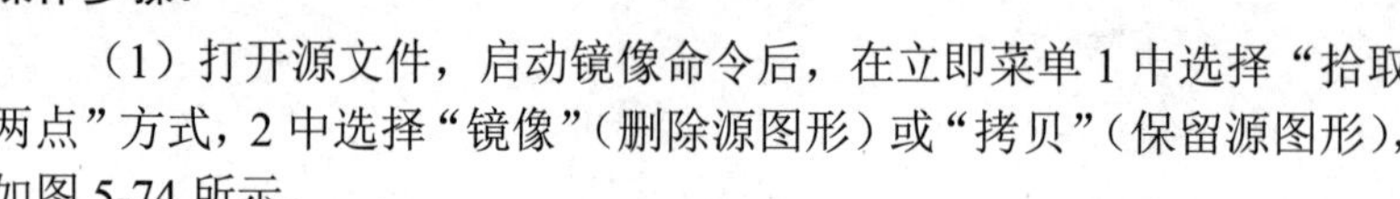

【例 5-18】CAXA CAD 电子图板也可以以拾取的两点的连线为镜像轴生成镜像图形。

操作步骤：

（1）打开源文件，启动镜像命令后，在立即菜单 1 中选择“拾取两点”方式，2 中选择“镜像”（删除源图形）或“拷贝”（保留源图形），如图 5-74 所示。

1. 拾取两点 2. 镜像

图 5-74 “拾取两点”方式镜像的立即菜单

（2）根据系统提示依次拾取要镜像的图形，右击确认。

（3）根据系统提示拾取两点，系统将生成以两点连线为镜像轴的新图形。

图 5-75～图 5-77 为图形镜像的实例。

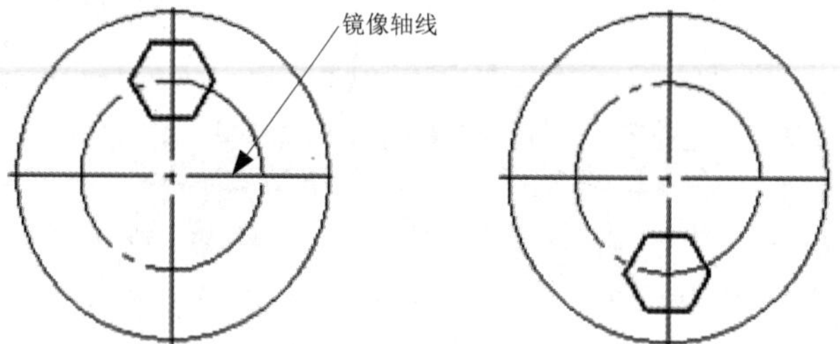

图 5-75 以“选择轴线”的“镜像”方式镜像六边形

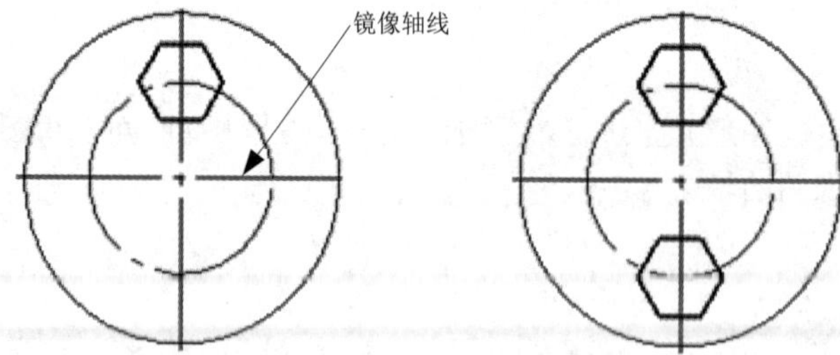

图 5-76 以“选择轴线”的“拷贝”方式镜像六边形

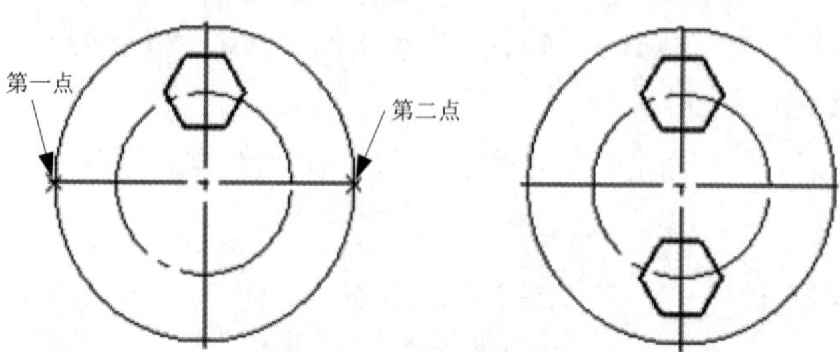

图 5-77 以“拾取两点”的“拷贝”方式镜像六边形

5.8.3　实例——扳手

首先利用矩形、圆和正多边形命令绘制扳手右边扳手轮廓，然后利用镜像命令将正多边形和圆以竖直中心线为轴线进行镜像，再利用移动命令将正六边形移动到适当的位置，最后利用裁剪命令裁剪多余的线段，结果如图 5-78 所示。

Note

视频讲解

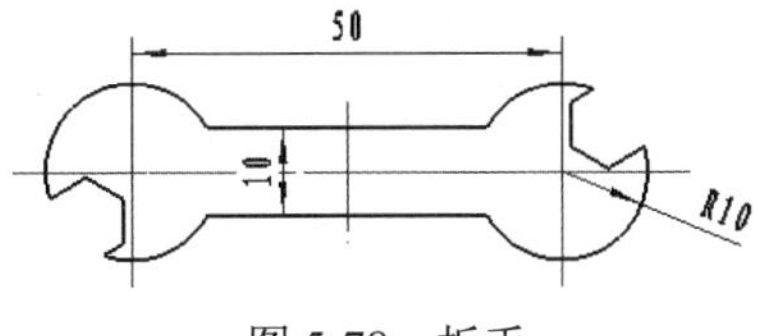

图 5-78　扳手

操作步骤：

1. 绘制矩形

单击“常用”选项卡“绘图”面板中的“矩形”按钮，立即菜单设置如图 5-79 所示。

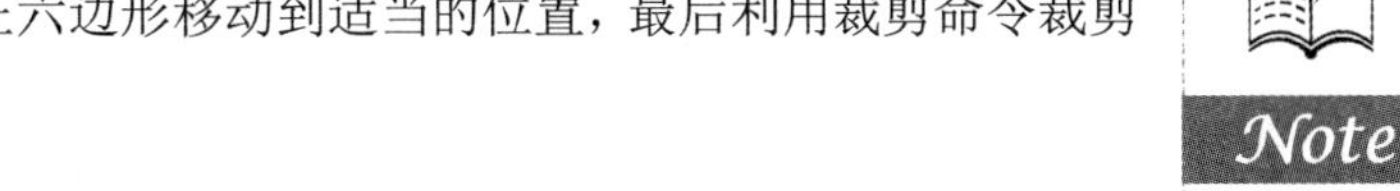

图 5-79　绘制矩形立即菜单

命令行提示：

```
定位点：75,45↙
```

结果如图 5-80 所示。

2. 绘制圆

单击“常用”选项卡“绘图”面板中的“圆”按钮，立即菜单设置如图 5-81 所示。

命令行提示：

```
圆心点：(选择矩形左侧的宽边与中心线的交点为圆心点)
输入直径或圆上一点：20↙
```

右击或按 Enter 键，即可结束圆命令。绘制的圆如图 5-82 所示。

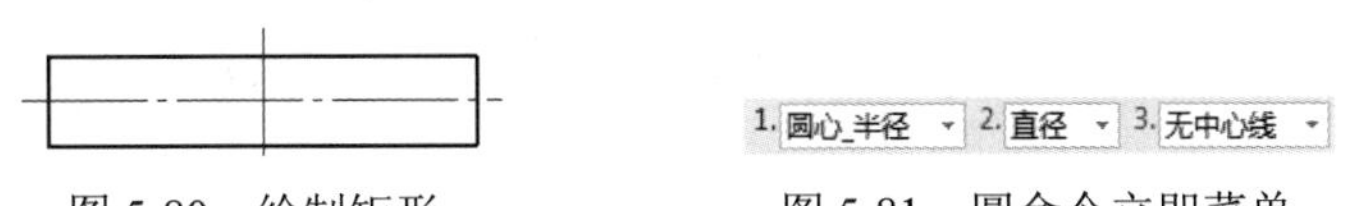

图 5-80　绘制矩形　　图 5-81　圆命令立即菜单

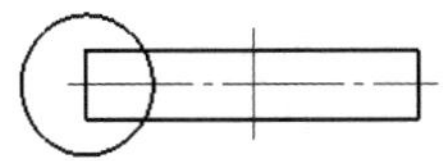

图 5-82　绘制圆

3. 绘制正六边形

单击“常用”选项卡“绘图”面板中的“正多边形”按钮，立即菜单设置如图 5-83 所示。

1. 中心定位　2. 给定半径　3. 内接于圆　4.边数 6　5.旋转角 30　6. 无中心线

图 5-83　绘制正六边形立即菜单

命令行提示：

```
中心点：(选择矩形左侧的宽边与中心线的交点为中心点)
圆上点或外接圆的半径：5↙
```

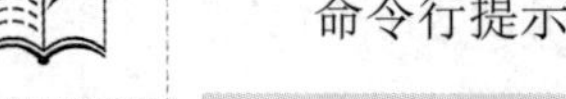

绘制的正六边形如图 5-84 所示。

4. 绘制另一侧的圆和正六边形

单击“常用”选项卡“修改”面板中的“镜像”按钮，立即菜单设置如图 5-85 所示。

命令行提示：

> 拾取元素：（拾取左侧的圆和六边形）
> 拾取轴线：（拾取竖直中心线）

镜像处理结果如图 5-86 所示。

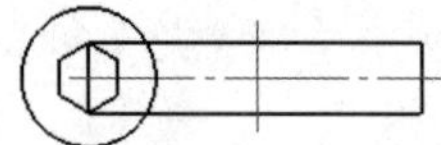

图 5-84　绘制正六边形

1. 选择轴线 ▾ 2. 拷贝 ▾

图 5-85　镜像处理立即菜单

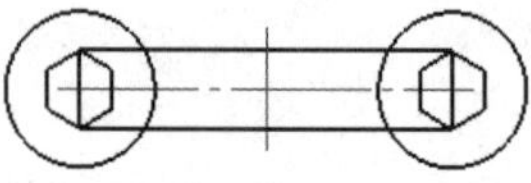

图 5-86　镜像处理结果

5. 绘制角度线

单击“常用”选项卡“绘图”面板中的“直线”按钮，立即菜单设置如图 5-87 所示，绘制角度线，结果如图 5-88 所示。

1. 角度线 ▾ 2. X轴夹角 ▾ 3. 到点 ▾ 4.度= 45 5.分= 0 6.秒= 0

图 5-87　直线命令立即菜单

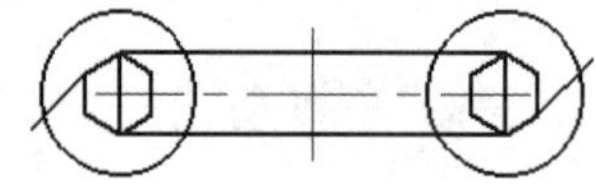

图 5-88　绘制角度线

6. 移动正六边形

单击“常用”选项卡“修改”面板中的“平移”按钮，立即菜单设置如图 5-89 所示。

1. 给定两点 ▾ 2. 保持原态 ▾ 3.旋转角 0 4.比例 1

图 5-89　平移命令立即菜单

命令行提示：

> 拾取添加：（选择左侧的正六边形）
> 第一点：（拾取图 5-90 中的点 1）
> 第二点：（使正六边形沿角度线向左下方移动，将图 5-90 中点 1 移动到与圆的交点 2 处，单击即可完成移动）
> 拾取添加：（选择右侧的正六边形）
> 第一点：（拾取图 5-90 中的点 3）
> 第二点：（使正六边形沿角度线向右上方移动，将图 5-90 中点 3 移动到与圆的交点 4 处，单击即可完成移动）

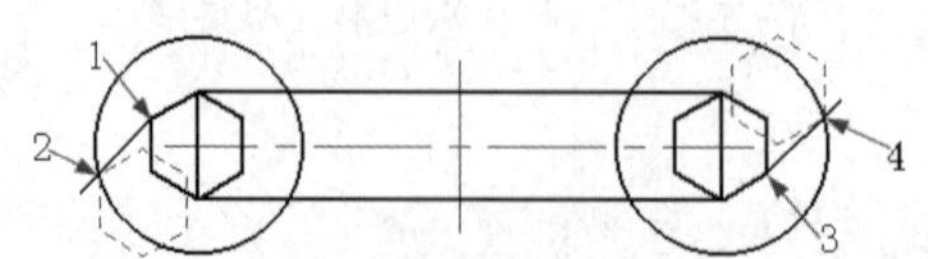

图 5-90　移动处理示意图

移动结果如图 5-91 所示。

7. 裁剪处理

单击“常用”选项卡“修改”面板中的“裁剪”按钮，在立即菜单 1 中选择“拾取边界”，根据需要裁剪多余的曲线。删除两条 45° 辅助线后，结果如图 5-92 所示。

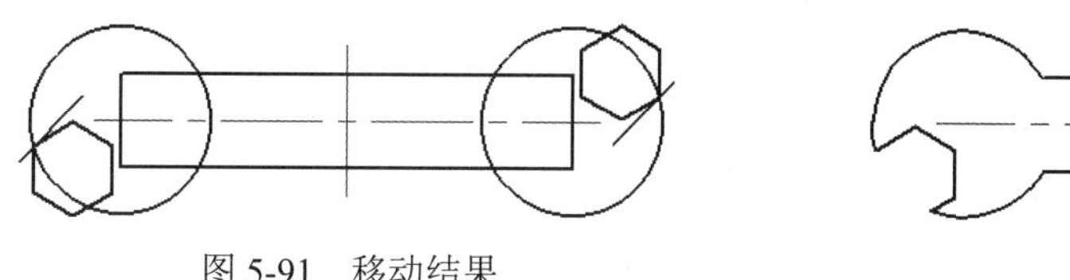

图 5-91　移动结果

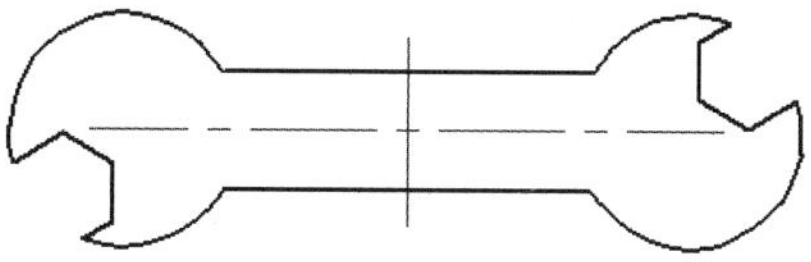

图 5-92　扳手

5.9　拉　　伸

拉伸功能是对曲线或曲线组进行拉伸或缩短操作。

1. 执行方式

☑　命令行：stretch。

☑　菜单栏：选择菜单栏中的“修改”→“拉伸”命令。

☑　工具栏：单击“编辑工具”工具栏中的“拉伸”按钮。

☑　选项卡：单击“常用”选项卡“修改”面板中的“拉伸”按钮。

2. 立即菜单选项说明

进入拉伸操作命令后，在屏幕左下角的操作提示区出现拉伸立即菜单，在立即菜单 1 中可选择不同的拉伸方式（系统提供单个曲线和曲线组的两种拉伸功能）。

5.9.1　单条曲线拉伸

单条曲线拉伸是用单个拾取命令以拾取直线、圆、圆弧或样条进行拉伸。

【例 5-19】直线拉伸实例如图 5-93 所示。

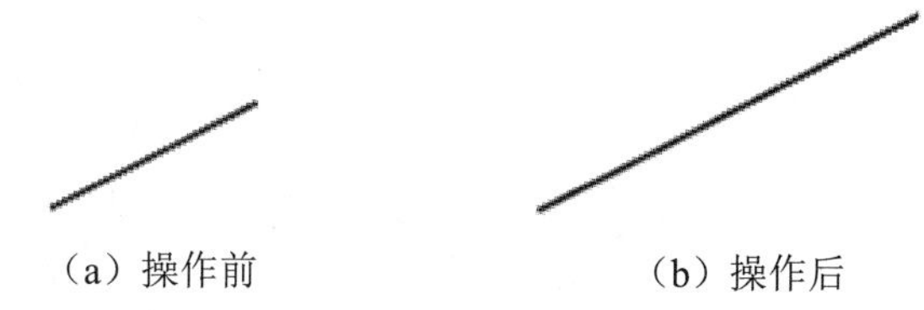

（a）操作前　　（b）操作后

图 5-93　拉伸直线的实例

操作步骤：

（1）打开源文件，启动拉伸命令后，在立即菜单 1 中选择“单个拾取”方式，如图 5-94 所示。

（2）系统提示拾取曲线，单击图 5-93（a）中直线的右上部（因为本实例是向右上部拉伸），立即菜单变为如图 5-95 所示，在立即菜单 2 中选择“轴向拉伸”，3 中选择“点方式”。

1. 单个拾取

图 5-94　拉伸操作的立即菜单

1. 单个拾取　2. 轴向拉伸　3. 点方式

图 5-95　直线拉伸的立即菜单

（3）拉动直线到所需位置单击即可。

拾取直线后，有两种拉伸方式，即轴向拉伸和任意拉伸，单击图 5-95 中的立即菜单 2 可以切换。

轴向拉伸即保持直线的方向不变，改变靠近拾取点的直线端点的位置。轴向拉伸又分点方式和长度方式，由图 5-95 的立即菜单 3 中的选项决定。当选择“点方式”时，拉伸后的端点位置是光标位置在直线方向上的垂足；当选择“长度方式”时，需要输入拉伸长度，直线将延伸指定的长度，如果输入的是负值，直线将反向延伸。

Note

任意拉伸时靠近拾取点的直线端点的位置完全由光标位置决定。

视频讲解

【例 5-20】圆弧拉伸实例如图 5-96 所示。

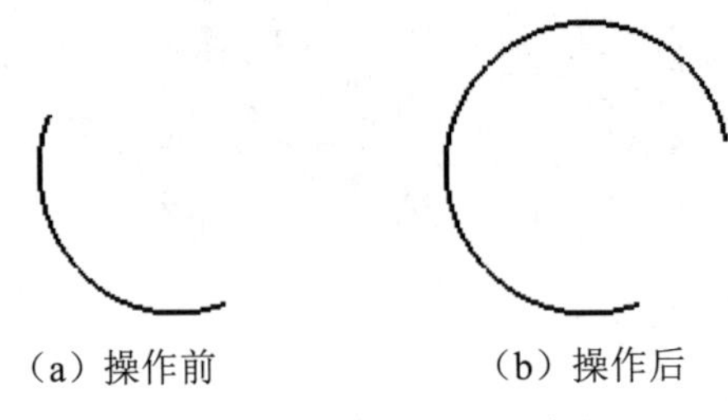

（a）操作前　　（b）操作后

图 5-96　拉伸圆弧的实例

操作步骤：

（1）打开源文件，启动拉伸命令后，在立即菜单 1 中选择“单个拾取”方式。

（2）系统提示拾取曲线，单击图 5-96（a）中圆弧的上半部（因为本实例是在上半部拉伸），立即菜单变为如图 5-97 所示，在立即菜单 2 中选择“弧长拉伸”，3 中选择“绝对”。

1. 单个拾取　2. 弧长拉伸　3. 绝对

图 5-97　圆弧拉伸的立即菜单

（3）拉动圆弧端点到所需位置单击即可。

> **注意：** 当拾取了圆弧时，可以在图 5-97 圆弧拉伸的立即菜单 2 中选择“弧长拉伸”或“半径拉伸”选项。

视频讲解

【例 5-21】样条曲线拉伸实例如图 5-98 所示。

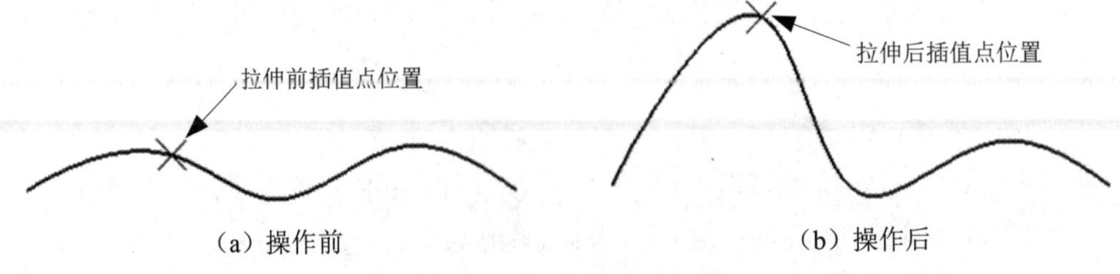

（a）操作前　　（b）操作后

图 5-98　拉伸样条的实例

操作步骤：

（1）打开源文件，启动拉伸命令后，在立即菜单 1 中选择“单个拾取”方式。

（2）系统提示拾取曲线，单击图中样条曲线。

（3）系统提示“拾取插值点”，此时样条上的所有插值点显示为黑色，单击图 5-98（a）中的插值点，拉动此插值点到图 5-98（b）中插值点的位置时单击即可。

5.9.2　曲线组拉伸

曲线组拉伸是指移动窗口内图形的指定部分，即将窗口内的图形一起拉伸。

【例 5-22】对图 5-99（a）中的图形以窗口方式拉伸，结果如图 5-99（b）所示。

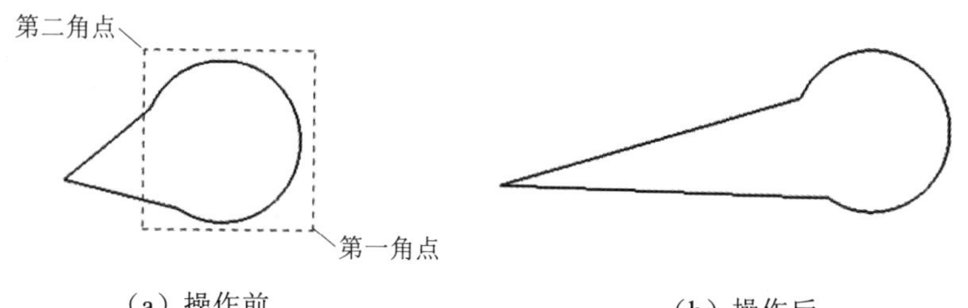

图 5-99　拉伸样条的实例

操作步骤：

（1）打开源文件，启动拉伸命令后，在立即菜单 1 中选择“窗口拾取”方式，如图 5-100 所示。

图 5-100　窗口拉伸的立即菜单

（2）根据系统提示依次拾取窗口的第一角点和第二角点，如图 5-99（a）所示。

> **注意：** 这里窗口的拾取必须从右向左拾取，即第二角点的位置必须在第一角点的左侧，否则操作无效。

（3）在图 5-100 的立即菜单 2 中选择“给定偏移”选项。系统提示输入“X 或 Y 方向偏移量或位置点”，用鼠标拉伸图形到合适位置时单击即可。拉伸结果如图 5-99（b）所示。

5.9.3　实例——把手

视 频 讲 解

首先利用圆与直线命令绘制把手一侧的连续曲线，然后利用裁剪命令将多余的线段删除得到一侧的曲线，再利用镜像命令创建另一侧的曲线，最后利用裁剪、圆和拉伸命令绘制销孔并细化图形，结果如图 5-101 所示。

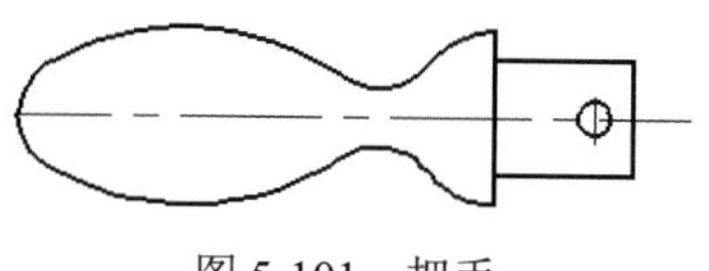

图 5-101　把手

操作步骤：

1. 绘制中心线

将“中心线层”设置为当前图层。单击“常用”选项卡“绘图”面板中的“直线”按钮，立即菜单设置如图 5-102 所示。

图 5-102　直线命令立即菜单 1

命令行提示：

```
第一点：150,150↙
第二点：@120,0↙
```

绘制的中心线如图 5-103 所示。

2. 绘制圆

（1）将“0 层”设置为当前图层。单击“常用”选项卡“绘图”面板中的“圆”按钮⊙，立即菜单设置如图 5-104 所示。

图 5-103 绘制中心线

1.圆心_半径 2.半径 3.无中心线

图 5-104 圆命令立即菜单 1

命令行提示：

```
圆心点：160,150↙
输入半径或圆上一点：10↙
```

重复圆命令，命令行提示：

```
圆心点：235,150↙
输入半径或圆上一点：15↙
```

右击或按 Enter 键，即可结束圆命令。绘制的圆如图 5-105 所示。

（2）单击“常用”选项卡“绘图”面板中的“圆”按钮⊙，立即菜单设置如图 5-106 所示。命令行提示：

```
第一点：(按空格键，在弹出的工具点菜单中选择“切点”，然后在图 5-105 中的点 1 附近选择一点)
第一点：(按空格键，在弹出的工具点菜单中选择“切点”，然后在图 5-105 中的点 2 附近选择一点)
第三点（半径）：50↙
```

绘制的圆如图 5-107 所示。

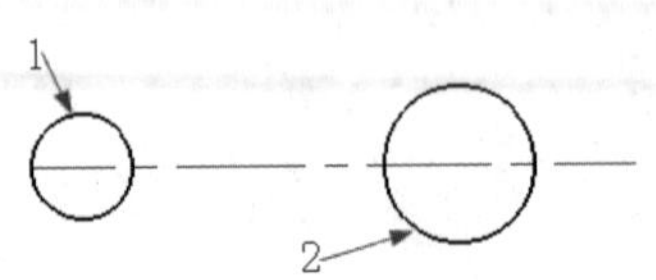

图 5-105 绘制圆

1.两点_半径 2.无中心线

图 5-106 圆命令立即菜单 2

3 4

图 5-107 绘制相切圆 1

（3）单击“常用”选项卡“绘图”面板中的“圆”按钮⊙，立即菜单设置如图 5-106 所示。命令行提示：

```
第一点：(按空格键，在弹出的工具点菜单中选择“切点”，然后在图 5-107 中的点 3 附近选择一点)
第一点：(按空格键，在弹出的工具点菜单中选择“切点”，然后在图 5-107 中的点 4 附近选择一点)
第三点（半径）：12↙
```

绘制的圆如图 5-108 所示。

3. 绘制直线

单击“常用”选项卡“绘图”面板中的“直线”按钮，立即菜单设置如图 5-109 所示。

命令行提示：

```
第一点：250,150↙
第二点：@10<90↙
第二点：@15<180↙
```

右击或按 Enter 键，即可结束直线命令。重复直线命令，绘制坐标点为（235,165）和（235,150）的直线，结果如图 5-110 所示。

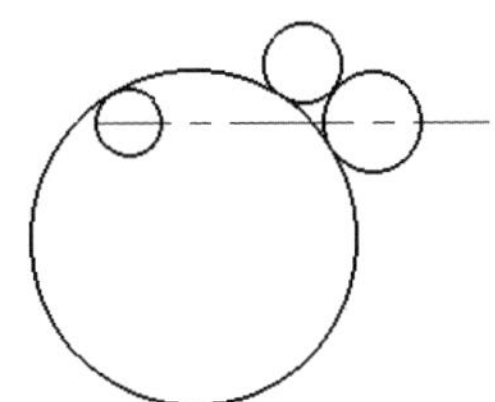

图 5-108　绘制相切圆 2

图 5-109　直线命令立即菜单 2

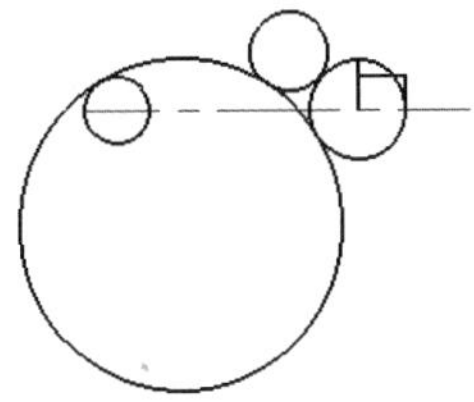

图 5-110　绘制直线

4. 裁剪图形 1

单击“常用”选项卡“修改”面板中的“裁剪”按钮，在立即菜单 1 中选择“快速裁剪”方式，裁剪多余的线段，结果如图 5-111 所示。

5. 镜像图形

单击“常用”选项卡“修改”面板中的“镜像”按钮，立即菜单设置如图 5-112 所示。

命令行提示：

```
拾取元素：（拾取水平直线上方的图形）↙
拾取轴线：（拾取水平中心线）
```

结果如图 5-113 所示。

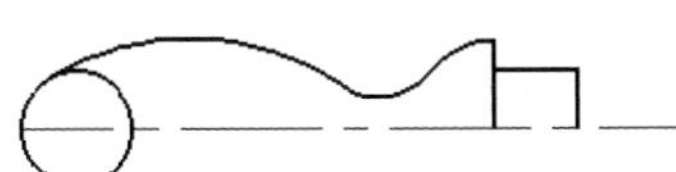

图 5-111　裁剪图形 1

1. 选择轴线　2. 拷贝

图 5-112　镜像命令立即菜单

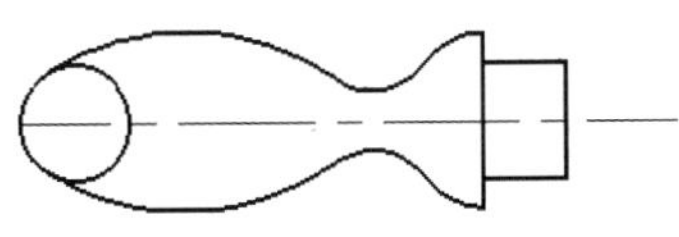

图 5-113　镜像图形

6. 裁剪图形 2

单击“常用”选项卡“修改”面板中的“裁剪”按钮，在立即菜单 1 中选择“快速裁剪”方式，裁剪多余的线段，结果如图 5-114 所示。

7. 绘制中心线

将“中心线层”设置为当前图层。单击“常用”选项卡“绘图”面板中的“直线”按钮，立即菜单设置如图 5-115 所示。

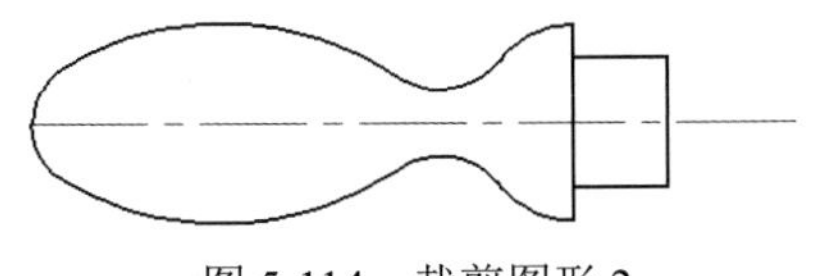

图 5-114　裁剪图形 2

1. 两点线　2. 单根

图 5-115　直线命令立即菜单 3

命令行提示：

```
第一点：243,154↙
第二点：243,146↙
```

绘制的中心线如图 5-116 所示。

8. 绘制销孔

将“0 层”设置为当前图层。单击“常用”选项卡“绘图”面板中的“圆”按钮⊙，立即菜单设置如图 5-117 所示。

命令行提示：

```
圆心点：（拾取竖直中心线与水平中心线的交点为圆心）
输入直径或圆上一点：6↙
```

结果如图 5-118 所示。

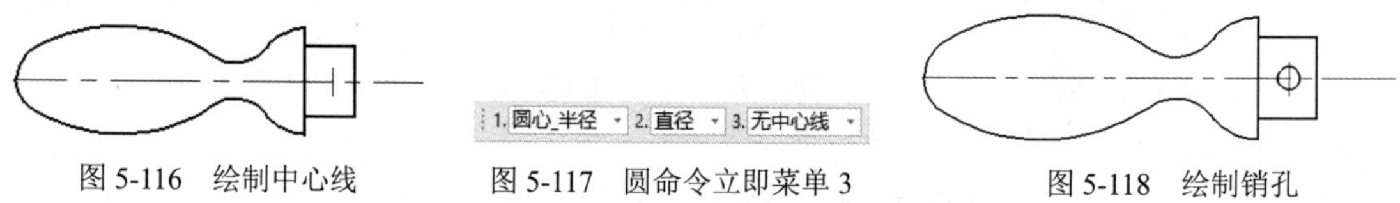

图 5-116 绘制中心线　　图 5-117 圆命令立即菜单 3　　图 5-118 绘制销孔

9. 拉伸图形

单击“常用”选项卡“修改”面板中的“拉伸”按钮，立即菜单设置如图 5-119 所示，然后选择销孔侧的接头部分（见图 5-120），将其向右拉伸 10，结果如图 5-121 所示。

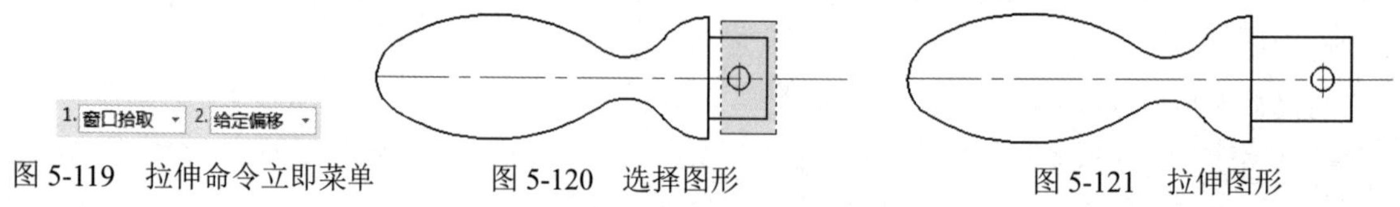

图 5-119 拉伸命令立即菜单　　图 5-120 选择图形　　图 5-121 拉伸图形

5.10 缩　　放

比例缩放图形是指对拾取到的实体按给定比例进行缩小或放大，也可以用光标在屏幕上直接拖曳比例缩放，系统会动态显示被缩放的图素，当用户认为满意时，单击确认即可。

1. 执行方式

- ☑ 命令行：scale。
- ☑ 菜单栏：选择菜单栏中的“修改”→“缩放”命令。
- ☑ 工具栏：单击“编辑工具”工具栏中的“缩放”按钮。
- ☑ 选项卡：单击“常用”选项卡“修改”面板中的“缩放”按钮。

2. 立即菜单选项说明

（1）启动缩放命令，根据系统提示拾取要缩放的元素，右击确认。

（2）在立即菜单 1 中选择“平移”（删除源图形）或“拷贝”（保留源图形），2 中选择“参考方式”或“比例因子”，3 中选择“尺寸值变化”（尺寸数值按输入的比例系数变化）或“尺寸值不变”

（尺寸数值不随比例系数的改变而变化），4 中选择“比例变化”（除尺寸数值外的标注参数随输入的比例系数变化）或“比例不变”（除尺寸数值外的标注参数不随比例系数的改变而变化），如图 5-122 所示。

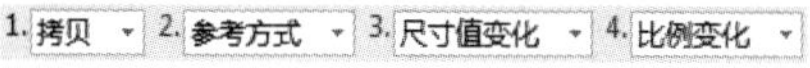

1. 拷贝　2. 参考方式　3. 尺寸值变化　4. 比例变化

图 5-122　比例缩放的立即菜单

（3）根据系统提示选择图形缩放的基准点。

（4）系统提示输入比例系数，这时输入要缩放的比例系数并按 Enter 键，或用光标在屏幕上直接拖曳比例缩放，直到大小合适时单击即可。

图 5-123～图 5-126 均为图形比例缩放的实例。

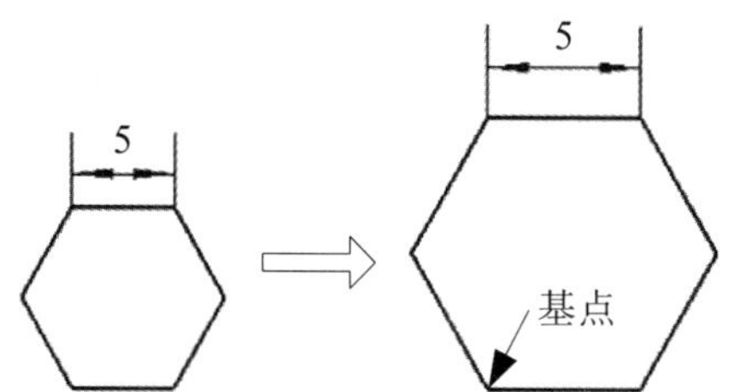

图 5-123　“平移”“尺寸值不变”“比例不变”

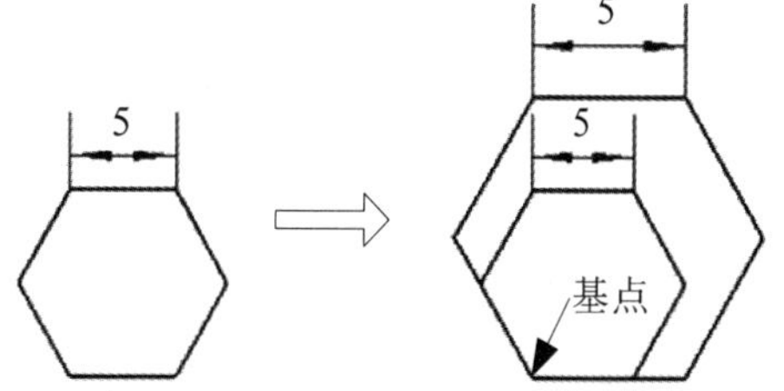

图 5-124　“拷贝”“尺寸值不变”“比例不变”

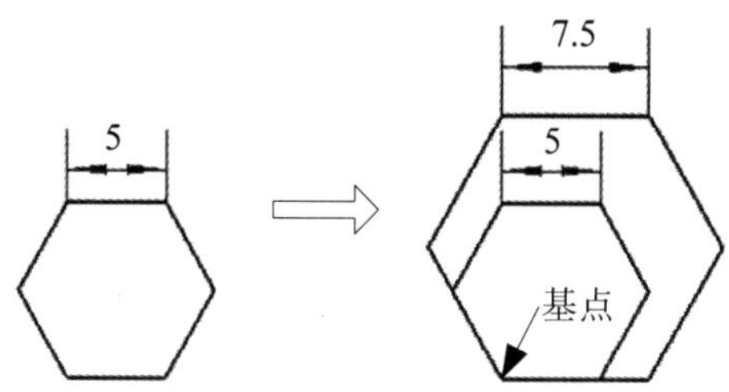

图 5-125　“拷贝”“尺寸值变化”“比例不变”

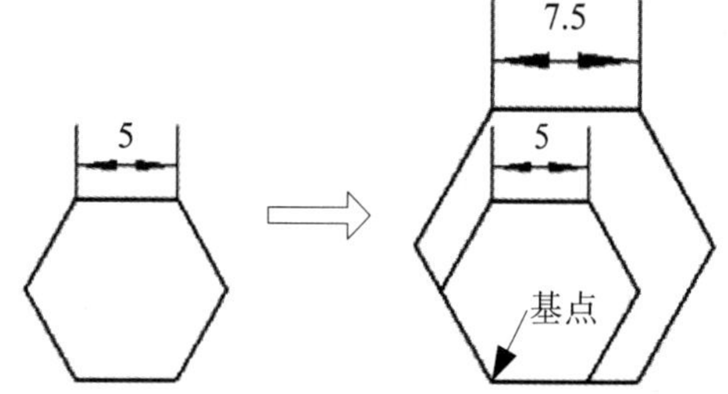

图 5-126　“拷贝”“尺寸值变化”“比例变化”

5.11　阵　　列

阵列的目的是通过一次操作可同时生成若干个相同的图形，以提高作图速度。

1. 执行方式

☑　命令行：array。

☑　菜单栏：选择菜单栏中的“修改”→“阵列”命令。

☑　工具栏：单击“编辑工具”工具栏中的“阵列”按钮。

☑　选项卡：单击“常用”选项卡“修改”面板中的“阵列”按钮。

2. 立即菜单选项说明

进入阵列操作命令后，在屏幕左下角的操作提示区出现阵列立即菜单，在立即菜单 1 中可选择“圆形阵列”或“矩形阵列”方式。

5.11.1 圆形阵列

视频讲解

圆形阵列是指以指定点为圆心，以指定点到实体图形的距离为半径，将拾取的图形在圆周上进行阵列复制。

【例 5-23】将图 5-127（a）中的五边形进行圆形阵列操作，阵列为如图 5-127（b）所示的图形。

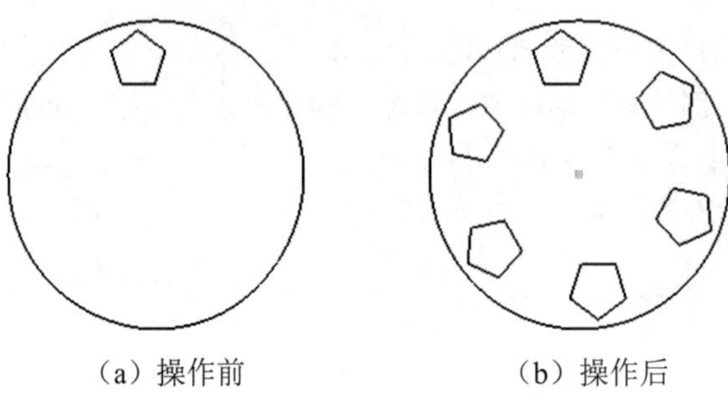

（a）操作前　　（b）操作后

图 5-127　圆形阵列操作实例 1

操作步骤：

（1）打开源文件，启动阵列命令后，在立即菜单 1 中选择“圆形阵列”方式，2 中选择“旋转”，3 中选择“均布”，4 中输入份数“6”，如图 5-128 所示。

图 5-128　圆形阵列的立即菜单 1

（2）根据系统提示拾取要阵列的元素（五边形），右击确认。

（3）根据系统提示选择图 5-127（a）中的圆心作为旋转阵列的中心点，阵列完成，结果如图 5-127（b）所示。

视频讲解

【例 5-24】将图 5-129（a）中的五边形进行圆形阵列操作，阵列为如图 5-129（b）所示的图形。

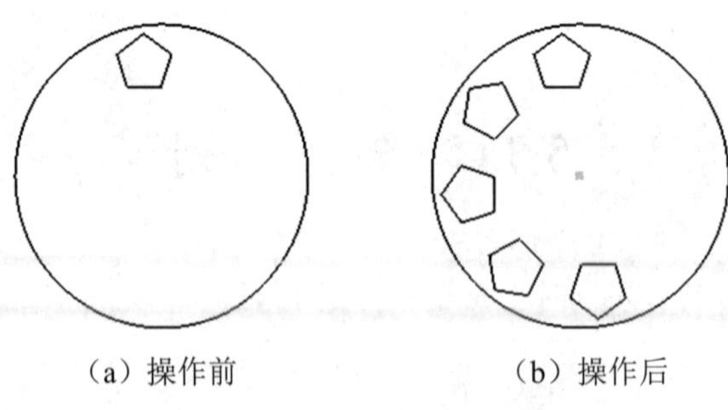

（a）操作前　　（b）操作后

图 5-129　圆形阵列操作实例 2

操作步骤：

（1）打开源文件，启动阵列命令后，在立即菜单 1 中选择“圆形阵列”方式，2 中选择“旋转”，3 中选择“给定夹角”，4 中输入相邻夹角“45”，5 中输入阵列的总角度“180”，如图 5-130 所示。

图 5-130　圆形阵列的立即菜单 2

（2）根据系统提示拾取要阵列的五边形，右击确认。

（3）根据系统提示选择图 5-129（a）中的圆心作为旋转阵列的中心点，阵列完成，结果如图 5-129（b）所示。

5.11.2　矩形阵列

Note

视频讲解

矩形阵列是指将拾取的图形按矩形阵列的方式进行阵列复制。

【例 5-25】将图 5-131（a）中的图形进行矩形阵列操作，阵列为如图 5-131（b）所示的图形。

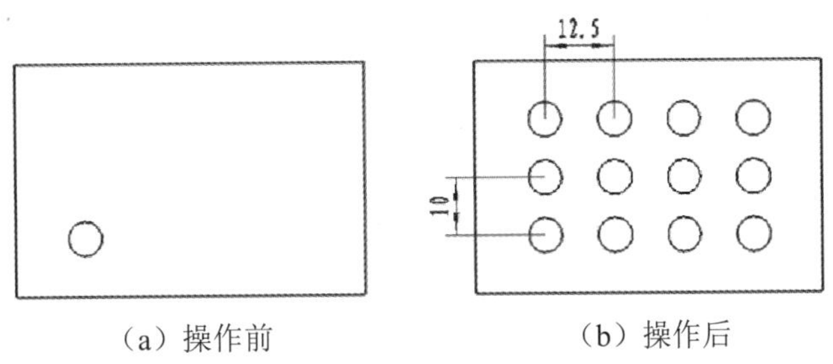

（a）操作前　　（b）操作后

图 5-131　矩形阵列操作实例

操作步骤：

（1）打开源文件，启动阵列命令后，在立即菜单 1 中选择“矩形阵列”方式，2 中输入行数“3”，3 中输入行间距“10”，4 中输入列数“4”，5 中输入列间距“12.5”，6 中输入旋转角“0”，如图 5-132 所示。

图 5-132　矩形阵列的立即菜单

（2）根据系统提示拾取要阵列的圆，右击确认，矩形阵列操作完成，结果如图 5-131（b）所示。

注意： 在矩形阵列操作中，各参数的范围如下：行数为 1～65532、行间距为 0.010～99999、列数为 1～65532、列间距为 0.010～99999、旋转角为-360°～360°。

5.11.3　曲线阵列

视频讲解

【例 5-26】曲线阵列是指在一条或多条首尾相连的曲线上生成均布的图形选择集。

操作步骤：

（1）打开源文件，启动阵列命令后，在立即菜单 1 中选择“曲线阵列”方式，2 中选择“单个拾取母线”或“链拾取母线”，3 中选择“旋转”或“不旋转”，4 中输入份数“4”，如图 5-133 所示。

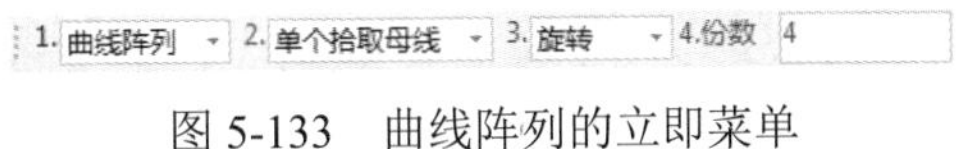

图 5-133　曲线阵列的立即菜单

（2）根据系统提示拾取要阵列的圆，右击确认。

（3）根据系统提示拾取基点。

（4）根据系统提示拾取母线。

（5）根据系统提示依次拾取阵列方向，阵列完成。

注意： 单个拾取时仅拾取单根母线；链拾取母线时可拾取多根首尾相连的母线集，也可只拾取单根母线。单个拾取母线时，阵列从母线的端点开始；链拾取母线时，阵列从鼠标单击到的那根曲线的端点开始。

Note

视频讲解

5.11.4 实例——间歇轮

首先利用圆命令绘制轮廓，然后利用直线和裁剪命令绘制轮，最后利用阵列命令阵列轮，结果如图 5-134 所示。

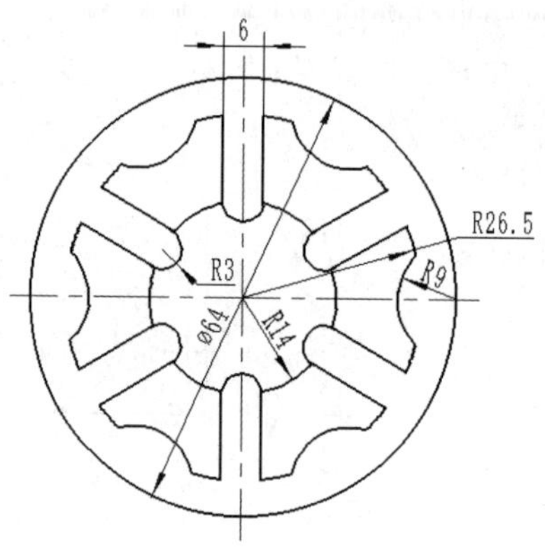

图 5-134 间歇轮

操作步骤：

1. 绘制圆

单击“常用”选项卡“绘图”面板中的“圆”按钮⊙，立即菜单设置如图 5-135 所示。
命令行提示：

```
圆心点：(在绘图区域单击一点)
输入直径或圆上一点：64↙
```

绘制的圆如图 5-136 所示。

1.圆心_半径 2.直径 3.有中心线 4.中心线延伸长度 3

图 5-135 圆命令立即菜单

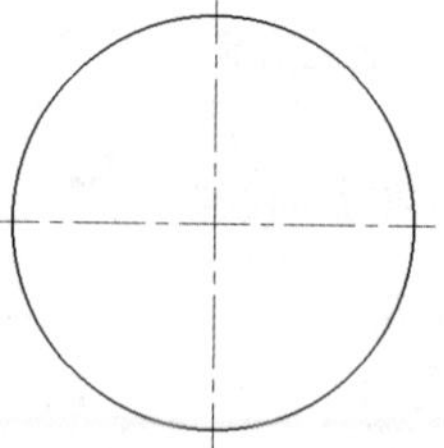

图 5-136 绘制圆

2. 绘制其余的圆

重复步骤 1 的绘制圆命令，绘制其余的圆（无中心线）。
命令行提示：

```
圆心点：(拾取直径为 64mm 的圆心)
输入直径或圆上一点：28↙
圆心点：(拾取直径为 64mm 的圆心)
输入直径或圆上一点：53↙
圆心点：(拾取直径为 64mm 的右象限点)
输入直径或圆上一点：18↙
```

```
圆心点：（拾取直径为 28mm 的上象限点）
输入直径或圆上一点：6↙
```

绘制结果如图 5-137 所示。

3. 绘制直线

单击“常用”选项卡“绘图”面板中的“直线”按钮，立即菜单设置如图 5-138 所示，绘制过直径为 6mm 的圆的左右两个象限点的竖直直线，结果如图 5-139 所示。

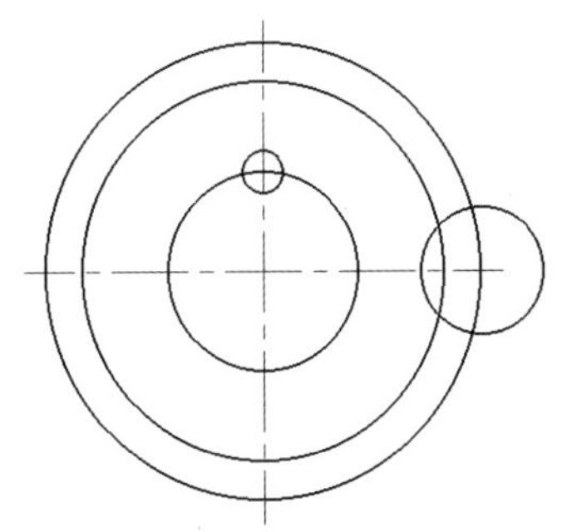

图 5-137　绘制其余的圆

1. 两点线　2. 单根

图 5-138　直线命令立即菜单

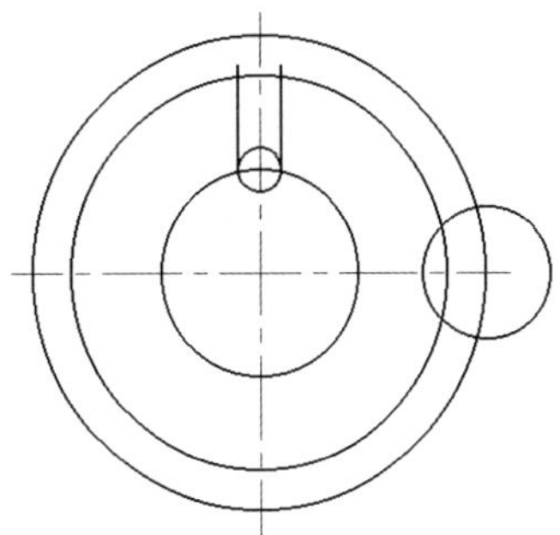

图 5-139　绘制直线

4. 裁剪处理

单击“常用”选项卡“修改”面板中的“裁剪”按钮，在立即菜单 1 中选择“快速裁剪”方式，裁剪结果如图 5-140 所示。

5. 阵列处理

单击“常用”选项卡“修改”面板中的“阵列”按钮，立即菜单设置如图 5-141 所示。

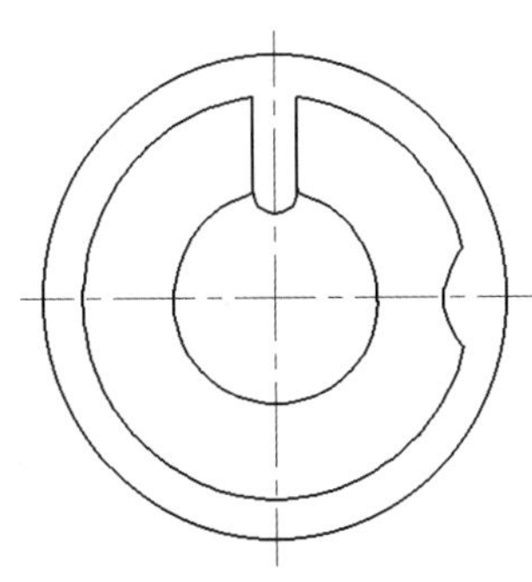

图 5-140　裁剪处理结果

1. 圆形阵列　2. 旋转　3. 均布　4.份数 6

图 5-141　阵列命令立即菜单

命令行提示：

```
拾取添加：（选择对象，一共 4 个）
中心点：（选择圆心点）
```

执行阵列命令后的结果如图 5-142 所示。

6. 裁剪处理

单击“常用”选项卡“修改”面板中的“裁剪”按钮，在立即菜单 1 中选择“快速裁剪”方式，裁剪结果如图 5-143 所示。

Note

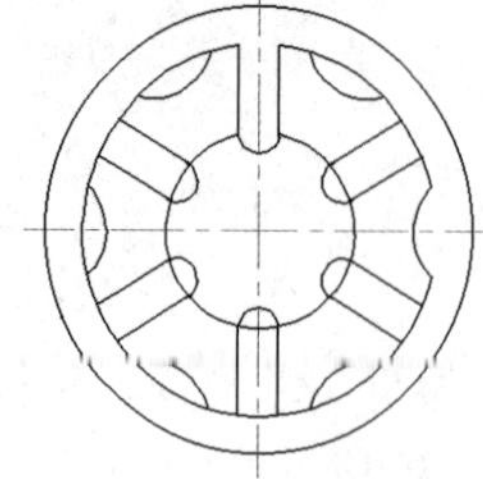

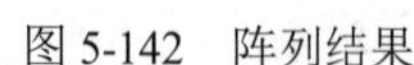
图 5-142　阵列结果

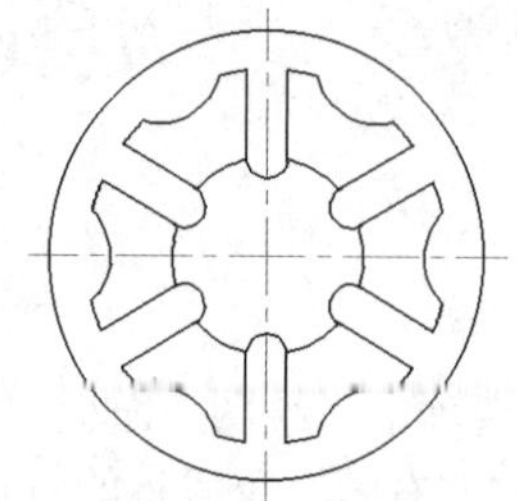

图 5-143　裁剪结果

5.12　综合实例——拨叉

视频讲解

首先绘制拨叉的左视图，然后利用左视图来定位主视图的线的位置，再利用裁剪命令删除多余曲线，最后利用剖面线命令绘制剖面线，完成拨叉的绘制，结果如图 5-144 所示。具体绘制流程如图 5-145 所示。

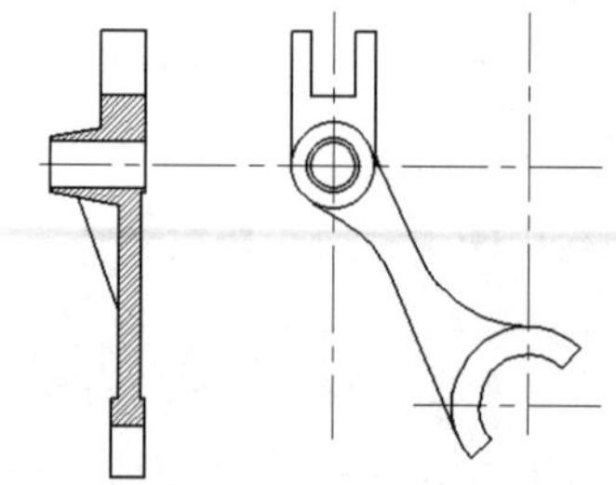

图 5-144　拨叉

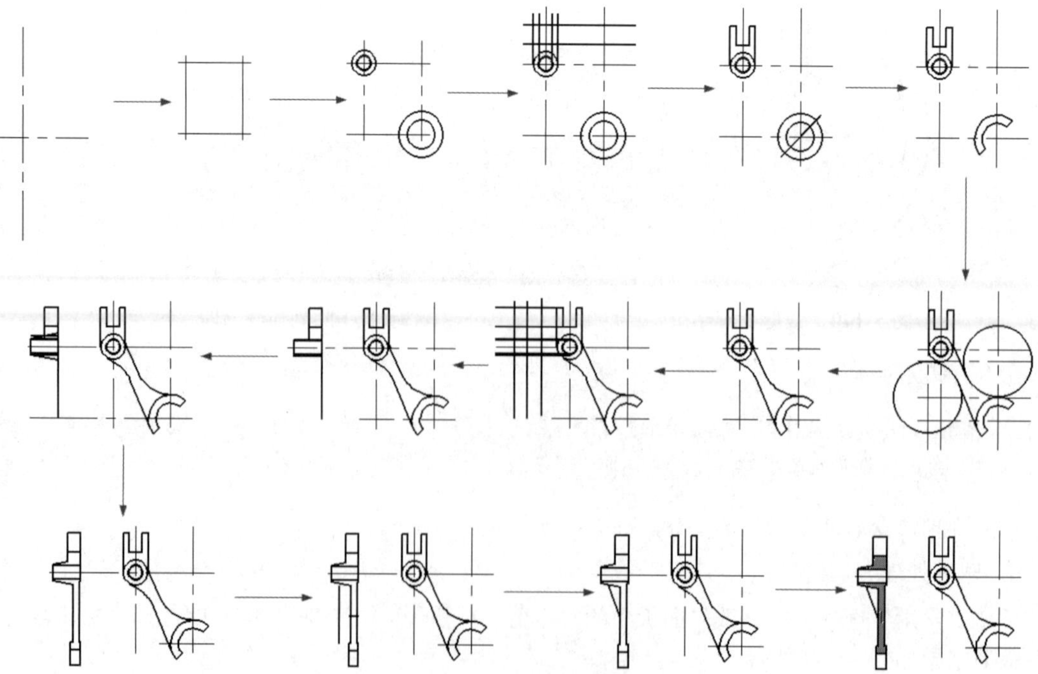

图 5-145　拨叉绘制流程图

启动 CAXA CAD 电子图板，创建一个新文件。绘制如图 5-144 所示的图形。

操作步骤：

1. 绘制中心线

将“中心线层”设置为当前图层。单击“常用”选项卡“绘图”面板中的“直线”按钮，设置立即菜单如图 5-146 所示，绘制两条相互垂直的直线，结果如图 5-147 所示。

图 5-146　直线命令立即菜单 1

图 5-147　绘制中心线

2. 平移复制处理 1

单击“常用”选项卡“修改”面板中的“平移复制”按钮，设置立即菜单如图 5-148 所示。

1. 给定偏移　2. 保持原态　3.旋转角 0　4.比例: 1　5.份数 1

图 5-148　平移复制命令立即菜单

命令行提示：

```
拾取添加：（选择竖直中心线）↙
X 和 Y 方向偏移量或位置点：87↙（在直线的右侧单击）
拾取添加：（选择水平中心线）↙
X 和 Y 方向偏移量或位置点：103↙（在直线的上方单击）
```

平移复制处理后的结果如图 5-149 所示。

3. 绘制圆 1

将“0 层”设置为当前图层。单击“常用”选项卡“绘图”面板中的“圆”按钮，设置立即菜单如图 5-150 所示。

命令行提示：

```
圆心点：（拾取图 5-149 中的点 1）
输入直径或圆上一点：38↙
输入直径或圆上一点：24↙
输入直径或圆上一点：20↙
圆心点：（拾取图 5-149 中的点 2）
输入直径或圆上一点：68↙
输入直径或圆上一点：44↙
```

绘制的圆如图 5-151 所示。

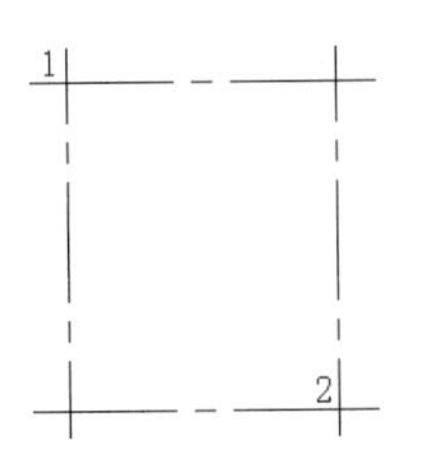

图 5-149　平移复制处理 1

1. 圆心_半径　2. 直径　3. 无中心线

图 5-150　圆命令立即菜单 1

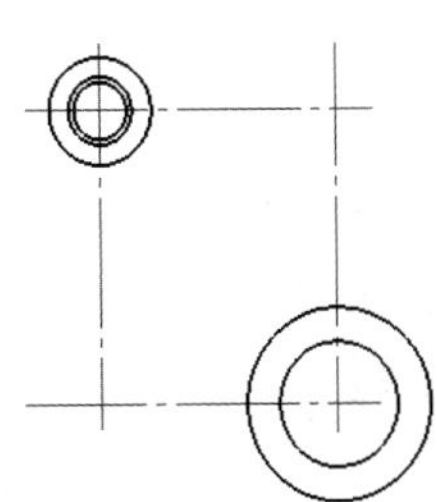

图 5-151　绘制圆 1

Note

4. 绘制圆的切线

单击“常用”选项卡“绘图”面板中的“直线”按钮，设置立即菜单如图 5-146 所示，在左视图中分别引出直径为 38mm 和 20mm 的圆的切线。

命令行提示：

> 第一点：（按空格键，弹出点捕捉菜单，选择“切点”，然后选择直径为 38mm 的圆）
> 第二点：（拾取中心线上方的点）

重复上述命令，同时绘制直径为 20mm 的圆的切线，结果如图 5-152 所示。

5. 平移复制处理 2

单击“常用”选项卡“修改”面板中的“平移复制”按钮，设置立即菜单如图 5-148 所示。

命令行提示：

> 拾取添加：选择最上方水平中心线
> X 和 Y 方向偏移量或位置点：30↙（在直线的上方单击）
> X 和 Y 方向偏移量或位置点：58↙（在直线的上方单击）

同时将刚得到的直线的属性修改为“0 层”，结果如图 5-153 所示。

6. 裁剪处理 1

单击“常用”选项卡“修改”面板中的“裁剪”按钮，裁剪多余的曲线，结果如图 5-154 所示。

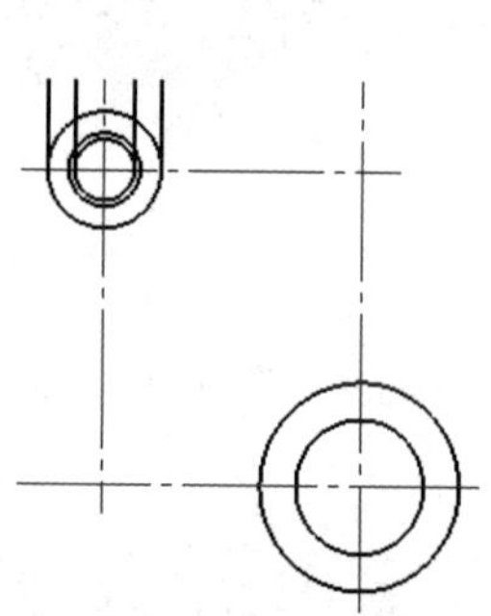

图 5-152　绘制切线

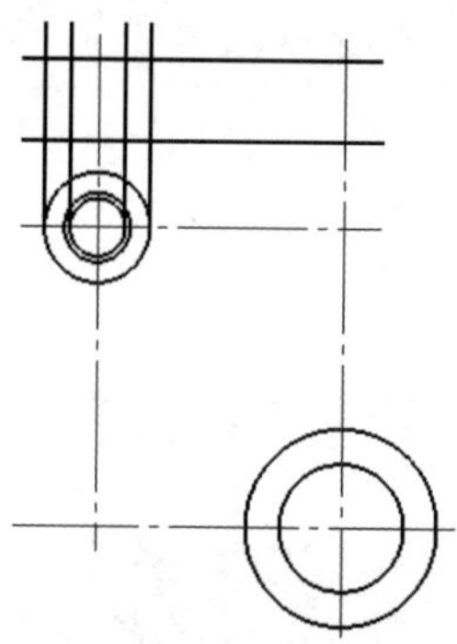

图 5-153　平移复制处理 2

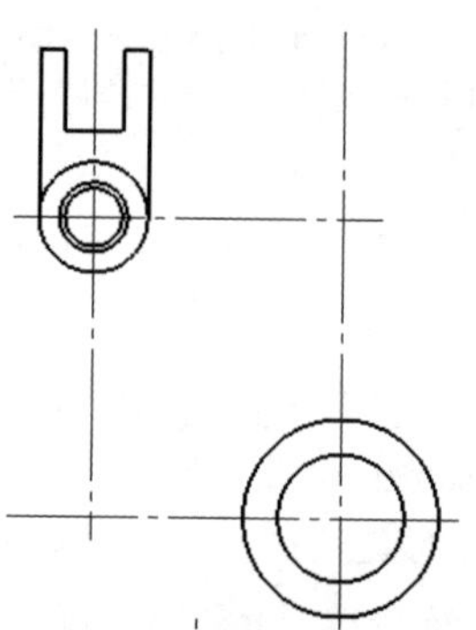

图 5-154　裁剪处理 1

7. 绘制角度线

单击“常用”选项卡“绘图”面板中的“直线”按钮，设置立即菜单如图 5-155 所示，然后绘制通过右侧竖直直线与下方水平直线的交点的角度线，最后利用平移复制命令将得到的直线向上平移复制 2mm，从而生成后续裁剪时用到的裁剪边，如图 5-156 所示。

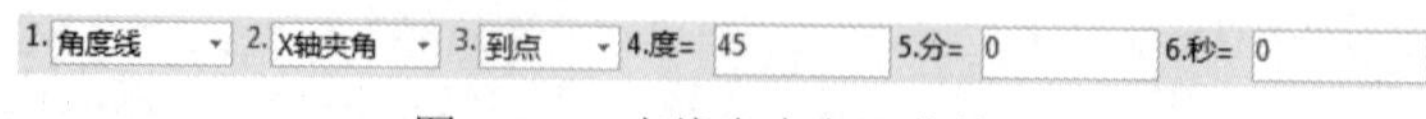

图 5-155　直线命令立即菜单 2

8. 裁剪处理 2

单击“常用”选项卡“修改”面板中的“裁剪”按钮，裁剪多余的曲线，结果如图 5-157 所示。

9. 平移复制处理 3

单击“常用”选项卡“修改”面板中的“平移复制”按钮，设置立即菜单如图 5-148 所示。

命令行提示：

```
拾取添加：（选择最上方水平中心线）
X 和 Y 方向偏移量或位置点：16↙（在直线的下方单击）
X 和 Y 方向偏移量或位置点：70↙（在直线的下方单击）
拾取添加：（选择最左侧的竖直中心线）
X 和 Y 方向偏移量或位置点：20.5↙（在直线的左侧单击）
```

结果如图 5-158 所示。

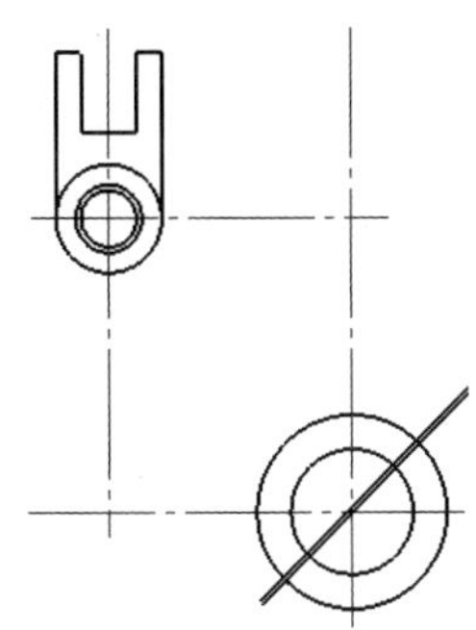

图 5-156　绘制角度线

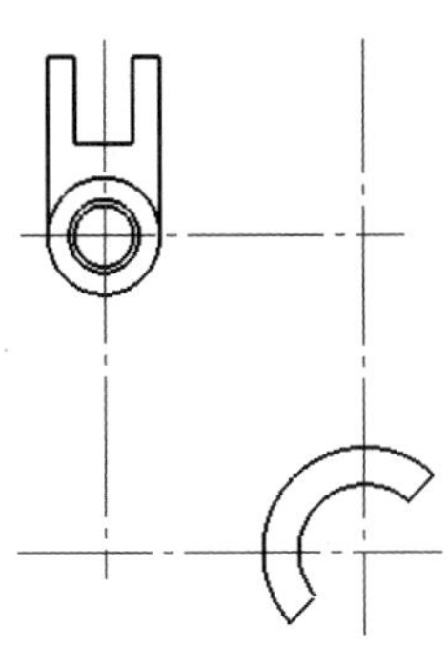

图 5-157　裁剪处理 2

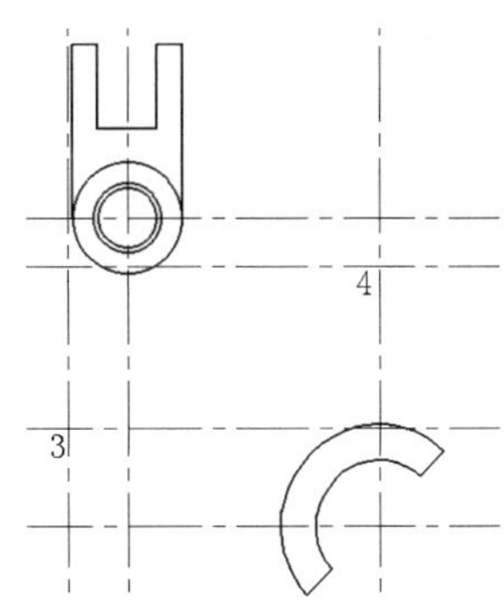

图 5-158　平移复制处理 3

10. 绘制圆 2

单击“常用”选项卡“绘图”面板中的“圆”按钮⊙，设置立即菜单如图 5-150 所示。

命令行提示：

```
圆心点：（拾取图 5-158 中的点 3）
输入直径或圆上一点：104↙
圆心点：（拾取图 5-158 中的点 4）
输入直径或圆上一点：106↙
```

绘制的圆如图 5-159 所示。

11. 绘制公切线

单击“常用”选项卡“绘图”面板中的“直线”按钮╱，设置立即菜单如图 5-146 所示。

命令行提示：

```
第一点：（按空格键，弹出点捕捉菜单，选择“切点”，然后选择直径为 38mm 的圆）
第二点（垂足点，切点）：（按空格键，弹出点捕捉菜单，选择“切点”，然后选择直径为 104mm 的圆）
```

重复上述命令，绘制直径为 104mm 的圆与直径为 68mm 的圆的公切线，直径为 106mm 的圆与直径为 38mm 的圆的公切线，结果如图 5-160 所示。

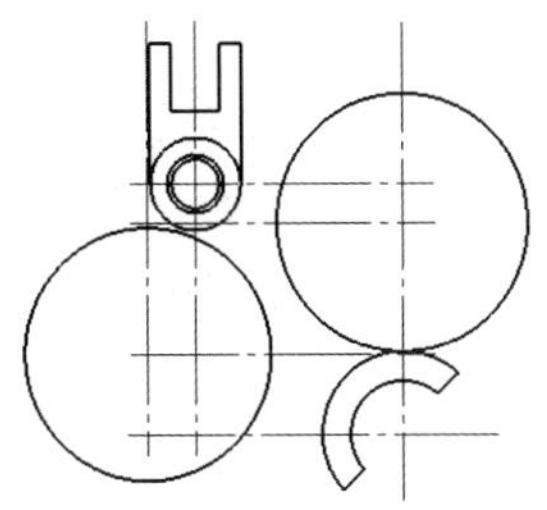

图 5-159　绘制圆 2

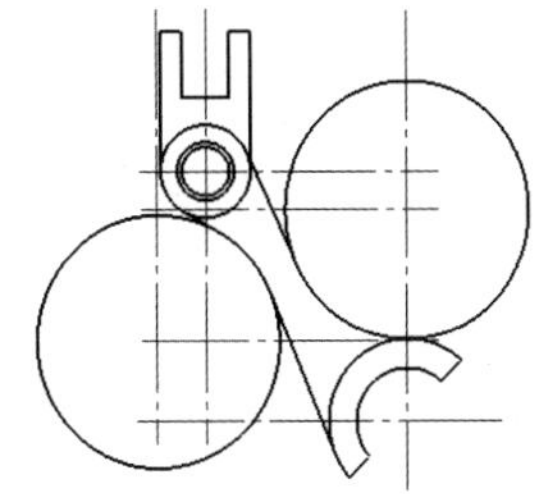

图 5-160　绘制公切线

12. 裁剪处理 3

单击“常用”选项卡“修改”面板中的“裁剪”按钮，裁剪多余的曲线，结果如图 5-161 所示。

13. 绘制圆 3

单击“常用”选项卡“绘图”面板中的“圆”按钮，设置立即菜单如图 5-162 所示。

Note

命令行提示：

> 第一点：(按空格键，弹出点捕捉菜单，选择“切点”，然后选择最右端的竖直直线)
> 第二点（切点）：(按空格键，弹出点捕捉菜单，选择“切点”，然后选择直径为 38mm 的圆和直径为 106mm 圆的切线)
> 第三点（切点）或半径：20↙

结果如图 5-163 所示。

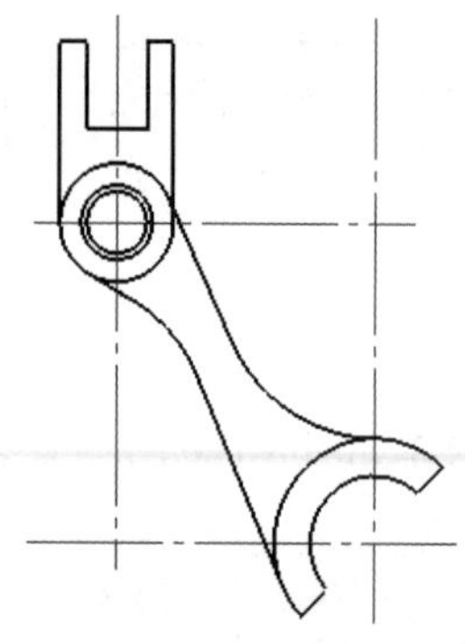

图 5-161　裁剪处理 3

1. 两点_半径　2. 无中心线

图 5-162　圆命令立即菜单 2

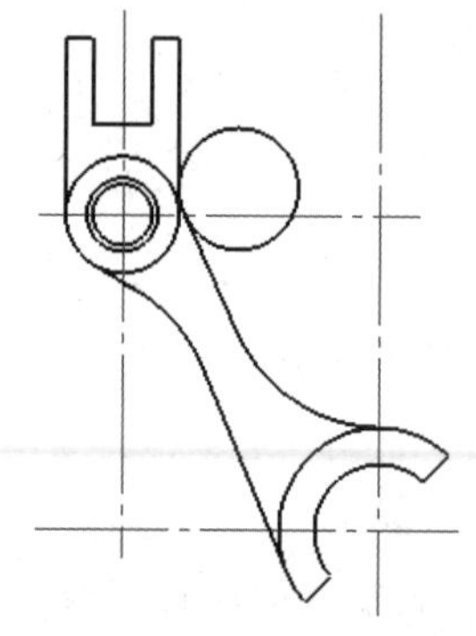

图 5-163　绘制圆 3

14. 裁剪处理 4

单击“常用”选项卡“修改”面板中的“裁剪”按钮，裁剪多余的曲线，结果如图 5-164 所示。

15. 绘制直线 1

单击“常用”选项卡“绘图”面板中的“直线”按钮，设置立即菜单如图 5-146 所示，从右视图引出水平直线，然后再绘制一条竖直直线，结果如图 5-165 所示。

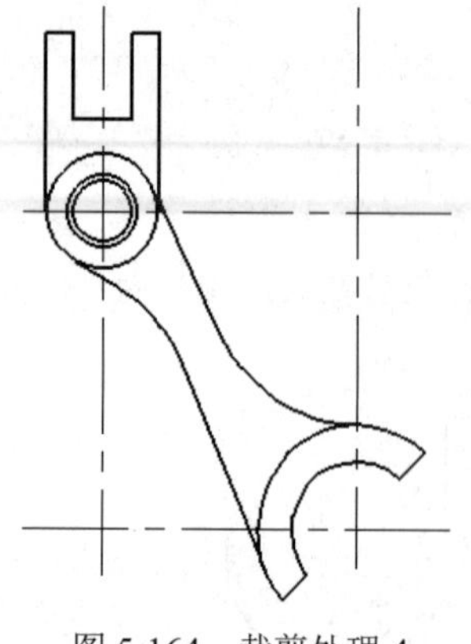

图 5-164　裁剪处理 4

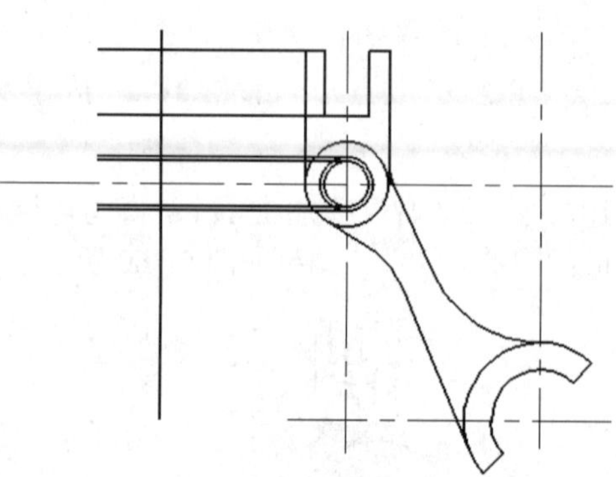

图 5-165　绘制直线 1

16. 平移复制处理 4

单击“常用”选项卡“修改”面板中的“平移复制”按钮，设置立即菜单如图 5-148 所示。

命令行提示：

```
拾取添加：(选择图 5-165 中绘制的竖直直线)
X 和 Y 方向偏移量或位置点：20↙（在直线的右侧单击）
X 和 Y 方向偏移量或位置点：42↙（在直线的右侧单击）
```

结果如图 5-166 所示。

17．裁剪处理 5

单击“常用”选项卡“修改”面板中的“裁剪”按钮，裁剪多余的曲线，结果如图 5-167 所示。

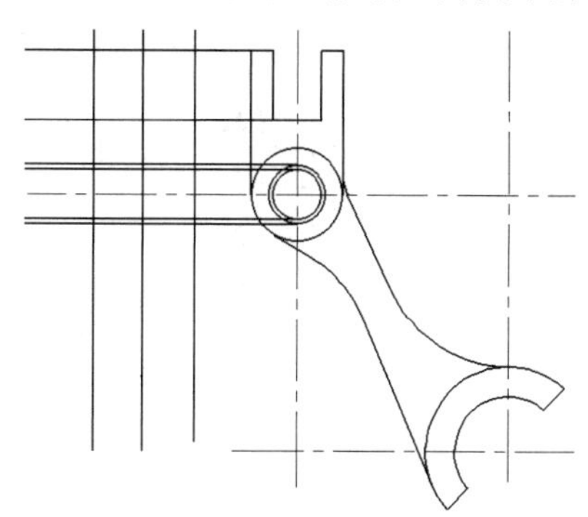

图 5-166　平移复制处理 4

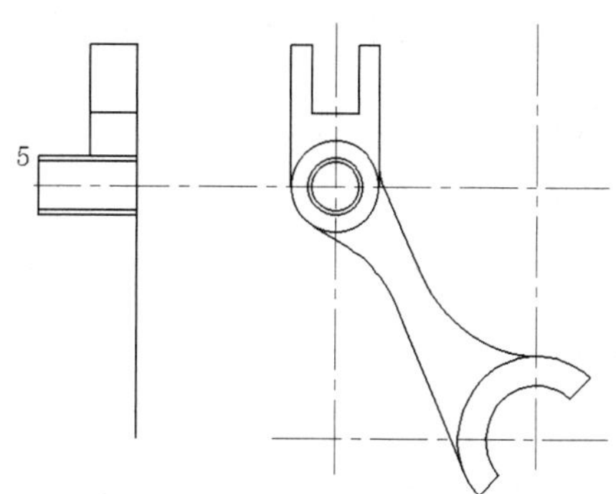

图 5-167　裁剪处理 5

18．绘制锥度

首先利用平移复制命令将图 5-167 中的直线 5 向上平移复制 4mm。然后连接线段 5 的左端点与交点 6，并延长到点 7。得到 1∶5 的辅助锥度，结果如图 5-168 所示。

19．镜像处理

单击“常用”选项卡“修改”面板中的“镜像”按钮，设置立即菜单如图 5-169 所示。对 1∶5 的锥度以水平中心线为轴线进行镜像处理，结果如图 5-170 所示。

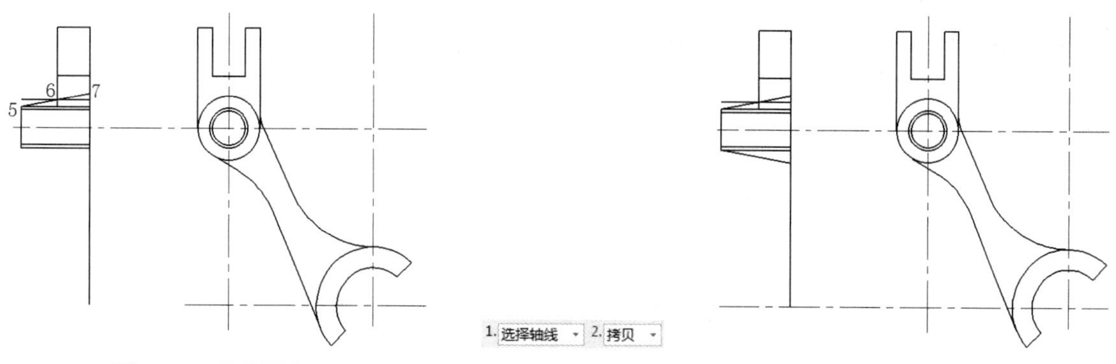

图 5-168　绘制锥度　　图 5-169　镜像命令立即菜单　　图 5-170　镜像处理

20．平移复制处理 5

单击“常用”选项卡“修改”面板中的“平移复制”按钮，设置立即菜单如图 5-148 所示。

命令行提示：

```
拾取添加：(拾取主视图中最右端的竖直直线)
X 和 Y 方向偏移量或位置点：2↙（在直线的左侧单击）
```

```
X和Y方向偏移量或位置点：12↙（在直线的左侧单击）
X和Y方向偏移量或位置点：15↙（在直线的左侧单击）
拾取添加：（拾取左视图中下方的水平中心线）
X和Y方向偏移量或位置点：2↙（在直线的上方单击）
X和Y方向偏移量或位置点：10↙（在直线的下方单击）
X和Y方向偏移量或位置点：32↙（在直线的下方单击）
```

然后将平移复制的水平中心线属性改为“0层”，结果如图5-171所示。

21. 裁剪处理6

单击“常用”选项卡“修改”面板中的“裁剪”按钮，裁剪多余的曲线，结果如图5-172所示。

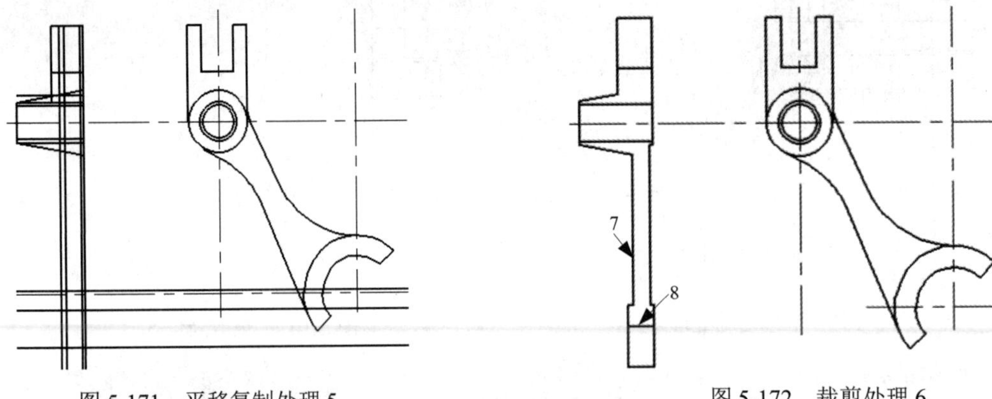

图5-171　平移复制处理5　　图5-172　裁剪处理6

22. 平移复制处理6

单击“常用”选项卡“修改”面板中的“平移复制”按钮，设置立即菜单如图5-148所示。命令行提示：

```
拾取添加：(拾取图5-172中的直线7)
X和Y方向偏移量或位置点：18↙（在直线的左侧单击）
拾取添加：(拾取图5-172中的直线8)
X和Y方向偏移量或位置点：50↙（在直线的上方单击）
```

结果如图5-173所示。

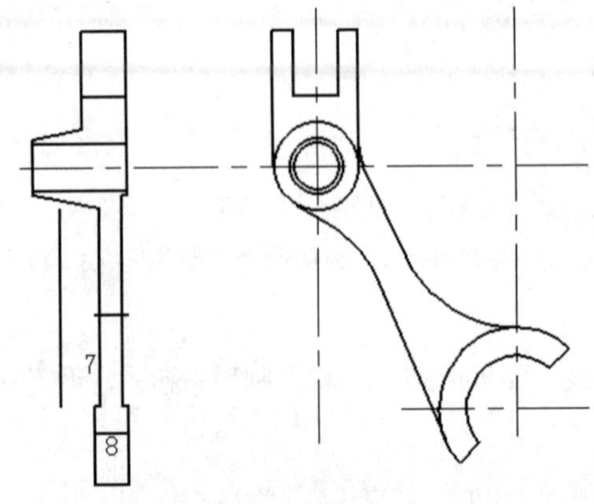

图5-173　平移复制处理6

23. 绘制直线 2

单击“常用”选项卡“绘图”面板中的“直线”按钮╱，立即菜单设置同图 5-146 一样。绘制直线，结果如图 5-174 所示。

24. 裁剪处理 7

单击“常用”选项卡“修改”面板中的“裁剪”按钮-\-，裁剪多余的曲线，结果如图 5-175 所示。

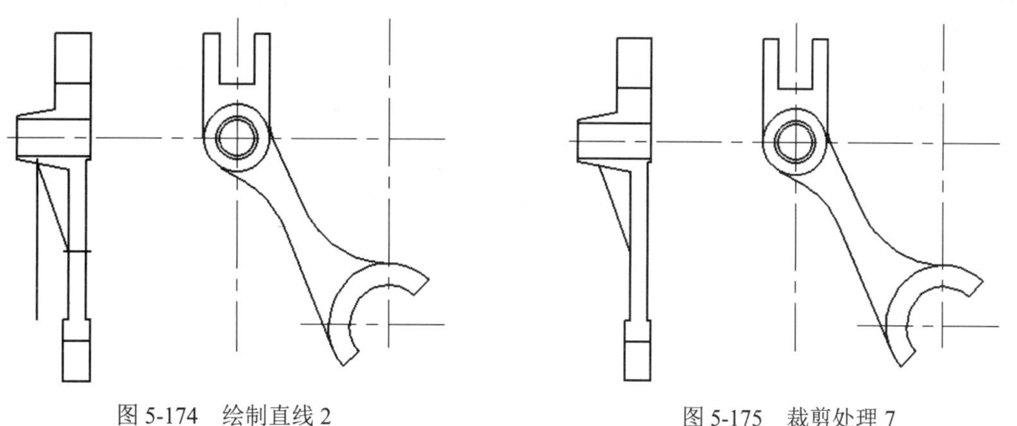

图 5-174　绘制直线 2　　　　图 5-175　裁剪处理 7

25. 填充剖面线

单击“常用”选项卡“绘图”面板中的“剖面线”按钮▧，设置立即菜单如图 5-176 所示。

图 5-176　剖面线命令立即菜单

命令行提示：

> 拾取环内一点：(在剖面图中需要绘制剖面线的位置拾取一点)
> 成功拾取到环，拾取环内一点：(在剖面图中需要绘制剖面线的位置拾取其他点)

拾取完毕后右击，弹出“剖面图案”对话框，设置对话框如图 5-177 所示，设置完毕后单击“确定”按钮，结果如图 5-178 所示。

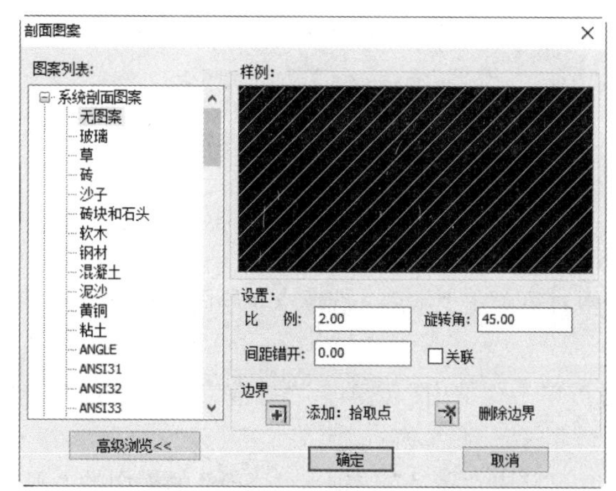

图 5-177　“剖面图案”对话框

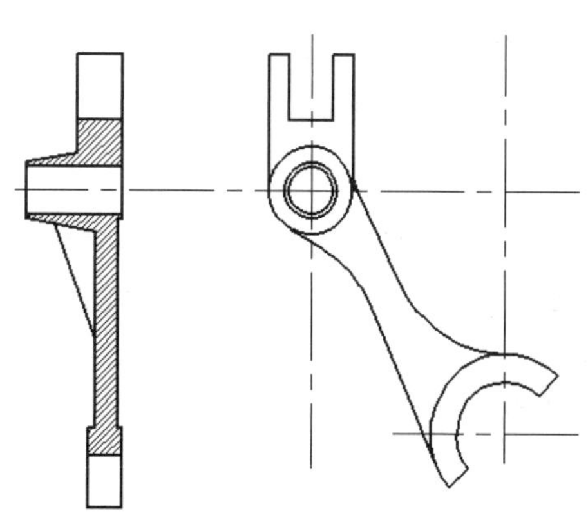

图 5-178　填充剖面线

5.13 上 机 实 验

Note

（1）绘制如图 5-179 所示的垫片图形，不标注尺寸。

操作提示

本例主要使用直线命令、平移复制命令和镜像命令。

❶ 直线命令，用于创建螺杆的轮廓。使用时可单击“常用”选项卡“绘图”面板中的“直线”按钮。

❷ 平移复制命令，用于将指定对象进行拷贝。使用时可单击“常用”选项卡“修改”面板中的“平移复制”按钮。

❸ 镜像命令，用于将指定对象以某一直线为对称轴进行对称变换或复制。使用时可单击“常用”选项卡“修改”面板中的“镜像”按钮。

（2）绘制如图 5-180 所示的吊钩图形，不标注尺寸。

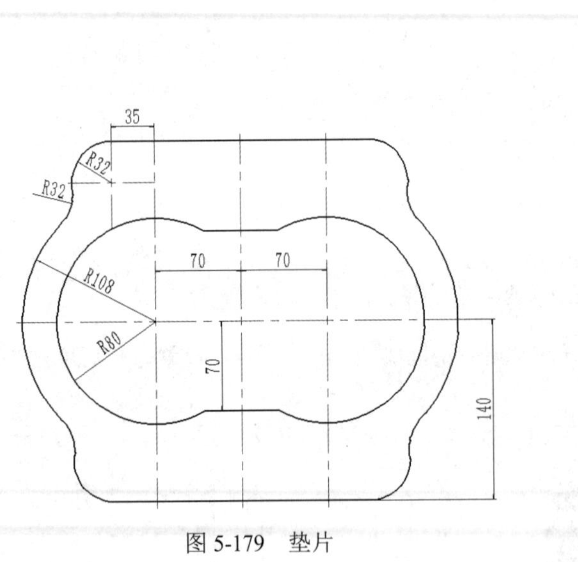

图 5-179　垫片

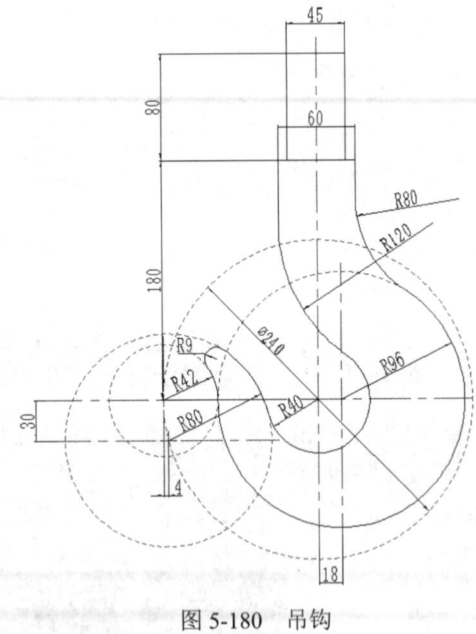

图 5-180　吊钩

操作提示

本例主要使用圆命令、裁剪命令和平移命令。

❶ 圆命令，用于创建吊钩的不同直径的圆。使用时可单击“常用”选项卡“绘图”面板中的“圆”按钮。

❷ 裁剪命令，用于对多余的曲线删除。使用时可单击“常用”选项卡“修改”面板中的“裁剪”按钮。

❸ 平移命令，用于将指定对象进行平移。使用时可单击“常用”选项卡“修改”面板中的“平移”按钮。

（3）绘制如图 5-181 所示的弹簧图形，不标注尺寸。

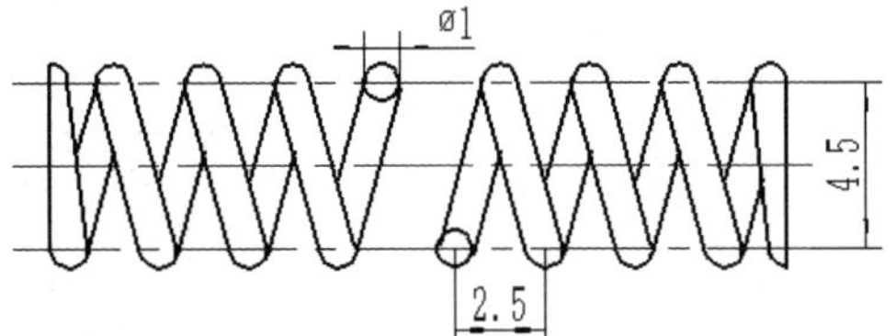

图 5-181　弹簧

操作提示

本例主要使用圆命令、直线命令和旋转命令。

❶ 圆命令，用于创建弹簧的端面。使用时可单击“常用”选项卡“绘图”面板中的“圆”按钮。

❷ 直线命令，用于生成辅助中心线。使用时可单击“常用”选项卡“绘图”面板中的“直线”按钮。

❸ 旋转命令，用于生成弹簧的另一部分。使用时可单击“常用”选项卡“修改”面板中的“镜像”按钮。

5.14　思考与练习

（1）常用的曲线编辑命令有哪些？

（2）对曲线进行修剪的命令有哪些？

（3）绘制如图 5-182 所示的图形，不标注尺寸。

（4）绘制如图 5-183 所示的图形，不标注尺寸。

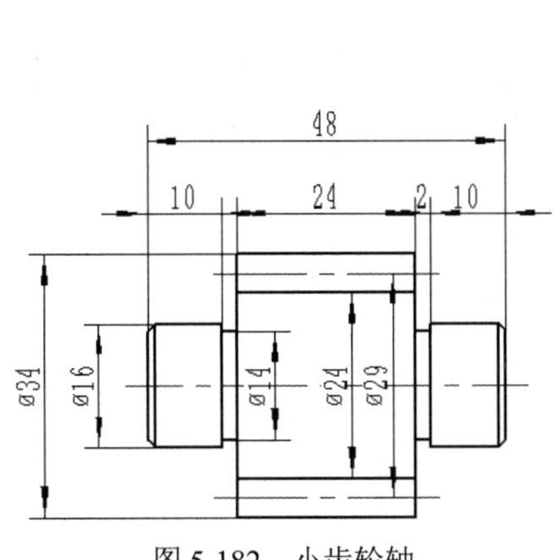

图 5-182　小齿轮轴

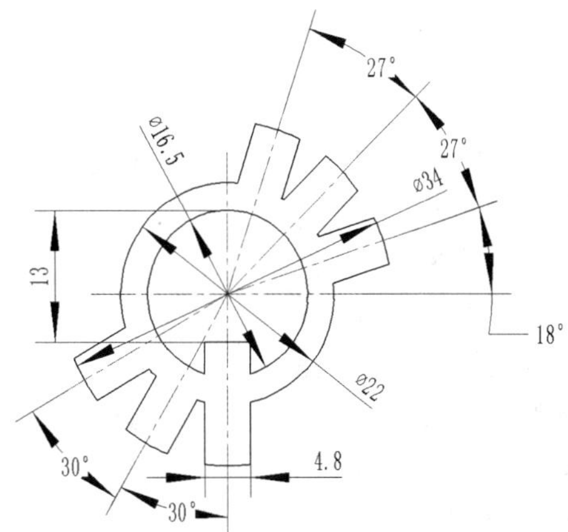

图 5-183　练习（4）图形

第6章

图形编辑

图形编辑内容是曲线编辑命令的继续，它在应用范围上比曲线编辑应用更广。图形编辑命令中除了一般图处理软件所必有的编辑功能（如撤销操作与恢复操作、剪切、复制、带基点复制、粘贴、粘粘为块、选择性粘贴、粘贴到原坐标、插入对象、链接、OLE对象、删除和删除所有等），还包括改变图形的层、颜色和线型等电子图板特有的编辑功能。图形编辑命令的菜单操作主要集中在“编辑”菜单和“修改”菜单（见图6-1和图6-2）中，其中有些操作（如拾取删除、重复操作、取消操作等）也以图标形式放置在“标准”工具栏（见图6-3）中，这样双重安排的目的是为了便于操作、提高绘图效率；图形编辑命令的选项卡操作主要集中在“菜单”选项卡的“编辑”栏中，如图6-4所示。

图6-3 “标准”工具栏

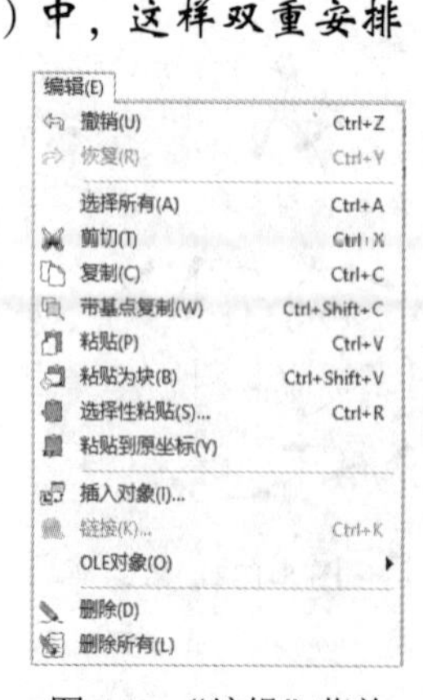

图6-1 “编辑”菜单

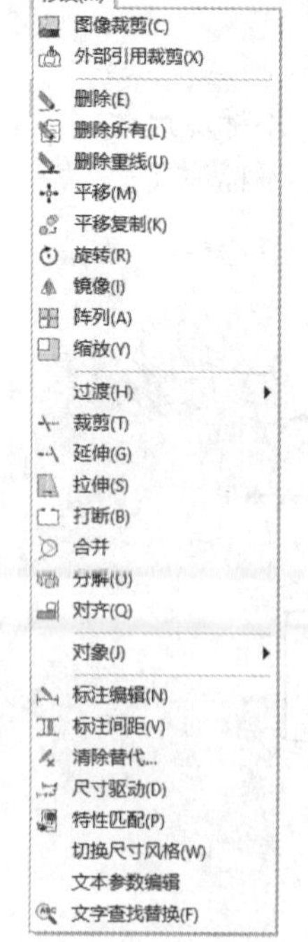
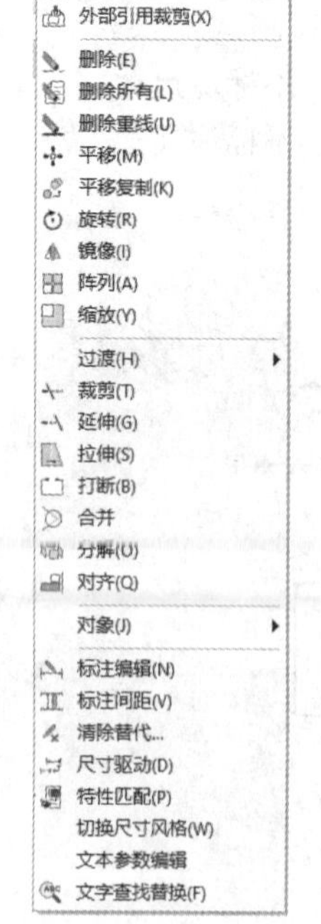

图6-2 “修改”菜单

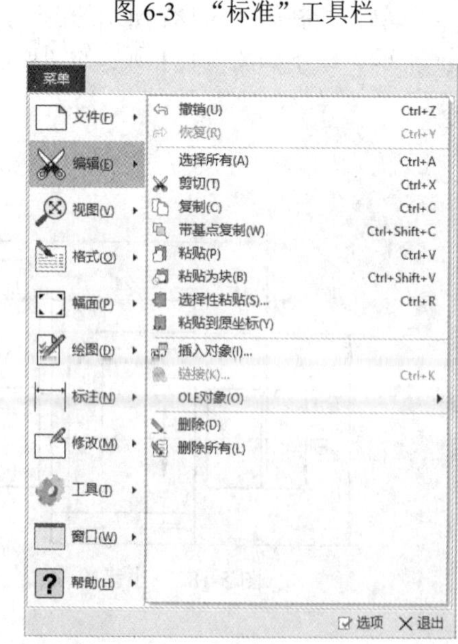

图6-4 “菜单”选项卡的“编辑”栏

学习重点

☑ 撤销与恢复、剪切板的应用

☑ 插入与链接

☑ 删除和删除所有

☑ 图片管理

☑ 鼠标右键操作中的图形编辑功能

6.1　撤销与恢复

6.1.1　撤销操作

撤销操作命令的功能是取消最后一次发生的编辑操作，执行方式如下。

☑　命令行：undo。
☑　菜单栏：选择菜单栏中的“编辑”→“撤销”命令。
☑　工具栏：单击“标准”工具栏中的“撤销”按钮。
☑　选项卡：选择“菜单”选项卡“编辑”栏中的“撤销”命令。
☑　快捷键：Ctrl+Z。

6.1.2　恢复操作

恢复操作是撤销操作的逆过程，用来取消最近一次的撤销操作，执行方式如下。

☑　命令行：redo。
☑　菜单栏：选择菜单栏中的“编辑”→“恢复”命令。
☑　工具栏：单击“标准”工具栏中的“恢复”按钮。
☑　选项卡：选择“菜单”选项卡“编辑”栏中的“恢复”命令。
☑　快捷键：Ctrl+Y。

6.2　剪切板的应用

6.2.1　剪切

剪切是将选中的图形或 OLE 对象送入剪贴板中，以供图形粘贴时使用，执行方式如下。

☑　命令行：cut。
☑　菜单栏：选择菜单栏中的“编辑”→“剪切”命令。
☑　工具栏：单击“标准”工具栏中的“剪切”按钮。
☑　选项卡：选择“菜单”选项卡“编辑”栏中的“剪切”命令。
☑　快捷键：Ctrl+X。

图形剪切与图形复制不论在功能上还是在使用上都十分相似，只是图形复制不删除用户拾取的图形，而图形剪切是在图形复制的基础上再删除用户拾取的图形。

6.2.2　复制

复制是将选中的图形或 OLE 对象送入剪贴板中，以供图形粘贴时使用，执行方式如下。

☑　命令行：copy。
☑　菜单栏：选择菜单栏中的“编辑”→“复制”命令。
☑　工具栏：单击“标准”工具栏中的“复制”按钮。

☑ 选项卡：选择“菜单”选项卡“编辑”栏中的“复制”命令。

☑ 快捷键：Ctrl+C。

复制区别于曲线编辑中的平移复制，它相当于一个临时存储区，可将选中的图形存储，以供粘贴使用。平移复制只能在同一个 CAXA CAD 电子图板文件中进行复制粘贴，而图形复制与图形粘贴配合使用，除了可以在不同的 CAXA CAD 电子图板文件中进行复制粘贴，还可以将所选图形或 OLE 对象送入 Windows 剪贴板中，粘贴到其他支持 OLE 的软件（如 Word）中。

Note

6.2.3 带基点复制

带基点复制是将含有基点信息对象存储到剪贴板中，以供图形粘贴时使用，执行方式如下。

☑ 命令行：copywb。

☑ 菜单栏：选择菜单栏中的“编辑”→“带基点复制”命令。

☑ 工具栏：单击“标准”工具栏中的“带基点复制”按钮。

☑ 选项卡：选择“菜单”选项卡“编辑”栏中的“带基点复制”命令。

☑ 快捷键：Shift+Ctrl+C。

带基点复制与复制的区别是，带基点复制操作时要指定图形的基点，粘贴时也要指定基点放置对象；而复制命令执行时不需要指定基点，粘贴时默认的基点是拾取对象的左下角点。

6.2.4 粘贴

粘贴是将剪贴板中存储的图形或 OLE 对象粘贴到文件中，如果剪贴板中的内容是由其他支持 OLE 的软件的复制命令送入的，则粘贴到文件中的为对应的 OLE 对象，执行方式如下。

☑ 命令行：paste。

☑ 菜单栏：选择菜单栏中的“编辑”→“粘贴”命令。

☑ 工具栏：单击“标准”工具栏中的“粘贴”按钮。

☑ 选项卡：选择“菜单”选项卡“编辑”栏中的“粘贴”命令。

☑ 快捷键：Ctrl+V。

6.2.5 选择性粘贴

选择性粘贴是将 Windows 剪贴板中的内容按照所需的类型和方式粘贴到文件中，执行方式如下。

☑ 命令行：specialpaste。

☑ 菜单栏：选择菜单栏中的“编辑”→“选择性粘贴”命令。

☑ 工具栏：单击“标准”工具栏中的“选择性粘贴”按钮。

☑ 选项卡：选择“菜单”选项卡“编辑”栏中的“选择性粘贴”命令。

6.3 插入与链接

6.3.1 插入

CAXA CAD 电子图板允许在文件中插入一个 OLE 对象。可以新创建对象，也可以从现有文件创建；新创建的对象可以是嵌入的对象，也可以是链接的对象，执行方式如下。

☑ 命令行：insertobject。
☑ 菜单栏：选择菜单栏中的“编辑”→“插入对象”命令。
☑ 工具栏：单击“对象”工具栏中的“插入对象”按钮。
☑ 选项卡：选择“菜单”选项卡“编辑”栏中的“插入对象”命令。

Note

6.3.2 链接

实现以链接方式插入文件中的对象的有关链接的操作，这些操作包括立即更新（更新文档）、打开源（编辑链接对象）、更改源（更换链接对象）和断开链接等操作，执行方式如下。

☑ 菜单栏：选择菜单栏中的“编辑”→“链接”命令。
☑ 工具栏：单击“对象”工具栏中的“链接”按钮。
☑ 选项卡：选择“菜单”选项卡“编辑”栏中的“链接”命令。
☑ 快捷键：Ctrl+K

6.3.3 OLE 对象

在“编辑”菜单中，该项的内容随选中对象的不同而不同，它可以使用户将其他 Windows 应用程序创建的“对象”（如图片、图表、文本、电子表格等）插入文件中，执行方式如下。

☑ 菜单栏：选择菜单栏中的“编辑”→“OLE 对象”命令。
☑ 工具栏：单击“对象”工具栏中的“OLE 对象”按钮。
☑ 选项卡：选择“菜单”选项卡“编辑”栏中的“OLE 对象”命令。

6.4 删除和删除所有

6.4.1 删除

利用删除功能可以删除拾取到的实体，执行方式如下。

☑ 命令行：del/delete/e。
☑ 菜单栏：选择菜单栏中的“编辑”→“删除”命令，或选择菜单栏中的“修改”→“删除”命令。
☑ 工具栏：单击“编辑工具”工具栏中的“删除”按钮。
☑ 选项卡：单击“常用”选项卡“修改”面板中的“删除”按钮，或选择“菜单”选项卡“编辑”栏中的“删除”命令。

6.4.2 删除所有

利用删除所有功能可以删除所有的系统拾取设置所选中的实体，执行方式如下。

☑ 命令行：delall。
☑ 菜单栏：选择菜单栏中的“编辑”→“删除所有”命令，或选择菜单栏中的“修改”→“删除所有”命令。
☑ 工具栏：单击“编辑工具”工具栏中的“删除所有”按钮。
☑ 选项卡：单击“常用”选项卡“修改”面板中的“删除所有”按钮，或选择“菜单”选项卡“编辑”栏中的“删除所有”命令。

6.5 图片管理

Note

在绘制图形时，许多情况下需要插入一些图片与绘制的图形对象结合起来。例如，作为底图、实物参考或者用于 Logo 设计。CAXA CAD 电子图板可以将图片添加到基于矢量的图形中作为参照，并且可以查看、编辑和打印。

6.5.1 插入图片

选择图片并插入当前图形中作为参照，执行方式如下。

☑ 菜单栏：选择菜单栏中的“绘图”→“图片”→“插入图片”命令。

☑ 工具栏：单击“对象”工具栏中的“插入图片”按钮。

☑ 选项卡：单击“插入”选项卡“图片”面板中的“插入图片”按钮。

6.5.2 图片管理

通过统一的图片管理器设置图片文件的保存路径等参数，执行方式如下。

☑ 菜单栏：选择菜单栏中的“绘图”→“图片”→“图片管理器”命令。

☑ 工具栏：单击“对象”工具栏中的“图片管理器”按钮。

☑ 选项卡：单击“插入”选项卡“图片”面板中的“图片管理器”按钮。

6.5.3 图像调整

对插入图像的亮度和对比度进行调整，执行方式如下。

☑ 菜单栏：选择菜单栏中的“绘图”→“图片”→“图像调整”命令。

☑ 工具栏：单击“对象”工具栏中的“图像调整”按钮。

☑ 选项卡：单击“插入”选项卡“图片”面板中的“图像调整”按钮。

6.5.4 图像裁剪

在后台所保存的图片数据不变的情况下，可控制图片仅显示一部分内容或显示全部内容，执行方式如下。

☑ 菜单栏：选择菜单栏中的“绘图”→“图片”→“图像裁剪”命令。

☑ 工具栏：单击“对象”工具栏中的“图像裁剪”按钮。

☑ 选项卡：单击“插入”选项卡“图片”面板中的“图像裁剪”按钮。

6.6 鼠标右键操作中的图形编辑功能

CAXA CAD 电子图板文件提供了面向对象的右键直接操作功能，即可直接对图形元素进行属性查询、属性修改、删除、平移、复制、平移复制、带基点复制、粘贴、旋转、镜像、部分存储、输出 DWG/DXF 等。

6.6.1 曲线编辑

曲线编辑功能是对拾取的曲线进行删除、平移复制、旋转、镜像、阵列、缩放等操作。拾取绘图区的一个或多个图形元素，被拾取的元素呈高亮显示，随后右击，弹出如图 6-5 所示的右键快捷菜单，在工具栏中可单击相应的按钮，操作方法与前面第 5 章介绍的相同。

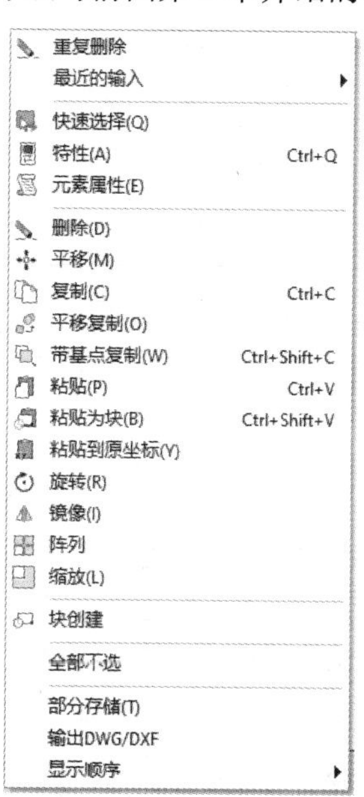

图 6-5 右键快捷菜单

6.6.2 属性操作

拾取绘图区中的一个或多个图形元素，被拾取的元素呈高亮显示，随后右击，在弹出的快捷菜单中，系统提供了有关属性查询和属性修改的功能。

在右键快捷菜单中选择“特性”命令，系统弹出“特性”对话框，如图 6-6 所示。在该对话框中可对元素的层、线型、颜色等进行修改。

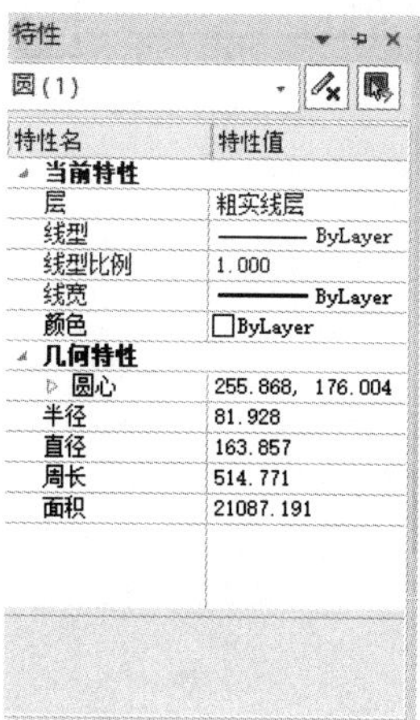

图 6-6 “特性”对话框

Note

6.7 上机实验

绘制如图 6-7 所示的图形，并对各图形元素的属性进行修改。

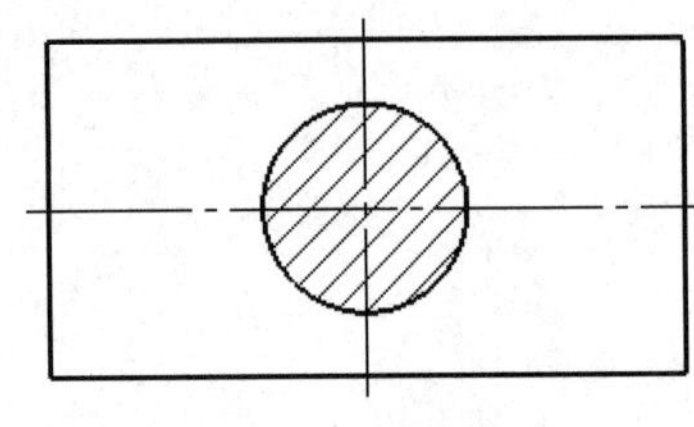

图 6-7 示例图形

操作提示

（1）绘制图形。

（2）选中图中组成矩形的粗实线，随后右击，在弹出的快捷菜单中选择“特性”命令，系统弹出“特性”对话框，在该对话框中改变图形的层、线型和颜色等。

（3）根据步骤（2）中的方法依次对中心线和剖面线进行特性修改，观察图形的变化情况。

（4）在操作过程中重复执行“撤销”操作与“恢复”操作命令，观察图形的变化情况。

6.8 思考与练习

（1）图形编辑的命令有哪些？

（2）绘制如图 6-8 所示的图形（不标注尺寸），注意练习“撤销”操作与“恢复”操作命令的使用。绘制完成后，练习对图形进行剪切、复制与粘贴操作。

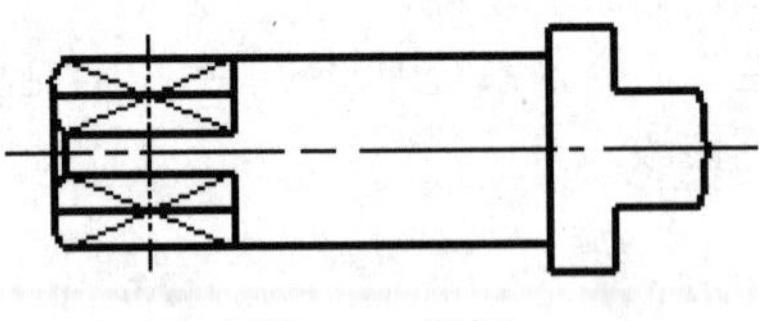

图 6-8 阀杆

第7章 界面定制与界面操作

CAXA CAD电子图板的界面风格是完全开放的，用户可以随心所欲地进行界面定制和界面操作，使界面的风格更加符合个人的使用习惯。

学习重点

☑ 界面定制
☑ 界面操作

Note

7.1 界面定制

7.1.1 显示/隐藏工具栏

将鼠标移动到任意一个工具栏区域中，随后右击，都将弹出如图 7-1 所示的快捷菜单，在菜单中列出了主菜单、工具条、立即菜单和状态条当前的显示状态，带“√”的表示当前工具栏正在显示，选择菜单中的选项可以使相应的工具栏或其他菜单在显示和隐藏的状态之间进行切换。

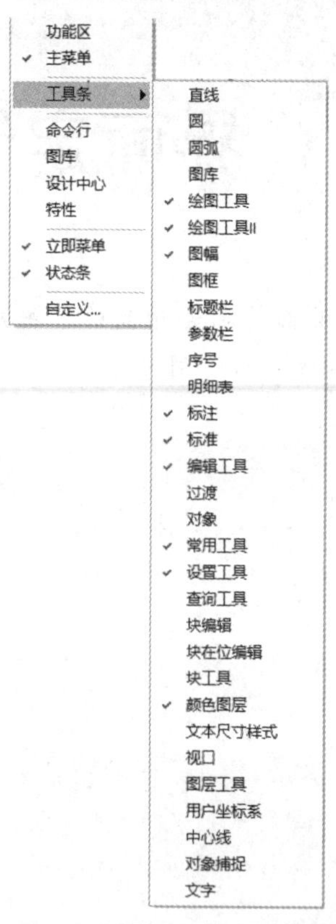

图 7-1　显示/隐藏工具栏快捷菜单

7.1.2 重新组织菜单和工具栏

CAXA CAD 电子图板提供了一组默认的菜单和工具栏命令组织方案，一般情况下这是一组比较合理和易用的组织方案，但是用户也可以根据需要通过使用界面定制工具重新组织菜单和工具栏，即可以在菜单和工具栏中添加命令和删除命令。

1. 在菜单和工具栏中添加命令

（1）首先选择“工具”→“自定义”菜单命令，系统弹出“自定义”对话框，选择“命令”选项卡，如图 7-2 所示。

（2）在“类别”列表框中，按照在主菜单中的组织方式列出了命令所属的类别，在“命令”列表框中列出了在该类别中的所有命令，当在其中选择一个命令后，在“说明”栏中显示出对该命令的

说明。这时可以拖曳所选择的命令，将其拖曳到被需要的菜单中，当菜单显示命令列表时，再将鼠标拖曳至需要命令出现的位置，然后释放鼠标，此过程如图 7-3 所示。

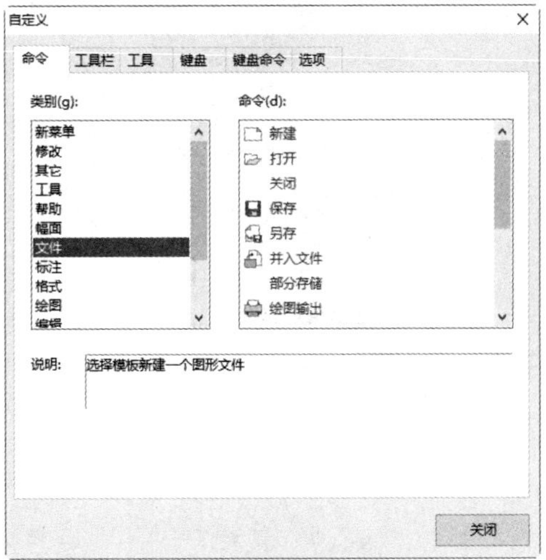

图 7-2 “命令”选项卡

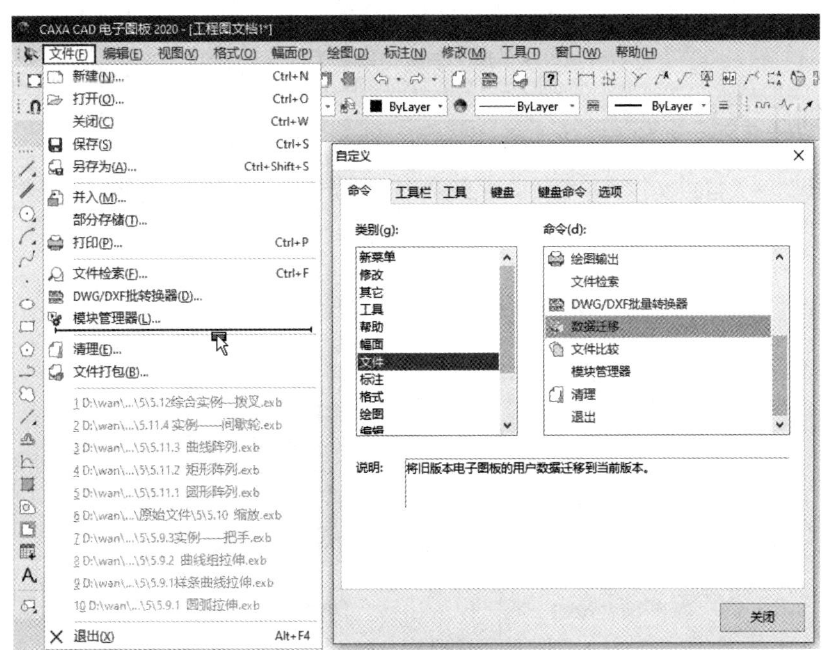

图 7-3 向主菜单中添加命令[①]

（3）将命令插入工具栏中的方法也是一样的，只不过是用鼠标拖曳所选择的命令到工具栏中所需的位置时再释放鼠标。

2. 从菜单和工具栏中删除命令

（1）选择“工具”→“自定义”菜单命令，系统弹出“自定义”对话框。

（2）选择“命令”选项卡，然后在菜单或工具栏中选中所要删除的命令，然后将该命令拖出菜

① 软件中显示的其它应为其他。

Note

单区域或工具栏区域即可。图 7-4 展示了如何将“绘图”工具栏中绘制多段线的图标按钮去除。

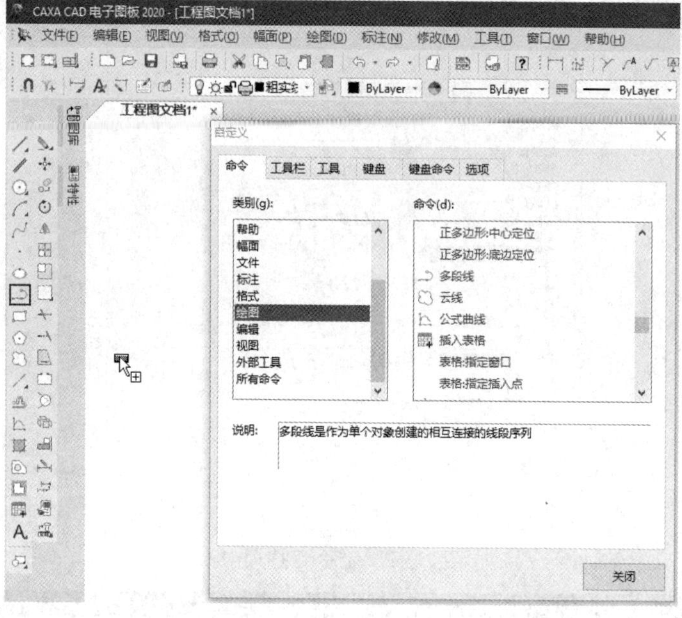

图 7-4　去除绘图工具栏中的轮廓线图标按钮

7.1.3　定制工具栏

选择“工具”→“自定义”菜单命令，系统弹出“自定义”对话框，选择“工具栏”选项卡，如图 7-5 所示。

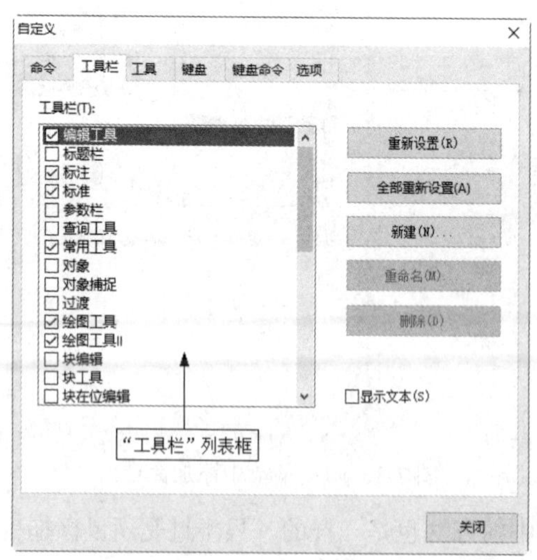

图 7-5　“工具栏”选项卡

在“工具栏”选项卡中可以进行以下设置。

1. 重新设置

如果对工具栏中的内容进行修改后，还想回到工具栏的初始状态，可以使用重置工具栏功能，方法是在“工具栏”列表框中选择要进行重置的工具栏，然后单击“重新设置”按钮，在弹出的提示对

话框中单击“是”按钮。

2. 全部重新设置

如果需要将所有的工具栏恢复到初始状态，可以直接单击“全部重新设置”按钮，在弹出的提示对话框中单击“是”按钮即可。

注意： 当工具栏被全部重置后，所有的自定义界面信息将全部丢失，不可恢复，因此当进行全部重置操作时应该慎重。

3. 新建

单击“新建”按钮，弹出如图 7-6 所示的对话框，在该对话框中输入新建工具条的名称，单击“确定”按钮后就可以新创建一个工具条，接下来可以按照 7.1.2 节中介绍的方法向工具条中添加一些按钮，通过这种方法就可以将常用的功能进行重新组合。

4. 重命名

首先在“工具栏”列表框中选中要重命名的自定义工具栏，然后单击“重命名”按钮，在弹出的对话框中输入新的工具栏名称，单击“确定”按钮后就可以完成重命名操作。

5. 删除

在“工具栏”列表框中选中要删除的自定义工具栏，然后单击“删除”按钮，在弹出的提示对话框中单击“是”按钮后就可以完成删除操作。

6. 显示文本

首先在“工具栏”列表框中选中要显示文本的工具栏，然后选中“显示文本”复选框，这时在工具栏按钮图标的下方就会显示出文字说明，如图 7-7 所示。取消选中“显示文本”复选框，文字说明也就不再显示了。

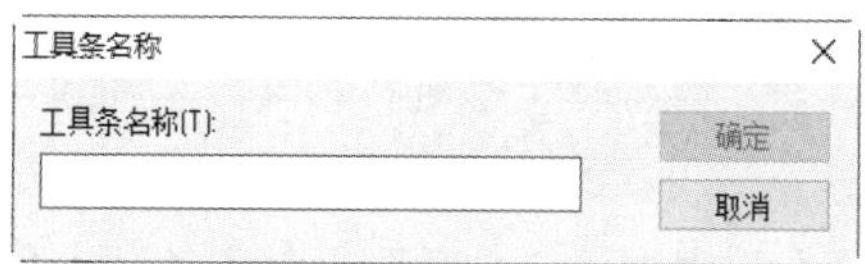

图 7-6　“工具条名称”对话框

图 7-7　工具栏下方显示文本

注意： 只能对自己创建的工具栏进行重命名和删除操作，用户不能更改 CAXA CAD 电子图板自带工具栏的名称，也不能删除 CAXA CAD 电子图板自带的工具栏。

7.1.4　定制工具

在 CAXA CAD 电子图板中，通过外部工具定制功能，可以把一些常用的工具集成到 CAXA CAD 电子图板中，使用起来会十分方便。

选择“工具”→“自定义”菜单命令，系统弹出“自定义”对话框，选择“工具”选项卡，如图 7-8 所示。

在“菜单目录”列表框中，列出了 CAXA CAD 电子图板中已有的外部工具，每一个列表项中的文字就是这个外部工具在“工具”菜单中显示的文字；列表框右上方的 4 个按钮分别是“新建”“删除”“上移一层”“下移一层”；在列表框下面的“命令”编辑框中记录的是当前选中外部工具的执行文件名，在“行变量”编辑框中记录的是程序运行时所需的参数，在“初始目录”编辑框中记录的是执行文件所在的目录。通过“工具”选项卡，可以进行以下操作。

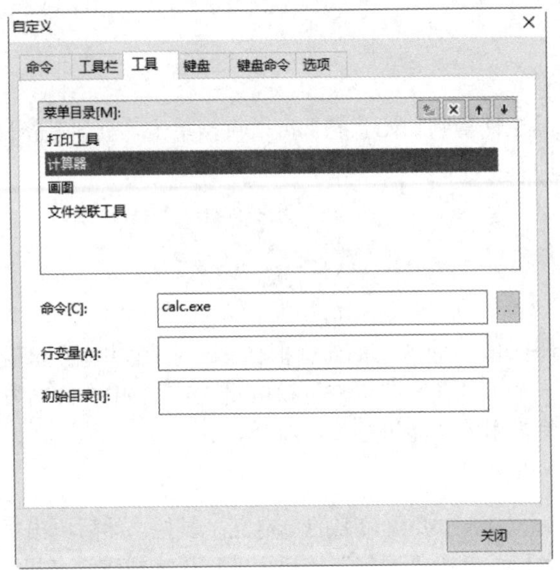

图 7-8 “工具”选项卡

（1）修改外部工具的菜单内容：在“菜单目录”列表框中双击要改变菜单内容的外部工具，在相应的位置上会出现一个编辑框，在该编辑框中可以输入新的菜单内容，输入完成后按 Enter 键确认就可以完成外部工具的更改名称的操作。

（2）修改已有外部工具的执行文件：在“菜单目录”列表框中选中要改变执行文件的外部工具，在“命令”编辑框中会显示出该外部工具所对应的执行文件，可以在编辑框中输入新的执行文件名，也可以单击编辑框右侧的按钮，在弹出的“打开”对话框中选择所需的执行文件。

注意：如果在“初始目录”编辑框中输入了应用程序所在的目录，那么在“命令”编辑框中仅输入执行文件的文件名即可；但是如果在“初始目录”编辑框中没有输入目录，那么在“命令”编辑框中必须输入完整的路径及文件名。

（3）添加新的外部工具：单击按钮，在“菜单目录”列表框“文件关联工具”的下方会自动添加一个编辑框，在编辑框中输入新的外部工具在菜单中显示的文字，按 Enter 键确认。接下来，在“命令”“行变量”“初始目录”编辑框中输入外部工具的执行文件名、参数和执行文件所在的目录，如果在“命令”编辑框中输入了包含路径的全文件名，则“初始目录”也可以不填。

（4）删除外部工具：在“菜单目录”列表框中选择要删除的外部工具，然后单击按钮，就可以将所选的外部工具删除。

（5）移动外部工具在菜单中的位置：在“菜单目录”列表框中选择要改变位置的外部工具，然后单击按钮或者按钮调整该项在列表框中的位置，这也就是在“工具”菜单中的位置。

7.1.5 定制快捷键

在 CAXA CAD 电子图板中，用户可以为每一个命令指定一个或多个快捷键，这样对于常用的功能，就可以通过快捷键来提高操作的速度和效率。

首先选择“工具”→“自定义”菜单命令，系统弹出“自定义”对话框，选择“键盘”选项卡，如图 7-9 所示。

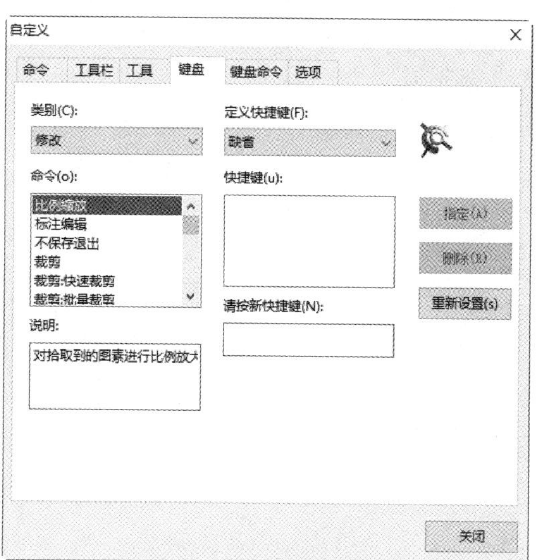

图 7-9　“键盘”选项卡

在“类别”下拉列表框中可以选择命令的类别，命令的分类是根据主菜单的组织而划分的；在“命令”列表框中列出了在该类别中的所有命令，当选择了一个命令后，会在右侧的“快捷键”列表框中列出该命令的快捷键。通过“键盘”选项卡可以实现以下功能。

1. 指定新的快捷键

在“命令”列表框中选中要指定快捷键的命令后，在“请按新快捷键”文本框中输入要指定的快捷键，如果输入的快捷键已经被其他命令使用了，那么在该文本框下会出现该快捷键当前被指定的命令提示，单击“指定”按钮就可以将该快捷键添加到“快捷键”列表框中。关闭“自定义”对话框后，使用刚才定义的快捷键，就可以执行相应的命令。

注意：在定义快捷键时，最好不要使用单个的字母作为快捷键，而是要加上 Ctrl 和 Alt 键，因为快捷键的级别比较高，比如定义打开文件的快捷键为“o”，当输入平移的键盘命令“move”时，输入了“o”之后就会激活打开文件命令。

2. 删除已有的快捷键

在“快捷键”列表框中选中要删除的快捷键，然后单击“删除”按钮，就可以删除所选的快捷键。

3. 恢复快捷键的初始设置

如果需要将所有快捷键恢复到初始设置，可以单击“重新设置”按钮，在弹出的提示对话框中单击“是”按钮确认重置即可。

注意：重置快捷键后，所有的自定义快捷键设置都将丢失，因此当进行重置操作时应该慎重。

7.1.6　定制键盘命令

在 CAXA CAD 电子图板中，用户除了可以为每一个命令指定一个或多个快捷键，还可以指定一个键盘命令，键盘命令不同于快捷键，快捷键只能使用一个键（可以同时包含功能健 Ctrl 和 Alt），按快捷键后立即响应，执行命令；而键盘命令可以由多个字符组成，不区分大小写，输入键盘命令后，需要按空格键或 Enter 键后才能执行命令，由于所能定义的快捷键比较少，因此键盘命令是快捷键的补充，结合使用可以大大提高操作效率。

首先选择“工具”→“自定义”菜单命令，系统弹出“自定义”对话框，选择“键盘命令”选项卡，如图 7-10 所示。

Note

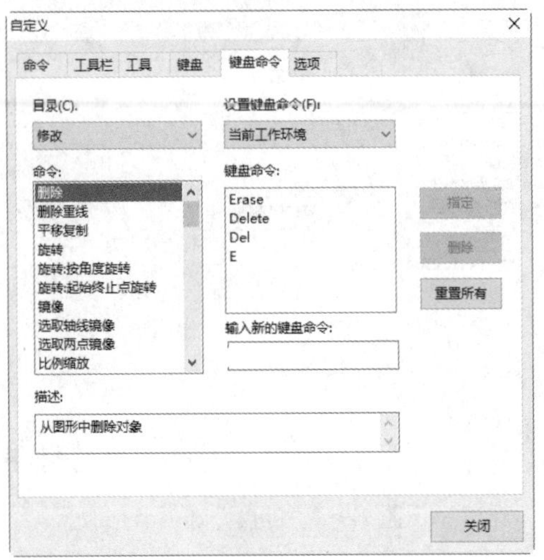

图 7-10　“键盘命令”选项卡

在“目录”下拉列表框中可以选择命令的类别，命令的分类是根据主菜单的组织而划分的。在“命令”列表框中列出了在该类别中的所有命令，当选择一个命令后，会在右侧的“键盘命令”列表框中列出该命令的键盘命令。通过这个选项卡可以实现以下功能。

1. 指定新的键盘命令

在“命令”列表框中选中要指定键盘命令的命令后，在“输入新的键盘命令”编辑框中输入要指定的键盘命令，然后单击“指定”按钮。如果输入的键盘命令已经被其他命令所使用，则会弹出对话框提示重新输入；如果这个键盘命令没有被其他命令所使用，则可以将这个键盘命令添加到“键盘命令”列表框中。关闭“自定义”对话框后，使用刚才定义的键盘命令，就可以执行相应的命令。

2. 删除已有的键盘命令

在“键盘命令”列表框中选中要删除的键盘命令，然后单击“删除”按钮，就可以删除所选的键盘命令。

3. 恢复键盘命令的初始设置

如果需要将所有键盘命令恢复到初始设置，可以单击“重置所有”按钮，在弹出的提示对话框中单击“是”按钮确认重置即可。

注意：重置键盘命令后，所有的自定义键盘命令设置都将丢失，因此当进行重置操作时应该慎重。

7.1.7　改变菜单和工具栏中按钮的外观

除了可以改变菜单和工具栏中的内容，还可以改变菜单和工具栏中按钮的外观。首先选择“工具”→“自定义”菜单命令，系统弹出“自定义”对话框，然后选择要改变按钮样式的菜单项或工具栏中的按钮，随后右击，将弹出如图 7-11 所示的快捷菜单。

在图 7-11 显示的快捷菜单中选择“定义按钮样式”命令，弹出如图 7-12 所示的“按钮样式”对话框。在该对话框中可以进行以下操作。

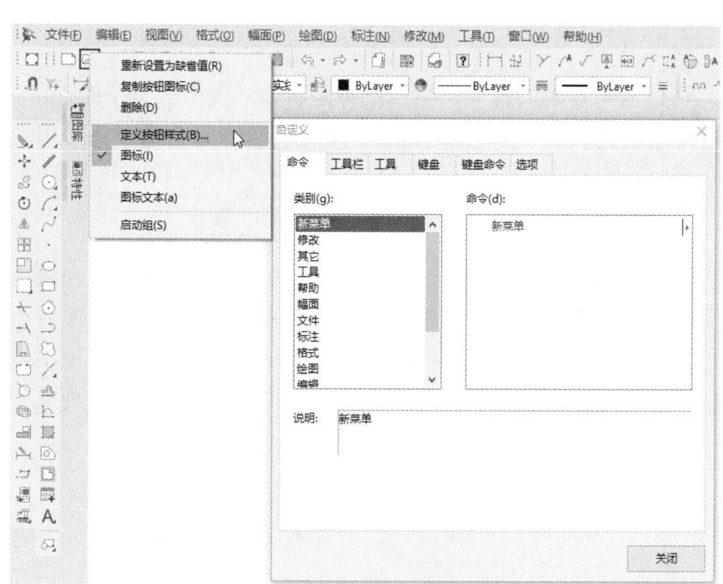

图 7-11　改变按钮样式的快捷菜单

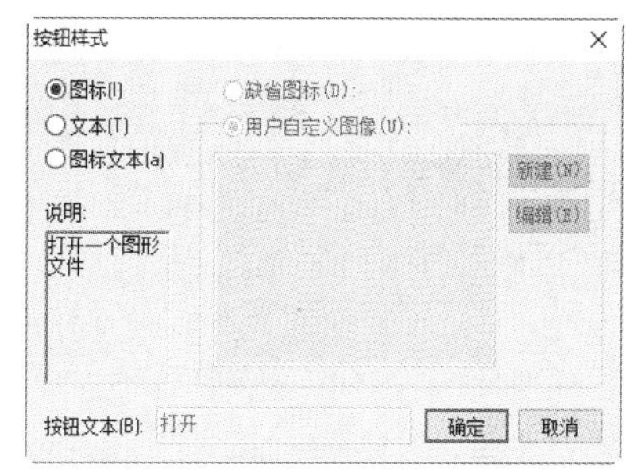

图 7-12　“按钮样式”对话框

1. 改变显示方式

在“按钮样式”对话框的左上角有 3 个选项，即“图标”“文本”“图标文本”，它们分别是指在按钮中仅显示图标、仅显示文本、既显示图标又显示文本。选择不同的选项后，单击“确定”按钮，工具栏中所选的按钮样式就会跟着改变。

2. 改变显示文本

在“按钮样式”对话框底部的“按钮文本”编辑框中，可以对按钮所显示的文本进行修改，在编辑框中输入新的文本后，单击“确定”按钮即可。

7.1.8　其他界面定制选项

首先选择“工具”→“自定义”菜单命令，系统弹出“自定义”对话框，选择“选项”选项卡，如图 7-13 所示。在该选项卡中，可以设置工具栏的显示效果和个性化菜单。

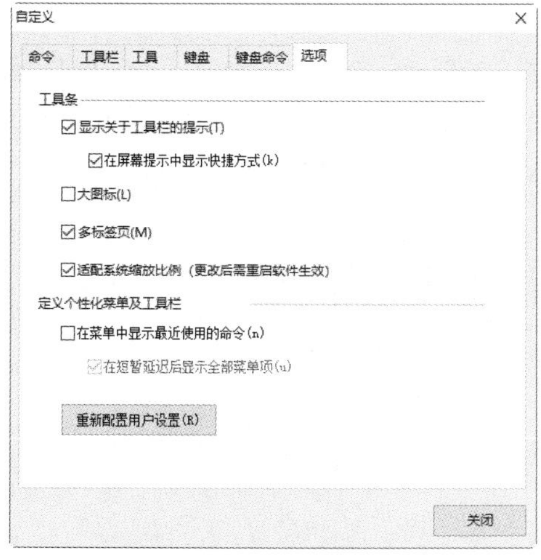

图 7-13　“选项”选项卡

Note

1. 工具栏显示效果

在选项卡的上半部分是 5 个有关工具栏显示效果的选项，可以选择是否显示关于工具栏的提示、是否在屏幕提示中显示快捷方式、是否将按钮显示成大图标、是否采用多标签页、是否适配系统缩放比例。

2. 个性化菜单

使用个性化菜单风格后，菜单中的内容会根据用户的使用频率而改变，常用的菜单会出现在菜单的前台，而总不使用的菜单将会隐藏到幕后，如图 7-14（a）所示；当鼠标在菜单上停留片刻或者单击菜单下方的下拉箭头后，会列出整个菜单，如图 7-14（b）所示。在图 7-14 的两幅图中显示出个性化菜单的效果，在图 7-14（a）的菜单中可以看出，使用频率高的菜单项和不经常使用的菜单项是有区别的。

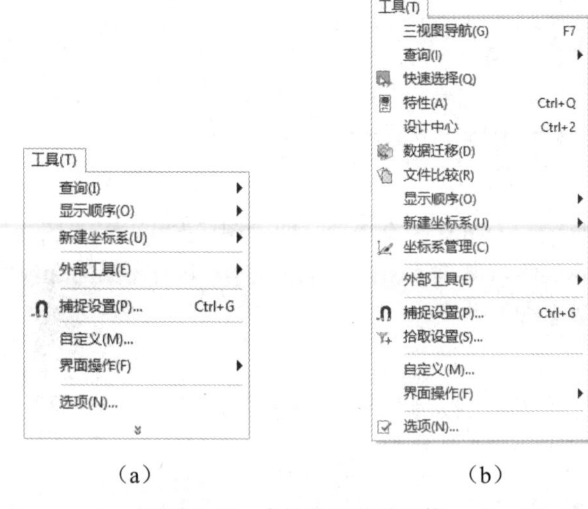

（a）　　　　　　（b）

图 7-14　个性化的菜单风格

注意：CAXA CAD 电子图板在初始设置中没有使用个性化菜单，如果需要使用个性化菜单，应该在“选项”选项卡中选中“在菜单中显示最近使用的命令”复选框。

3. 重置个性化菜单

当单击“重新配置用户设置”按钮后，会弹出一个对话框询问是否需要重置个性化菜单，如果单击“是”按钮，则个性化菜单会恢复到初始的设置。在初始设置中，提供了一组默认的菜单显示频率，自动将一些使用频率高的菜单放到了前台显示。

7.2 界面操作

7.2.1 切换界面

1. 执行方式

☑ 命令行：interface。

☑ 菜单栏：选择菜单栏中的“工具”→“界面操作”→“切换”命令。

☑ 选项卡：单击“视图”选项卡“界面操作”面板中的“切换界面”按钮。

☑ 快捷键：F9。

2. 操作方法

利用各种执行方式直接操作，即可实现新旧界面的切换。当切换到某种界面后正常退出，下次再启动 CAXA CAD 电子图板时，系统将按照当前的界面方式显示。

7.2.2 保存界面配置

1. 执行方式

☑ 菜单栏：选择菜单栏中的“工具”→“界面操作”→“保存”命令。

☑ 选项卡：单击“视图”选项卡“界面操作”面板中的“保存配置”按钮。

2. 操作步骤

（1）选择“工具”→“界面操作”→“保存”命令。

（2）在弹出的对话框（见图 7-15）中输入相应的文件名称，单击“保存”按钮即可。

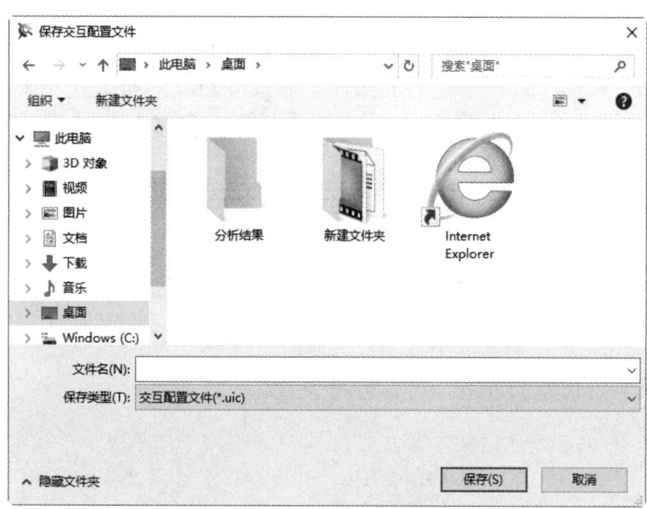

图 7-15　保存界面配置

7.2.3 加载界面配置

1. 执行方式

☑ 菜单栏：选择菜单栏中的“工具”→“界面操作”→“加载”命令。

☑ 选项卡：单击“视图”选项卡“界面操作”面板中的“加载配置”按钮。

2. 操作步骤

（1）启动“加载”命令。

（2）在系统弹出的“加载交互配置文件”对话框中选择相应的自定义界面文件，并单击“打开”按钮即可，如图 7-16 所示。

Note

图 7-16　“加载交互配置文件”对话框

7.2.4　界面重置

1. 执行方式

☑　菜单栏：选择菜单栏中的“工具”→“界面操作”→“重置”命令。

☑　选项卡：单击“视图”选项卡“界面操作”面板中的“界面重置”按钮。

2. 操作步骤

直接执行“工具”→“界面操作”→“重置”命令即可。

7.3　上机实验

试改变菜单和工具栏中按钮的外观，进行如下设置。

（1）改变显示方式。

（2）改变按钮图标。

（3）改变显示文本。

操作提示

首先选择“工具”→“自定义操作”菜单命令，系统弹出“自定义”对话框，然后选择要改变按钮样式的菜单项或工具栏中的按钮。

7.4　思考与练习

建立一个自己喜欢的界面，并保存界面配置。

显示控制

CAXA CAD 电子图板提供了一些控制图形显示的命令，一般这些命令只能改变图形在屏幕上的显示方式，可以按操作者所期望的位置、比例和范围进行显示，以便于观察，但不能使图形产生实质性的改变，既不改图形的实际尺寸，也不影响实体间的相对关系，换句话说，其作用只是改变了主观的视觉效果，而不会引起图形产生的客观实际变化。尽管如此，这些显示控制命令对绘图操作仍具有重要的作用，在绘图操作中要经常使用它们。显示控制命令的菜单操作主要集中在“视图”菜单（见图 8-1）中；工具栏操作主要集中在“常用工具”工具栏（见图 8-2）中；选项卡操作主要集中在“视图”选项卡的“显示”面板（见图 8-3）中。

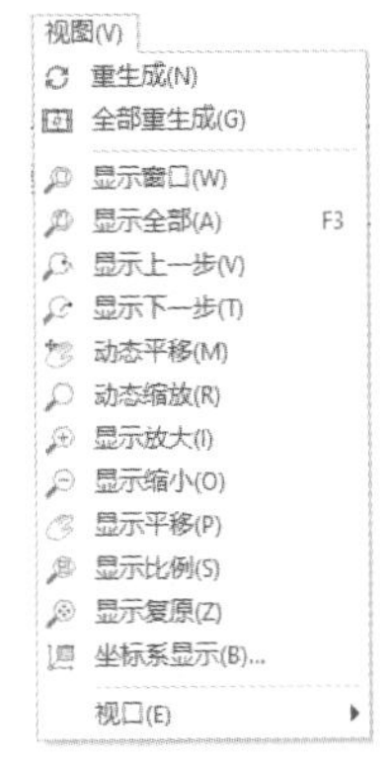

图 8-1 “视图”菜单

图 8-2 “常用工具”工具栏

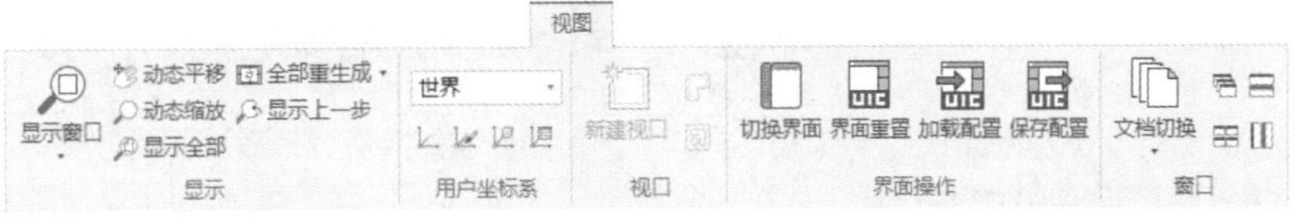

图 8-3 “视图”选项卡

学习重点

- ☑ 图形的重生成
- ☑ 图形的动态平移与缩放
- ☑ 图形的缩放与平移
- ☑ 三视图导航

8.1　图形的重生成

Note

8.1.1　重新生成

重新生成功能可以将拾取到的显示失真图形按当前窗口的显示状态进行重新生成。

1. 执行方式

☑　命令行：refresh。

☑　菜单栏：选择菜单栏中的“视图”→“重生成”命令。

☑　选项卡：单击“视图”选项卡“显示”面板中的“重生成”按钮。

2. 操作步骤

【例 8-1】打开源文件，进入重生成命令后，按系统提示拾取要重新生成的实体，右击确认即可。图 8-4 为重新生成的实例。

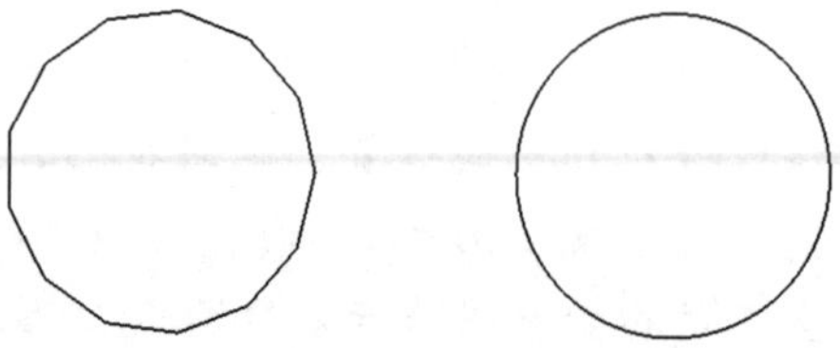

视频讲解

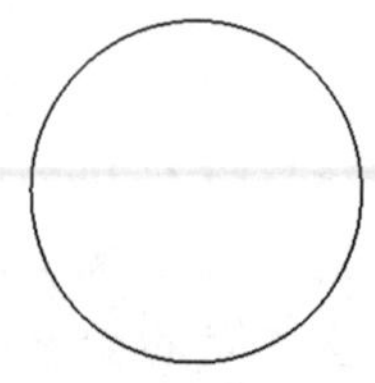

（a）操作前　　（b）操作后

图 8-4　重新生成实例

8.1.2　全部重新生成

全部重新生成功能可以将绘图区中所有显示失真的图形按当前窗口的显示状态进行重新生成，执行方式如下。

☑　命令行：refreshall。

☑　菜单栏：选择菜单栏中的“视图”→“全部重生成”命令。

☑　选项卡：单击“视图”选项卡“显示”面板中的“全部重生成”按钮。

8.2　图形的缩放与平移

8.2.1　显示窗口

显示窗口功能提示用户输入一个窗口的上角点和下角点，系统将两角点所包含的图形充满屏幕绘图区加以显示。

1. 执行方式

☑　命令行：zoom。

☑　菜单栏：选择菜单栏中的“视图”→“显示窗口”命令。

☑　工具栏：单击“常用工具”工具栏中的“显示窗口”按钮🔍。
☑　选项卡：单击“视图”选项卡“显示”面板中的“显示窗口”按钮🔍。

2. 操作步骤

【例 8-2】打开源文件，进入显示窗口命令后，按系统提示显示窗口的第一角点和第二角点，界面显示变为拾取窗口内的图形。图 8-5 为窗口显示的实例。

视频讲解

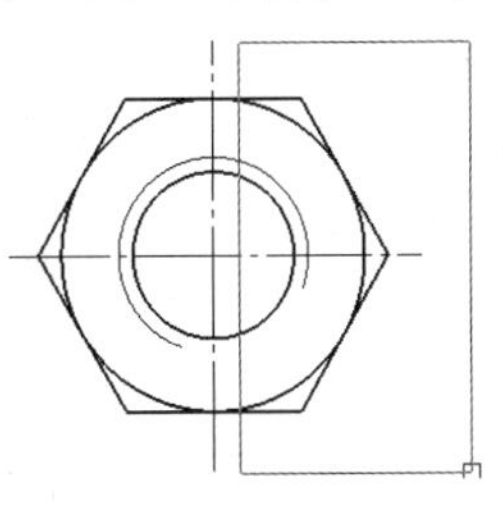

（a）窗口拾取

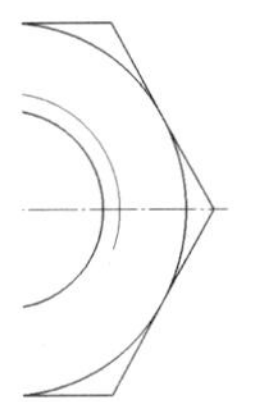

（b）窗口显示

图 8-5　窗口显示的实例

8.2.2　显示平移

显示平移功能提示用户输入一个新的显示中心点，系统将以该点为屏幕显示的中心，平移待显示的图形。

1. 执行方式

☑　命令行：dyntrans。
☑　菜单栏：选择菜单栏中的“视图”→“显示平移”命令。
☑　选项卡：单击“视图”选项卡“显示”面板“显示窗口”下拉菜单中的“显示平移”按钮。

2. 操作步骤

【例 8-3】打开源文件，进入显示平移命令后，根据系统提示拾取屏幕的中心点，拾取点变为屏幕显示的中心。图 8-6 为窗口平移的实例。

视频讲解

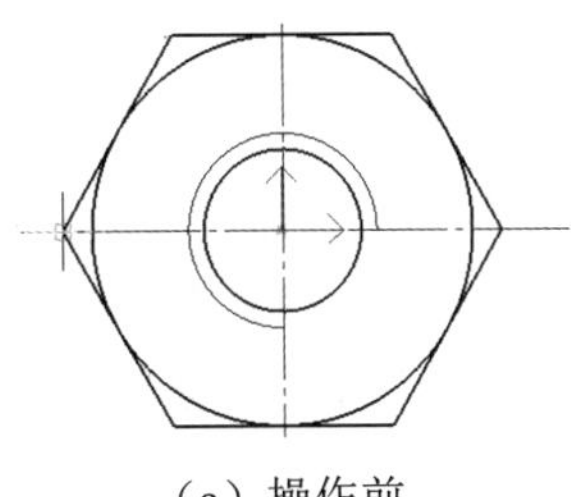

（a）操作前

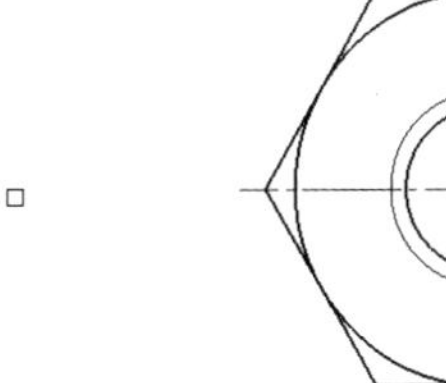

（b）操作后

图 8-6　窗口平移的实例

8.2.3　显示全部

显示全部功能将当前所绘制的图形全部显示在屏幕绘图区内。

1. 执行方式

☑　命令行：zoomall。
☑　菜单栏：选择菜单栏中的“视图”→“显示全部”命令。

☑ 工具栏：单击“常用工具”工具栏中的“显示全部”按钮。

☑ 选项卡：单击“视图”选项卡“显示”面板中的“显示全部”按钮。

2. 操作步骤

视频讲解

【例 8-4】打开源文件，进入显示全部命令后，系统将当前所绘制的图形全部显示在屏幕绘图区内。图 8-7 为显示全部的实例。

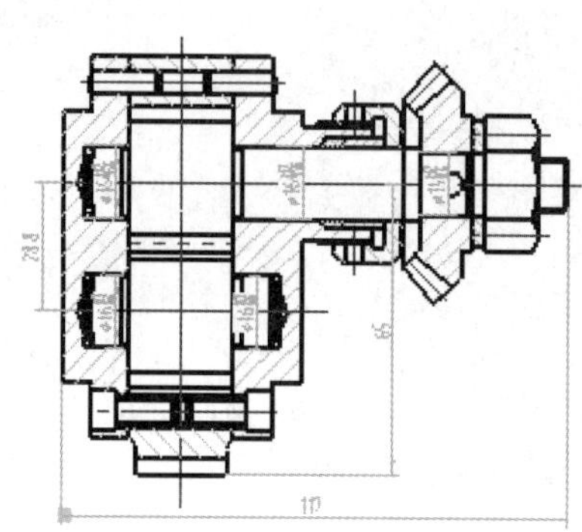

（a）操作前

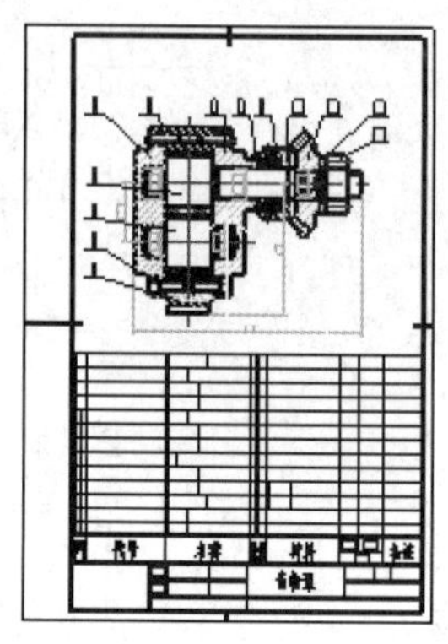

（b）操作后

图 8-7 显示全部的实例

8.2.4 显示复原

显示复原功能恢复初始显示状态，即当前图纸大小的显示状态，执行方式如下。

☑ 命令行：home。

☑ 菜单栏：选择菜单栏中的“视图”→“显示复原”命令。

☑ 选项卡：单击“视图”选项卡“显示”面板“显示窗口”下拉菜单中的“显示复原”按钮。

8.2.5 显示比例

显示比例功能按用户输入的比例系数，将图形缩放后重新显示。

1. 执行方式

☑ 命令行：vscale。

☑ 菜单栏：选择菜单栏中的“视图”→“显示比例”命令。

☑ 选项卡：单击“视图”选项卡“显示”面板“显示窗口”下拉菜单中的“显示比例”按钮。

2. 操作步骤

进入显示比例命令后，系统提示输入比例系数如图 8-8 所示。输入后按 Enter 键即可。

比例系数:2

图 8-8 输入比例系数

8.2.6 显示上一步

显示上一步功能取消当前显示，返回上一次显示变换前的状态，执行方式如下。

☑ 命令行：prev。

☑ 菜单栏：选择菜单栏中的“视图”→“显示上一步”命令。
☑ 工具栏：单击“常用工具”工具栏中的“显示上一步”按钮。
☑ 选项卡：单击“视图”选项卡“显示”面板中的“显示上一步”按钮。

Note

8.2.7 显示下一步

显示向后功能返回下一次显示变换后的状态，同显示上一步配套使用，执行方式如下。

☑ 命令行：next。
☑ 菜单栏：选择菜单栏中的“视图”→“显示下一步”命令。
☑ 选项卡：单击“视图”选项卡“显示”面板“显示窗口”下拉菜单中的“显示下一步”按钮。

8.2.8 显示放大

进入显示放大命令后，鼠标会变成一个放大镜，每单击一次，就可以按固定比例（1.25 倍）放大显示当前图形，右击可以结束放大操作，执行方式如下。

☑ 命令行：zoomin。
☑ 菜单栏：选择菜单栏中的“视图”→“显示放大”命令。
☑ 选项卡：单击“视图”选项卡“显示”面板“显示窗口”下拉菜单中的“显示放大”按钮。

8.2.9 显示缩小

进入显示缩小命令后，鼠标会变成一个缩小镜，每单击一次，就可以按固定比例（0.8 倍）缩小显示当前图形，右击可以结束缩小操作，执行方式如下。

☑ 命令行：zoomout。
☑ 菜单栏：选择菜单栏中的“视图”→“显示缩小”命令。
☑ 选项卡：单击“视图”选项卡“显示”面板“显示窗口”下拉菜单中的“显示缩小”按钮。

8.3 图形的动态平移与缩放

8.3.1 动态平移

进入动态平移命令后，按住鼠标左键拖曳可使整个图形跟随光标动态平移，右击可以结束动态平移操作，执行方式如下。

☑ 命令行：pan。
☑ 菜单栏：选择菜单栏中的“视图”→“动态平移”命令。
☑ 工具栏：单击“常用工具”工具栏中的“动态平移”按钮。
☑ 选项卡：单击“视图”选项卡“显示”面板中的“动态平移”按钮。

另外，按住 Shift 键的同时按住鼠标滚轮拖曳也可以实现动态平移，而且这种方法更加快捷、方便。

8.3.2 动态缩放

进入动态缩放命令后，按住鼠标左键拖曳可使整个图形跟随光标动态缩放，鼠标向上移动为放大，向下移动为缩小，右击可以结束动态平移操作，执行方式如下。

☑ 命令行：dynscale。
☑ 菜单栏：选择菜单栏中的“视图”→“动态缩放”命令。
☑ 工具栏：单击“常用工具”工具栏中的“动态缩放”按钮。
☑ 选项卡：单击“视图”选项卡“显示”面板中的“动态缩放”按钮。

Note

另外，上下滚动鼠标滚轮也可以实现动态缩放，而且这种方法更加快捷、方便。

8.4 三视图导航

1. 执行方式

☑ 命令行：guide。
☑ 菜单栏：选择菜单栏中的“视图”→“三视图导航”命令。
☑ 快捷键：F7。

2. 操作步骤

三视图导航是导航方式的扩充，主要是为了方便地确定投影关系，当绘制完两个视图后，可以使用三视图导航生成第三个视图。下面举例予以说明。

8.5 实例——三视图的绘制

视频讲解

利用导航功能绘制如图 8-9 所示的三视图。

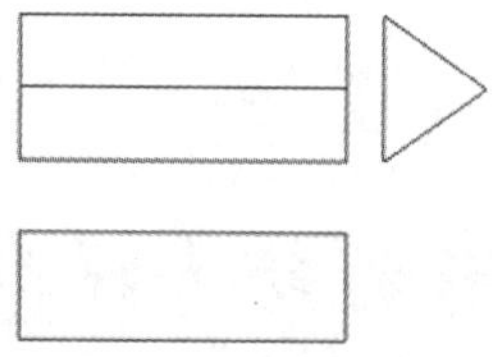

图 8-9 三视图导航实例

操作步骤：

（1）画主视图，并用“导航”捕捉方式画俯视图。

（2）再次按 F7 键，根据提示给出第一点 P1 及第二点 P2，屏幕上出现一条黄色的 45° 辅助导航的斜线，如图 8-10 所示。

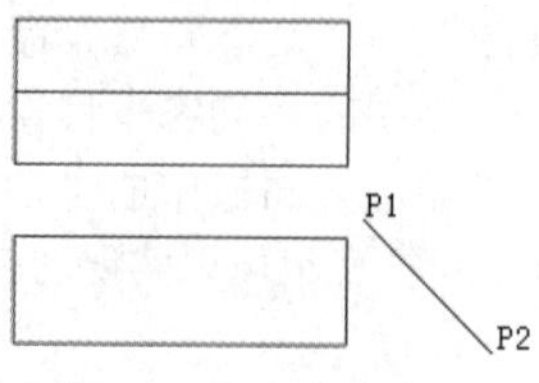

图 8-10 绘制导航线

（3）单击“常用”选项卡“绘图”面板中的“直线”按钮，立即菜单设置如图 8-11 所示。使

用导航功能找到 A 点（见图 8-12）并单击，然后移动鼠标到 B 点（见图 8-13）再次单击，最后依次移动鼠标到 C、A 点并单击（见图 8-14 和图 8-15），绘制完成。

1. 两点线　2. 连续
第一点:

图 8-11　绘制直线立即菜单

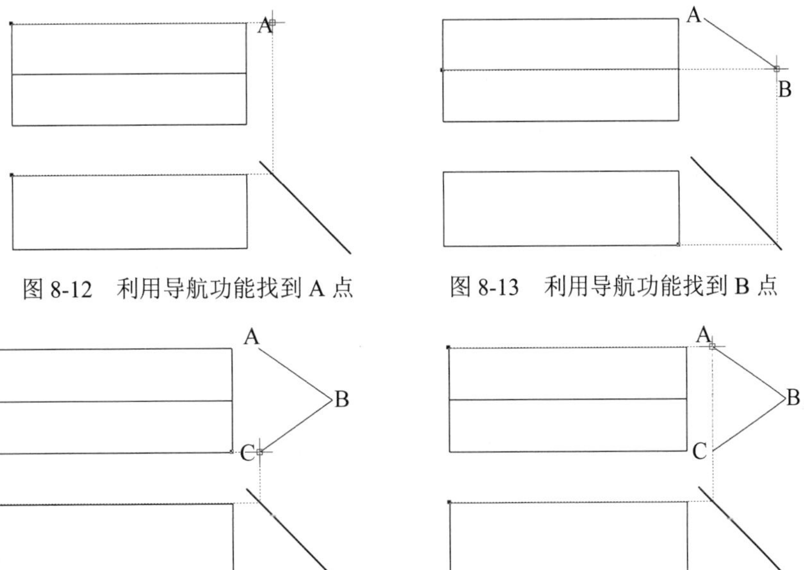

图 8-12　利用导航功能找到 A 点

图 8-13　利用导航功能找到 B 点

图 8-14　利用导航功能找到 C 点

图 8-15　利用导航功能再次找到 A 点

（4）再次按 F7 键，黄色的导航线自动消失。

8.6 上机实验

（1）打开一幅前面已绘制的图形，练习显示控制命令的使用。

操作提示

❶ 打开一幅原来绘制的图形。

❷ 依次执行下列命令：显示窗口、显示全部、显示上一步、显示下一步、动态平移、动态缩放、显示放大、显示缩小、显示平移、显示比例、显示复原、坐标系显示。

❸ 注意观察图形的显示变化。

（2）绘制如图 8-16 所示的三视图。

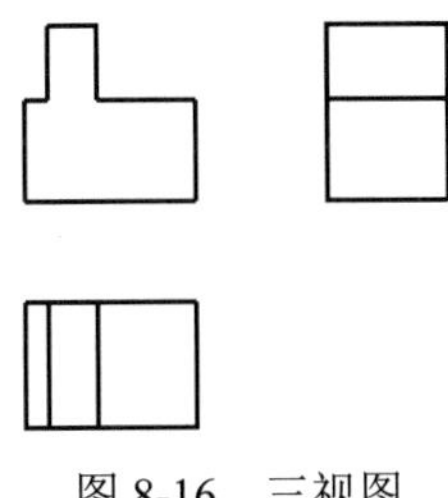

图 8-16　三视图

操作提示

Note

❶ 将屏幕点捕捉方式设置为“导航”捕捉方式。
❷ 绘制主视图。
❸ 再利用“导航”捕捉方式绘制俯视图。
❹ 再次按 F7 键，并按系统提示绘制 45° 导航线。
❺ 利用“三视图导航”功能绘制左视图。

8.7 思考与练习

（1）图形显示控制的命令会改变图形的实际尺寸吗？

（2）利用“导航”捕捉方式和“三视图导航”功能绘制如图 8-17 所示的图形，尺寸不限。顺序为先绘制主视图，再利用导航方式绘制俯视图，最后利用“三视图导航”功能绘制左视图。

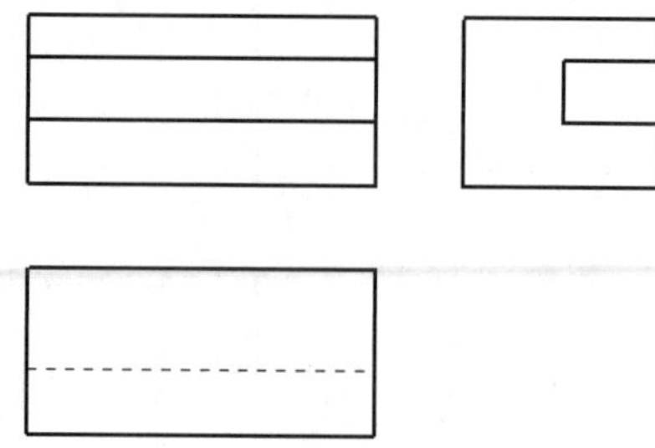

图 8-17 练习（2）图形

第9章 图纸幅面

CAXA CAD 电子图板按照国标的规定，在系统内部设置了 5 种标准图幅（A0、A1、A2、A3、A4）以及相应的图框、标题栏和明细表。系统还允许用户自定义图幅和图框，并将自定义的图幅、图框制成模板文件，以备其他文件调用。

学习重点

- ☑ 图幅设置
- ☑ 图框设置
- ☑ 标题栏设置
- ☑ 零件序号
- ☑ 明细表

Note

9.1 图幅设置

图纸幅面是指绘图区的大小，在 CAXA CAD 电子图板中提供了 5 种标准的图纸幅面，分别为 A0、A1、A2、A3、A4。系统还允许用户根据自己的需要自己定义幅面的大小。

1. 执行方式

☑ 命令行：setup。

☑ 菜单栏：选择菜单栏中的“幅面”→“图幅设置”命令，如图 9-1 所示。

☑ 工具栏：单击“图幅”工具栏中的“图幅设置”按钮，如图 9-2 所示。

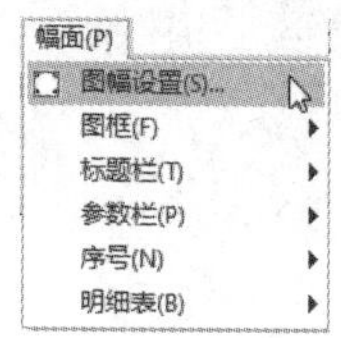

图 9-1 “幅面”菜单

图 9-2 “图幅”工具栏

☑ 选项卡：单击“图幅”选项卡“图幅”面板中的“图幅设置”按钮，如图 9-3 所示。

图 9-3 “图幅”选项卡

2. 操作步骤

启动图幅设置命令后，弹出如图 9-4 所示的“图幅设置”对话框。在该对话框中进行相应的设置后，单击“确定”按钮即可。

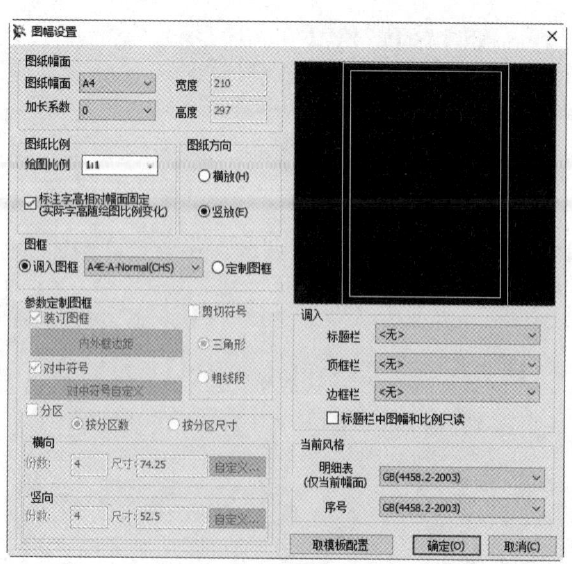

图 9-4 “图幅设置”对话框

3. 选项说明

（1）“图纸幅面”下拉列表框。

“图纸幅面”下拉列表框表示当对绘图区的大小进行设置时，可选用的图纸幅面，其中提供了 5 种标准的图纸幅面，分别为 A0、A1、A2、A3、A4，另外还提供了用户自定义功能，如图 9-5 所示。

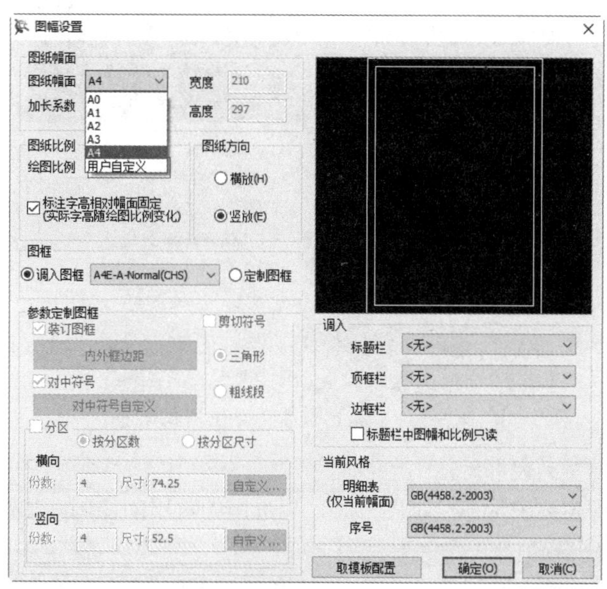

图 9-5　“图纸幅面”下拉列表框

注意： 当使用“用户自定义”来定义图纸幅面时，“宽度”和“高度”的数值不能小于 25。例如，在“宽度”编辑框中输入“10”，将弹出如图 9-6 所示的警告对话框。

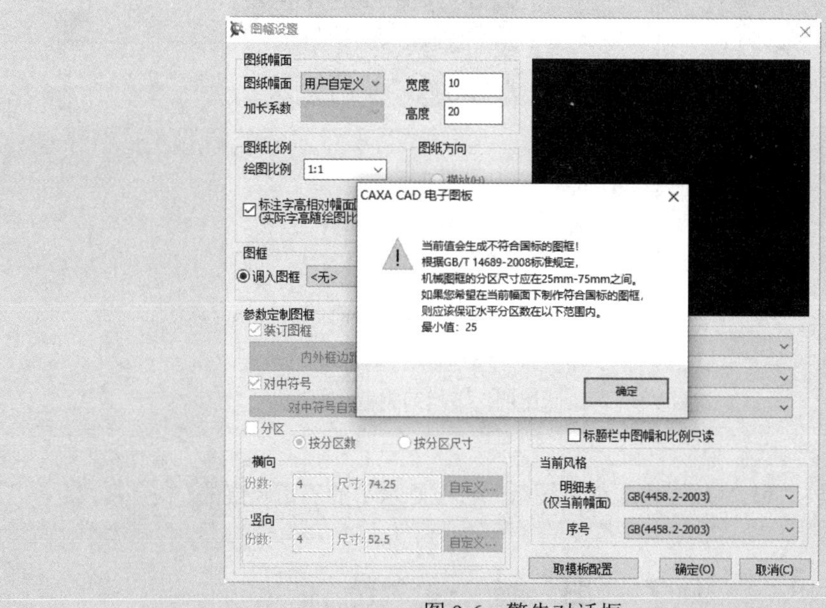

图 9-6　警告对话框

（2）“加长系数”下拉列表框。

“加长系数”下拉列表框表示当对图纸幅面进行加长时，可选用的常用的增长倍数，如图 9-7 所示。

Note

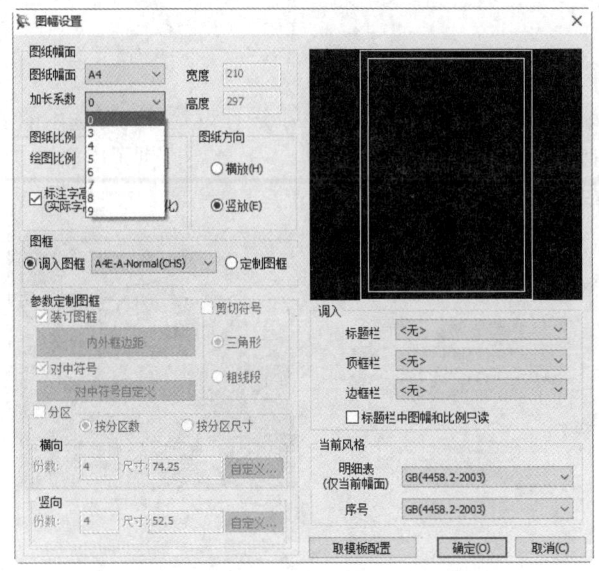

图 9-7 “加长系数”下拉列表框

（3）“绘图比例”下拉列表框。

“绘图比例”下拉列表框表示在绘制图形时，可选用的常用的比例，如图 9-8 所示。

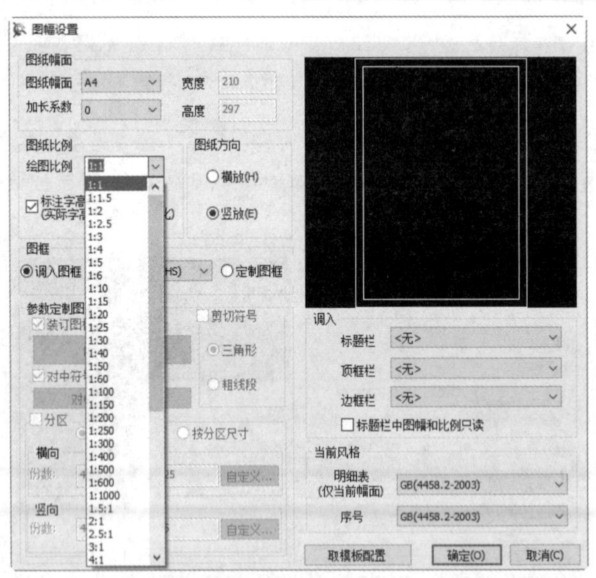

图 9-8 “绘图比例”下拉列表框

（4）图纸方向。

图纸方向分为“横放”和“竖放”，也就是图纸的长边是水平的还是竖直的。

9.2 图框设置

图框表示一个图纸的有效绘图区域。它可以随图幅设置的变化而做相应的变化。

9.2.1　调入图框

1. 执行方式

☑　命令行：frmload。

☑　菜单栏：选择菜单栏中的“幅面”→“图框”→“调入”命令。

☑　工具栏：单击“图框”工具栏中的“调入图框”按钮，如图 9-9 所示。

2. 操作步骤

启动调入图框命令后，将弹出如图 9-10 所示的“读入图框文件”对话框。选中该对话框的“系统图框”中某一图框的图标，单击“导入”按钮，即可绘制出所选中的图框。

图 9-9　“图框”工具栏

图 9-10　“读入图框文件”对话框

9.2.2　定义图框

当系统提供的图框不能满足实际绘图需要时，用户可以自定义一些图形作为新的图框，执行方式如下。

☑　命令行：frmdef。

☑　菜单栏：选择菜单栏中的“幅面”→“图框”→“定义”命令。

☑　工具栏：单击“图框”工具栏中的“定义图框”按钮。

☑　选项卡：单击“图幅”选项卡“图框”面板中的“定义图框”按钮。

【例 9-1】绘制正六边形图框（注意：正六边形的中心一定要位于原点）。

操作步骤：

（1）启动定义图框命令。

（2）根据系统提示选择绘制的正六边形。

（3）根据系统提示选择一点作为基准点，此时弹出如图 9-11 所示的“选择图框文件的幅面”对话框。

（4）单击“取定义值”按钮，弹出如图 9-12 所示的“另存为”对话框。

Note

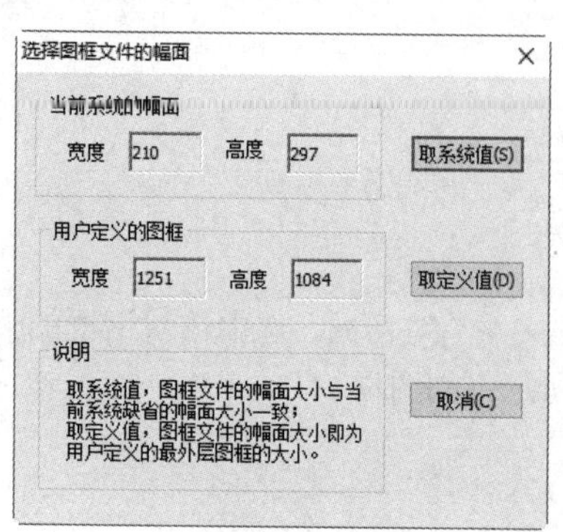

图 9-11 “选择图框文件的幅面”对话框

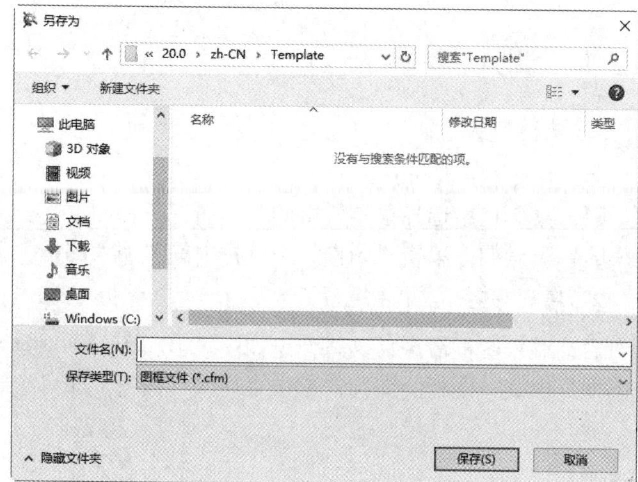

图 9-12 “另存为”对话框

（5）输入图框文件名“正六边形”，单击“保存”按钮，将存储用户自定义的图框样式。此“定义图框”命令同“图幅设置”对话框“图纸幅面”中的“用户自定义”一样可实现同样的功能。

9.2.3 存储图框

将用户自定义的图框存储到文件中以供以后使用。

1. 执行方式

☑ 命令行：frmsave。

☑ 菜单栏：选择菜单栏中的“幅面”→“图框”→“存储”命令。

☑ 工具栏：单击“图框”工具栏中的“存储”按钮。

☑ 选项卡：单击“图幅”选项卡“图框”面板中的“存储”按钮。

2. 操作步骤

启动存储图框命令后，弹出如图 9-12 所示的“另存为”对话框。输入要存储图框的名称，单击“保存”按钮完成图框的存储，以备以后直接调用。

9.3 标题栏设置

CAXA CAD 电子图板为用户设计了多种标题栏以供用户调用，使用这些标准的标题栏会大大提高绘图的效率，同时 CAXA CAD 电子图板也允许用户自定义标题栏，并将自定义的标题栏以文件的形式保存起来，以备后用。

9.3.1 调入标题栏

1. 执行方式

☑ 命令行：headload。

☑ 菜单栏：选择菜单栏中的“幅面”→“标题栏”→“调入”命令。

☑　工具栏：单击“标题栏”工具栏中的“调入标题栏”按钮，如图 9-13 所示。

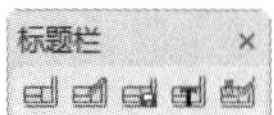

图 9-13　“标题栏”工具栏

☑　选项卡：单击“图幅”选项卡“标题栏”面板中的“调入标题栏”按钮。

2. 操作步骤

启动调入标题栏命令后，将弹出如图 9-14 所示的“读入标题栏文件”对话框。在该对话框中列出了常用的标题栏，选中该对话框的“系统标题栏”中某一标题栏的图标，单击“导入”按钮，即可绘制出所选中的标题栏。

图 9-14　“读入标题栏文件”对话框

9.3.2　定义标题栏

当系统提供的标题栏不能满足实际绘图需要时，用户可以自定义一些图形作为新的标题栏。

1. 执行方式

☑　命令行：headdef。

☑　菜单栏：选择菜单栏中的“幅面”→“标题栏”→“定义”命令。

☑　工具栏：单击“标题栏”工具栏中的“定义标题栏”按钮。

☑　选项卡：单击“图幅”选项卡“标题栏”面板中的“定义标题栏”按钮。

视频讲解

【例 9-2】定义正六边形标题栏。

操作步骤：

（1）启动定义标题栏命令。

（2）命令行提示：

请拾取组成标题栏的图形元素：（选择绘制的正六边形）
请拾取标题栏表格的内环：（选择正六边形内一点）

系统弹出“另存为”对话框，如图 9-15 所示。在此对话框中输入自定义标题栏的名称，单击“保存”按钮以保存标题栏。

Note

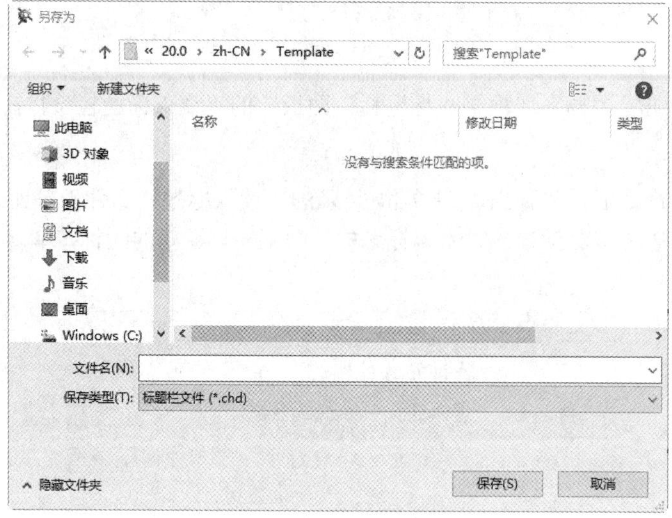

图 9-15 “另存为”对话框

9.3.3 存储标题栏

将用户自定义的标题栏存储到文件中以供以后使用。

1. 执行方式

☑ 命令行：headsave。

☑ 菜单栏：选择菜单栏中的“幅面”→“标题栏”→“存储”命令。

☑ 工具栏：单击“标题栏”工具栏中的“存储标题栏”按钮。

☑ 选项卡：单击“图幅”选项卡“标题栏”面板中的“存储”按钮。

2. 操作步骤

启动存储标题栏命令后，弹出如图 9-15 所示的“另存为”对话框。输入要存储标题栏的名称，单击“保存”按钮完成标题栏的存储，以备以后直接调用。

9.3.4 填写标题栏

填写定义好的标题栏。

1. 执行方式

☑ 命令行：headfill。

☑ 菜单栏：选择菜单栏中的“幅面”→“标题栏”→“填写”命令。

☑ 工具栏：单击“标题栏”工具栏中的“填写标题栏”按钮。

☑ 选项卡：单击“图幅”选项卡“标题栏”面板中的“填写”按钮。

2. 操作步骤

启动填写标题栏命令后，弹出如图 9-16 所示的“填写标题栏”对话框。

在此对话框中填写图形的标题栏的内容，单击“确定”按钮完成标题栏的填写。

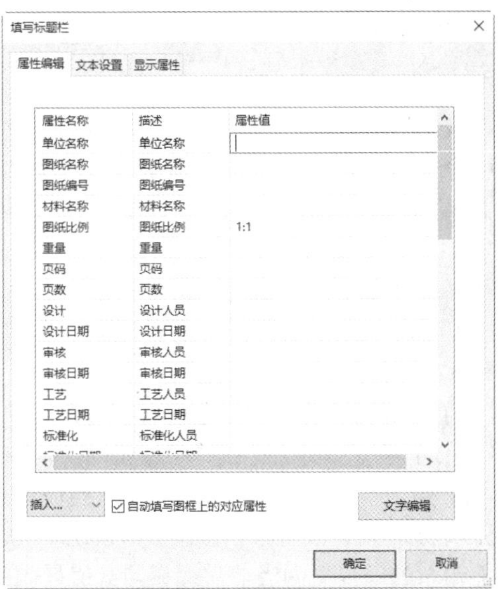

图 9-16　“填写标题栏”对话框

9.4　零 件 序 号

零件序号和明细表是绘制装配图不可缺少的内容，CAXA CAD 电子图板设置了序号生成和插入功能，并且与明细表联动，在生成和插入零件序号的同时，允许用户填写或不填写明细表中的各表项，而且对从图库中提取的标准件或含属性的块，在零件序号生成时，能自动将其属性填入明细表中。

9.4.1　生成序号

生成序号功能是生成或插入零件的序号。

1. 执行方式

☑　命令行：ptno。

☑　菜单栏：选择菜单栏中的“幅面”→“序号”→“生成”命令。

☑　工具栏：单击“序号”工具栏中的“生成”按钮，如图 9-17 所示。

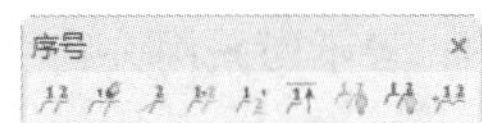

图 9-17　“序号”工具栏

☑　选项卡：单击“图幅”选项卡“序号”面板中的“生成序号”按钮。

2. 操作步骤

（1）启动生成序号命令，弹出零件序号立即菜单，如图 9-18 所示。

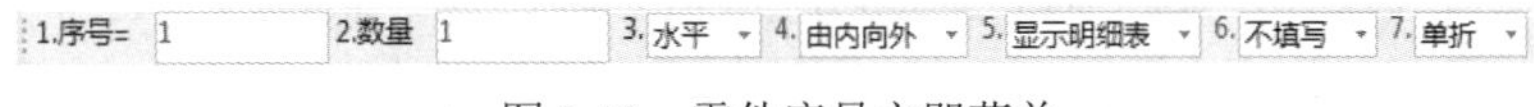

图 9-18　零件序号立即菜单

（2）填写或选择立即菜单中的各项内容。

Note

（3）根据系统提示依次选择序号引线的引出点和转折点即可。

3. 立即菜单选项说明

☑ 立即菜单 1“序号”：零件的序号值，可以输入数值，也可以输入前缀加数值，但是前缀和数值均最多只能 3 位，否则系统提示输入的数值错误，当前缀的第一位字符是@时，生成的序号是加圈的形式，如图 9-19 所示。

当一个零件的序号被确定后，系统根据当前的序号自动生成下次标注时的新序号。如果当前序号为纯数值，则系统自动将序号栏中的数值加 1；如果当前序号为纯前缀，则系统为当前标注的序号后加数值 1，并为下次标注的序号后加数值 2；如果当前序号为前缀加数值，则前缀不变，数值为当前数值加 1。

如果输入的一个零件序号小于当前相同前缀的序号的最小值或大于最大值加 1，则系统也会提示输入的数值不合法；但如果输入的序号与当前已存在的序号相同，则弹出如图 9-20 所示的对话框询问是插入还是取重号。如果单击“插入”按钮，则原有的序号从当前序号开始一直到与当前前缀相同数值最大的序号统一向后顺延；如果单击“取重号”按钮，则系统生成与现有序号重复的序号；如果单击“自动调整”按钮，则当前输入的序号变为当前前缀相同数值最大的序号加 1；如果单击“取消”按钮，则输入的序号无效。

图 9-19 零件序号的输入值　　图 9-20 序号冲突时弹出的对话框

☑ 立即菜单 2“数量”：表示本次序号标注的零件个数，若数值大于 1，则采用公共引线的标注形式，如图 9-21 所示。

☑ 立即菜单 3，水平/垂直：表示采用公共引线进行序号标注时的排列方式，如图 9-22 所示。

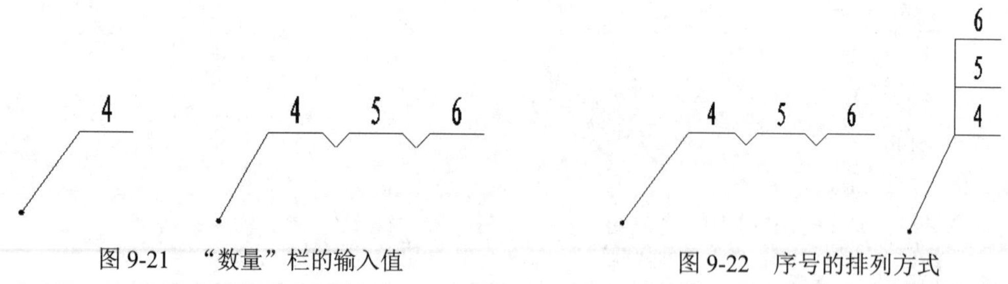

图 9-21 “数量”栏的输入值　　图 9-22 序号的排列方式

☑ 立即菜单 4，由内向外/由外向内：表示当采用公共引线标注时，序号的排列顺序，如图 9-23 所示。

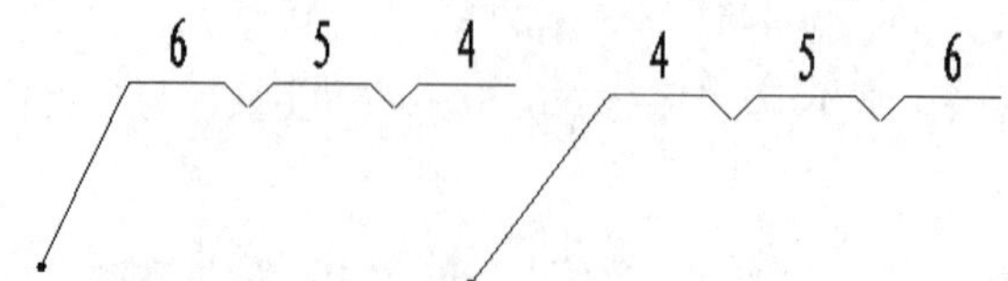

图 9-23 序号的排列顺序分别为“由内向外”和“由外向内”

☑ 立即菜单 5，显示明细表/不显示明细表：指定是否在标注序号时生成该序号的明细表。

☑ 立即菜单 6，填写/不填写：指定是否在生成序号后填写该零件的明细表。如果选择“填写”，则

在序号生成之后会弹出“填写明细表”对话框，具体方法见 9.5.3 节；如果选择“不填写”，则以后再填写可用其他方法填写明细表。

9.4.2　删除序号

删除序号功能是删除不需要的零件序号。

1. 执行方式

☑ 命令行：ptnodel。

☑ 菜单栏：选择菜单栏中的“幅面”→“序号”→“删除”命令。

☑ 工具栏：单击“序号”工具栏中的“删除”按钮。

☑ 选项卡：单击“图幅”选项卡“序号”面板中的“删除”按钮。

2. 操作步骤

启动删除序号命令，按照系统提示依次拾取要删除的零件序号即可。

注意：如果所要删除的序号不是重名的序号，则同时删除明细表中相应的表项，否则只删除所拾取的序号；如果删除的序号为中间项，则系统会自动将该项后面的序号值顺序减 1，以保持序号的连续性。

9.4.3　编辑序号

编辑序号功能是编辑零件序号的位置和排列方式。

1. 执行方式

☑ 命令行：ptnoedit。

☑ 菜单栏：选择菜单栏中的“幅面”→“序号”→“编辑”命令。

☑ 工具栏：单击“序号”工具栏中的“编辑”按钮。

☑ 选项卡：单击“图幅”选项卡“序号”面板中的“编辑”按钮。

2. 操作步骤

（1）启动编辑序号命令，按照系统提示依次拾取要编辑的零件序号。

（2）如果拾取的是序号的引出线，此时可移动鼠标编辑引出点的位置。

（3）同时系统弹出如图 9-24 所示的立即菜单，系统提示输入转折点，此时移动鼠标可以编辑序号的排列方式和序号的位置。

1. 水平　2. 由内向外

图 9-24　编辑序号的立即菜单

9.4.4　交换序号

交换序号功能是交换序号的位置，并根据需要交换明细表内容。

1. 执行方式

☑ 命令行：ptnoswap。

☑ 菜单栏：选择菜单栏中的“幅面”→“序号”→“交换”命令。

☑ 工具栏：单击“序号”工具栏中的“交换”按钮。

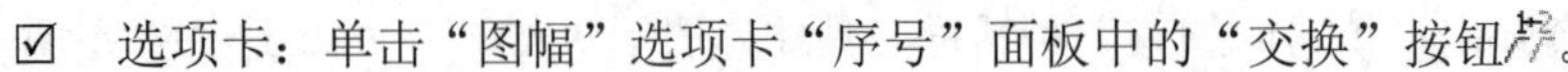

☑ 选项卡：单击“图幅”选项卡“序号”面板中的“交换”按钮。

2. 操作步骤

（1）启动编辑序号命令，此时系统弹出如图 9-25 所示的立即菜单。

图 9-25 交换序号的立即菜单

（2）选择要交换的序号后，两个序号马上交换位置。

9.5 明 细 表

CAXA CAD 电子图板的明细表与零件序号是联动的，可以随零件序号的插入和删除产生相应的变化。除此之外，明细表本身还有定制明细表、删除表项、表格折行、填写明细表、插入空行、输出数据和读入数据等操作。

9.5.1 删除表项

删除表项功能是删除明细表的表项及序号。

1. 执行方式

☑ 命令行：tbldel。

☑ 菜单栏：选择菜单栏中的“幅面”→“明细表”→“删除表项”命令。

☑ 工具栏：单击“明细表”工具栏中的“删除表项”按钮。

☑ 选项卡：单击“图幅”选项卡“明细表”面板中的“删除”按钮。

2. 操作步骤

启动删除表项命令，根据系统提示用鼠标拾取所要删除的明细表表项，如果拾取无误，则删除该表项及所对应的所有序号，同时该序号以后的序号将自动重新排列。当需要删除所有明细表表项时，可以直接拾取明细表表头，此时弹出对话框以得到用户的最终确认后，删除所有的明细表表项及序号。

9.5.2 表格折行

表格折行功能使明细表从某一行处进行左折或右折。

1. 执行方式

☑ 命令行：tblbrk。

☑ 菜单栏：选择菜单栏中的“幅面”→“明细表”→“表格折行”命令。

☑ 工具栏：单击“明细表”工具栏中的“表格折行”按钮。

☑ 选项卡：单击“图幅”选项卡“明细表”面板中的“折行”按钮。

2. 操作步骤

启动表格折行命令，根据系统提示用鼠标拾取某一待折行的表项，系统将按照立即菜单中的选项进行左折或右折。

9.5.3　填写明细表

填写明细表功能是填写或修改明细表各项的内容。

1. 执行方式

☑　命令行：tbledit。

☑　菜单栏：选择菜单栏中的“幅面”→“明细表”→“填写明细表”命令。

☑　工具栏：单击“明细表”工具栏中的“填写明细表”按钮。

☑　选项卡：单击“图幅”选项卡“明细表”面板中的“填写明细表”按钮。

2. 操作步骤

启动填写明细表命令，根据系统提示用鼠标拾取需要填写或修改的明细表表项后，右击，弹出“填写明细表”对话框，如图 9-26 所示。即可进行填写或修改，然后单击“确定”按钮，所填项目将被自动添加到明细表中。

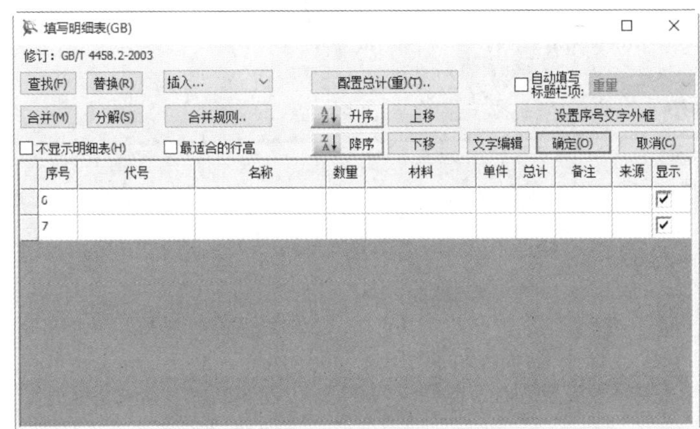

图 9-26　“填写明细表”对话框

9.5.4　插入空行

插入空行功能是插入空行明细表。

1. 执行方式

☑　命令行：tblnew。

☑　菜单栏：选择菜单栏中的“幅面”→“明细表”→“插入空行”命令。

☑　工具栏：单击“明细表”工具栏中的“插入空行”按钮。

☑　选项卡：单击“图幅”选项卡“明细表”面板中的“插入”按钮。

2. 操作步骤

启动填写明细表命令，系统将把一空白行插入明细表中。

9.5.5　输出明细表

输出明细表功能是将当前图纸中的明细表单独在一张图纸中输出。

1. 执行方式

☑ 菜单栏：选择菜单栏中的“幅面”→“明细表”→“输出明细表”命令。

☑ 工具栏：单击“明细表”工具栏中的“输出明细表”按钮。

☑ 选项卡：单击“图幅”选项卡“明细表”面板中的“输出”按钮。

2. 操作步骤

（1）启动输出明细表命令，系统弹出“输出明细表设置”对话框，如图 9-27 所示。

（2）在对话框中选择相应的选项，选中“输出的明细表文件带有 A4 幅面竖放的图框”复选框后，单击“输出”按钮。

（3）系统弹出“读入图框文件”对话框，从中选择合适的图框形式，单击“导入”按钮，如图 9-28 所示。

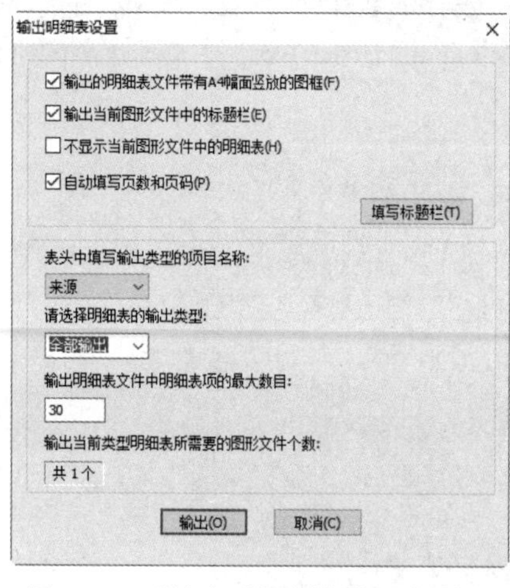

图 9-27 “输出明细表设置”对话框

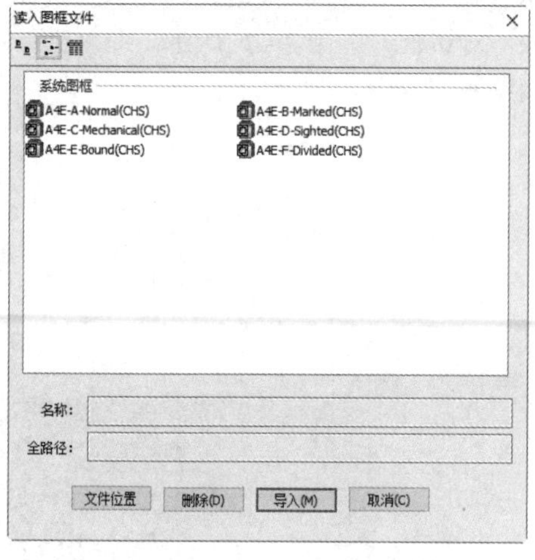

图 9-28 “读入图框文件”对话框

（4）系统弹出“浏览文件夹”对话框，选择输出文件的位置并输入文件的名称，单击“确定”按钮，如图 9-29 所示（若一张图纸容纳不下所有的明细表，系统还会弹出此对话框，用户可输入第二张明细表的文件名称）。

（5）打开刚才保存的明细表文件，可以看到输出的明细表如图 9-30 所示。

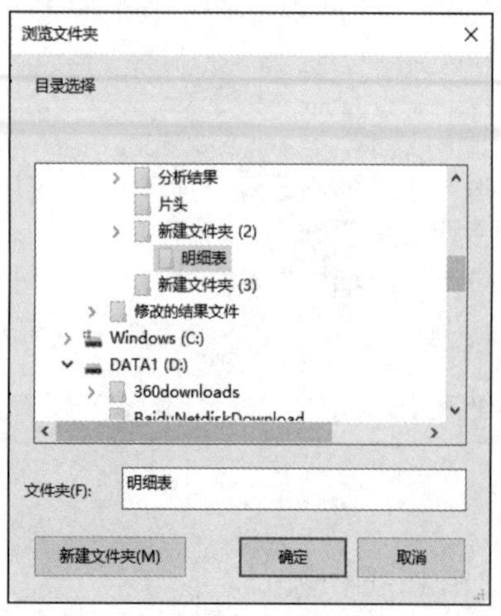

图 9-29 “浏览文件夹”对话框

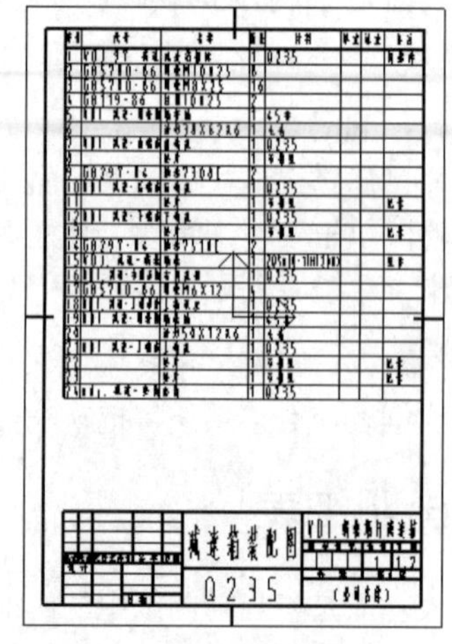

图 9-30 单独输出的明细表

注意：若系统当前没有明细表，则不能执行输出明细表的操作，这时系统会弹出如图 9-31 所示的警告对话框。

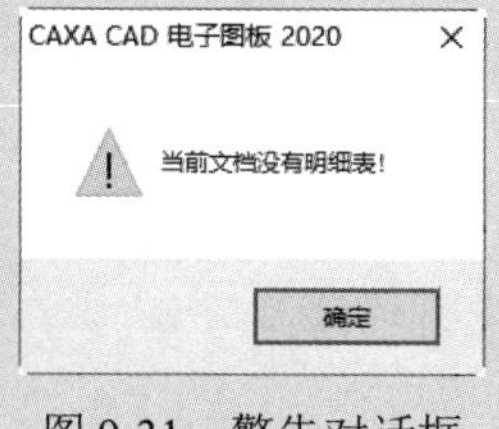

图 9-31　警告对话框

9.5.6　数据库操作

数据库操作功能是对当前明细表的关联数据库进行设置，也可将内容单独保存在数据库文件中。

1. 执行方式

☑　菜单栏：选择菜单栏中的“幅面”→“明细表”→“数据库操作”命令。

☑　工具栏：单击“明细表”工具栏中的“数据库操作”按钮。

2. 操作步骤

（1）启动数据库操作命令，系统弹出“数据库操作”对话框（见图 9-32），在该对话框中选择操作功能，包括自动更新设置、输出数据和读入数据。

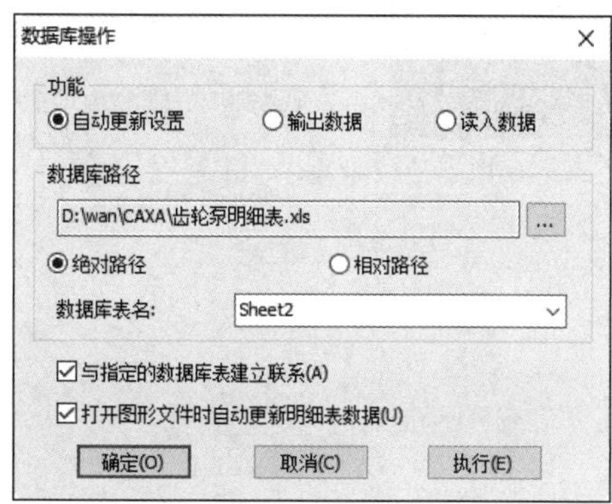

图 9-32　“数据库操作”对话框

（2）单击按钮，选择数据库路径，可以在“数据库表名”栏中直接输入文件名称以建立新的数据库。

（3）在“数据库操作”对话框中进行设置，完成后单击“确定”按钮。

9.6　综合实例——设置图框和标题栏

本例生成图幅图框，首先定义图纸幅面，然后定义图纸方向，最后插入标题栏，创建完整的图框，如图 9-33 所示；具体制作流程如图 9-34 所示。

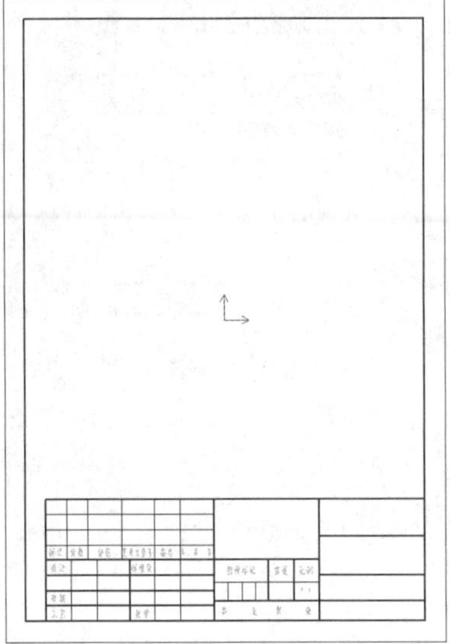

图 9-33　图幅与标题栏

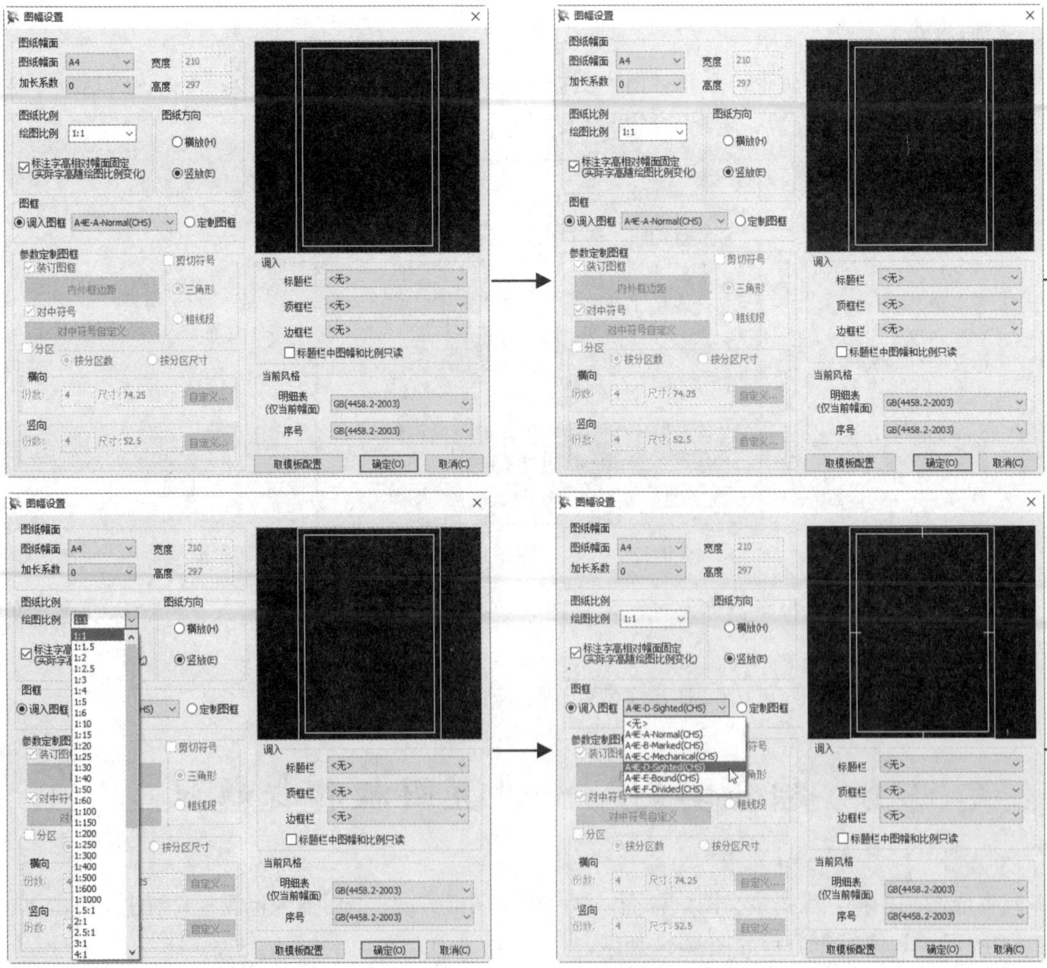

图 9-34　制作流程图

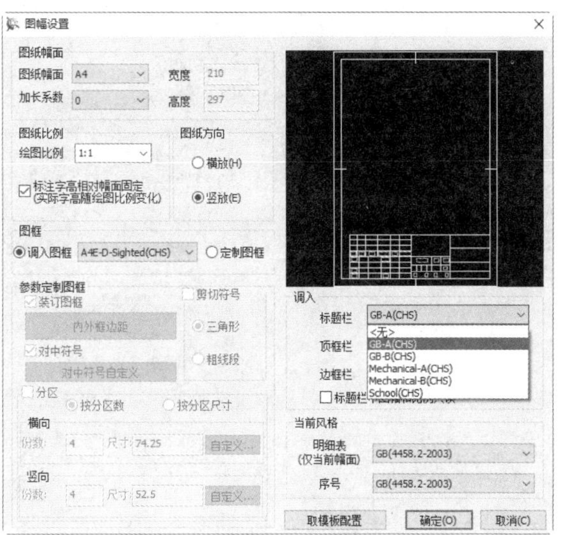

图 9-34　制作流程图（续）

操作步骤：

（1）打开文件：启动电子图板，新建一个 CAXA CAD 电子图板文件。

（2）图纸幅面的设置：单击“图幅”选项卡“图幅”面板中的“图幅设置”按钮，弹出如图 9-35 所示的“图幅设置”对话框。

（3）单击“图纸幅面”下拉按钮，如图 9-36 所示。可以看到，在该下拉列表框中提供了 5 种标准的图纸幅面，分别为 A0、A1、A2、A3、A4，另外还提供了用户自定义功能。这里选择 A4 幅面。

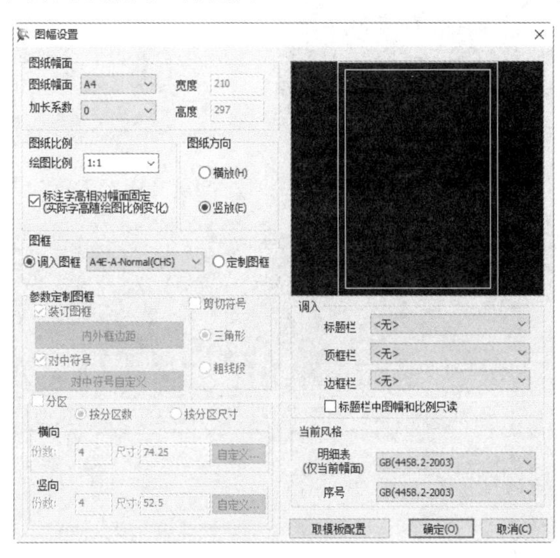

图 9-35　“图幅设置”对话框

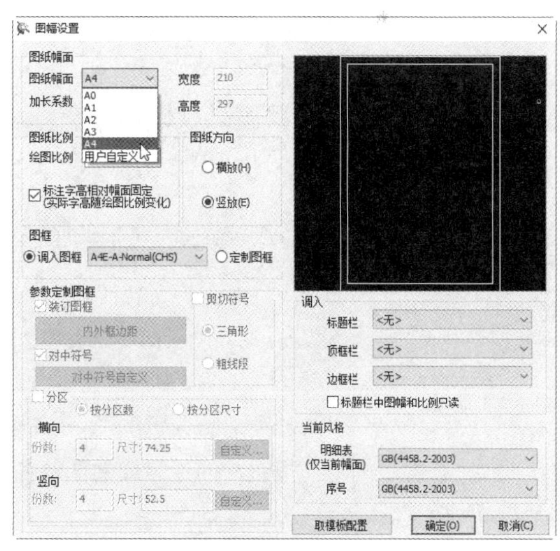

图 9-36　“图纸幅面”下拉列表框

（4）“绘图比例”下拉列表框：此列表框表示在绘制图形时，可选用的常用的比例，如图 9-37 所示。这里选择绘图比例为 1∶1。

（5）图纸方向：图纸方向分为“横放”和“竖放”，也就是图纸的长边是水平的还是竖直的。这里选择“竖放”。

（6）调入图框：在“调入图框”下拉列表框中选择如图 9-38 所示的图框样式 A4E-D-Sighted(CHS)。

Note

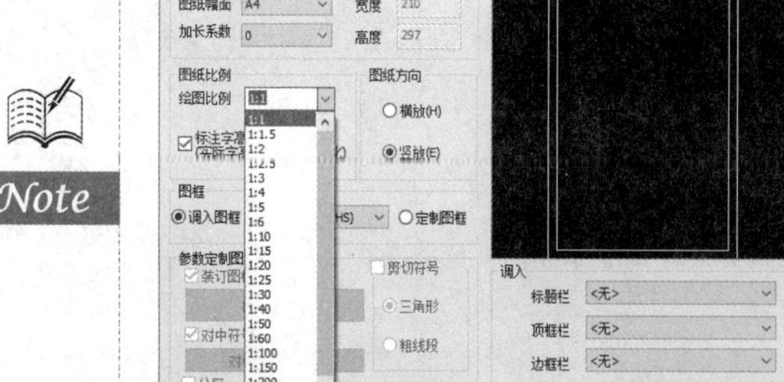

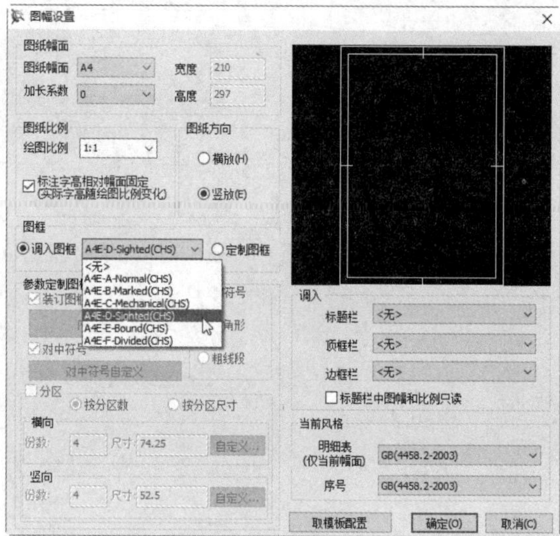

图 9-37 “绘图比例”下拉列表框

图 9-38 “调入图框”下拉列表框

（7）调入标题栏：在“调入”栏的“标题栏”下拉列表框中选择 GB-A(CHS)，如图 9-39 所示。

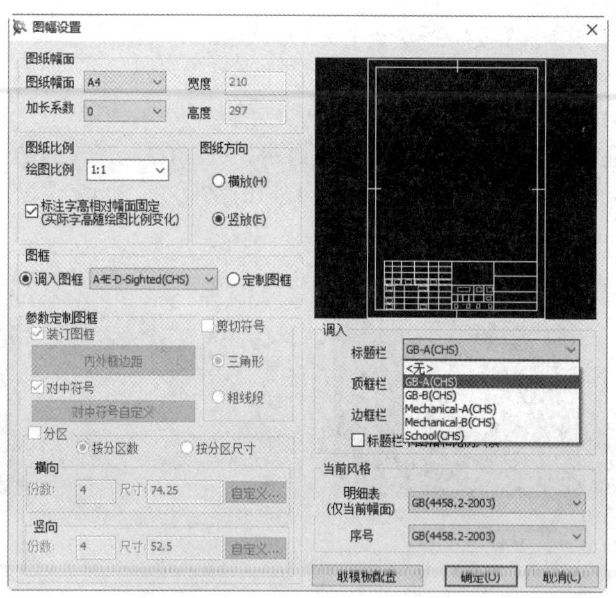

图 9-39 “标题栏”下拉列表框

（8）单击“确定”按钮，创建完成的图幅和图框如图 9-33 所示。

9.7 上机实验

（1）调入一个幅面为横 A3，绘图比例为 1∶2 的图框，并调入国标标题栏。

操作提示

❶ 单击“图幅”选项卡“图幅”面板中的“图幅设置”按钮。

❷ 系统弹出“图幅设置”对话框，在该对话框中，可以对图纸的幅面、比例、方向进行相应设置。

❸ 在“调入图框”或“标题栏”下拉列表框中选择需要的图框和标题栏即可。

（2）将题 1 中调入的图纸幅面改为竖放，其他设置不变。

操作提示

❶ 单击“图幅”选项卡“图幅”面板中的“图幅设置”按钮。

❷ 系统弹出“图幅设置”对话框，在该对话框中重新设置即可。

（3）绘制如图 9-40 所示的图形，并将其作为自定义的图框进行保存。

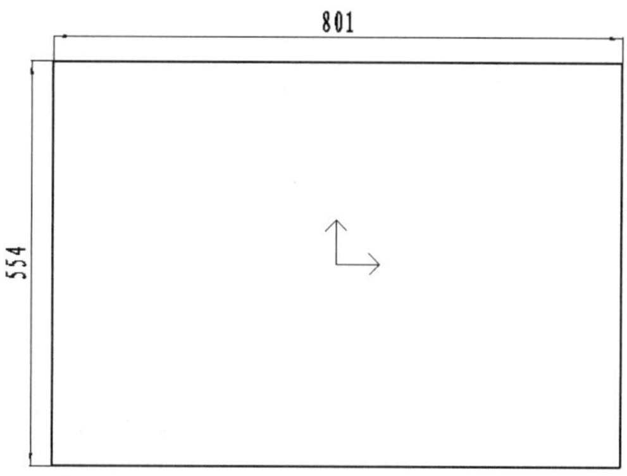

图 9-40　自定义图框

操作提示

❶ 在“0 层”中绘制图 9-40 中的矩形，矩形的中心一定要放置在坐标系的原点。

❷ 启动“定义图框”命令，按照系统提示操作即可。

（4）绘制如图 9-41 所示的图形，并将其作为自定义的标题栏进行保存。

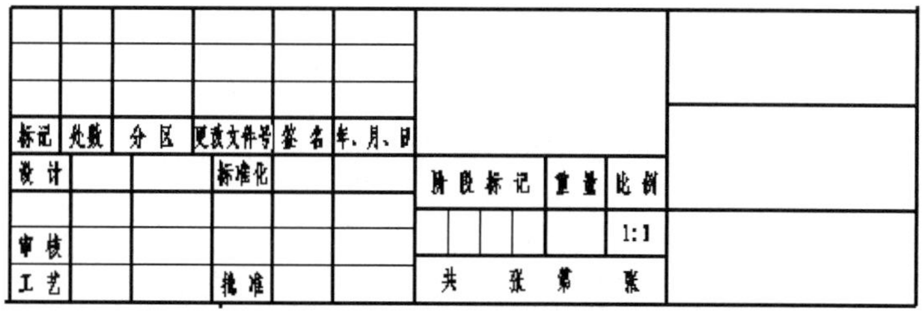

标记	处数	分区	更改文件号	签名	年、月、日			
设计			标准化			阶段标记	重量	比例
								1:1
审核								
工艺			批准			共　张　第　张		

图 9-41　自定义标题栏

操作提示

❶ 在“0 层”中绘制图 9-41 中的表格。

❷ 启动“定义标题栏”命令，按照系统提示操作即可。

9.8　思考与练习

（1）绘制一幅装配图，标注各零件的序号，并填写标题栏和明细表。

（2）在第（1）题绘制结束后，重新设置图纸幅面和比例，观察图形的变化。

Note

（3）绘制如图 9-42 所示的 A3 图框并填写标题栏。

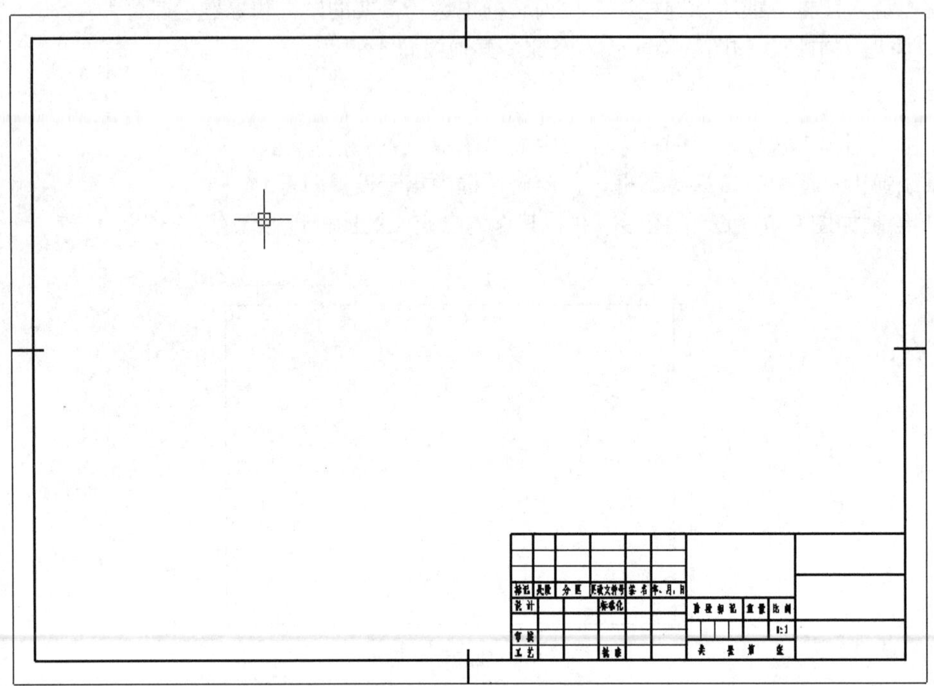

图 9-42　练习（3）

第10章

工程标注与标注编辑

本章主要介绍CAXA CAD电子图板文件的工程标注与标注编辑的方法和技巧。其中，工程标注包括尺寸标注、坐标标注、倒角标注、引出说明、特殊符号标注，标注编辑包括尺寸编辑、文字编辑、工程符号编辑。最后还介绍了尺寸驱动。

学习重点

☑ 尺寸标注、坐标标注

☑ 倒角与引线、特殊符号标注

☑ 标注编辑、尺寸驱动

Note

10.1 尺寸标注

尺寸标注是进行尺寸标注的主体命令，尺寸类型与形式很多，本系统在命令执行过程中提供了智能判别，功能如下。

（1）根据拾取的元素不同，自动标注相应的线性尺寸、直径尺寸、半径尺寸或角度尺寸。

（2）根据立即菜单的条件，选择基本尺寸、基准尺寸、连续尺寸、尺寸线方向。

（3）尺寸文字可以采用拖动定位。

（4）尺寸数值可采用测量值，也可以直接输入。

1. 执行方式

☑ 命令行：dim。

☑ 菜单栏：选择菜单栏中的“标注”→“尺寸标注”→“尺寸标注”命令。

☑ 工具栏：单击“标注”工具栏中的“尺寸标注”按钮。

☑ 选项卡：单击“常用”选项卡“标注”面板中的“尺寸”按钮。

2. 立即菜单选项说明

进入尺寸标注命令后，在屏幕左下角出现尺寸标注的立即菜单（见图10-1），在立即菜单1中可以选择不同的尺寸标注方式。下面分别予以介绍。

基本标注
基线标注
连续标注
三点角度标注
角度连续标注
半标注
大圆弧标注
射线标注
锥度/斜度标注
曲率半径标注
线性标注
对齐标注
角度标注
弧长标注
半径标注
直径标注
1. 基本标注
拾取标注元素或点取第一点:

图10-1 “尺寸标注”立即菜单

10.1.1 基本标注

基本标注是对尺寸进行标注的基本方法。CAXA CAD电子图板具有智能尺寸标注功能，系统能够根据拾取选择来智能地判断出所需要的尺寸标注类型，然后实时地在屏幕上显示出来，此时可以根据需要来确定最后的标注形式与定位点。系统根据鼠标拾取的对象来进行不同的尺寸标注。

1. 单个元素的标注

视频讲解

【例10-1】对直线进行尺寸标注。标注方法分别如图10-2（a）、图10-2（b）、图10-2（c）和图10-2（d）所示。

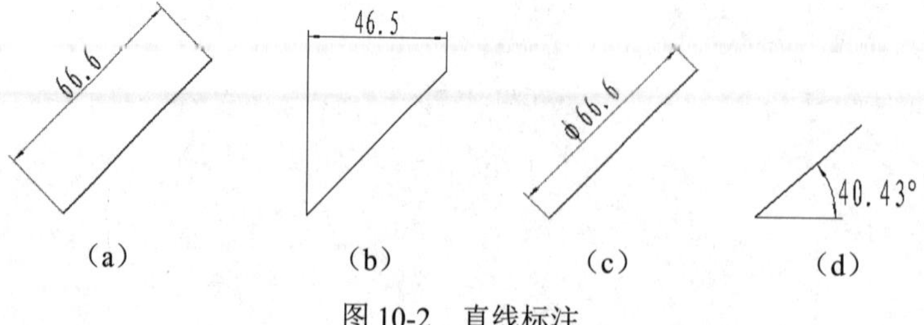

图10-2 直线标注

操作步骤：

（1）打开源文件。进入尺寸标注命令后，在立即菜单1中选择“基本标注”方式。

（2）根据系统提示拾取要标注的直线，系统弹出直线标注立即菜单。

（3）通过选择不同的立即菜单选项，可标注直线的长度、直径、与坐标轴的夹角。

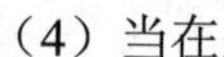

（4）当在立即菜单3中选择“标注长度”，4中选择“长度”，5中选择“平行”时（见图10-3，

此时立即菜单 5 中的“平行”指的是标注直线的长度），标注结果如图 10-2（a）所示。

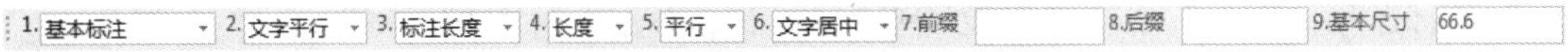

1. 基本标注　2. 文字平行　3. 标注长度　4. 长度　5. 平行　6. 文字居中　7.前缀　8.后缀　9.基本尺寸 66.6

图 10-3　直线的长度标注立即菜单

（5）当在立即菜单 3 中选择“标注长度”，4 中选择“长度”，5 中选择“正交”时（此时立即菜单 5 中的“正交”指的是只能标注直线的水平长度或竖直长度），标注结果如图 10-2（b）所示。

（6）当在立即菜单 3 中选择“标注长度”，4 中选择“直径”（当在立即菜单 4 中选择“直径”时，系统自动在长度值前加前缀“Φ”），5 中选择“平行”时（见图 10-4），，标注结果如图 10-2（c）所示。

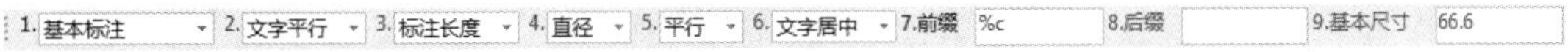

1. 基本标注　2. 文字平行　3. 标注长度　4. 直径　5. 平行　6. 文字居中　7.前缀 %c　8.后缀　9.基本尺寸 66.6

图 10-4　直线的直径标注立即菜单

（7）当在立即菜单 3 中选择“标注角度”，4 中选择“X 轴夹角”时（见图 10-5），标注结果如图 10-2（d）所示。

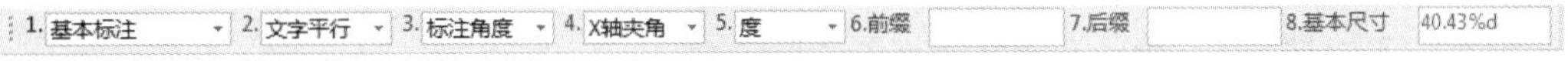

1. 基本标注　2. 文字平行　3. 标注角度　4. X轴夹角　5. 度　6.前缀　7.后缀　8.基本尺寸 40.43%d

图 10-5　直线的角度标注立即菜单

【例 10-2】对圆进行尺寸标注。标注方法分别如图 10-6（a）、图 10-6（b）和图 10-6（c）所示。

（a）直径标注

（b）半径标注

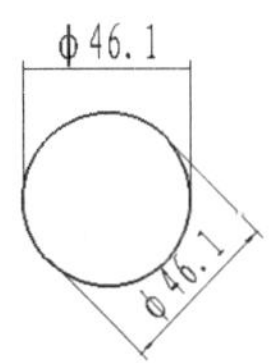

（c）圆周直径标注

图 10-6　圆的标注

操作步骤：

（1）打开源文件。进入尺寸标注命令后，在立即菜单 1 中选择“基本标注”方式。

（2）根据系统提示拾取要标注的圆，系统弹出圆标注的立即菜单。

（3）通过对立即菜单 3 的选择，可标注圆的直径、半径及圆周直径，如图 10-7 所示。

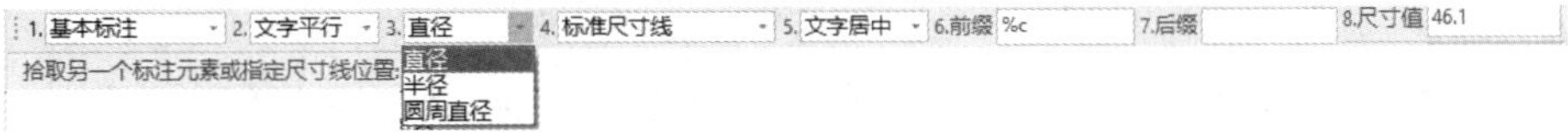

1. 基本标注　2. 文字平行　3. 直径　4. 标准尺寸线　5. 文字居中　6.前缀 %c　7.后缀　8.尺寸值 46.1

拾取另一个标注元素或指定尺寸线位置: 直径 / 半径 / 圆周直径

图 10-7　圆标注的立即菜单

> **注意：** 当标注“直径”或“圆周直径”时，尺寸数值前自动带前缀“Φ”；当标注“半径”时，尺寸数值前自动带前缀“R”。

【例 10-3】对圆弧进行尺寸标注。标注方法分别如图 10-8（a）、图 10-8（b）、图 10-8（c）、图 10-8（d）和图 10-8（e）所示

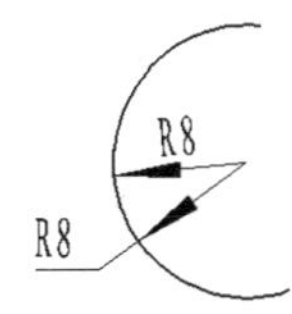

（a）半径标注

（b）直径标注

（c）圆心角标注

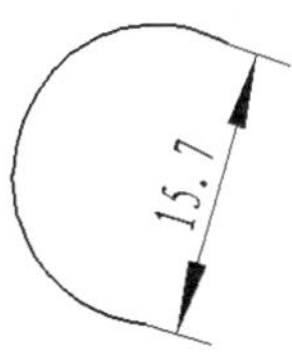

（d）弦长标注

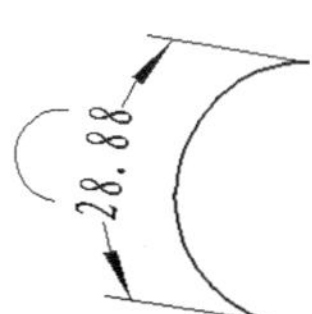

（e）弧长标注

图 10-8　圆弧标注

操作步骤：

（1）打开源文件。进入尺寸标注命令后，在立即菜单 1 中选择“基本标注”方式。

（2）根据系统提示拾取要标注的圆弧，系统弹出圆弧标注立即菜单。

（3）通过对立即菜单 2 的选择，可标注圆弧的半径、直径、圆心角、弦长、弧长，如图 10-9 所示。

图 10-9　圆弧标注的立即菜单

注意：当标注圆弧“直径”时，尺寸数值前自动带前缀“Φ”；当标注圆弧“半径”时，尺寸数值前自动带前缀“R”。

2. 两个元素的标注

【例 10-4】对图 10-10 中的两点之间距离进行标注。

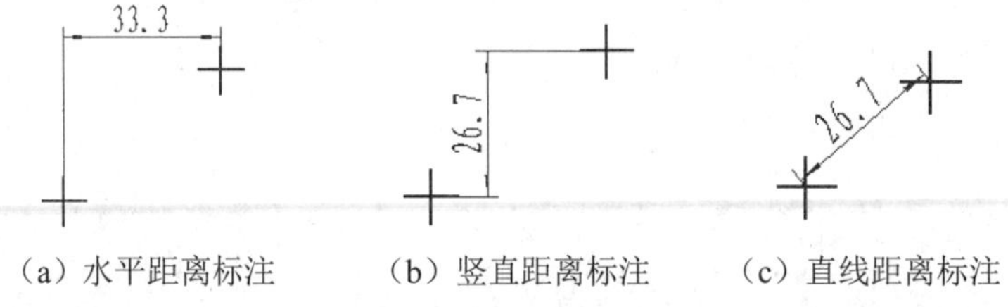

（a）水平距离标注　（b）竖直距离标注　（c）直线距离标注

图 10-10　两点之间距离的标注

操作步骤：

（1）打开源文件。进入尺寸标注命令后，在立即菜单 1 中选择“基本标注”方式。

（2）根据系统提示分别拾取第一点和第二点（屏幕点、孤立点或各种控制点，如端点、中点等），系统弹出两点标注的立即菜单，如图 10-11 所示。

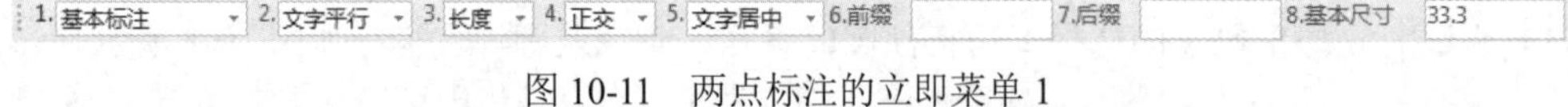

图 10-11　两点标注的立即菜单 1

（3）通过对立即菜单 4 中“正交”与“平行”的转换，可标注两点之间的水平距离、竖直距离和两点间的直线距离。

视频讲解

【例 10-5】对图 10-12 中的点和直线之间的距离进行标注。

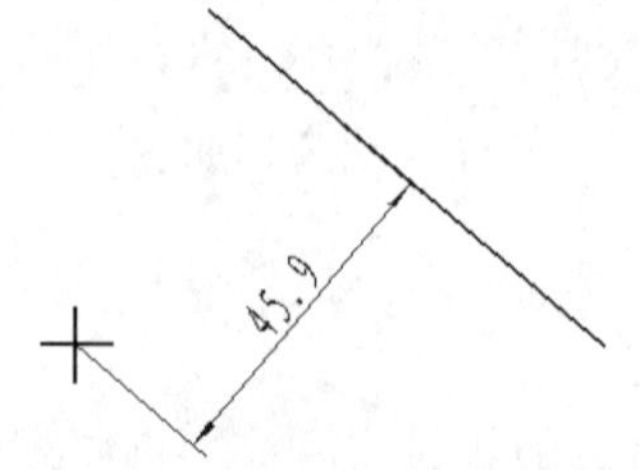

图 10-12　点和直线之间距离的标注

操作步骤：

（1）打开源文件。进入尺寸标注命令后，在立即菜单 1 中选择“基本标注”方式。

（2）根据系统提示分别拾取点和直线（点和直线的拾取无先后顺序），系统弹出两点标注的立即菜单，如图 10-13 所示。

图 10-13　两点标注的立即菜单 2

Note

视频讲解

（3）通过对立即菜单的选择，即可标注点与直线之间的距离。

【例 10-6】对图 10-14 中的点和圆弧中心（或点和圆心）之间的距离进行标注。

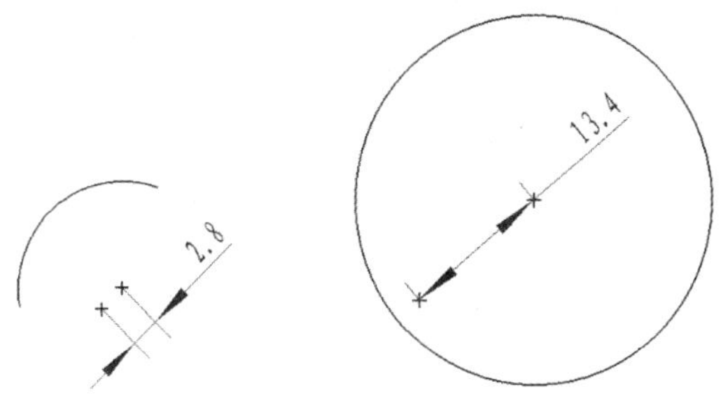

图 10-14　点和圆弧中心（圆心）之间距离的标注

操作步骤：

（1）打开源文件。进入尺寸标注命令后，在立即菜单 1 中选择“基本标注”方式。

（2）根据系统提示分别拾取点和圆（或圆弧），标注点到圆心的距离，系统弹出立即菜单，如图 10-15 所示。

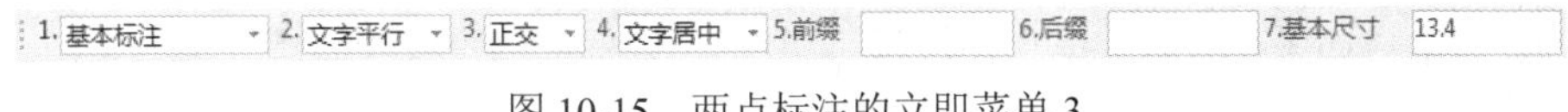

图 10-15　两点标注的立即菜单 3

（3）通过对立即菜单的选择，即可标注点和圆心（或圆弧中心）之间的距离，结果如图 10-14 所示。

> **注意：**如果先拾取点，则点可以是任意点（屏幕点、孤立点或各种控制点如端点、中点等）；如果先拾取圆（或圆弧），则点不能是屏幕点。

【例 10-7】对图 10-16 中的圆和圆弧（或圆和圆、圆弧和圆弧）之间的距离进行标注。

视频讲解

（a）“圆心”距离标注　　（b）“切点”距离标注

图 10-16　圆和圆（或圆和圆弧、圆弧和圆弧）距离的标注

操作步骤：

（1）打开源文件。进入尺寸标注命令后，在立即菜单 1 中选择“基本标注”方式。

（2）根据系统提示分别拾取圆（或圆弧）和圆（或圆弧），系统弹出立即菜单，如图 10-17 所示。

（3）如果在立即菜单 4 中选择“圆心”，则标注的是两圆（圆弧）中心之间的距离；如果在立即菜单 4 中选择“切点”，则标注的是两圆（圆弧）切点之间的距离，结果如图 10-16 所示。

1. 基本标注	2. 文字平行	3. 文字居中	4. 圆心	5. 正交	6.前缀		7.后缀		8.尺寸值	23.5

图 10-17 两圆（或圆弧）之间距离标注的立即菜单

Note

视频讲解

【例 10-8】对直线和圆（或圆弧）之间的距离进行标注。标注方式及其结果分别如图 10-18（a）和图 10-18（b）所示。

30.8

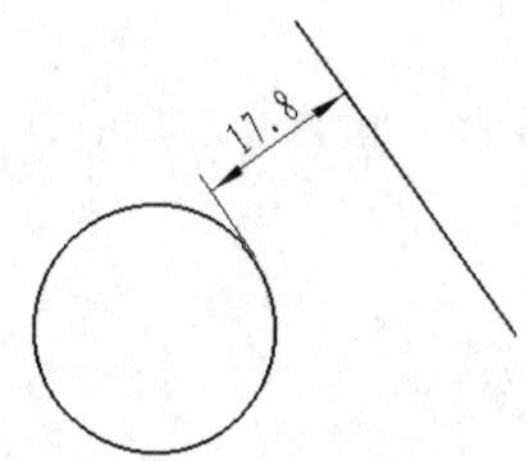

（a）“圆心”距离标注　　（b）“切点”距离标注

图 10-18 直线和圆（或圆弧）距离的标注

操作步骤：

（1）打开源文件。进入尺寸标注命令后，在立即菜单 1 中选择“基本标注”方式。

（2）根据系统提示分别拾取直线和圆（或圆弧），系统弹出立即菜单，如图 10-19 所示。

1. 基本标注	2. 文字平行	3. 圆心	4. 文字居中	5.前缀		6.后缀		7.尺寸值	30.8

图 10-19 直线和圆（圆弧）之间距离标注的立即菜单

（3）如果在立即菜单 3 中选择“圆心”，则标注的是直线和圆（圆弧）中心之间的距离，结果如图 10-18（a）所示；如果在立即菜单 3 中选择“切点”，则标注的是直线和圆（圆弧）切点之间的距离，结果如图 10-18（b）所示。

视频讲解

【例 10-9】对直线和直线之间的距离进行尺寸标注。标注方式及其结果分别如图 10-20（a）和图 10-20（b）所示。

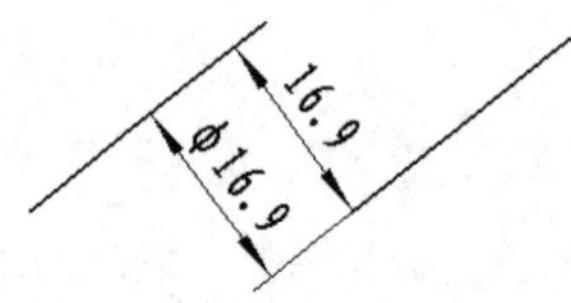

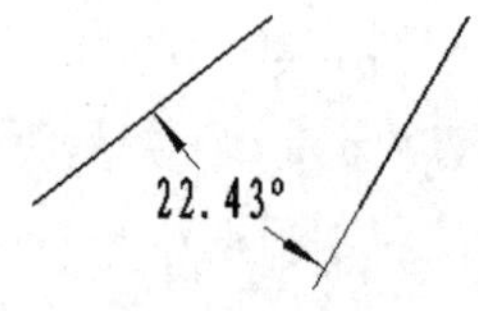

（a）平行直线的标注　　（b）不平行直线的标注

图 10-20 直线和直线之间距离的标注

操作步骤：

（1）打开源文件。进入尺寸标注命令后，在立即菜单 1 中选择“基本标注”方式。

（2）根据系统提示分别拾取两条直线。

（3）如果拾取的两条直线平行，则系统弹出如图 10-21 所示的立即菜单，标注两平行线之间的距离，结果如图 10-20（a）所示。

1. 基本标注	2. 文字平行	3. 长度	4. 文字居中	5.前缀		6.后缀		7.基本尺寸	16.9

图 10-21 平行线之间距离标注的立即菜单

（4）如果拾取的两直线不平行，则系统弹出如图 10-22 所示的立即菜单，标注两直线之间的夹角，结果如图 10-20（b）所示。

1. 基本标注　2. 默认位置　3. 文字水平　4. 度　5. 文字居中　6.前缀　7.后缀　8.基本尺寸　21.38%d

图 10-22　不平行直线之间距离标注的立即菜单

3. 尺寸公差标注

（1）右键弹出菜单法。

双击要标注公差的尺寸，弹出如图 10-23 所示的“尺寸标注属性设置”对话框。在此对话框中，系统自动给出图素的基本尺寸及相应的上、下偏差，但是用户可以任意改变它们的值，并根据需要填写公差代号和尺寸前、后缀。用户还可以改变公差的输入、输出形式（代号、数值），以满足不同的标注需求。

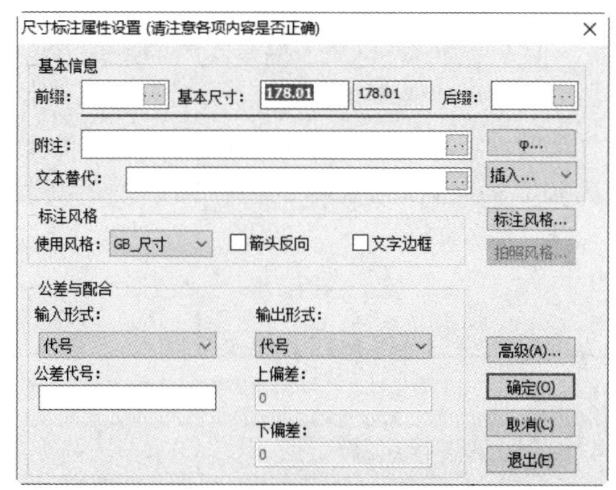

图 10-23　“尺寸标注属性设置”对话框

“尺寸标注属性设置”对话框各项含义如下。

☑ 基本信息：包括前缀、基本尺寸、后缀。
  - 基本尺寸：默认为实际测量值，可以输入数值。
  - 前缀、后缀：输入尺寸值前后的符号，如“2-ϕ10”等。

☑ 标注风格：包括使用风格、箭头反向和文字边框。
  - 使用风格：有系统自带的标准标注风格。用户也可以通过单击右边的“标注风格”按钮，在弹出的“标注风格”对话框中新建、编辑标注风格。
  - 箭头反向：选中此复选框可以设置标注箭头是否反向。
  - 文字边框：选中此复选框可以设置文字是否带边框。

☑ 公差与配合：包括输入形式、输出形式、公差代号以及上、下偏差。
  - 输入形式：有 4 种，即代号、偏差、配合和对称。当输入形式为“代号”时，系统自动根据“公差代号”文本框中的公差代号，计算出上、下偏差并分别显示在上、下偏差的显示框中。
  - 上偏差、下偏差：当输入形式为“代号”时，可以在此两个文本框中显示系统自动根据公差代号查询出的上下偏差值。当输入形式为“偏差”时，可以由用户在上、下偏差的文本框中输入上、下偏差的值。
  - 公差代号：当输入形式为“代号”时，可以在此文本框中输入公差代号，如 k7、H8 等，系统自动根据公差代号计算出上、下偏差并分别显示在上、下偏差的显示框中；当输入形式为“偏差”时，可以由用户在上、下偏差的文本框中输入上、下偏差的值；当输入形式为“配合”时，在此文本框中可以输入配合的符号，如“H7/k6”等。

- ➢ 输出形式：有 5 种，即代号、偏差、(偏差)、代号(偏差)、极限尺寸。当输出形式为“代号”时，标注公差代号如 k7、H8 等；当输出形式为“偏差”时，标注上、下偏差的值；当输出形式为“(偏差)”时，标注带括号的上、下偏差值；当输出形式为“代号(偏差)”时，同时标注代号和上、下偏差的值；当输出形式为“极限尺寸”时，标注最大极限尺寸和最小极限尺寸值。

Note

（2）立即菜单法。

用户也可以在立即菜单中用输入特殊符号的方式标注公差。

☑ 直径符号：用符号%c 表示。例如，输入“%c40”，则标注为“ϕ40”。

☑ 角度符号：用符号%d 表示。例如，输入“40%d”，则标注为“40°”。

☑ 公差符号：用符号%p 表示。例如，输入“40%p0.5”，则标注为“40±0.5”。

上、下偏差值格式为%加上偏差值加%，再加下偏差值加%b。偏差值必须带符号，偏差为零时省略，系统自动把偏差值的字高选为比尺寸值字高小一号，并且自动判别上、下偏差，自动判别其书写位置，使标注格式符号国家标准的规定。例如，输入“100%+0.02%-0.01%b”，则标注为“$100^{+0.02}_{-0.01}$”。

上、下偏差值后的后缀为%b，系统自动把后续的字符高度恢复为尺寸值的字高来标注。

10.1.2 基线标注

基线标注以已知尺寸边界或已知点为基准标注其他尺寸。

1. 拾取一个已标注的线性尺寸

视频讲解

【例 10-10】对图 10-24 中的图形进行尺寸标注。

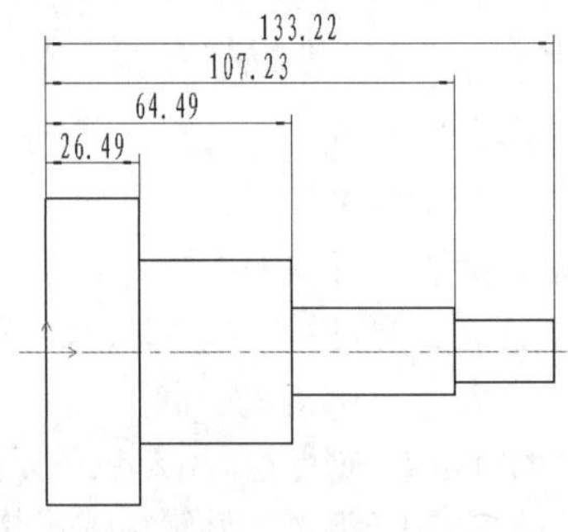

图 10-24 基线标注实例

操作步骤：

（1）打开源文件。进入尺寸标注命令后，在立即菜单 1 中选择“基线标注”方式，如图 10-25 所示。

图 10-25 基准标注立即菜单

（2）系统提示“拾取线性尺寸或第一引出点”。

（3）如果拾取到一个已标注的线性尺寸，则新标注尺寸的第一引出点为所拾取线性尺寸距离拾取点最近的引出点，此时系统提示“输入第二引出点”，拖动光标可动态地显示所生成的尺寸。新生成尺寸的尺寸线位置由第二引出点和立即菜单 3 中的“尺寸线偏移”控制。尺寸线偏移的方向是根据第二引出点与被拾取尺寸的尺寸线位置决定，即新尺寸的第二引出点与尺寸线定位点分别位于被拾取尺寸线的两侧，如图 10-24 所示。

（4）输入完第二引出点后，系统接着提示“第二引出点”。新生成的尺寸将作为下一个尺寸的基

准尺寸。如此循环，直到按 Esc 键结束。

2. 拾取点

拾取的第一点将作为基准尺寸的第一引出点，然后输入第二引出点和尺寸线定位点，所生成的尺寸将作为下一个尺寸的基准尺寸。系统接着提示“第二引出点”，继续拾取第二引出点即可进行一系列连续标注。

10.1.3　连续标注

连续标注为将前一个生成的尺寸作为下一个尺寸的基准的标注。

1. 拾取一个已标注的线性尺寸

【例 10-11】对图 10-26 中的图形进行尺寸标注。

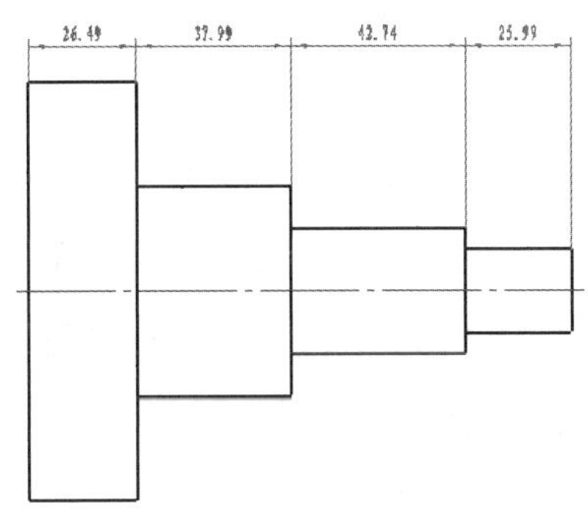

图 10-26　连续标注实例

操作步骤：

（1）打开源文件。进入尺寸标注命令后，在立即菜单 1 中选择“连续标注”方式。

（2）系统提示“拾取线性尺寸或第一引出点”。

（3）如果拾取到一个已标注的线性尺寸，则新标注尺寸的第一引出点为所拾取线性尺寸距离拾取点最近的引出点，此时系统提示“输入第二引出点”，拖动光标可动态地显示所生成的尺寸。新生成尺寸的尺寸线与被拾取尺寸的尺寸线在一条直线上。

（4）输入完第二引出点后，系统接着提示“第二引出点”。新生成的尺寸将作为下一个尺寸的基准尺寸。如此循环，直到按 Esc 键结束，结果如图 10-26 所示。

尺寸值默认为计算值，用户也可在立即菜单 6 中输入所需的尺寸值，如图 10-27 所示。

图 10-27　连续标注立即菜单

2. 拾取引出点

拾取的第一点将作为基准尺寸的第一引出点，然后输入第二引出点和尺寸线定位点，所生成的尺寸将作为下一个尺寸的基准尺寸。系统接着提示“第二引出点”，继续拾取第二引出点即可进行一系列连续标注。

10.1.4　三点角度标注

三点角度标注用于标注三点形成的角度。

视频讲解

Note

【例 10-12】对图 10-28 中的图形进行角度标注。

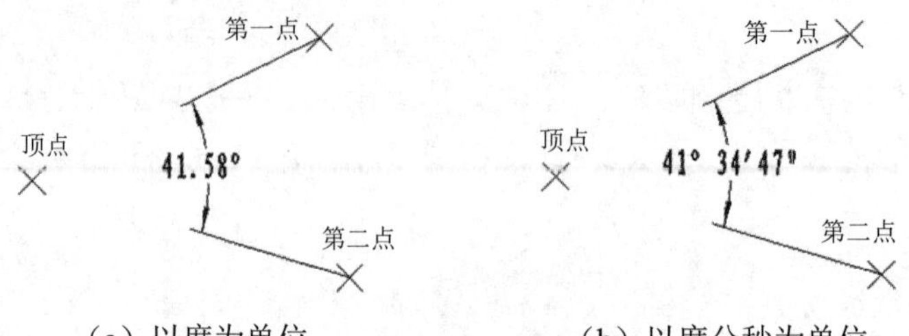

（a）以度为单位　　（b）以度分秒为单位

图 10-28　三点角度标注实例

操作步骤：

（1）打开源文件。进入尺寸标注命令后，在立即菜单 1 中选择“三点角度标注”方式，2 中可以选择标注的单位。

（2）按系统提示依次输入顶点、第一点、第二点，立即菜单变为如图 10-29 所示。

图 10-29　三点角度标注立即菜单

（3）系统提示输入位置点，移动鼠标到合适位置单击或直接输入位置点坐标，即可生成三点角度尺寸，结果如图 10-28 所示。

10.1.5　角度连续标注

角度连续标注为将前一个生成的角度尺寸作为下一个角度尺寸的基准的标注。

视频讲解

【例 10-13】对图 10-30 中的图形进行角度连续标注。

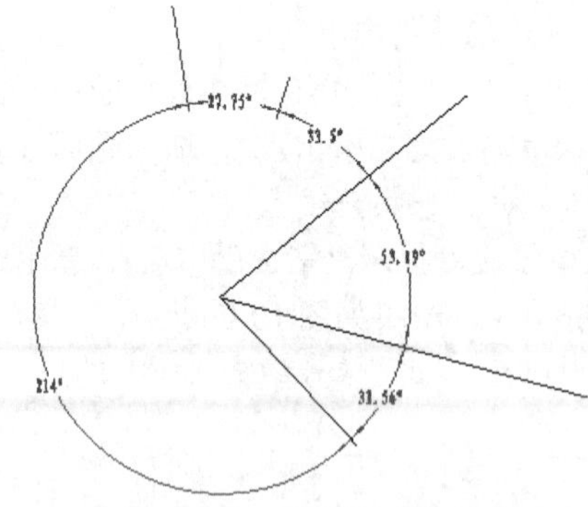

图 10-30　角度连续标注实例

操作步骤：

（1）打开源文件。进入尺寸标注命令后，在立即菜单 1 中选择“角度连续标注”方式，如图 10-31 所示。

图 10-31　角度连续标注立即菜单

（2）系统提示“拾取第一个标注元素或角度尺寸”。

(3) 如果拾取到一个已标注的角度尺寸，则新标注尺寸的第一引出点为所拾取角度尺寸距离拾取点最近的引出点，此时系统提示“尺寸线位置”，拖动光标可动态地显示所生成的尺寸。新生成尺寸的尺寸线与被拾取尺寸的尺寸线在一条直线上。

(4) 输入完第二引出点后，系统接着提示“尺寸线位置”。新生成的尺寸将作为下一个尺寸的基准尺寸。如此循环，直到按 Esc 键结束，结果如图 10-30 所示。

10.1.6　半标注

半标注进行只有一半尺寸线的标注，通常包括半剖视图尺寸标注等国标规定的尺寸标注。

【例 10-14】对图 10-32 中的矩形进行半标注。

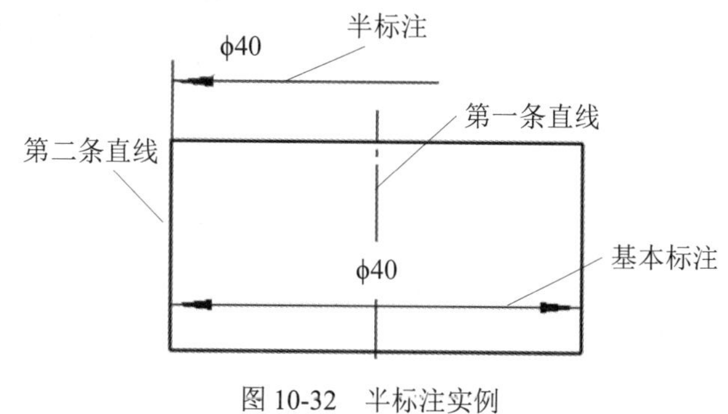

图 10-32　半标注实例

操作步骤：

(1) 打开源文件。进入尺寸标注命令后，在立即菜单 1 中选择“半标注”方式，在立即菜单中可以选择直径标注、长度标注并可以给出尺寸线的延伸长度，如图 10-33 所示。系统提示“拾取直线或第一点”。

图 10-33　半标注立即菜单

(2) 拾取直线或第一点。如果拾取到一条直线，则系统提示“拾取与第一条直线平行的直线或第二点”；如果拾取到一个点，则系统提示“拾取直线或第二点”。

(3) 拾取第二点或直线。如果两次拾取的都是点，则第一点到第二点距离的 2 倍为尺寸值；如果拾取的是点和直线，则点到被拾取直线的垂直距离的 2 倍为尺寸值；如果拾取的是两条平行的直线，则两直线之间距离的 2 倍为尺寸值。尺寸值的测量值在立即菜单中显示，用户也可以输入数值。输入第二个元素后，系统提示“尺寸线位置”。

(4) 确定尺寸线位置。用光标动态拖动尺寸线，在适当位置确定尺寸线位置后，即完成标注，如图 10-32 所示。

注意：半标注的尺寸界线引出点总是从第二次拾取元素上引出，尺寸线箭头指向尺寸界线。

10.1.7　大圆弧标注

大圆弧标注用于标注半径较大的圆弧。这也是一种比较特殊的尺寸标注，在国标中对其尺寸标注也做出了规定。CAXA CAD 电子图板就是按照国标的规定进行标注的。

【例 10-15】对图 10-34 中的大圆弧进行标注。

视频讲解

Note

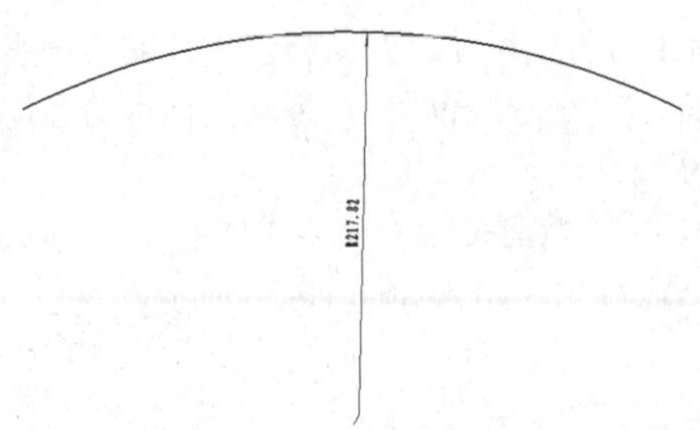

图 10-34　大圆弧标注实例

操作步骤：

（1）打开源文件。进入尺寸标注命令后，在立即菜单 1 中选择“大圆弧标注”方式。

（2）根据系统提示拾取圆弧；立即菜单变为如图 10-35 所示，在立即菜单 4 中显示尺寸的测量值，用户也可以在该菜单中输入尺寸值。

图 10-35　大圆弧标注立即菜单

（3）系统依次提示“第一引出点”“第二引出点”“定位点”，用户按顺序依次输入相应内容即可完成大圆弧标注，如图 10-34 所示。

10.1.8　射线标注

射线标注以射线形式标注两点距离。

视频讲解

【例 10-16】对图 10-36 中的射线进行标注。

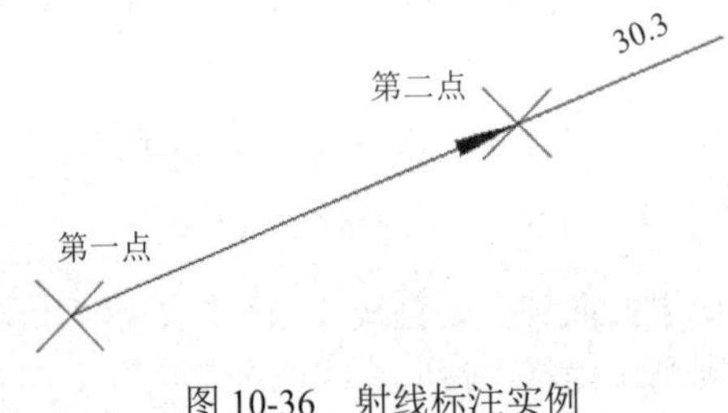

图 10-36　射线标注实例

操作步骤：

（1）打开源文件。进入尺寸标注命令后，在立即菜单 1 中选择“射线标注”方式。

（2）根据系统提示拾取第一点和第二点；立即菜单变为图 10-37 所示，在立即菜单 5 中显示尺寸的测量值（第一点到第二点的距离），用户也可以在该菜单中输入尺寸值。

图 10-37　射线标注立即菜单

（3）系统依次提示“定位点”，移动鼠标到合适位置单击即可完成射线标注，如图 10-36 所示。

10.1.9　锥度标注

锥度标注用于标注图形的锥度。这也是国标中的一种尺寸标注规定，CAXA CAD 电子图板的锥

度标注功能与其他 CAD 软件比较大大简化了标注过程。

【例 10-17】对图 10-38 中的轴进行锥度标注。

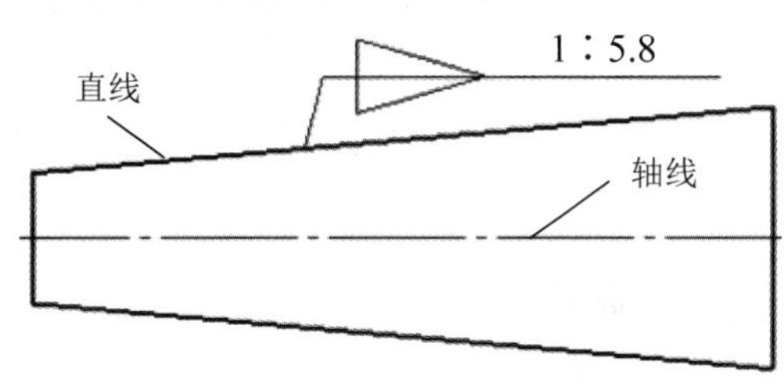

图 10-38　锥度标注实例

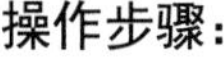

操作步骤：

（1）打开源文件。进入尺寸标注命令后，在立即菜单 1 中选择“锥度/斜度标注”方式，出现锥度标注的立即菜单如图 10-39 所示，在立即菜单 2 中可以选择锥度标注、斜度标注，3 中可以选择符号的正向、反向，4 中可以选择标注箭头的正向、反向，5 中可以选择加不加引线标注，6 中可以选择文字加不加边框，7 中可以选择是否绘制箭头，8 中可以选择是否标注角度，9 中可以选择角度含符号和角度无符号，10 和 11 中可以分别输入前缀和后缀，在 12 中显示尺寸的测量值，也可以在该菜单中输入尺寸值。

图 10-39　锥度标注立即菜单

（2）根据系统提示拾取轴线和直线。

（3）系统依次提示“定位点”，移动鼠标到合适位置单击即可完成锥度标注，结果如图 10-38 所示。

10.1.10　曲率半径标注

曲率半径标注用于标注样条的曲率半径。

【例 10-18】对图 10-40 中的样条曲线进行曲率半径标注。

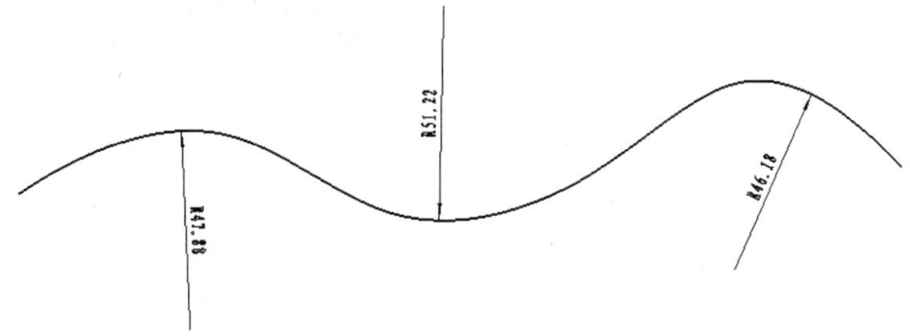

图 10-40　样条曲率半径标注的实例

操作步骤：

（1）打开源文件。进入尺寸标注命令后，在立即菜单 1 中选择“曲率半径标注”方式，出现曲率半径标注的立即菜单如图 10-41 所示，在立即菜单 2 中可以选择文字平行、文字水平，3 中可以选择文字居中、文字拖动。

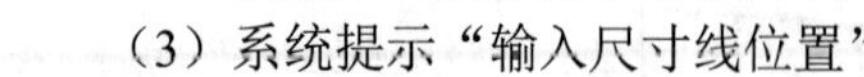

图 10-41　曲率半径标注立即菜单

Note

（2）根据系统提示拾取样条曲线。

（3）系统提示“输入尺寸线位置”，移动鼠标到合适位置单击，即可完成样条曲率半径的标注，结果如图 10-40 所示。

10.1.11　实例——标注轴承座

视频讲解

首先采用基准、连续标注方式标注主视图，然后采用基准、连续标注方式标注俯视图，最后采用基本标注方式中的直径标注左视图中的直径尺寸，结果如图 10-42 所示。

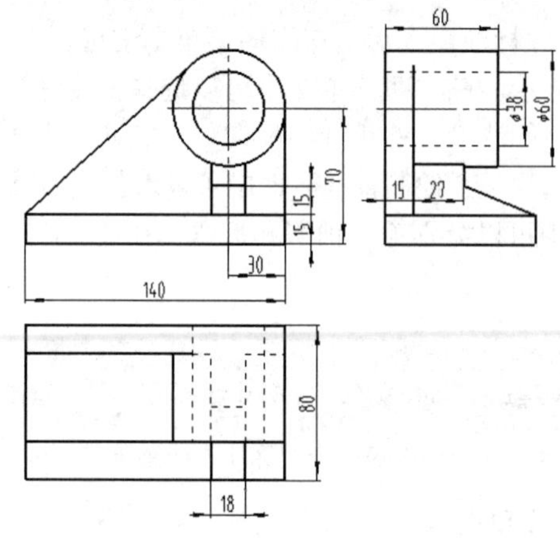

图 10-42　轴承座

操作步骤：

（1）启动 CAXA CAD 电子图板，单击“打开文件”按钮（该按钮启动方式见 1.4.2 节），从弹出的“打开”对话框中选择“资源包\原始文件\第 10 章\轴承座.exb”，单击该对话框中的“打开”按钮，此时轴类零件的图形将显示在绘图窗口中，如图 10-43 所示。

（2）标注水平尺寸：将“尺寸线层”设为当前图层并进行尺寸标注。单击“常用”选项卡“标注”面板中的“尺寸”按钮，在立即菜单 1 中选择“基线标注”方式，进行水平方向的标注。标注结果如图 10-44 所示。

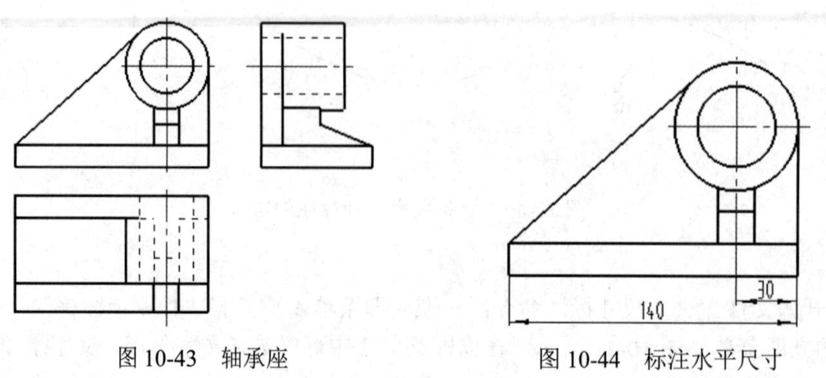

图 10-43　轴承座　　　　图 10-44　标注水平尺寸

（3）标注竖直连续尺寸：单击“常用”选项卡“标注”面板中的“尺寸”按钮，在立即菜单 1

中选择“连续标注”方式，按命令行提示依次拾取竖直方向的点。标注结果如图 10-45 所示。

（4）标注竖直尺寸：单击“常用”选项卡“标注”面板中的“尺寸”按钮，在立即菜单 1 中选择“基本标注”方式，按命令行提示拾取水平中心线上的点与水平底线上点。标注结果如图 10-46 所示。

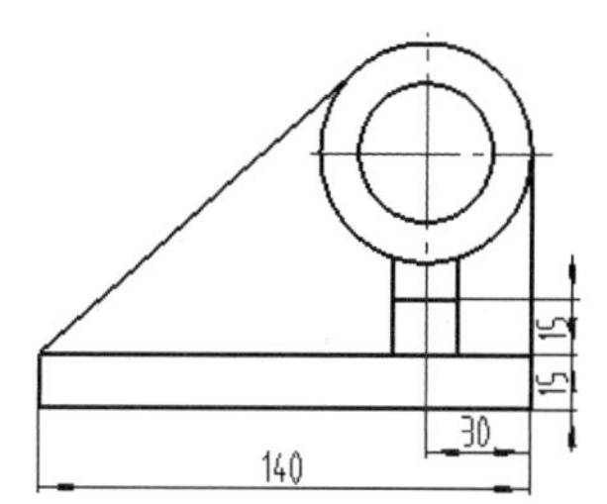

图 10-45　标注注竖直连续尺寸

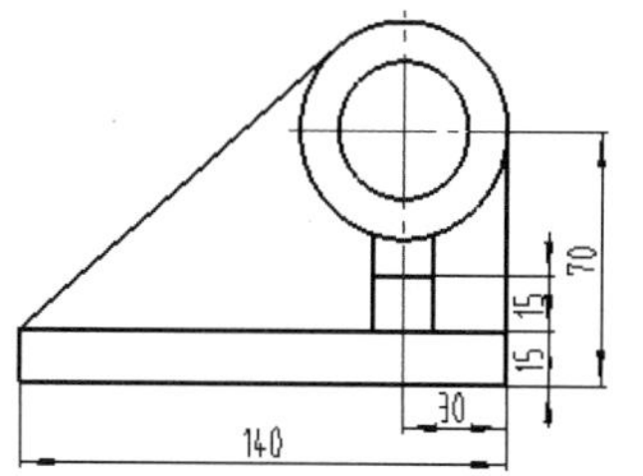

图 10-46　标注竖直尺寸

（5）标注俯视图尺寸：单击“常用”选项卡“标注”面板中的“尺寸”按钮，在立即菜单 1 中选择“基本标注”方式，标注俯视图上的尺寸。标注结果如图 10-47 所示。

（6）标注左视图水平尺寸：单击“常用”选项卡“标注”面板中的“尺寸”按钮，在立即菜单 1 中选择“基本标注”方式，标注左视图的水平尺寸。标注结果如图 10-48 所示。

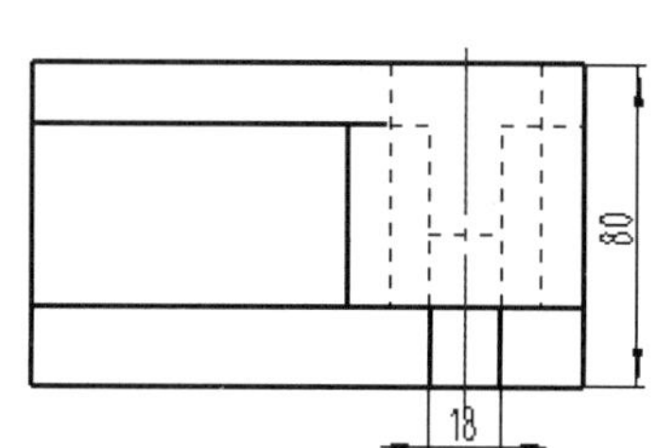

图 10-47　标注俯视图尺寸

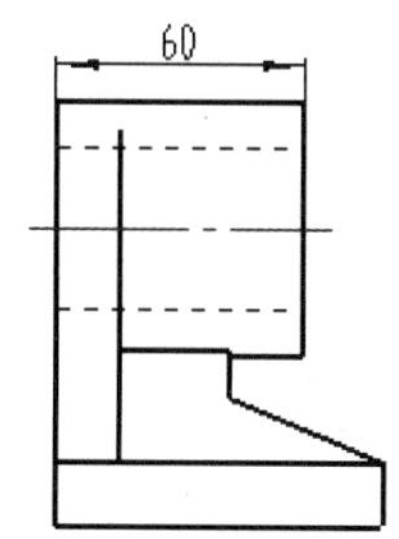

图 10-48　标注左视图水平尺寸

（7）标注连续水平尺寸：单击“常用”选项卡“标注”面板中的“尺寸”按钮，在立即菜单 1 中选择“连续标注”方式，按命令行提示依次拾取竖直方向的点。标注结果如图 10-49 所示。

（8）标注左视图直径尺寸：单击“常用”选项卡“标注”面板中的“尺寸”按钮，在立即菜单 1 中选择“基本标注”方式，按命令行提示依次拾取竖直方向要标注直径尺寸的点，然后在立即菜单 3 中选择“直径”。标注结果如图 10-50 所示。

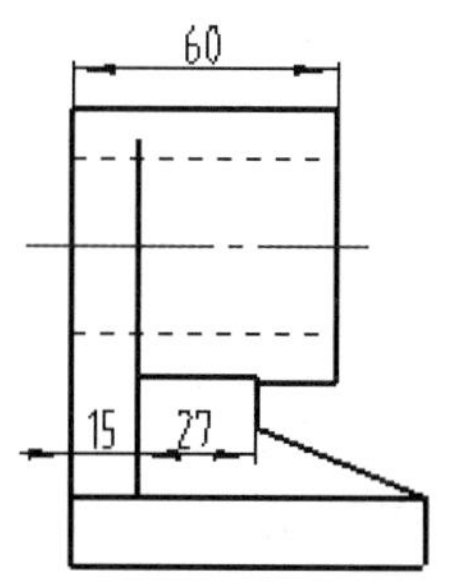

图 10-49　标注左视图连续水平尺寸

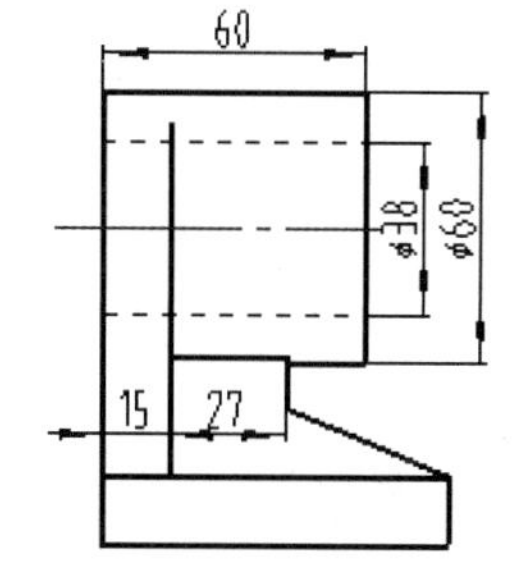

图 10-50　标注左视图竖直尺寸

最后三视图结果如图 10-42 所示。

10.2 坐标标注

坐标标注功能主要用来标注原点、选定点或圆心（孔位）的坐标值的尺寸。

1. 执行方式

☑ 命令行：dimco。

☑ 菜单栏：选择菜单栏中的“标注”→“坐标标注”→“坐标标注”命令。

☑ 工具栏：单击“标注”工具栏中的“坐标标注”按钮。

☑ 选项卡：单击“常用”选项卡“标注”面板中的“坐标标注”按钮。

2. 立即菜单选项说明

进入坐标标注命令后，在屏幕左下角出现的立即菜单 1 中可以选择不同的标注方式，如图 10-51 所示。下面对其分别予以介绍。

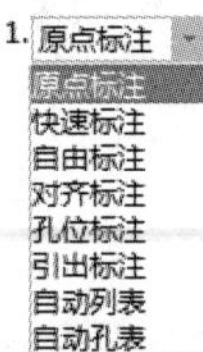

图 10-51 “坐标标注”立即菜单

10.2.1 原点标注

视频讲解

原点标注用于标注当前工作坐标系原点的 *X* 坐标值和 *Y* 坐标值。

【例 10-19】对图 10-52 中的原点进行标注。

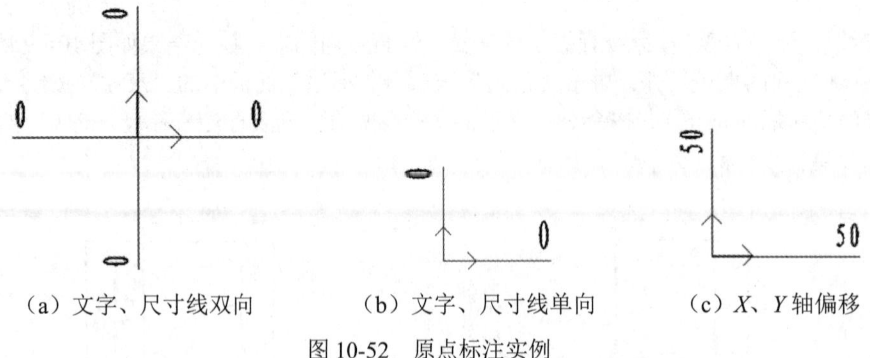

（a）文字、尺寸线双向　（b）文字、尺寸线单向　（c）*X*、*Y* 轴偏移

图 10-52 原点标注实例

操作步骤：

（1）进入坐标标注命令后，在立即菜单 1 中选择“原点标注”方式，出现原点标注的立即菜单如图 10-53 所示。

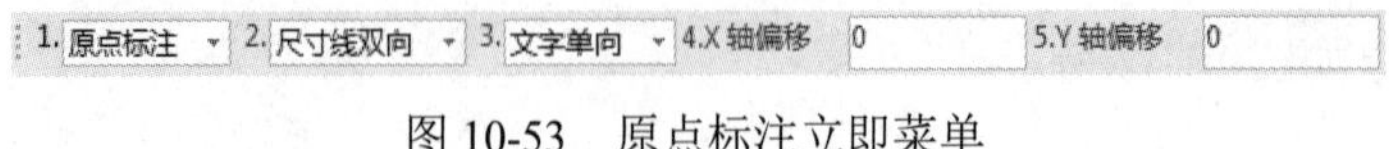

图 10-53 原点标注立即菜单

Note

（2）在立即菜单 2 中可以选择尺寸线双向或尺寸线单向， 3 中可以选择文字双向或文字单向，4 和 5 中可以分别输入 *X* 轴偏移、*Y* 轴偏移值。

（3）根据系统提示输入第二点或长度值以确定标注文字的位置。系统根据光标的位置确定是首先标注 *X* 轴方向上的坐标还是标注 *Y* 轴方向上的坐标。输入第二点或长度后，系统接着提示“输入第二点或长度”。如果只需要在一个坐标轴方向上标注，右击或按 Enter 键结束；如果还需要在另一个坐标轴方向上标注，接着输入第二点或长度值即可。标注结果如图 10-52 所示。

原点标注的格式用立即菜单中的选项来确定，立即菜单各选项的含义如下。

☑ 尺寸线双向/尺寸线单向：尺寸线双向是指尺寸线从原点出发，分别向坐标轴的两端延伸；尺寸线单向是指尺寸线从原点出发，向坐标轴靠近拖动点一端延伸。

☑ 文字双向/文字单向：当尺寸线双向时，文字双向是指在尺寸线两端均标注尺寸值；文字单向是指只在靠近拖动点一端标注尺寸值。

☑ X 轴偏移：原点的 *X* 坐标值。

☑ Y 轴偏移：原点的 *Y* 坐标值。

10.2.2　快速标注

快速标注用于标注当前坐标系下任一标注点的 *X* 和 *Y* 方向的坐标值，标注格式由立即菜单确定。

【例 10-20】对图 10-54 中的标注点进行快速标注。

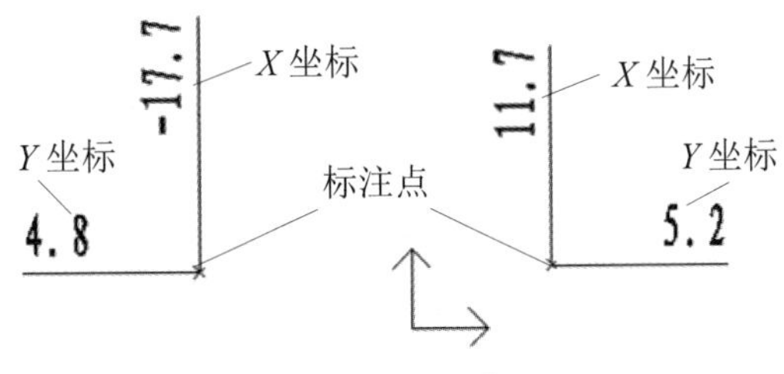

图 10-54　快速标注

操作步骤：

（1）打开源文件。进入坐标标注命令后，在立即菜单 1 中选择“快速标注”方式，出现快速标注的立即菜单如图 10-55 所示。

图 10-55　快速标注立即菜单

（2）在立即菜单 2 中可以选择尺寸值的正负号（如果选“正负号”，则所标注的尺寸值取实际值，当值为负数时，将保留负号；如果选“正号”，则所标注的尺寸值取绝对值）；3 中选择绘制或不绘制原点坐标；4 中选择 *Y* 坐标或 *X* 坐标；5 中可以输入延伸长度；6 和 7 中可以分别输入前缀和后缀；8 中可以输入尺寸值。

（3）根据系统提示输入标注点即可，结果如图 10-54 所示。

注意：在图 10-55 中，如果用户在立即菜单 8 中输入尺寸值，则立即菜单 2 中的正负号控制将不起作用。

Note

视频讲解

10.2.3 自由标注

自由标注用于标注当前坐标系下任一标注点的 X 和 Y 方向的坐标值，标注格式由用户自己给定。

【例 10-21】对图 10-56 中的两条直线进行自由标注。

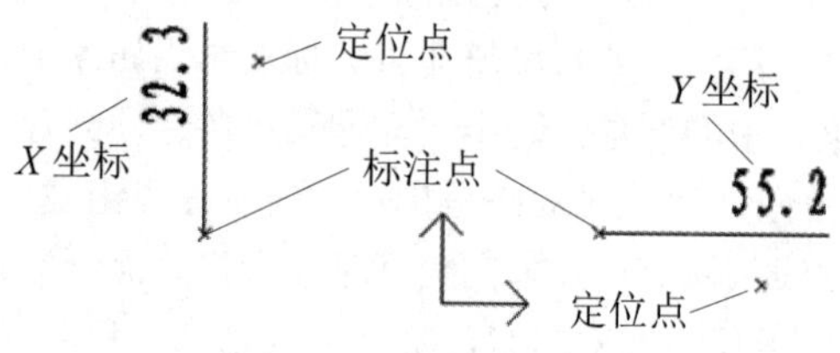

图 10-56　自由标注

操作步骤：

（1）打开源文件。进入坐标标注命令后，在立即菜单 1 中选择“自由标注”方式，出现自由标注的立即菜单如图 10-57 所示。

1. 自由标注　2. 正负号　3. 不绘制原点坐标　4.前缀　5.后缀　6.基本尺寸　计算尺寸

图 10-57　自由标注立即菜单

（2）在立即菜单 2 中可以选择尺寸值的正负号（如果选“正负号”，则所标注的尺寸值取实际值，当值为负数时，将保留负号；如果选“正号”，则所标注的尺寸值取绝对值）；3 中选择绘制或不绘制原点坐标；4 和 5 中可以分别输入前缀和后缀；6 中可以输入尺寸值。

（3）根据系统提示输入标注点即可，结果如图 10-56 所示。

注意：在图 10-57 中，如果用户在立即菜单 6 中输入尺寸值，则立即菜单 2 中的正负号控制将不起作用。另外，标注 X 坐标还是 Y 坐标以及尺寸线的尺寸由定位点控制。

10.2.4 对齐标注

视频讲解

对齐标注为一组以第一个坐标标注为基准，尺寸线平行、尺寸文字对齐的标注。

【例 10-22】对图 10-58 中的点进行对齐标注。

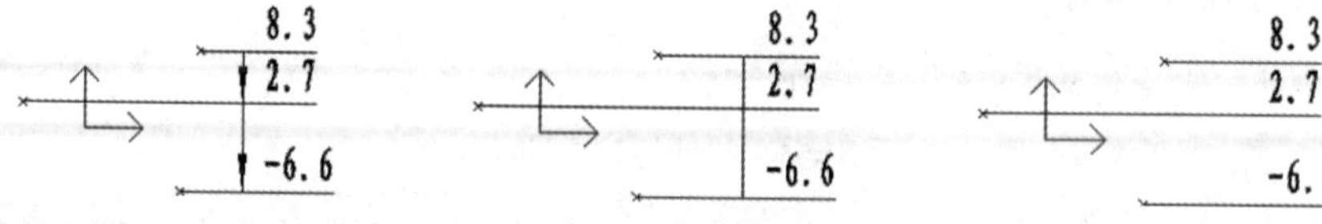

（a）尺寸线打开、箭头打开　（b）尺寸线打开、箭头关闭　（c）尺寸线关闭

图 10-58　对齐标注实例

操作步骤：

（1）打开源文件。进入坐标标注命令后，在立即菜单 1 中选择“对齐标注”方式，出现对齐标注的立即菜单如图 10-59 所示；在立即菜单中设定对齐标注的格式。

1. 对齐标注　2. 正负号　3. 绘制引出点箭头　4. 尺寸线关闭　5. 不绘制原点坐标　6.对齐点延伸　0　7.前缀　8.后缀　9.基本尺寸　计算尺寸

图 10-59　对齐标注立即菜单

（2）标注第一个尺寸：根据系统提示输入标注点、定位点即可。

（3）标注后续尺寸：系统只提示“标注点”，选定系列的标注点，即可完成一组尺寸文字对齐的坐标标注。

Note

通过立即菜单，可选择不同的对齐标注格式：在立即菜单 2 中可以选择尺寸值的正负号（如果选“正负号”，则所标注的尺寸值取实际值，当值为负数时，将保留负号；如果选“正号”，则所标注的尺寸值取绝对值）；3 中“不绘制/绘制引出点箭头”控制是否绘制引线箭头；4 中的“尺寸线关闭/打开”控制对齐标注下是否要画出尺寸线；5 中的“不绘制/绘制原点坐标”控制是否绘制坐标原点；9 中显示默认的测量值，用户也可以在该菜单中输入尺寸值，此时正负号的控制将不起作用。标注结果如图 10-58 所示。

10.2.5　孔位标注

孔位标注用于标注圆心或一个点的 *X*、*Y* 坐标值。

视频讲解

【例 10-23】对图 10-60（a）中的图形进行孔位标注，使其结果分别如图 10-60（b）和图 10-60（c）所示。

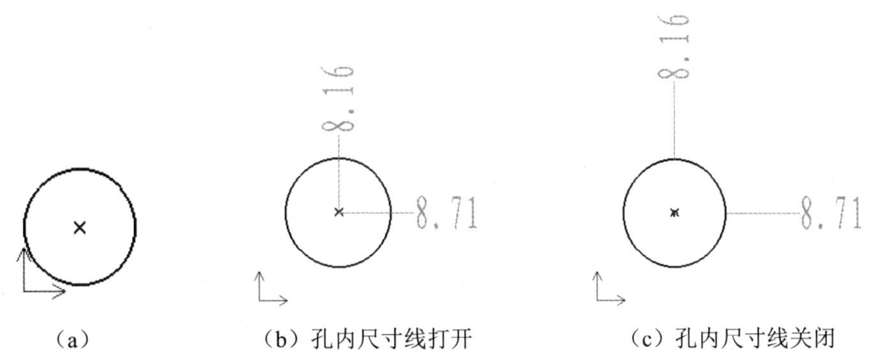

（a）　　（b）孔内尺寸线打开　　（c）孔内尺寸线关闭

图 10-60　孔位标注实例

操作步骤：

（1）打开源文件。进入坐标标注命令后，在立即菜单 1 中选择“孔位标注”方式，出现孔位标注的立即菜单如图 10-61 所示；在立即菜单中设定孔位标注的格式。

1. 孔位标注 | 2. 正负号 | 3. 不绘制原点坐标 | 4. 孔内尺寸线打开 | 5.X延伸长度 3 | 6.Y延伸长度 3

图 10-61　孔位标注立即菜单

（2）根据系统提示拾取圆或点即可，结果如图 10-60（b）所示。

重复上述步骤（1），并将立即菜单 4 更改为“孔内尺寸线关闭”选项，然后根据系统提示拾取圆或点即可，结果如图 10-60（c）所示。

通过立即菜单，用户可选择不同的孔位标注格式：在立即菜单 2 中可以选择尺寸值的正负号（如果选“正负号”，则所标注的尺寸值取实际值，当值为负数时，将保留负号；如果选“正号”，则所标注的尺寸值取绝对值）；3 中选择“绘制/不绘制原点坐标”；4 中的“孔内尺寸线关闭/打开”控制标注圆心坐标时，位于圆内的尺寸界线是否要画出；5 和 6 中的“X 延伸长度”“Y 延伸长度”分别控制 *X* 和 *Y* 轴坐标轴方向，尺寸界线延伸出圆外的长度或尺寸界线自标注点延伸的长度，默认值为 3mm，用户也可以修改此值。

10.2.6 引出标注

视频讲解

引出标注用于坐标标注中尺寸线或文字过于密集时，将数值标注引出来的标注。

进入坐标标注命令后，出现引出标注的立即菜单。在立即菜单 4 中可以转换“引出标注”的标注方式为“自动打折”或“手工打折”。

【例 10-24】以“自动打折”方式进行引出标注，如图 10-62 所示。

图 10-62 以“自动打折”方式引出标注

操作步骤：

（1）打开源文件。进入坐标标注命令后，在立即菜单 1 中选择“引出标注”方式，出现引出标注的立即菜单，在立即菜单 4 中选择“自动打折”方式。

（2）在立即菜单中设定引出标注的格式，如图 10-63 所示。

1.引出标注 2.正负号 3.不绘制原点坐标 4.自动打折 5.顺折 6.L 5 7.H 5 8.前缀 9.后缀 10.基本尺寸 计算尺寸

图 10-63 引出标注立即菜单

（3）根据系统提示依次输入标注点和定位点，结果如图 10-62 所示。

通过立即菜单，用户可选择不同的引出标注格式：在立即菜单 2 中可以选择尺寸值的正负号（如果选“正负号”，则所标注的尺寸值取实际值，当值为负数时，将保留负号；如果选“正号”，则所标注的尺寸值取绝对值）；3 中选择“绘制原点坐标”或“不绘制原点坐标”；4 中选择“自动打折”或“手动打折”；5 中的“顺折/逆折”控制转折线的方向；6 和 7 分别控制第一条和第二条转折线的方向；8 和 9 中输入前缀和后缀；10 中显示默认的测量值，用户也可以在该菜单中输入尺寸值，此时正负号的控制将不起作用。

视频讲解

【例 10-25】以“手工打折”方式进行引出标注，如图 10-64 所示。

图 10-64 以“手工打折”方式引出标注

操作步骤：

（1）打开源文件。进入坐标标注命令后，在立即菜单 1 中选择“引出标注”方式，出现引出标注的立即菜单，单击立即菜单 4 切换为“手工打折”方式。

（2）在立即菜单中设定引出标注的格式，如图 10-65 所示。立即菜单各项的作用同自动打折方式。

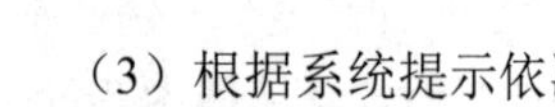

1.引出标注 2.正负号 3.不绘制原点坐标 4.手工打折 5.前缀 6.后缀 7.基本尺寸 计算尺寸

图 10-65 手工打折引出标注立即菜单

（3）根据系统提示依次输入“标注点”“引出点”“引出点”“定位点”，即可完成标注，结果如图 10-64 所示。

10.2.7　自动列表标注

自动列表标注以表格方式列出标注点、圆心或样条插值点的坐标值。

【例 10-26】对图 10-66 中的点、圆、圆弧以及样条进行坐标标注。

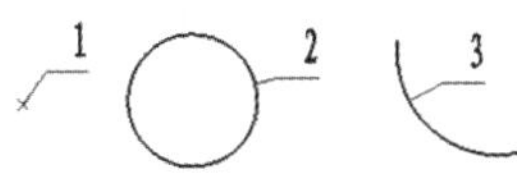

	PX	PY	ϕ
1	-69.9	39.2	
2	-53.1	39.5	12.8
3	-23.0	44.1	19.7

A	PX	PY
1	19.8	32.9
2	28.3	38.1
3	36.5	38.0
4	41.0	39.8

（a）点或圆（弧）的标注　　（b）样条的标注

图 10-66　自动列表标注实例

操作步骤：

（1）打开源文件。进入坐标标注命令后，在立即菜单 1 中选择“自动列表”方式，出现自动列表标注的立即菜单如图 10-67 所示。系统提示“输入标注点或拾取圆（弧）或样条”。

1. 自动列表　2. 正负号　3. 加引线　4. 不标识原点

图 10-67　自动列表标注立即菜单

（2）当输入第一个标注点时，拾取到样条，立即菜单将变为如图 10-68 所示。根据系统提示输入序号插入点，在此立即菜单中可以控制表格的尺寸。

1. 自动列表　2.序号域长度　10　3.坐标域长度　25　4.表格高度　5

图 10-68　样条的自动列表标注立即菜单

注意：在图 10-67 中，立即菜单 2 中可以选择尺寸值的正负号（如果选“正负号”，则所标注的尺寸值取实际值，当值为负数时，将保留负号；如果选“正号”，则所标注的尺寸值取绝对值）；3 中的“加引线/不加引线”控制尺寸引线是否要画出；4 中可以输入样条插入点的标注符号。

（3）系统提示“定位点”，输入定位点后即完成标注。

（4）若步骤（2）中拾取到的是点或圆、圆弧后，则系统提示输入序号的插入点，按照系统提示输入插入点后，系统重复提示输入标注点或拾取圆（弧）。输入一系列的标注点后，右击或按 Enter 键确认，立即菜单也变为图 10-68 所示，后面的各项操作与拾取样条相同，只是在输出表格时，如果有圆（弧），则表格中增加一列直径 Φ。标注结果如图 10-66 所示。

10.3　倒角与引线

10.3.1　倒角标注

倒角标注用于标注图纸中的倒角尺寸。

1. 执行方式

☑ 命令行：dimch。

☑ 菜单栏：选择菜单栏中的“标注”→“倒角标注”命令。

☑ 工具栏：单击“标注”工具栏中的“倒角标注”按钮。

☑ 选项卡：单击“常用”选项卡“标注”面板“符号”下拉按钮中的“倒角标注”按钮，或单击“标注”选项卡“符号”面板中的“倒角标注”按钮。

2. 立即菜单选项说明

进入倒角标注命令后，在屏幕左下角出现倒角标注的立即菜单，如图 10-69 所示，在立即菜单 2 中可以选择不同的倒角标注方式。

图 10-69　倒角标注立即菜单

【例 10-27】对图 10-70 中的倒角进行标注。

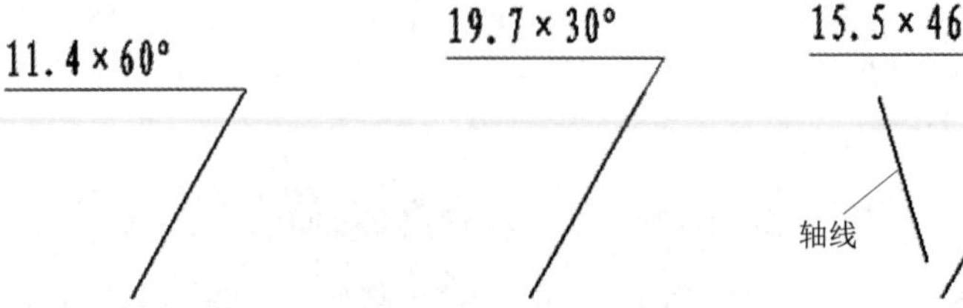

（a）轴线方向为 X 轴方向　（b）轴线方向为 Y 轴方向　（c）指定轴线

图 10-70　倒角标注实例

操作步骤：

（1）打开源文件。进入倒角标注命令后，在立即菜单 1 中选择标注方式。

（2）根据系统提示直接拾取要标注倒角部位直线（注意：如果在步骤（2）中选择了“拾取轴线”方式，则根据系统提示首先拾取轴线，再拾取标注直线），结果如图 10-70 所示。

10.3.2　引出说明

引出说明用于标注引出注释，由文字和引线两部分组成，文字可以输入西文或输入汉字。文字的各项参数由文字参数决定。执行方式如下。

☑ 命令行：ldtext。

☑ 菜单栏：选择菜单栏中的“标注”→“引出说明”命令。

☑ 工具栏：单击“标注”工具栏中的“引出说明”按钮。

☑ 选项卡：单击“常用”选项卡“标注”面板“符号”下拉按钮中的“引出说明”按钮，或单击“标注”选项卡“符号”面板中的“引出说明”按钮。

【例 10-28】对图 10-71 中的螺纹孔进行引出说明。

视频讲解

操作步骤：

（1）打开源文件。进入引出说明命令后，系统弹出“引出说明”对话框，如图 10-72 所示。在

该对话框中输入说明性文字后，单击“确定”按钮。

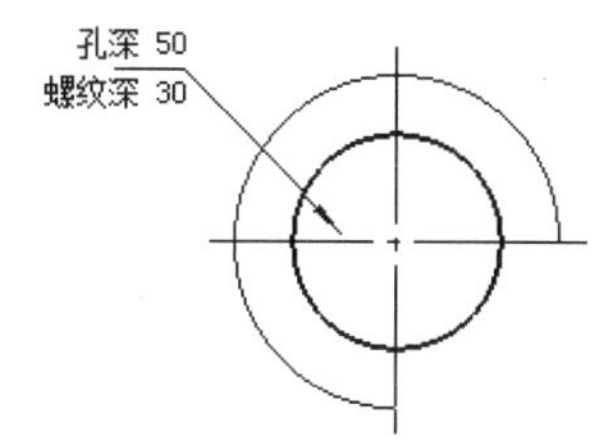

图 10-71 引出说明的标注实例

（2）系统弹出如图 10-73 所示的立即菜单（在此立即菜单中可以选择文字方向和引出线的长度），然后根据系统提示输入第一点（也就是引出点）和第二点（也就是定位点），结果如图 10-71 所示。

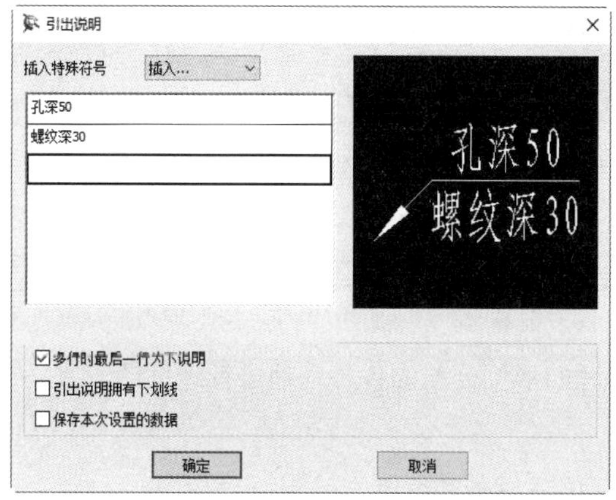

图 10-72 “引出说明”对话框

图 10-73 倒角标注立即菜单

10.4 特殊符号标注

10.4.1 形位公差标注

形位公差标注用于标注形状和位置公差。可以拾取一个点、直线、圆或圆弧进行形位公差标注，要拾取的直线、圆或圆弧可以是尺寸或块里的组成元素。

1. 执行方式

☑ 命令行：fcs。

☑ 菜单栏：选择菜单栏中的“标注”→“形位公差”命令。

☑ 工具栏：单击“标注”工具栏中的“形位公差”按钮。

☑ 选项卡：单击“常用”选项卡“标注”面板“符号”下拉按钮中的“形位公差”按钮，或单击“标注”选项卡“符号”面板中的“形位公差”按钮。

2. 操作步骤

（1）进入标注形位公差命令后，系统弹出如图 10-74 所示的“形位公差”对话框，在该对话框中输入应标注的形位公差后，单击“确定”按钮。

（2）系统弹出如图 10-75 所示的立即菜单，在立即菜单 1 中可以选择“水平标注”或“铅垂标

Note

注”，2 中可以选择“智能结束”或“取消智能结束”，3 中可以选择“有基线”或“无基线”，然后根据系统提示依次输入引出线的转折点和定位点即可。

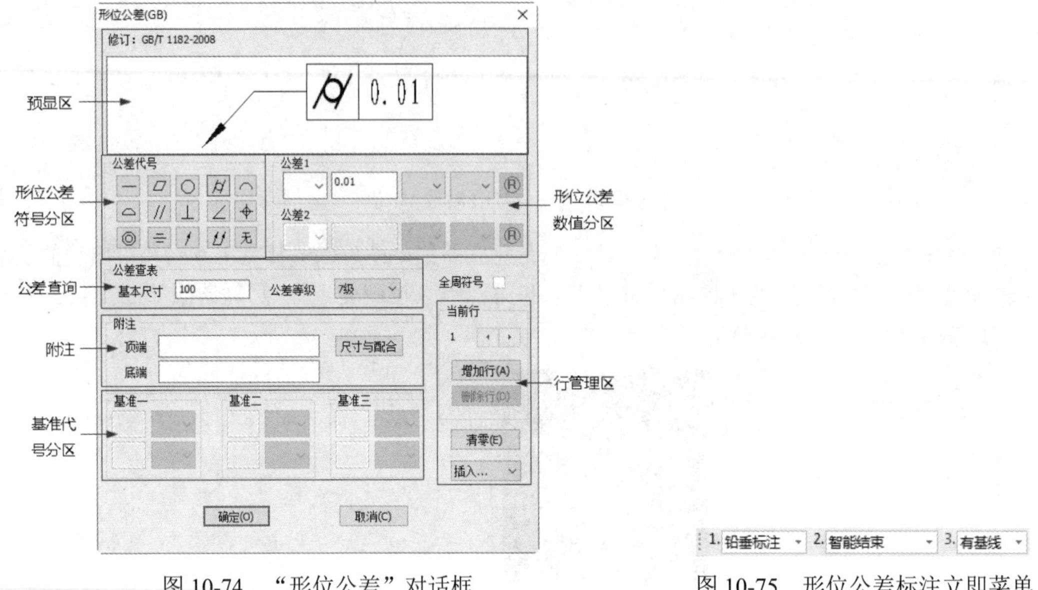

图 10-74 “形位公差”对话框

图 10-75 形位公差标注立即菜单

用户可以在“形位公差”对话框中对需要标注的形位公差的各种选项进行详细的设置。

3. 选项说明

（1）预显区：在对话框的最上方，用于显示填写与布置结果。

（2）形位公差符号分区：该分区排列出形位公差“直线度”“平面度”“圆度”等符号按钮，用户单击某一按钮，即在显示图形区填写。

（3）形位公差数值分区。

☑ 公差数值：选择直径符号 ϕ 或符号 S 的输出。

☑ 数值输入框：用于输入形位公差数值。

☑ 形状限定：选择性公差后缀，共有 5 个选项，分别为“ ”（空）、“(-)”（只允许中间材料向内凹下）、“(+)”（只允许中间材料向上凸起）、“(<)”（只允许从左至右减小）、“(>)”（只允许从左至右增加）。

（4）相关原则：选择性公差后缀，共有 6 个选项，分别为“ ”（空）、“（P）”（延伸公差带）、“（M）”（最大实体要求）、“（E）”（包容要求）、“（L）”（最小实体要求）、“（F）”（非刚性零件的自由状态条件）。

（5）公差查询：在选择公差代号、输入基本尺寸和选择公差等级后自动给出公差值。

（6）附注：单击“尺寸与配合”按钮，可以弹出公差输入对话框，可以在形位公差处增加公差的附注。

（7）基准代号分区：该区分 3 组，可分别输入基准代号和选取相应符号（如“P”“M”“E”等）。

（8）行管理区。

☑ 增加行：在已标注的一行形位公差的基础上，用“增加行”来标注新行。新行的标注与第一行相同。

☑ 删除行：若单击此按钮，则删除当前行，系统自动调整整个形位公差的标注。

☑ 清零：对当前行进行清除操作。

☑ 当前行：指示当前行的行号。

10.4.2 粗糙度标注

粗糙度标注功能用于标注表面粗糙度代号。执行方式如下。

☑ 命令行：rough。

☑ 菜单栏：选择菜单栏中的“标注”→“粗糙度”命令。

☑ 工具栏：单击“标注”工具栏中的“粗糙度”按钮√。

☑ 选项卡：单击“常用”选项卡“标注”面板“符号”下拉按钮中的“粗糙度”按钮√，或单击“标注”选项卡“符号”面板中的“粗糙度”按钮√。

【例 10-29】对图 10-76 中的图形进行粗糙度标注。

操作步骤：

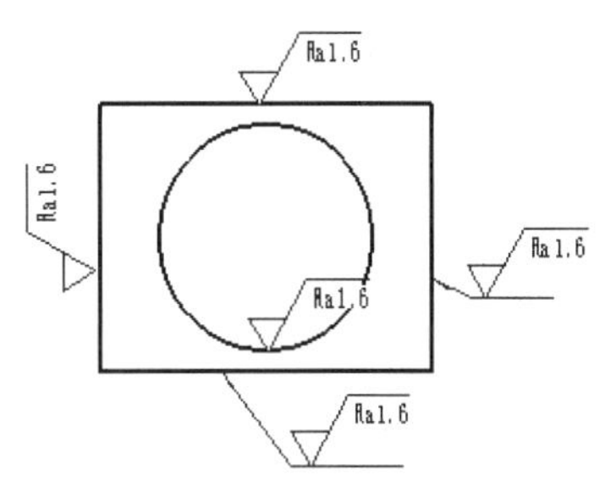

图 10-76 粗糙度标注实例

（1）打开源文件。进入标注粗糙度命令后，系统弹出如图 10-77 所示的立即菜单，在立即菜单 1 中可以选择“简单标注”或“标准标注”。

（2）若采用“简单标注”方式，则在立即菜单 2 中可以选择“默认方式”或“引出方式”，3 中可以选择材料的符号类型，即“去除材料”“不去除材料”或“基本符号”，4 中用来输入粗糙度值，5 中可以选择其他粗糙度，即“其余”“全部”或“下料切边”。根据系统提示拾取定位点或直线或圆弧，如采用默认方式，还要根据系统提示输入标注符号的旋转角；如采用“引出方式”标注还需要输入标注的位置点。

（3）若采用“标准标注”方式，则单击立即菜单 1，标准标注粗糙度的立即菜单如图 10-78 所示，在立即菜单 2 中也可以选择“默认方式”或“引出方式”。系统弹出如图 10-79 所示的“表面粗糙度”对话框，在该对话框中输入应标注的粗糙度后，单击“确定”按钮，后面的步骤与“简单标注”方式相同，结果如图 10-76 所示。

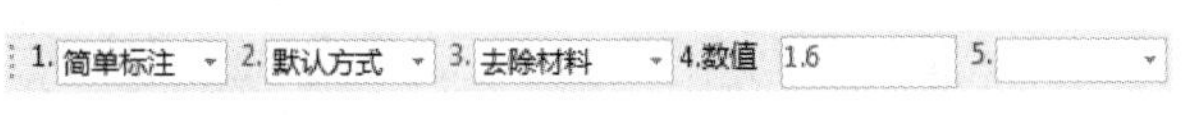

图 10-77 粗糙标注度立即菜单

1. 标准标注 2. 默认方式

图 10-78 标准标注粗糙度立即菜单

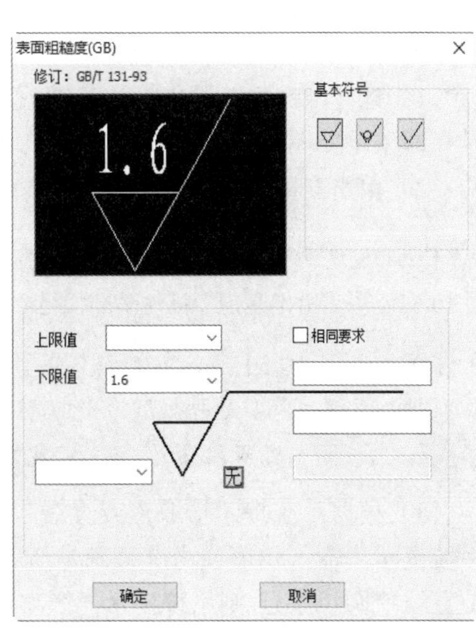

图 10-79 “表面粗糙度”对话框

> **注意：** 简单标注只能选择粗糙度的符号类型和改变粗糙度的值。而标准标注是按 GB/T131—93 标准编制的，它是通过“表面粗糙度”对话框实现的，可以通过图标按钮选择不同的符号类型和纹理方向符号，通过输入框输入上、下限值以及上、下说明。

Note

10.4.3 基准代号标注

基准代号标注用于标注基准代号或基准目标。

1. 执行方式

☑ 命令行：datum。

☑ 菜单栏：选择菜单栏中的“标注”→“基准代号”命令。

☑ 工具栏：单击“标注”工具栏中的“基准代号”按钮。

☑ 选项卡：单击“常用”选项卡“标注”面板“符号”下拉按钮中的“基准代号”按钮，或单击“标注”选项卡“符号”面板中的“基准代号”按钮。

2. 立即菜单选项说明

进入标注基准代号命令后，系统弹出基准代号标注的立即菜单，在立即菜单 1 中可以选择“基准标注”或“基准目标”。

视频讲解

【例 10-30】 对图 10-80 中的圆进行基准代号标注。

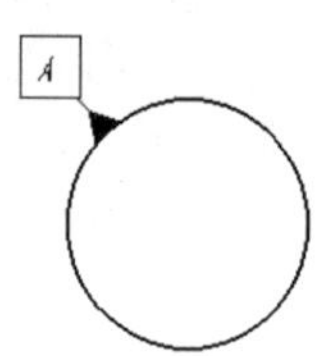

（a）给定基准、默认方式

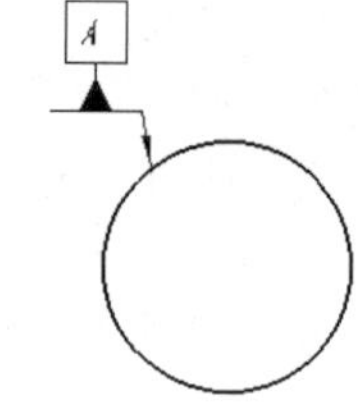

（b）给定基准、引出方式

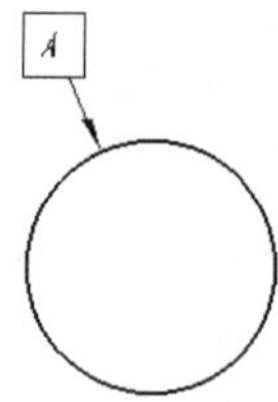

（c）任选基准

图 10-80　基准代号标注实例

操作步骤：

（1）打开源文件。进入标注基准代号命令后，在立即菜单 1 中选择“基准标注”，出现标注基准代号立即菜单如图 10-81 所示。

（2）单击立即菜单 2 可以切换“给定基准”（见图 10-81）或“任选基准”（见图 10-82）。

1. 基准标注 2. 给定基准 3. 默认方式 4.基准名称 A

图 10-81　以“给定基准”标注基准代号立即菜单

1. 基准标注 2. 任选基准 3.基准名称 A

图 10-82　以“任选基准”标注基准代号立即菜单

> **注意：** 在图 10-81 所示的“给定基准”标注基准代号立即菜单中，单击立即菜单 3 可以切换“默认方式”（无引出线）或“引出方式”（图 10-82 的“任选基准”方式中没有此项），立即菜单 4 可以改变基准代号名称，基准代号名称可以由两个字符或一个汉字组成。

（3）根据系统提示拾取点或直线、圆弧和圆来确定基准代号的位置即可。如拾取的是定位点，则系统提示“输入角度或由屏幕确定”，用拖曳方式或从键盘输入旋转角后，即可完成标注；如拾取的是直线或圆（弧），则系统提示“拖动确定标注位置”，移动鼠标到合适位置后单击，即可标注出与直线或圆弧相垂直的基准代号，结果如图 10-80 所示。

视频讲解

Note

【例 10-31】对图 10-83 中的圆进行基准目标标注。

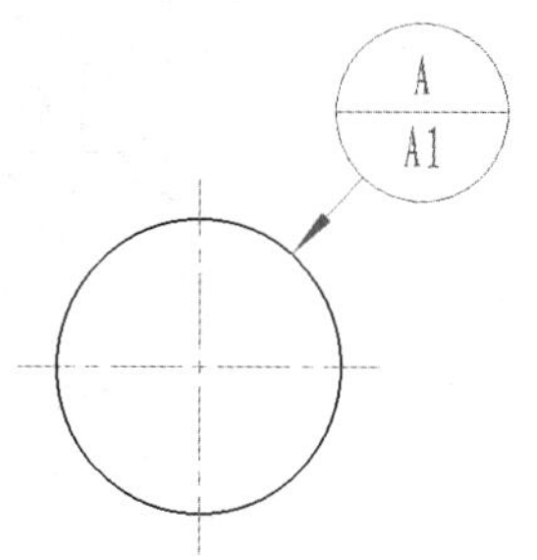

图 10-83　基准目标及代号标注实例

操作步骤：

（1）打开源文件。进入标注基准代号命令后，在立即菜单 1 中选择“基准目标”，出现基准标注目标代号立即菜单，如图 10-84 所示。

1. 基准目标　2. 代号标注　3. 引出线为直线　4.上说明　5.下说明 A

图 10-84　基准标注目标代号立即菜单

（2）单击立即菜单 2 可以切换“代号标注”（见图 10-84）或“目标标注”（见图 10-85）。

1. 基准目标　2. 目标标注

图 10-85　标注基准目标立即菜单

（3）根据系统提示拾取点或直线、圆弧和圆来确定基准目标的位置即可，结果如图 10-83 所示。

10.4.4　焊接符号标注

焊接符号标注用于标注焊接符号。

1. 执行方式

☑ 命令行：weld。
☑ 菜单栏：选择菜单栏中的“标注”→“焊接符号”命令。
☑ 工具栏：单击“标注”工具栏中的“焊接符号”按钮。
☑ 选项卡：单击“常用”选项卡“标注”面板“符号”下拉按钮中的“焊接符号”按钮，或单击“标注”选项卡“符号”面板中的“焊接符号”按钮。

2. 操作步骤

（1）进入标注焊接符号命令后，系统弹出“焊接符号”对话框，如图 10-86 所示。

（2）在“焊接符号”对话框中对需要标注的焊接符号的各种选项进行设置后，单击“确定”按钮确认。

（3）根据系统提示依次拾取标注元素、输入引线转折点和定位点即可。

“焊接符号”对话框中的各部分内容及操作如下：对话框左上部是预显框，右上部是单行参数示意图，第二行是一系列符号选择按钮和“符号位置”选择，“符号位置”是用来控制当前单行参数是对应基准线以上的部分还是以下部分，系统通过这种手段来控制单行参数。各个位置的尺寸值和焊接说明位于第三行。对话框的底部是用来选择输入交错焊缝的间距和虚线位置，其中虚线位置是用来表示基准虚线与实线的相对位置。清除行操作是将当前行的单行参数清零。

Note

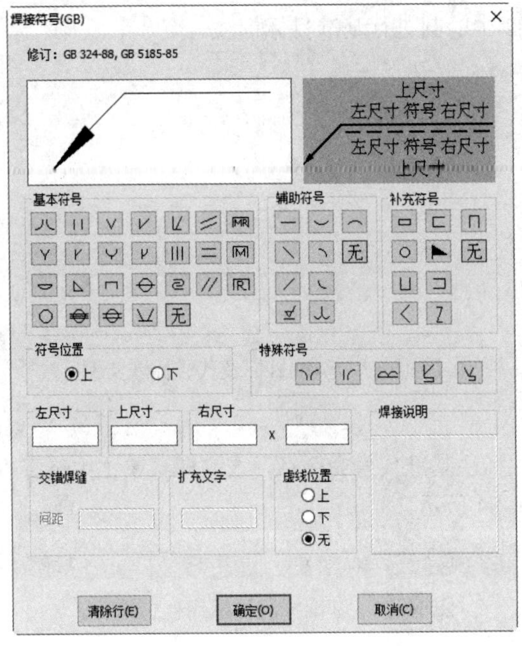

图 10-86 “焊接符号”对话框

10.4.5 剖切符号标注

剖切符号标注用于标出剖面的剖切位置，执行方式如下。

☑ 命令行：hatchpos。

☑ 菜单栏：选择菜单栏中的“标注”→“剖切符号”命令。

☑ 工具栏：单击“标注”工具栏中的“剖切符号”按钮。

☑ 选项卡：单击“常用”选项卡“标注”面板“符号”下拉按钮中的“剖切符号”按钮，或单击“标注”选项卡“符号”面板中的“剖切符号”按钮。

【例 10-32】创建如图 10-87 所示的剖切符号。

视频讲解

操作步骤：

（1）打开源文件。进入标注剖切符号命令后，系统弹出剖切符号立即菜单，如图 10-88 所示。

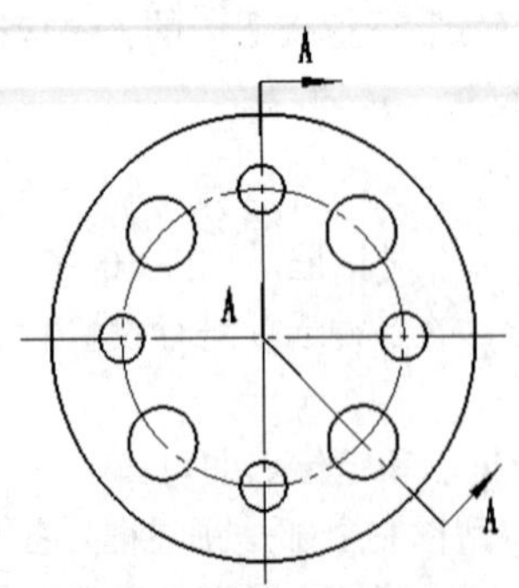

图 10-87 标注剖切符号实例

1. 垂直导航 2. 自动放置剖切符号名

图 10-88 剖切符号立即菜单

（2）根据提示先以两点线的方式画出剖切轨迹线，当绘制完成后，右击结束画线状态。

（3）此时在剖切轨迹线的终止点显示出沿最后一段剖切轨迹线法线方向的两个箭头标识，并提

示“请单击箭头选择剖切方向:”。可以在两个箭头的一侧单击以确定箭头的方向，或者右击取消箭头。然后系统提示“指定剖面名称标注点:”，拖动一个表示文字大小的矩形到所需位置单击确认，此步骤可以重复操作，直至右击结束，结果如图 10-87 所示。

10.4.6　实例——标注盘件

视频讲解

首先利用尺寸标注命令标注基本尺寸，然后利用粗糙度命令标注粗糙度，再利用基准代号标注命令标注基准代号，最后利用形位公差命令标注形位公差，结果如图 10-89 所示。

操作步骤:

（1）启动 CAXA CAD 电子图板，单击“打开文件”按钮，从弹出的“打开”对话框中选择“资源包\原始文件\第 10 章\盘件.exb”，单击“打开”按钮，这时盘件零件的图形将显示在绘图窗口中，如图 10-90 所示。

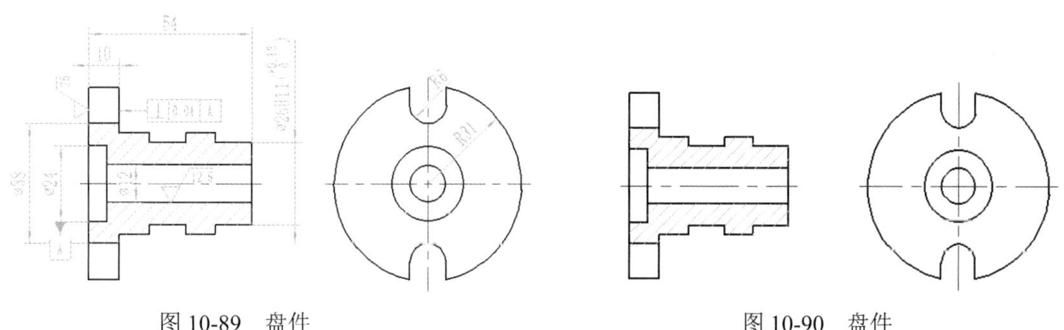

图 10-89　盘件　　　　图 10-90　盘件

（2）标注轴图形中的线性尺寸：将“尺寸线层”设为当前图层进行尺寸标注。单击“常用”选项卡“标注”面板中的“尺寸”按钮，在立即菜单 1 中选择“基线标注”。

命令行提示:

拾取线性尺寸或第一引出点:（拾取最左端线段的端点）
第二引出点:（拾取左端的第二点）
尺寸线位置:（将尺寸移动到适当位置，单击）
第二引出点:（拾取最右端线段的端点）

尺寸标注结果如图 10-91 所示。

（3）标注直径尺寸：单击“常用”选项卡“标注”面板中的“尺寸”按钮，在立即菜单 1 中选择“基本标注”，按命令行提示依次拾取竖直方向要标注直径尺寸的点，在“基本标注”的立即菜单中设置 3 为“直径”，标注直径尺寸的结果如图 10-92 所示。

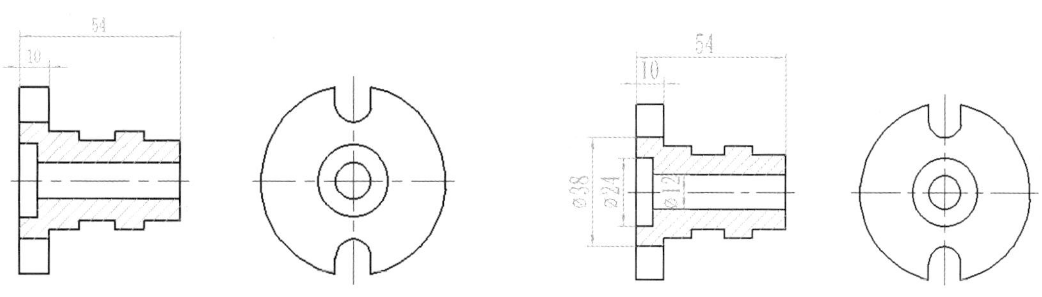

图 10-91　标注线性尺寸　　　　图 10-92　标注直径尺寸

（4）标注带有偏差的尺寸：单击“常用”选项卡“标注”面板中的“尺寸”按钮，在立即菜单 1 中选择“基本标注”。

命令行提示：

Note

拾取线性尺寸或第一引出点：（拾取主视图的水平线的一个端点）
第二引出点：（拾取主视图的水平线的另一个端点）

在拖动尺寸进行定位时，右击，弹出如图 10-93 所示的“尺寸标注属性设置”对话框。在此对话框中填入如图 10-94 所示的数据。

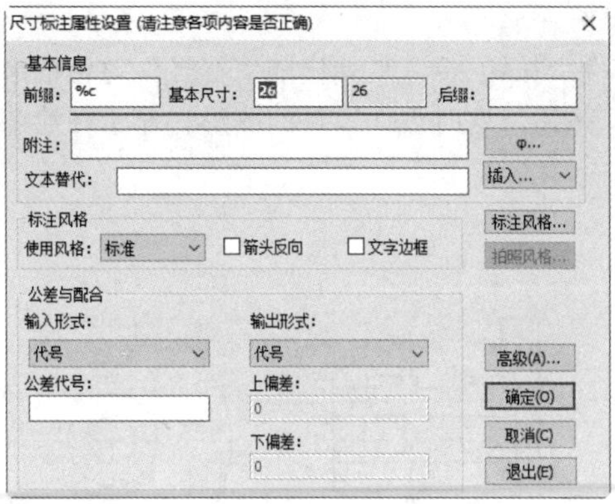

图 10-93 “尺寸标注属性设置”对话框

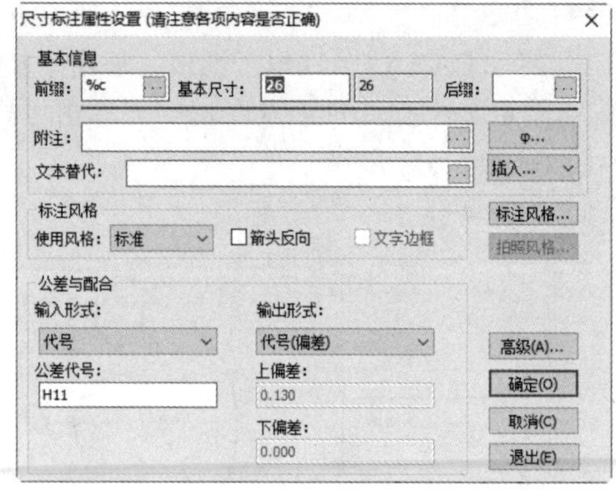

图 10-94 填入数据

标注带有偏差的尺寸的结果如图 10-95 所示。

（5）标注左视图的基本尺寸：单击“常用”选项卡“标注”面板中的“尺寸”按钮，在立即菜单 1 中选择“基本标注”，拾取左视图的圆和圆弧，标注结果如图 10-96 所示。

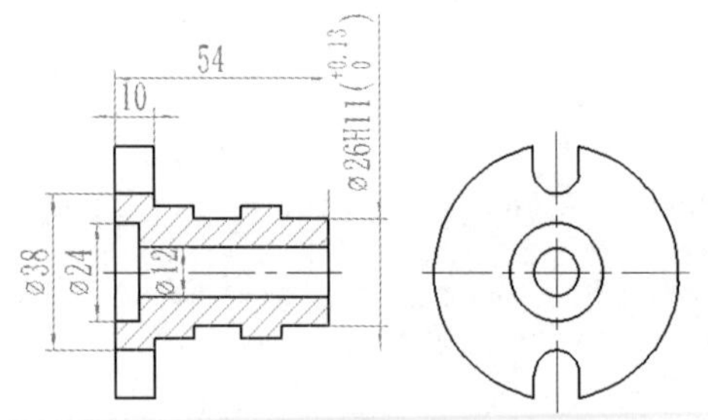

图 10-95 标注带有偏差的尺寸

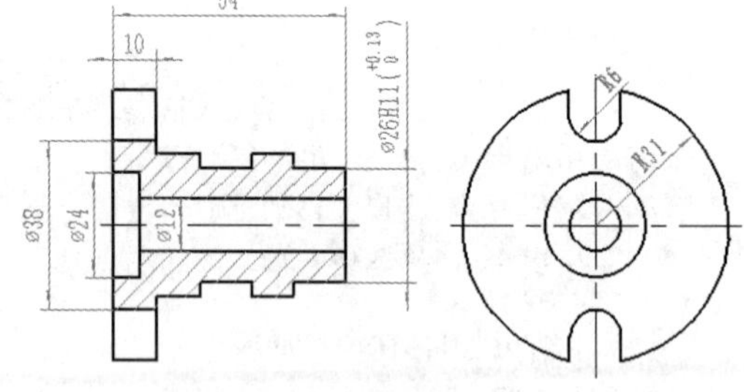

图 10-96 标注左视图的基本尺寸

（6）标注粗糙度：单击“标注”选项卡“符号”面板中的“粗糙度”按钮，在立即菜单 1 中选择“标准标注”，2 中选择“默认方式”，在弹出的“表面粗糙度”对话框中设置有关基本符号及粗糙度值，然后单击“确定”按钮，如图 10-97 所示。

命令行提示：

拾取定位点或直线或圆弧：（拾取进行粗糙度标注的曲线）
拖动确定标注位置：（通过鼠标拖动确定位置）

重复上述命令，标注粗糙度，结果如图 10-98 所示。

（7）标注基准代号：单击“标注”选项卡“符号”面板中的“基准代号”按钮，立即菜单如图 10-99 所示。拾取定位点，标注结果如图 10-100 所示。

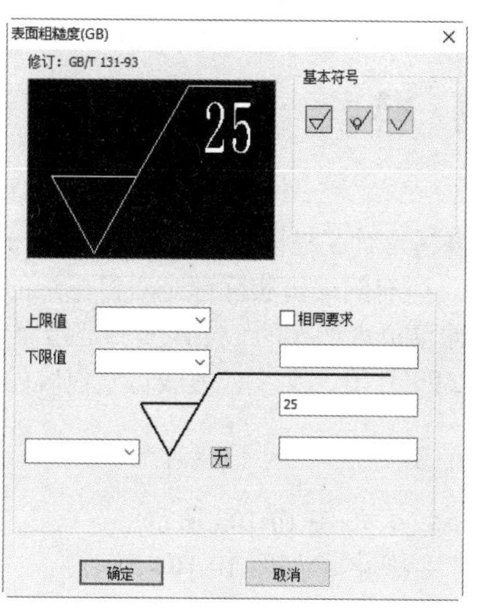

图 10-97　“表面粗糙度”对话框

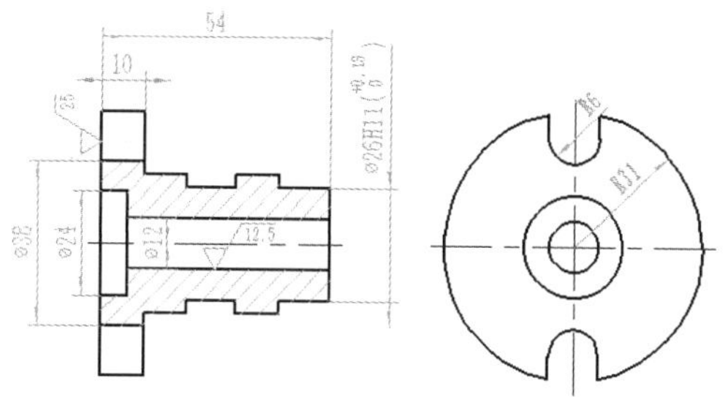

图 10-98　标注粗糙度

1. 基准标注　2. 给定基准　3. 默认方式　4.基准名称　A

拾取定位点或直线或圆弧

图 10-99　基准代号立即菜单

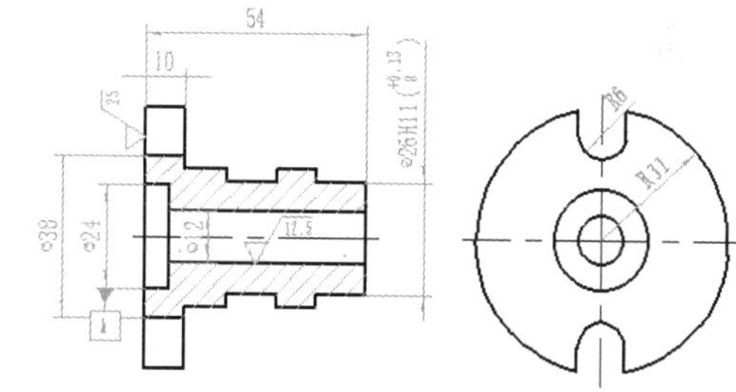

图 10-100　标注基准代号

（8）标注形位公差：单击“标注”选项卡“符号”面板中的“形位公差”按钮，弹出如图 10-101 所示的“形位公差”对话框。

单击⊥按钮，并输入公差数值及有关符号，此时“形位公差”对话框如图 10-102 所示，最后标注结果如图 10-89 所示。

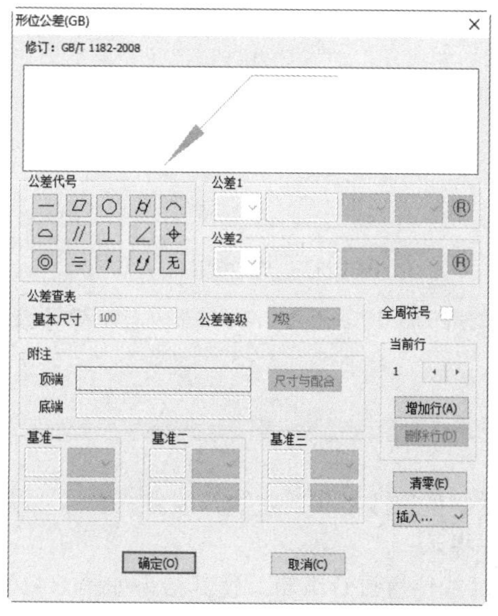

图 10-101　“形位公差”对话框

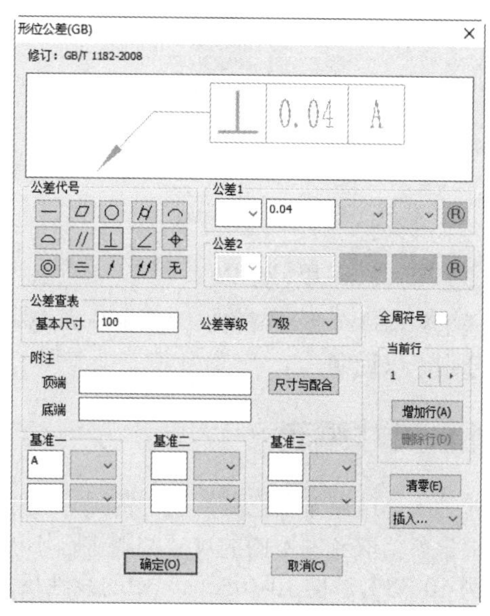

图 10-102　设置“形位公差”对话框

10.5 标 注 编 辑

Note

标注编辑也就是对工程标注（尺寸、符号和文字）进行编辑，对这些标注的编辑仅通过一个菜单命令，系统将自动识别标注实体的类型而做相应的编辑操作。所有的编辑实际都是对已标注的尺寸、符号和文字做相应的位置编辑和内容编辑，这二者是通过立即菜单来切换的。位置编辑是指对尺寸或工程符号等的位置的移动或角度的变换；而内容编辑则是指对尺寸值、文字内容或符号内容的修改。

执行方式如下。

☑ 命令行：dimedit。

☑ 菜单栏：选择菜单栏中的“修改”→“标注编辑”命令，如图 10-103 所示。

☑ 工具栏：单击“编辑工具”工具栏中的“标注编辑”按钮，如图 10-104 所示。

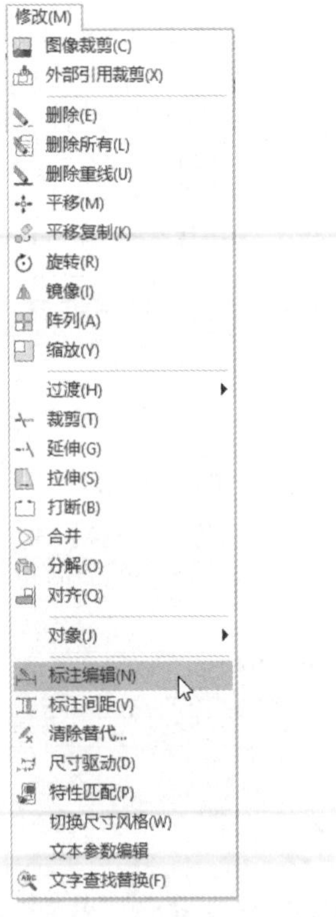

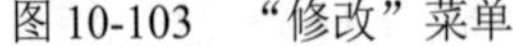
图 10-103 “修改”菜单

图 10-104 “编辑工具”工具栏

根据工程标注分类，可将标注编辑分为相应的 3 类，即尺寸编辑、文字编辑、工程符号编辑。下面对其分别予以说明。

10.5.1 尺寸编辑

尺寸编辑功能用于对已标注尺寸的尺寸线位置、文字位置或箭头形状进行编辑。当标注编辑时，系统将根据所拾取到的不同的尺寸类型进行不同的操作提示。

【例 10-33】对图 10-105（a）中的线性尺寸的尺寸线位置进行编辑，使其结果如图 10-105（b）所示。

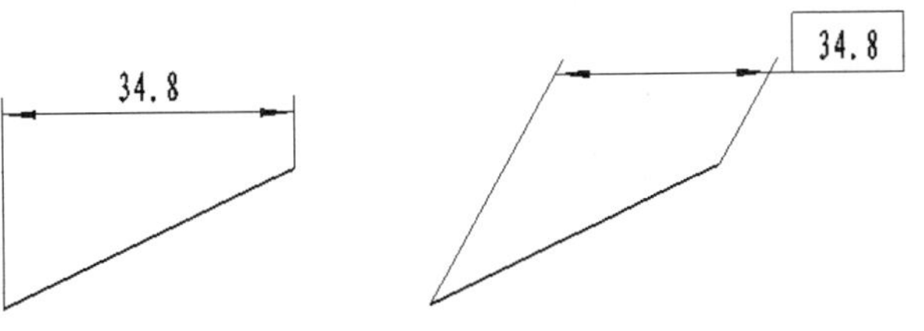

（a）原始尺寸　　（b）文字拖动、有边框、界线角度 60°

图 10-105　编辑线性尺寸尺寸线位置的实例

操作步骤：

（1）打开源文件。进入标注修改命令后，系统提示拾取要编辑的尺寸、文字或工程标注。

（2）用鼠标在绘图区拾取要编辑的线性尺寸。系统弹出线性尺寸编辑立即菜单，在立即菜单 1 中可以选择“尺寸线位置”“文字位置”或“箭头形状”进行编辑标注尺寸的相关内容，如图 10-106 所示。

图 10-106　编辑线性尺寸的立即菜单

（3）在立即菜单 1 中选择“尺寸线位置”，编辑“尺寸线位置”的立即菜单如图 10-106 所示。修改立即菜单中的其他选项内容后，根据系统提示输入尺寸线的新位置即可完成编辑操作。这里，在尺寸线位置立即菜单中可以修改文字的方向、文字位置，以及尺寸界线的倾斜角度和尺寸值的大小等。

【例 10-34】对图 10-107（a）中的线性尺寸的文字位置进行编辑，使其结果分别如图 10-107（b）和图 10-107（c）所示。

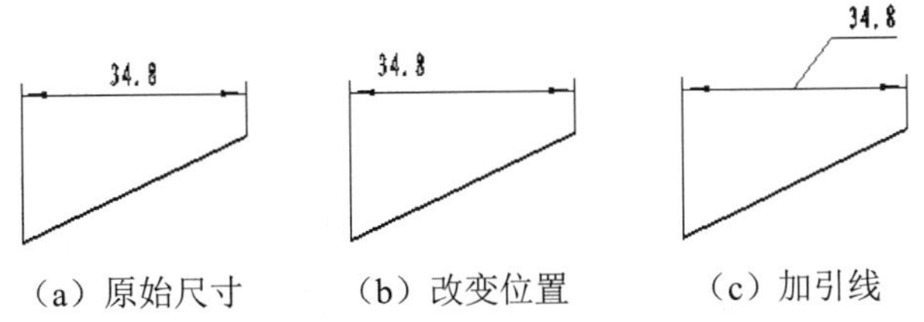

（a）原始尺寸　　（b）改变位置　　（c）加引线

图 10-107　编辑线性尺寸文字位置的实例

操作步骤：

（1）打开源文件。进入标注修改命令后，系统提示拾取要编辑的尺寸、文字或工程标注。

（2）在绘图区拾取要编辑的线性尺寸。系统弹出线性尺寸编辑立即菜单，如图 10-106 所示。

（3）在立即菜单 1 中选择“文字位置”，编辑“文字位置”的立即菜单如图 10-108 所示。修改立即菜单中的其他选项内容后，根据系统提示输入文字的新位置即可完成编辑操作。最后结果如图 10-107（b）所示。

图 10-108　文字位置编辑立即菜单

（4）重复步骤（1）～（3），此时在立即菜单 2 中选择“加引线”，将原始尺寸编辑为如图 10-107（c）所示。这里文字位置的编辑只修改尺寸值大小和是否加引线。

【例 10-35】对图 10-109（a）中的线性尺寸的箭头形状进行编辑，结果如图 10-109（b）所示。

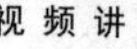

视频讲解

Note

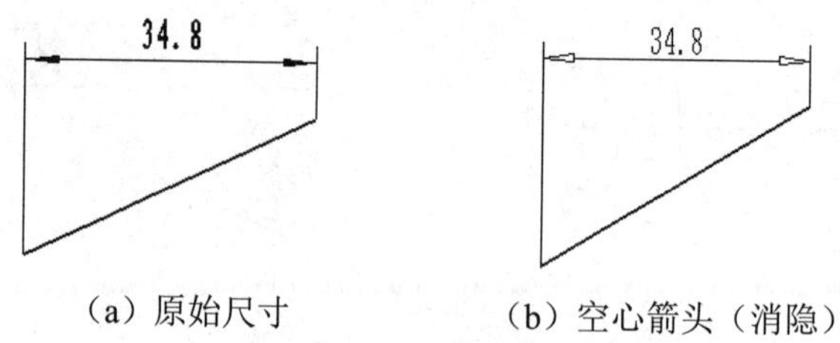

（a）原始尺寸　　（b）空心箭头（消隐）

图 10-109　编辑线性尺寸箭头形状的实例

操作步骤：

（1）打开源文件。进入标注修改命令后，系统提示拾取要编辑的尺寸、文字或工程标注。

（2）用鼠标在绘图区拾取要编辑的线性尺寸。系统弹出线性尺寸编辑立即菜单，如图 10-106 所示。

（3）箭头形状的编辑：在立即菜单 1 中选择“箭头形状”选项，编辑“箭头形状”的立即菜单如图 10-110 所示，同时弹出“箭头形状编辑”对话框，如图 10-111 所示。在该对话框中可以选择左右箭头为空心箭头（消隐），编辑结果如图 10-109（b）所示。

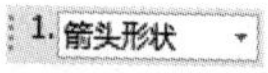

1. 箭头形状

图 10-110　箭头形状编辑立即菜单

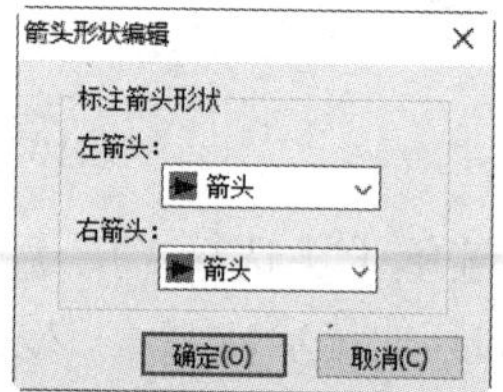

图 10-111　“箭头形状编辑”对话框

视频讲解

【例 10-36】对图 10-112（a）中的直径尺寸的尺寸线位置进行编辑，使其结果如图 10-112（b）所示。

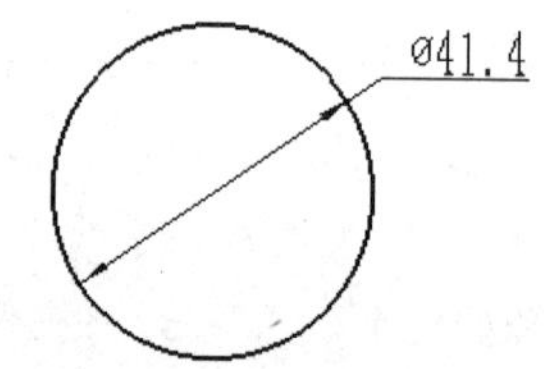

（a）原始尺寸　　（b）编辑尺寸线位置后

图 10-112　编辑直径尺寸线位置的实例

操作步骤：

（1）打开源文件。进入标注修改命令后，系统提示拾取要编辑的尺寸、文字或工程标注。

（2）用鼠标在绘图区拾取要编辑的直径或半径尺寸。系统弹出直径和半径尺寸编辑立即菜单，如图 10-106 所示。

（3）在立即菜单 1 中选择“尺寸线位置”选项，编辑“尺寸线位置”的立即菜单如图 10-113 所示。修改立即菜单中的其他选项内容后，根据系统提示输入尺寸线的新位置即可完成编辑操作，结果如图 10-112（b）所示。这里，在尺寸线位置立即菜单中可以修改文字的方向、文字位置，以及尺寸值的大小等。

图 10-113　编辑尺寸线位置的立即菜单

【例 10-37】对图 10-114（a）中的直径尺寸的文字位置进行编辑，使其结果如图 10-114（b）所示。

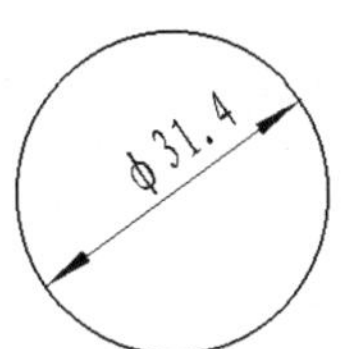

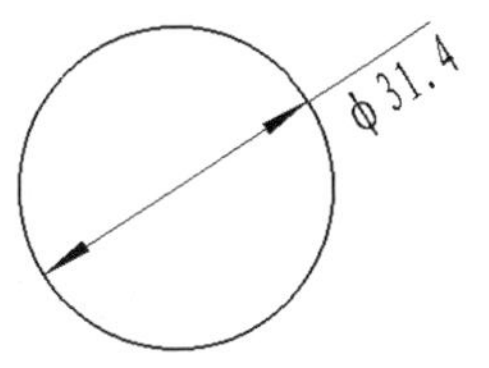

（a）原始尺寸　　（b）编辑文字位置后的尺寸

图 10-114　直径尺寸文字位置编辑的实例

操作步骤：

（1）打开源文件。进入标注修改命令后，系统提示拾取要编辑的尺寸、文字或工程标注。

（2）在绘图区拾取要编辑的直径或半径尺寸。系统弹出直径和半径尺寸编辑立即菜单，如图 10-106 所示。

（3）在立即菜单 1 中选择“文字位置”，编辑“文字位置”的立即菜单如图 10-115 所示。修改立即菜单中的其他选项内容后，根据系统提示输入文字的新位置即可完成编辑操作，结果如图 10-114（b）所示。这里，文字位置的编辑可修改尺寸值大小。

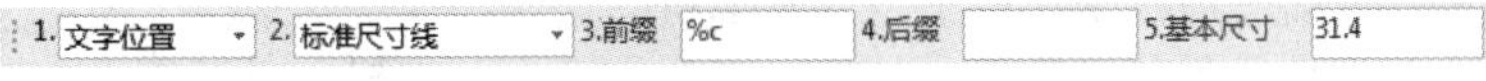

图 10-115　编辑文字位置的立即菜单

【例 10-38】对图 10-116（a）中的角度尺寸的尺寸线位置进行编辑，使其结果如图 10-116（b）所示。

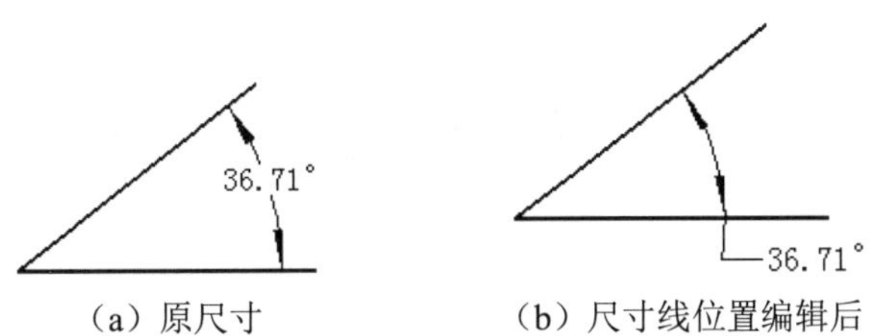

（a）原尺寸　　（b）尺寸线位置编辑后

图 10-116　角度尺寸的尺寸线位置编辑实例

操作步骤：

（1）打开源文件。进入标注修改命令后，系统提示拾取要编辑的尺寸、文字或工程标注。

（2）在绘图区拾取要编辑的角度尺寸。系统弹出角度尺寸编辑立即菜单，如图 10-106 所示。

（3）在立即菜单 1 中选择“尺寸线位置”，编辑“尺寸线位置”的立即菜单如图 10-117 所示。修改立即菜单中的其他选项内容后，根据系统提示输入尺寸线的新位置即可完成编辑操作，结果如图 10-116（b）所示。这里，在尺寸线位置立即菜单中可以修改尺寸值的大小等。

图 10-117　编辑尺寸线位置的立即菜单

【例 10-39】对图 10-118（a）中的角度尺寸的文字位置进行编辑，使其结果如图 10-118（b）所示。

操作步骤：

（1）打开源文件。进入标注修改命令后，系统提示拾取要编辑的尺寸、文字或工程标注。

视频讲解

Note

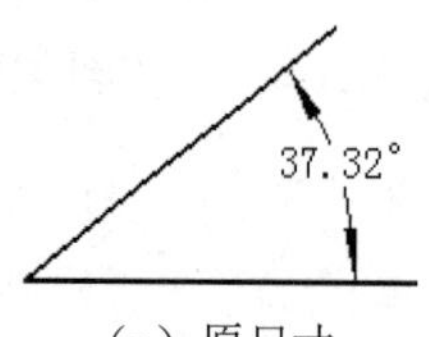

（a）原尺寸

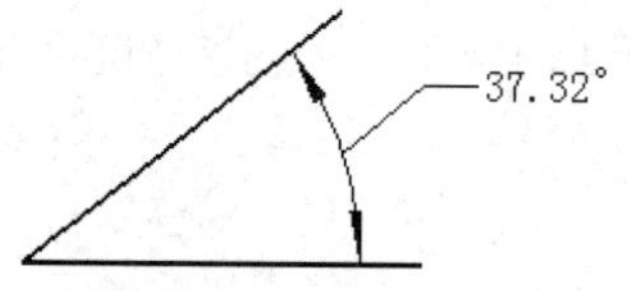

（b）编辑文字位置后此尺寸

图 10-118　角度尺寸的文字位置编辑实例

（2）在绘图区拾取要编辑的角度尺寸。系统弹出角度尺寸编辑立即菜单，如图 10-106 所示。

（3）在立即菜单 1 中选择“文字位置”，编辑“文字位置”的立即菜单如图 10-119 所示。修改立即菜单中的其他选项内容后，根据系统提示输入文字的新位置即可完成编辑操作，结果如图 10-118（b）所示。这里，文字位置的编辑可修改文字是否加引线、尺寸值大小。

图 10-119　文字位置编辑立即菜单

10.5.2　文字编辑

文字编辑功能用于对已标注的文字内容和风格进行编辑修改，操作步骤如下。

（1）进入标注修改命令后，系统提示拾取要编辑的尺寸、文字或工程标注。

（2）在绘图区拾取要编辑的文字，系统弹出“文字标注与编辑”对话框。在此对话框中可以对文字的内容和风格进行编辑修改，具体方法见 10.5.1 节。

10.5.3　工程符号编辑

工程符号编辑功能用于对已标注的工程符号的内容和风格进行编辑修改，操作步骤如下。

（1）进入标注修改命令后，系统提示拾取要编辑的尺寸、文字或工程标注。

（2）在绘图区拾取要编辑的工程符号。系统弹出相应的立即菜单，通过切换立即菜单，可以对标注对象的位置和内容进行编辑修改。

10.6　尺 寸 驱 动

尺寸驱动是系统提供的一套局部参数化功能。用户在选择一部分实体及相关尺寸后，系统将根据尺寸建立实体间的拓扑关系，当用户选择想要改动的尺寸并改变其数值时，相关实体及尺寸将受到影响而发生变化，但元素间的拓扑关系保持不变，如相切、相连等。另外，系统可自动处理过约束及欠约束的图形。

1. 执行方式

☑　命令行：driver。

☑　菜单栏：选择菜单栏中的“修改”→“尺寸驱动”命令。

☑　工具栏：单击“编辑”工具栏中的“尺寸驱动”按钮。

☑　选项卡：单击“标注”选项卡“修改”面板中的“尺寸驱动”按钮。

2. 操作步骤

（1）选择驱动对象（实体和尺寸）。局部参数化的第一步是选择驱动对象（用户想要修改的部分），

系统将只分析选中部分的实体及尺寸；在这里，除了选择图形实体之外，还有必要选择尺寸，因为工程图纸是依靠尺寸标注来避免“二义性”的，系统正是依靠尺寸来分析元素间的关系的。

例如，存在一条斜线，该斜线已标注了水平尺寸，如果驱动其他尺寸，则该直线的斜率及垂直距离可能会发生相关的改变，但是该直线的水平距离将保持为标注值；同样的道理，如果驱动该水平尺寸，则该直线的水平长度将发生改变，改变为与驱动后的尺寸值一致。因此，对于局部参数化功能，选择参数化对象是至关重要的，为了使驱动的目标与自己的设想一致，需要在选择驱动对象之前做必要的尺寸标注，这样就可以对需要驱动的尺寸和不需要驱动的尺寸进行区分。

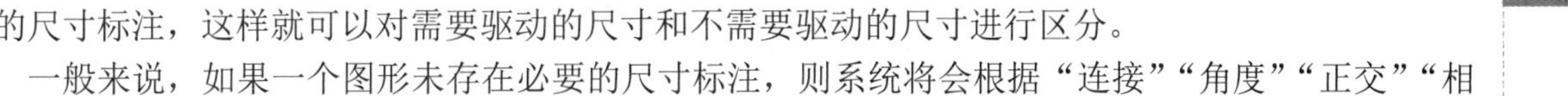

一般来说，如果一个图形未存在必要的尺寸标注，则系统将会根据“连接”“角度”“正交”“相切”等一般的默认准则判断实体之间的约束关系。

（2）选择驱动图形的基准点。如同旋转和拉伸需要基准点一样，驱动图形也需要基准点，这是由于任一尺寸表示的均是两个（或两个以上）对象的相关约束关系，如果驱动该尺寸，必然存在一端被固定、另一端被动的问题，系统将根据被驱动尺寸与基准点的位置关系来判断该固定哪一端，从而驱动另一端。

（3）选择被驱动尺寸，输入新值。在前两步的基础上，最后驱动某一尺寸。选择被驱动的尺寸，而后输入新的尺寸值，这时被选中的实体部分将被驱动。在不退出该状态（该部分驱动对象）的情况下，用户还可以连续驱动其他尺寸。

视频讲解

【例 10-40】分别驱动图 10-120（a）中的两个尺寸，即 ϕ36.8 和 47.3。驱动尺寸 47.3 为 70，结果如图 10-120（b）所示；驱动尺寸 ϕ36.8 为 ϕ60，结果如图 10-120（c）所示。

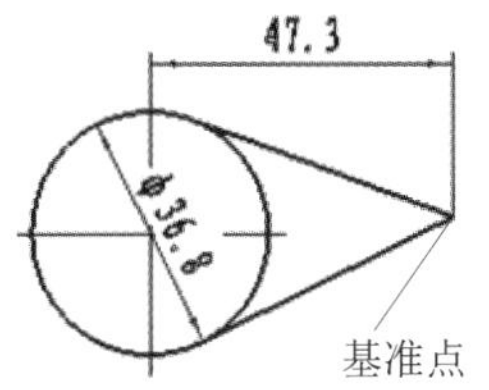

（a）驱动尺寸前　　（b）驱动尺寸 47.3 为 70 后

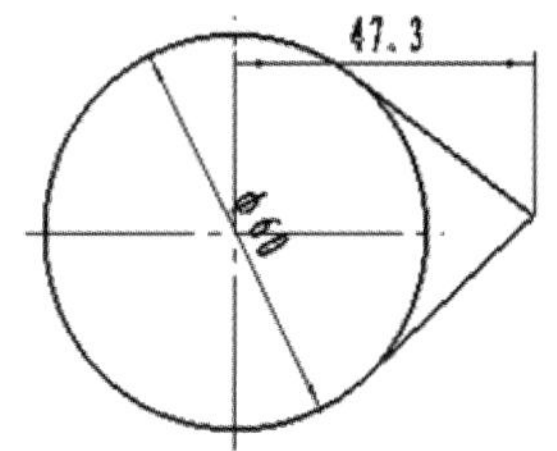

（b）驱动尺寸 ϕ36.8 为 ϕ60 后

图 10-120　驱动尺寸的实例

操作步骤：

（1）打开源文件。进入尺寸驱动命令。

（2）根据系统提示拾取添加对象，用鼠标拾取图 10-120（a）中的所有元素，右击确认。

（3）根据系统提示给出图中的基准点，如图 10-120（a）所示。

（4）根据系统提示拾取要驱动的尺寸，若选择尺寸“47.3”，并在弹出的对话框中输入“70”，然后单击“确定”按钮，则驱动结果如图 10-120（b）所示；若选择尺寸“ϕ36.8”，并在弹出的对话框中输入“60”，然后单击“确定”按钮，则驱动结果如图 10-120（c）所示。

视频讲解

10.7　综合实例——标注曲柄

首先标注线性尺寸，其次标注角度，再次标注偏差，最后标注粗糙度完成曲柄的标注，结果如图 10-121 所示。具体绘制流程如图 10-122 所示。

Note

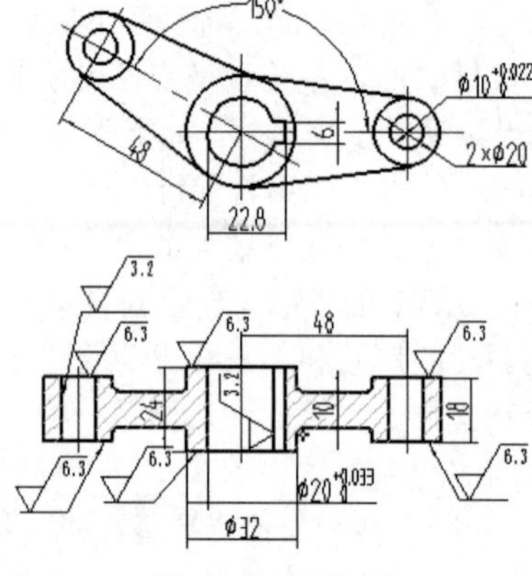

图 10-121　曲柄

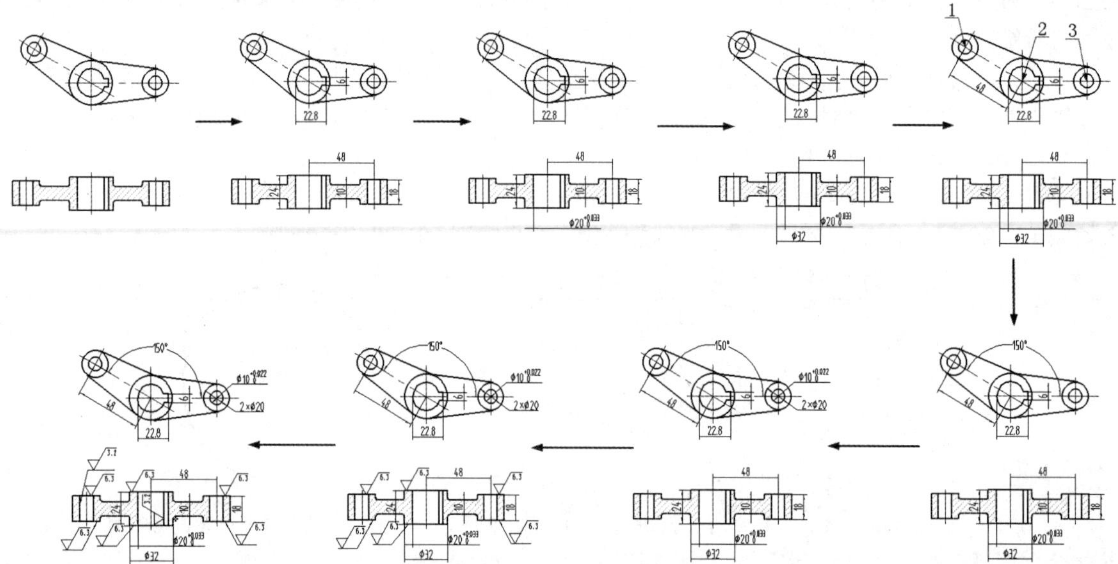

图 10-122　曲柄标注流程图

操作步骤：

（1）启动 CAXA CAD 电子图板，在快速访问工具栏中单击“打开文件”按钮，然后从弹出的“打开”对话框中选择“资源包\原始文件\第 10 章\曲柄.exb”，最后单击“打开”按钮，此时轴类零件的图形将显示在绘图窗口中，如图 10-123 所示。

（2）标注基准线性尺寸：将“尺寸线层”设为当前图层进行尺寸标注。单击“常用”选项卡“标注”面板中的“尺寸”按钮，在立即菜单 1 中选择“基本标注”方式，标注结果如图 10-124 所示。

（3）标注单箭头尺寸 ϕ20，操作步骤如下。

❶ 新建标注样式：单击“常用”选项卡“特性”面板中“样式管理”下拉按钮中的“尺寸样式”按钮，弹出如图 10-125 所示的“标注风格设置”对话框。

❷ 建立新的标注风格：单击“新建”按钮，弹出如图 10-126 所示的“新建风格”对话框，在“风格名称”文本框中输入“单箭头”作为新建风格的名称，在“基准风格”下拉列表框中选择“机械”。

❸ 单击“下一步”按钮，返回“标注风格设置”对话框。此时，在该对话框的“当前尺寸风格”栏中新增加了“单箭头”的名称，如图 10-127 所示。

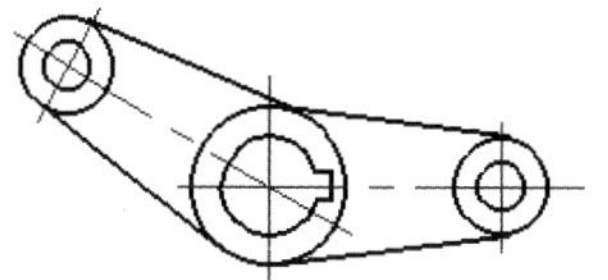

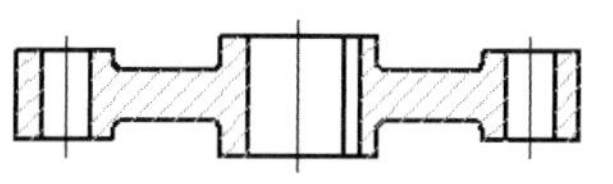

图 10-123 曲柄

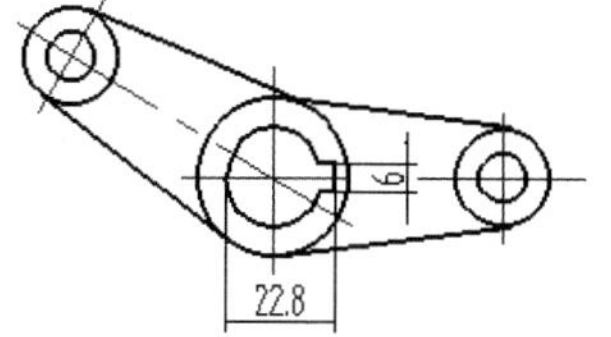

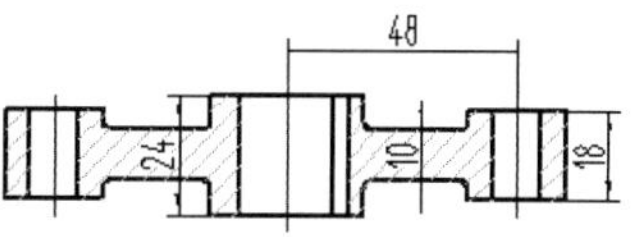

图 10-124 标注基准线性尺寸

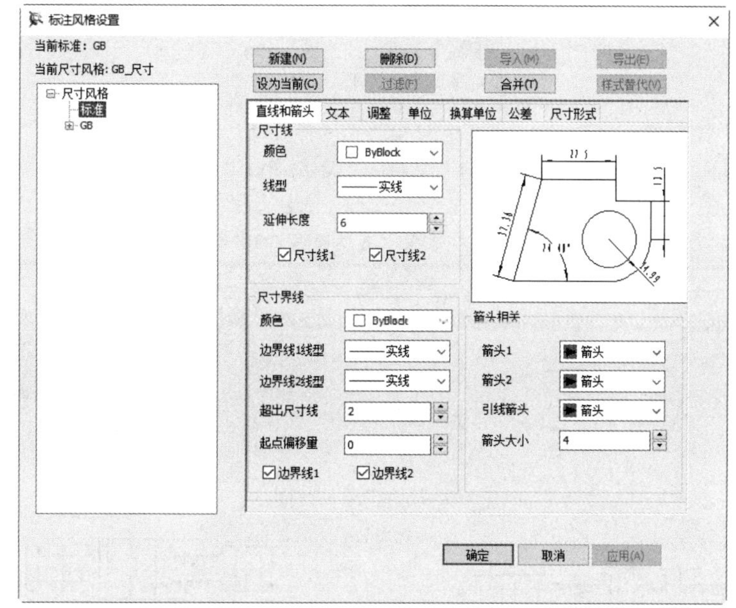

图 10-125 “标注风格设置”对话框 1

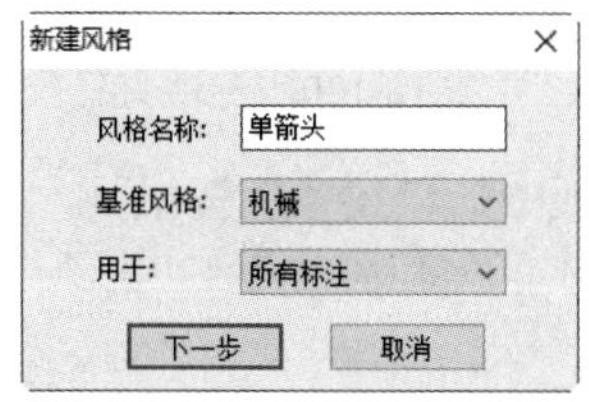

图 10-126 “新建风格”对话框

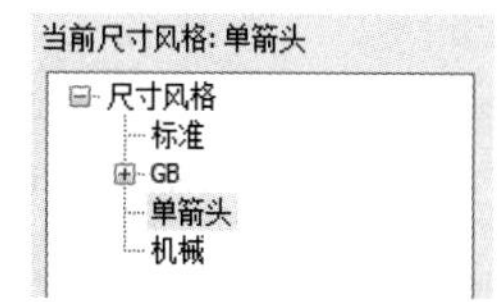

图 10-127 “当前尺寸风格”栏

❹ 在“标注风格设置”对话框中，取消选中“尺寸线 2”和“边界线 2”复选框，在“箭头 2”下拉列表框中选择“无”，如图 10-128 所示。

❺ 至此，新建了“单箭头”标注风格。选择“单箭头”后单击“设为当前”按钮，以将其设为当前标注风格，标注 ϕ20，同时标注偏差，结果如图 10-129 所示。

（4）标注直径尺寸：选择“机械”标注风格后，单击“设为当前”按钮，然后单击“常用”选项卡“标注”面板中的“尺寸”按钮，在立即菜单 1 中选择“基本标注”，3 中选择“直径”，标注直径尺寸，结果如图 10-130 所示。

Note

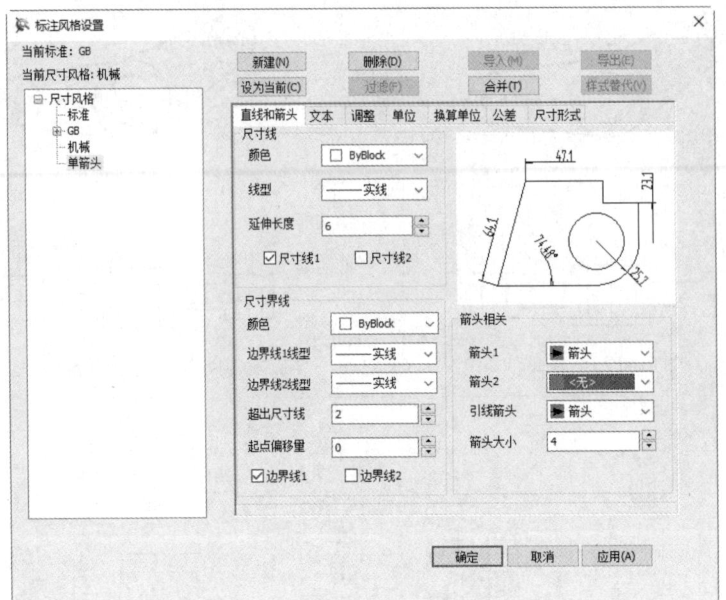

图 10-128 “标注风格设置”对话框 2

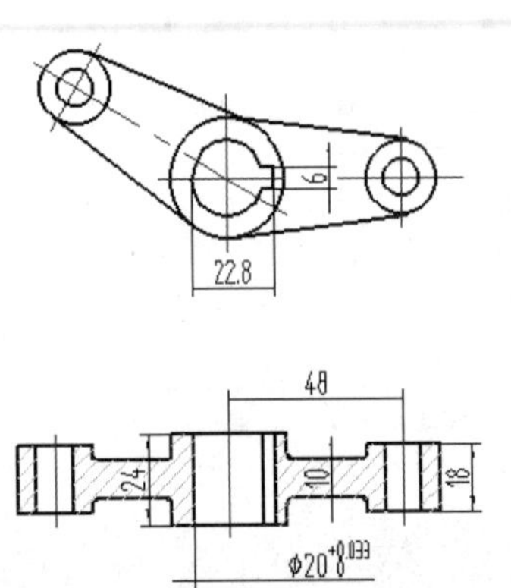

图 10-129 标注单箭头尺寸 ϕ20

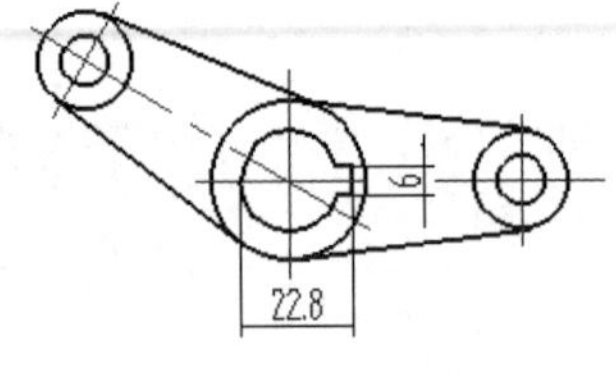

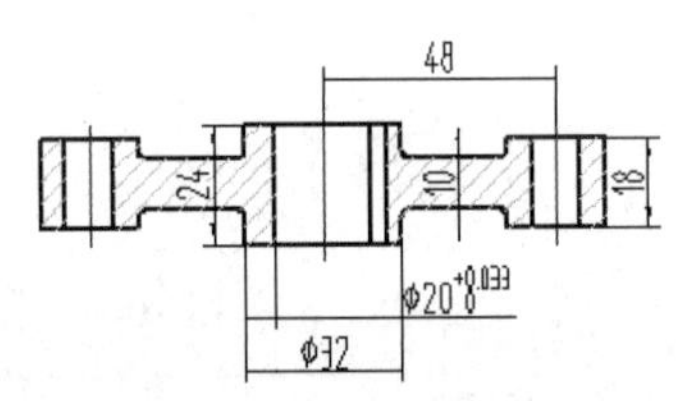

图 10-130 标注直径尺寸

（5）标注斜尺寸：单击“常用”选项卡“标注”面板中的“尺寸”按钮，在立即菜单 1 中选择“基本标注”方式。立即菜单如图 10-131 所示，在立即菜单 4 中选择“平行”。

图 10-131 标注斜尺寸立即菜单

命令行提示：

拾取标注元素或点取第一点：（拾取图 10-132 中的点 1）
拾取另一个标注元素或点取第二点：（拾取图 10-132 中的点 2）

标注斜尺寸的结果如图 10-132 所示。

（6）标注角度：单击“常用”选项卡“标注”面板中的“尺寸”按钮，在立即菜单 1 中选择“三点角度标注”。

命令行提示：

```
顶点：（拾取图 10-132 中的 2 点）
第一点：（拾取图 10-132 中的 3 点）
第二点：（拾取图 10-132 中的 1 点）
```

标注角度的结果如图 10-133 所示。

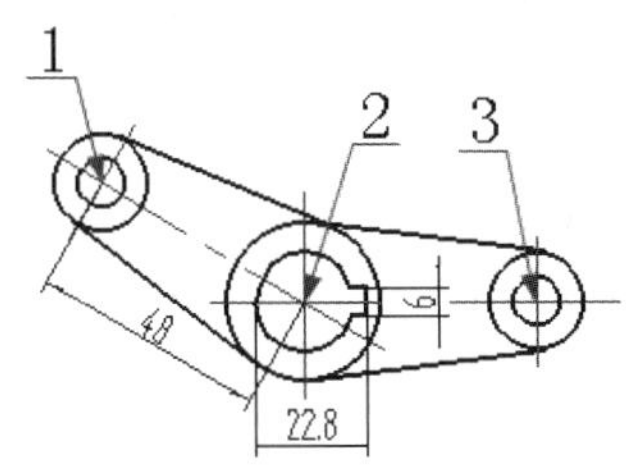

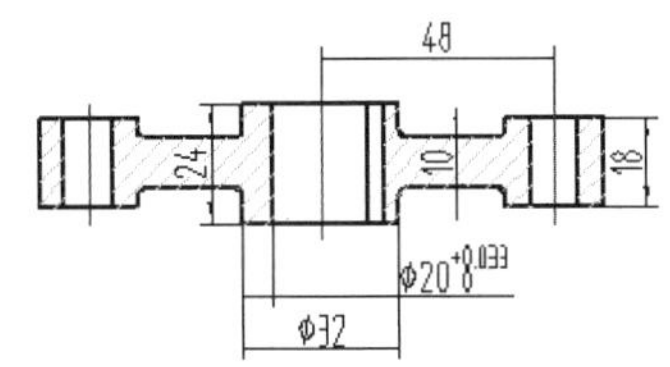

图 10-132　标注斜尺寸

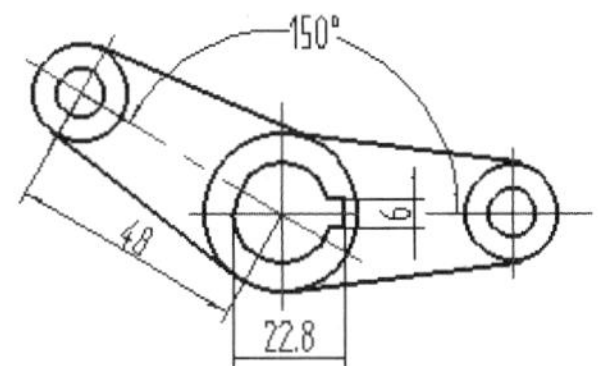

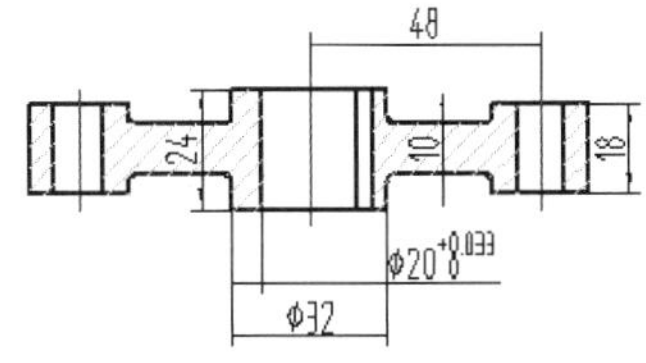

图 10-133　标注角度

（7）标注圆基本尺寸：单击“常用”选项卡“标注”面板中的“尺寸”按钮，在立即菜单 1 中选择“基本标注”，标注图中的圆，结果如图 10-134 所示。

（8）标注粗糙度 6.3：单击“常用”选项卡“标注”面板中“符号”下拉按钮中的“粗糙度”按钮√。在立即菜单 1 中选择“标准标注”，弹出“表面粗糙度”对话框，设置对话框如图 10-135 所示，单击“确定”按钮，拾取要标注粗糙度的表面，标注结果如图 10-136 所示。

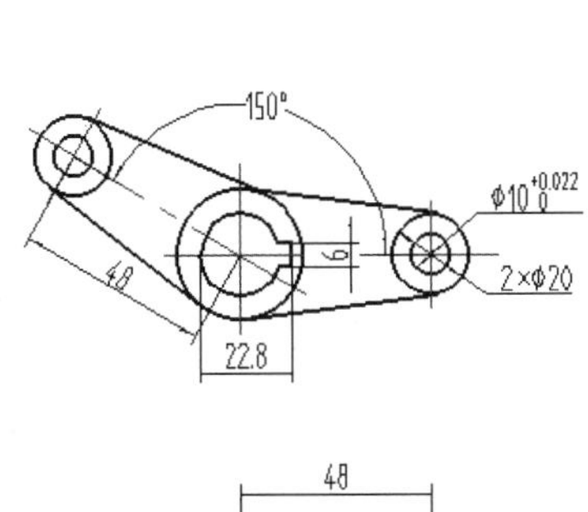

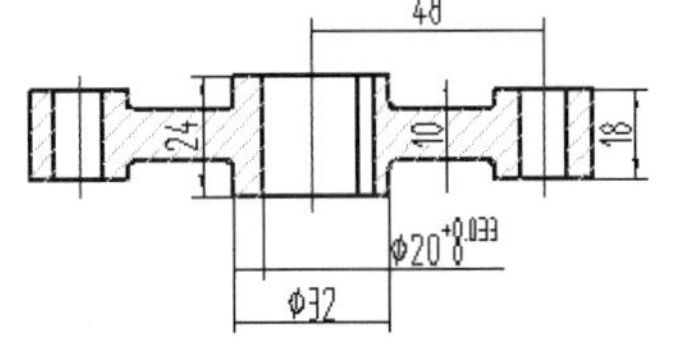

图 10-134　标注圆基本尺寸

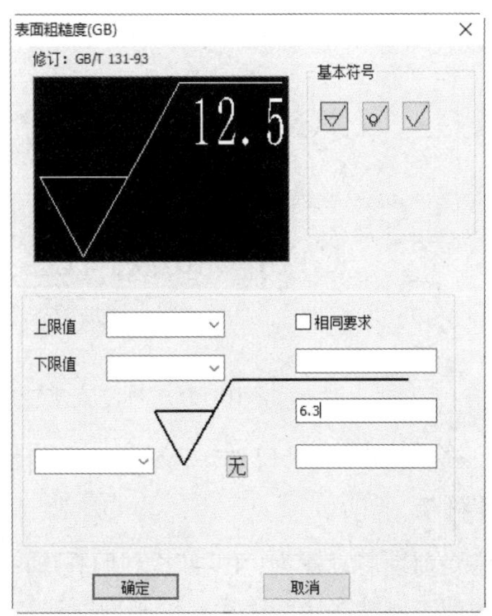

图 10-135　“表面粗糙度”对话框

（9）标注粗糙度 3.2：单击“常用”选项卡“标注”面板“符号”下拉按钮中的“粗糙度”按钮√。

在立即菜单 1 中选择“标准标注”，设置“表面粗糙度”对话框中数值为 3.2，拾取要标注粗糙度的表面，标注结果如图 10-137 所示。

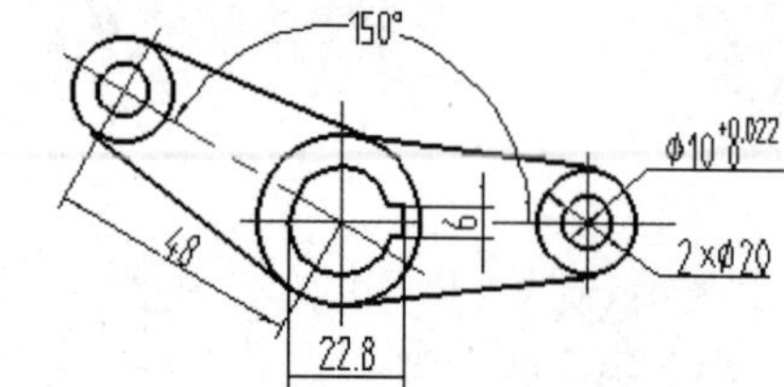

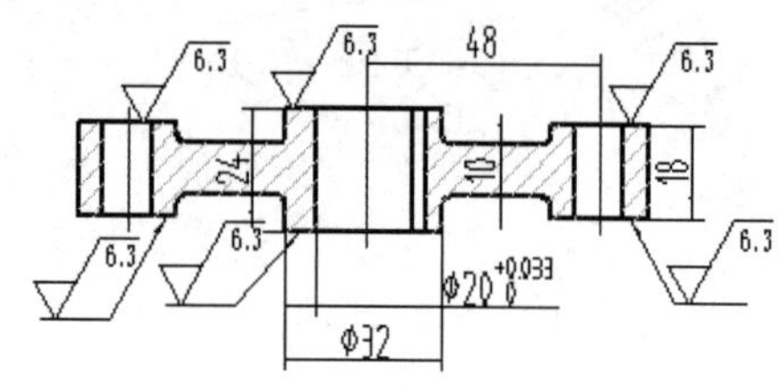

图 10-136　标注粗糙度 6.3

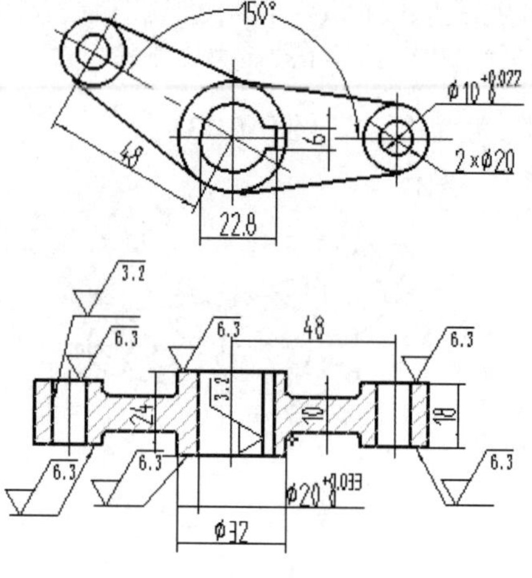

图 10-137　标注粗糙度 3.2

10.8　上 机 实 验

（1）图 10-138 为本例要添加的文本标注，主要利用文本命令对要进行文本标注的文件进行标注。

操作提示

❶ 启动 CAXA CAD 电子图板，创建一个新文件。

❷ 确定标注位置：单击“常用”选项卡“标注”面板中的“文字”按钮**A**。在弹出的立即菜单 1 中选择“指定两点”选项，如图 10-139 所示。

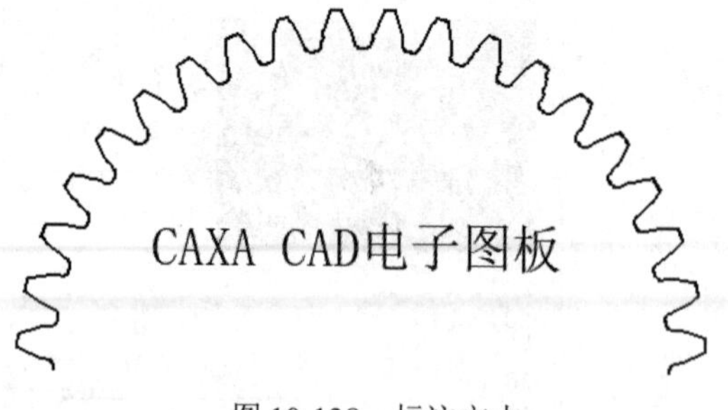

图 10-138　标注文本

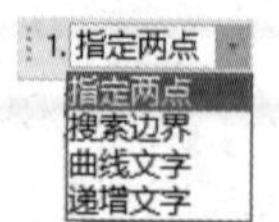

图 10-139　立即菜单

（2）绘制如图 10-140 所示的齿轮轴套并标注尺寸。

操作提示

❶ 将当前图层设置为“0 层”，利用孔/轴命令绘制图中的外轮廓及中心孔。

❷ 裁剪、删除多余线段后，绘制剖面线。

❸ 利用尺寸标注中的“基本标注”方式标注图中的尺寸及尺寸公差。

❹ 标注粗糙度符号、基准符号、形位公差。

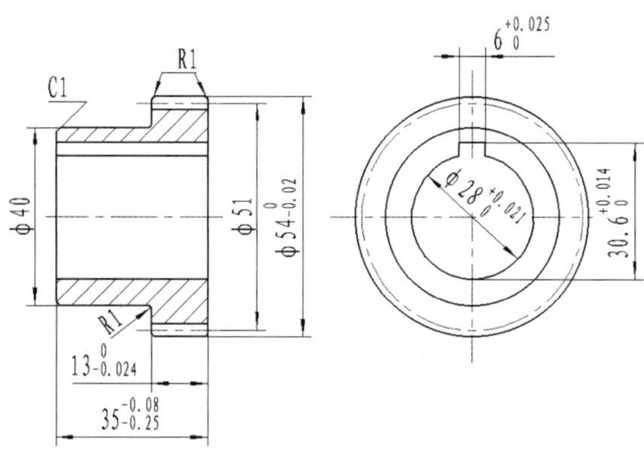

图 10-140　齿轮轴套

10.9　思考与练习

（1）如何设置绘图区的文字参数和标注参数？

（2）绘制如图 10-141 所示的图形，并进行相应的标注。

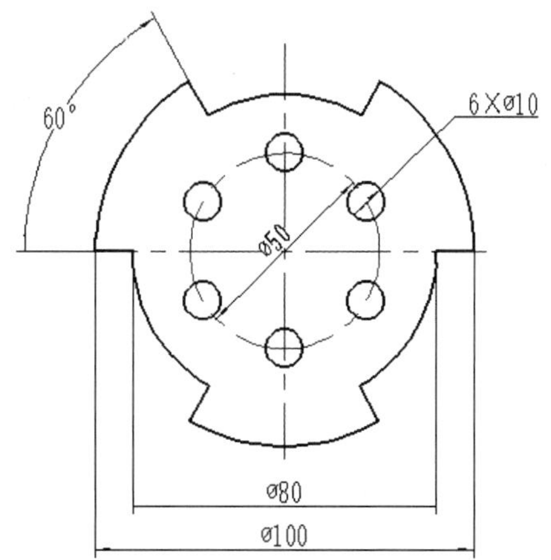

图 10-141　密封垫

（3）绘制如图 10-142 所示的轴并标注尺寸。

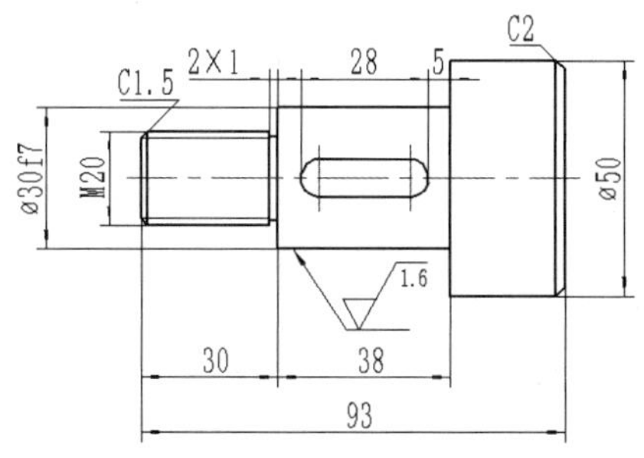

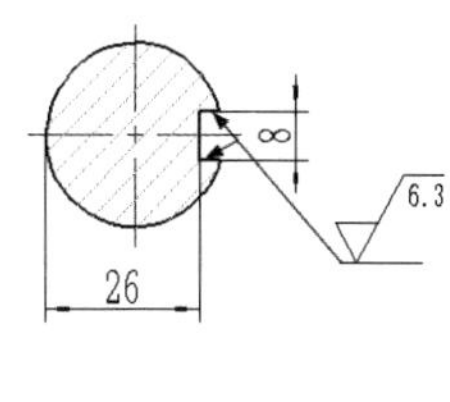

图 10-142　轴

块操作、块在位编辑和图库操作

CAXA CAD 电子图板为用户提供了将不同类型的图形元素组合成块的功能，块是由多种不同类型的图形元素组合而成的整体，组成块的元素属性可以同时被编辑修改；另外，电子图板提供强大的标准零件库。用户在设计绘图时可以直接提取这些图形并将其插入图中，还可以自行定义自己要用到的其他标准件或图形符号，即对图库进行扩充。本章主要介绍 CAXA CAD 电子图板的块操作、块在位编辑和图库操作。

学习重点

- ☑ 块操作
- ☑ 块在位编辑
- ☑ 图库操作

11.1　块　操　作

CAXA CAD 电子图板定义的块是复合型图形实体，可由用户定义，经过定义的块可以像其他图形元素一样进行整体的平移、旋转、复制等编辑操作；块可以被打散，即将块分解为结合前的各个单一的图形元素；利用块可以实现图形的消隐；利用块还可以存储与该块相关的非图形信息，即块属性，如块的名称、材料等。

11.1.1　块创建

块创建是指将一组实体组合成一个整体，创建块可以嵌套使用，其逆过程为分解。生成的块位于当前层。

1. 执行方式

☑　命令行：block。

☑　菜单栏：选择菜单栏中的“绘图”→“块”→“创建”命令，如图 11-1 所示。

☑　工具栏：单击“块工具”工具栏中的“创建”按钮，如图 11-2 所示。

☑　选项卡：单击“插入”选项卡“块”面板中的“创建”按钮，如图 11-3 所示。

图 11-1　“绘图”→“块”菜单

图 11-2　“块工具”工具栏

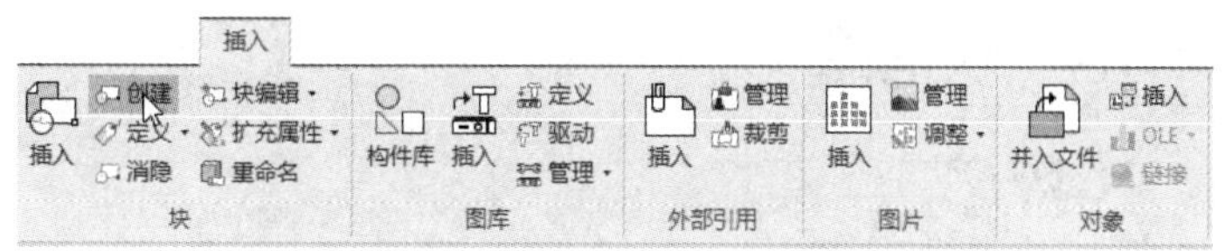

图 11-3　“插入”选项卡“块”面板

2. 操作步骤

（1）进入块生成的命令。

（2）根据系统提示拾取需要组成块的实体，右击确认后，输入定位点即可（块的定位点用于块的拖动定位）。

（3）弹出“块定义”对话框，如图 11-4 所示。在“名称”文本框中输入块名称，单击“确定”按钮。

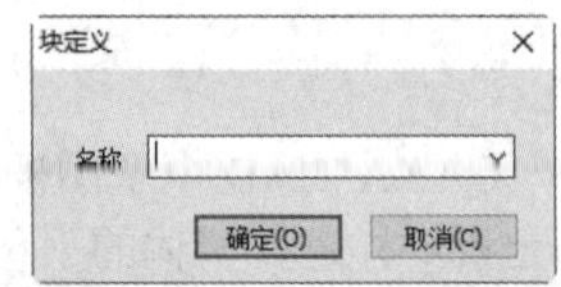

图 11-4　“块定义”对话框

Note

11.1.2　块插入

块插入是指选择一个块并插入当前图形中。

1. 执行方式

☑　命令行：insertblock。

☑　菜单栏：选择菜单栏中的“绘图”→“块”→“插入”命令。

☑　工具栏：单击“块工具”工具栏中的“块插入”按钮。

☑　选项卡：单击“插入”选项卡“块”面板中的“插入”按钮。

2. 操作步骤

（1）进入插入命令后，系统弹出“块插入”对话框，如图 11-5 所示。在该对话框中选择要插入的块，并设置插入块的比例和角度，单击“确定”按钮。

（2）根据系统提示输入插入点。

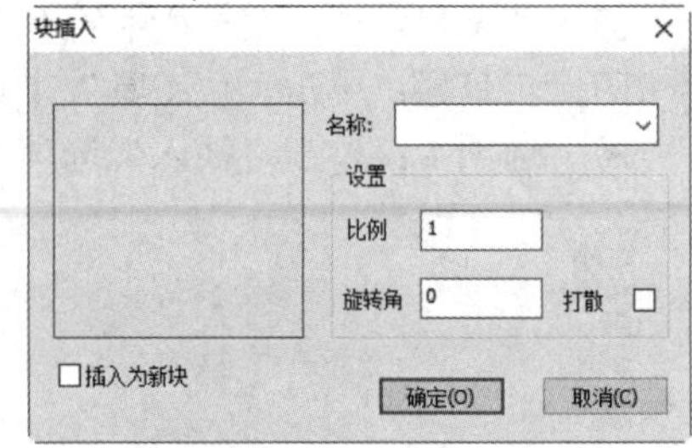

图 11-5　“块插入”对话框

11.1.3　块分解

分解是指将块打散成为单个实体，其逆过程为块创建。

1. 执行方式

☑　命令行：explode。

☑　菜单栏：选择菜单栏中的“修改”→“分解”命令。

☑　工具栏：单击“编辑工具”工具栏中的“分解”按钮。

☑　选项卡：单击“常用”选项卡“修改”面板中的“分解”按钮。

2. 操作步骤

（1）进入分解命令。

（2）根据系统提示拾取一个或多个欲分解的块，最后右击确认即可。

注意：对于嵌套多级的块，每次打散一级。非打散的图符、标题栏、图框、明细表、剖面线等，其属性都是块。

11.1.4　块消隐

1. 执行方式

☑　命令行：hide。

☑　菜单栏：选择菜单栏中的“绘图”→“块”→“消隐”命令。

☑　工具栏：单击“块工具”工具栏中的“消隐”按钮。

☑　选项卡：单击“插入”选项卡“块”面板中的“消隐”按钮。

2. 操作步骤

（1）进入消隐命令后，系统弹出如图 11-6 所示的块消隐立即菜单，在立即菜单 1 中选择“消隐”选项。

1. 消隐

图 11-6　块消隐立即菜单

（2）根据系统提示拾取需要消隐的块即可，拾取一个消隐一个，可连续操作。

注意： 在块消隐的命令状态下，拾取已经消隐的块即可取消消隐。只是这时要注意，在块消隐立即菜单 1 中选择“取消消隐”选项。

11.1.5　块属性

块属性功能用于赋予、查询或修改块的非图形属性，如材料、比重、重量、强度、刚度等。非图形属性可以在标注零件序号时，自动映射到明细表中。

1. 执行方式

☑　命令行：attrib。

☑　菜单栏：选择菜单栏中的“绘图”→“块”→“属性定义”命令。

☑　工具栏：单击“块工具”工具栏中的“属性定义”按钮。

☑　选项卡：单击“插入”选项卡“块”面板中的“定义”按钮。

2. 操作步骤

（1）进入属性定义命令。

（2）根据系统提示拾取块后，系统弹出“属性定义”对话框，如图 11-7 所示。

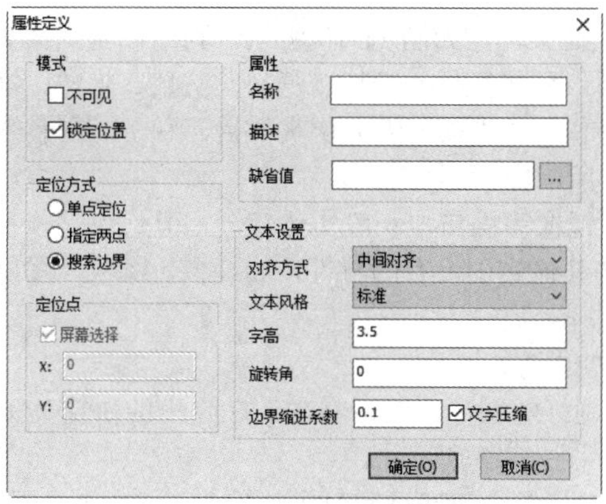

图 11-7　“属性定义”对话框

（3）按需要填写各属性值，填写完毕后单击“确定”按钮即可。

注意： 在“属性定义”对话框中所填写的内容将与块一同存储，同时利用该对话框也可以对已经存在的块属性进行修改。

11.1.6　块编辑

在只显示所编辑的块的形式下对块的图形和属性进行编辑。

1. 执行方式

☑　命令行：bedit。

☑　菜单栏：选择菜单栏中的“绘图”→“块”→“块编辑”命令。

☑　工具栏：单击“块工具”工具栏中的“块编辑”按钮。

☑　选项卡：单击“插入”选项卡“块”面板中的“块编辑”按钮。

2. 操作步骤

（1）按照命令行提示拾取需要编辑的块，进入块编辑状态。出现“块编辑”工具栏，如图 11-8 所示。

（2）对块进行绘制和修改等操作。单击“块编辑”工具栏中的“属性定义”按钮对块的属性进行编辑。

（3）块编辑结束后，若用户尚未保存对块的编辑修改，则当单击“块编辑”工具栏中的“退出块编辑”按钮时，系统会弹出如图 11-9 所示的对话框，以提示用户是否保存修改。单击“是”按钮将保存对块的编辑修改，单击“否”按钮将取消本次对块的编辑操作；若用户对块的编辑已进行了保存，则系统将会直接退出块编辑操作。

图 11-8　“块编辑”工具栏

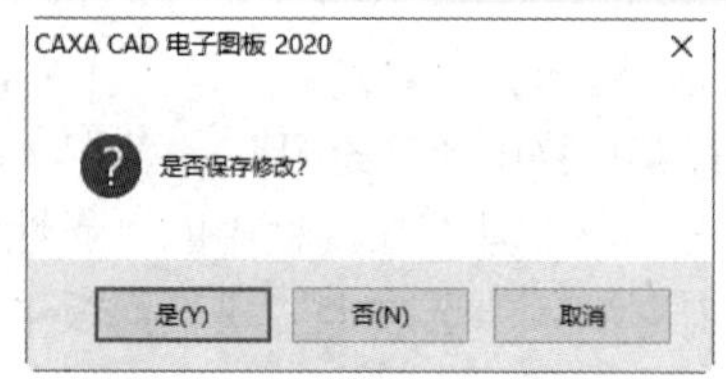

图 11-9　提示是否保存修改的对话框

11.1.7　右键快捷菜单中的块操作功能

拾取块以后，右击弹出快捷菜单，如图 11-10 所示。利用该快捷菜单可以对拾取的块执行特性、元素属性、删除、平移、复制、平移复制、带基点复制、粘贴、旋转、镜像、阵列和缩放等操作，还可以对块执行分解、消隐等操作。当拾取一组非块实体后，右击，在系统弹出的快捷菜单中存在一个“块创建”命令，如图 11-11 所示。

块的删除、平移、旋转、镜像等操作与一般实体相同，但是块是一种特殊的实体，它除了拥有一般实体的特性外，还拥有一些其他实体没有的特性，如线型、颜色、图层等。下面主要介绍如何改变块的线型和颜色，操作步骤如下。

（1）绘制好所需定义块的图形。

（2）用窗口方式拾取绘制好的图形，然后右击，在弹出的快捷菜单中选择“特性”命令，随后系统弹出“特性”对话框，如图 11-12 所示。

（3）在弹出的“特性”对话框中将线型和颜色均改为 ByBlock，具体方法在第 2 章中已有详细的说明。

（4）将本节绘制的图形定义成块。

（5）选择刚创建的块，再次右击，在弹出的快捷菜单中选择“特性”命令，修改线型和颜色。

（6）可以看到刚才创建的块已变为自己定义的线型和颜色。

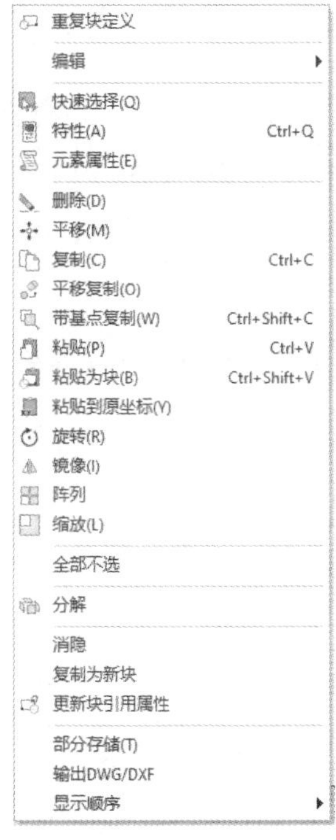

图 11-10　拾取块后的右键快捷菜单

图 11-11　拾取非块实体后的右键快捷菜单

图 11-12　“特性”对话框

11.1.8　实例——将螺母定义为块

视频讲解

操作步骤：

（1）打开文件：启动 CAXA CAD 电子图板，单击“打开文件”按钮，从弹出的“打开”对话框中选择“资源包\原始文件\第 11 章\螺母.exb”，单击“打开”按钮，这时螺母的图形显示在绘图窗口中，如图 11-13 所示。

（2）螺母块生成：单击“插入”选项卡“块”面板中的“创建”按钮。

命令行提示：

拾取元素：（拾取整个螺母）↙
基准点：（拾取圆心点作为基准点）

弹出“块定义”对话框，在“名称”文本框中输入“螺母”后，单击“确定”按钮，则螺母块生成，可以将它作为一个整体来进行编辑、操作。

（3）绘制两个矩形：单击“常用”选项卡“绘图”面板中的“矩形”按钮，绘制如图 11-14 所示的两个矩形。

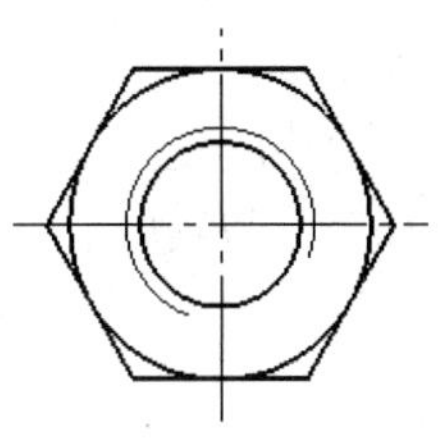

图 11-13　螺母

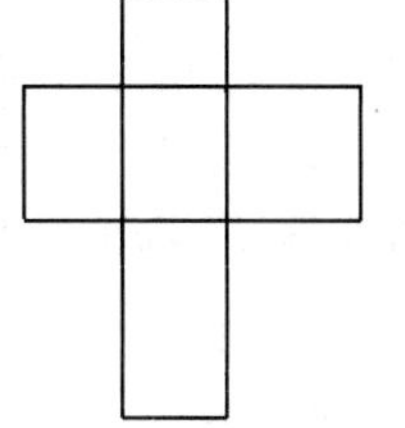

图 11-14　绘制两个矩形

（4）生成矩形块：单击“插入”选项卡“块”面板中的“创建”按钮。

命令行提示：

```
拾取添加：（拾取两个矩形）↙
基准点：（拾取点作为基准点）
```

Note

弹出“块定义”对话框，在“名称”文本框中输入“矩形”，然后单击“确定”按钮，则矩形块生成。

（5）移动矩形块：选取矩形块，右击，从弹出的快捷菜单中执行“平移”命令，在立即菜单 1 中选择“给定两点”。

命令行提示：

```
第一点：（拾取矩形的中心点）
第二点：（拾取螺母块的中心点）
```

结果如图 11-15 所示。

（6）块消隐：单击“插入”选项卡“块”面板中的“消隐”按钮，在立即菜单 1 中选择“消隐”。

命令行提示：

```
请拾取块引用：（若拾取矩形，结果如图 11-16（a）所示）
请拾取块引用：（若拾取螺母，结果如图 11-16（b）所示）
```

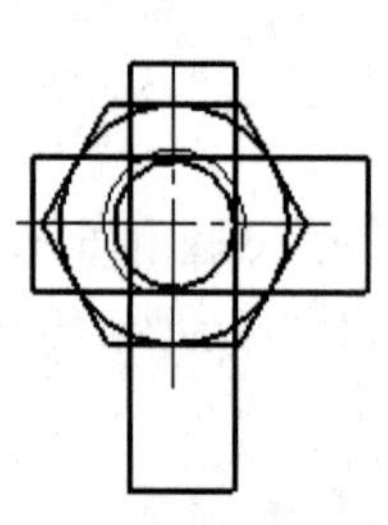

图 11-15　移动矩形块

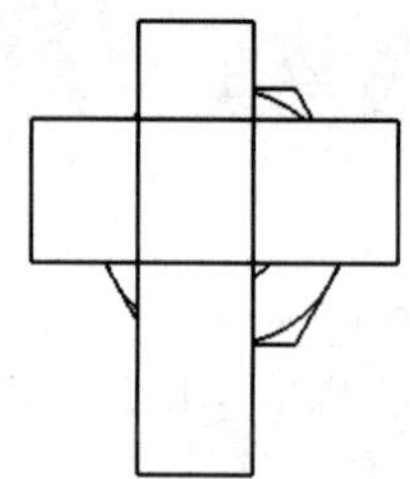

（a）拾取矩形消隐结果

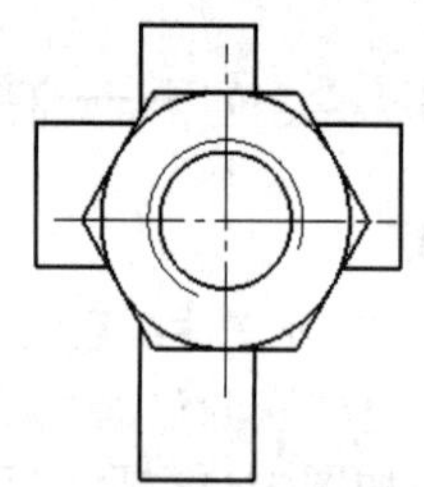

（b）拾取螺母消隐结果

图 11-16　消隐操作

11.2　块在位编辑

块在位编辑功能用于在不打散块的情况下编辑块内实体的属性，如修改颜色、层等，也可以向块内增加实体，或从块中删除实体等。

1. 执行方式

☑　菜单栏：选择菜单栏中的“绘图”→“块”→“块在位编辑”命令。

☑　工具栏：单击“块工具”工具栏中的“块在位编辑”按钮。

☑　选项卡：单击“插入”选项卡“块”面板中“块编辑”下拉菜单中的“块在位编辑”按钮。

2. 操作步骤

（1）进入块在位编辑命令。

（2）根据系统提示拾取块在位编辑的实体，右击确认。

Note

11.2.1　添加到块内

添加到块内功能用于向块内添加实体。

1. 执行方式

☑　工具栏：单击“块在位编辑”工具栏中的“添加到块内”按钮。

☑　选项卡：单击“块在位编辑”选项卡“编辑参照”面板中的“添加到块内”按钮，如图 11-17 所示。

图 11-17　“块在位编辑”选项卡

注意：执行“块在位编辑”命令后才能弹出“块在位编辑”选项卡。

2. 操作步骤

（1）进入添加到块内命令。

（2）根据系统提示拾取要添加到块内的实体，右击确认。

11.2.2　从块内移出

从块内移出功能用于把实体从块中移出，而不是从系统中删除。

1. 执行方式

☑　工具栏：单击“块在位编辑”工具栏中的“从块内移出”按钮。

☑　选项卡：单击“块在位编辑”选项卡“编辑参照”面板中的“从块内移出”按钮。

2. 操作步骤

（1）进入从块中移出命令。

（2）根据系统提示拾取要移出块的实体，右击确认。

11.2.3　不保存退出

不保存退出功能用于放弃对块进行的编辑，并退出块在位编辑状态。

1. 执行方式

☑　工具栏：单击“块在位编辑”工具栏中的“不保存退出”按钮。

☑　选项卡：单击“块在位编辑”选项卡“编辑参照”面板中的“不保存退出”按钮。

2. 操作步骤

（1）进入不保存退出命令。

（2）系统自动退出块在位编辑状态。

11.2.4　保存退出

保存退出功能用于保存对块进行的编辑，退出块在位编辑状态。执行方式如下。

☑　工具栏：单击“块在位编辑”工具栏中的“保存退出”按钮。

☑ 选项卡：单击“块在位编辑”选项卡“编辑参照”面板中的“保存退出”按钮。

11.3 图库操作

Note

CAXA CAD 电子图板已经定义了用户在设计时经常要用到的各种标准件和常用的图形符号，如螺栓、螺母、轴承、垫圈、电气符号等。用户在设计绘图时可以直接提取这些图形以插入图中，避免不必要的重复劳动，提高绘图效率。用户还可以自行定义自己要用到的其他标准件或图形符号，即对图库进行扩充。

CAXA CAD 电子图板对图库中的标准件和图形符号统称为图符。图符分为参量图符和固定图符。CAXA CAD 电子图板为用户提供了对图库的编辑和管理功能。此外，对于已经插入图中的参量图符，还可以通过尺寸驱动功能修改其尺寸规格。用户对图库可以进行的操作有提取图符、定义图符、驱动图符、图库管理、图库转换等。下面分别进行介绍。

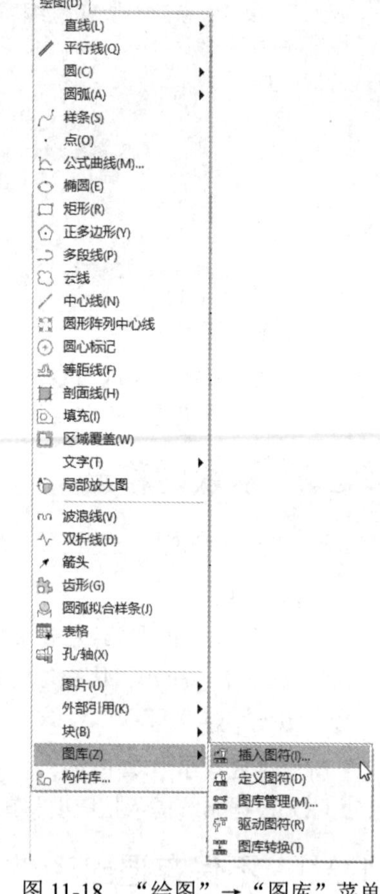

图 11-18　“绘图”→“图库”菜单

11.3.1 提取图符

提取图符就是从图库中选择合适的图符（如果是参量图符，还要选择其尺寸规格），并将其插入图中的合适位置处。

1. 执行方式

☑ 命令行：sym。

☑ 菜单栏：选择菜单栏中的“绘图”→“图库”→“插入图符”命令，如图 11-18 所示。

☑ 工具栏：单击“图库”工具栏中的“插入图符”按钮，如图 11-19 所示。

☑ 选项卡：单击“插入”选项卡“图库”面板中的“插入”按钮，如图 11-20 所示。

图 11-19　“图库”工具栏

图 11-20　“插入”选项卡

2. 操作步骤

（1）进入提取图符命令后，弹出“插入图符”对话框，如图 11-21 所示。

（2）在“插入图符”对话框中选定要提取的图符，单击“下一步”按钮。

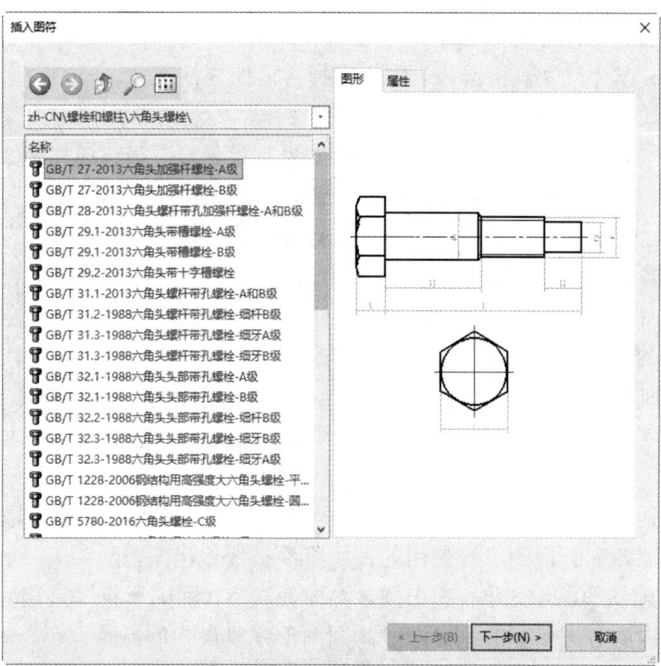

图 11-21　“插入图符”对话框

（3）系统弹出“图符预处理”对话框，如图 11-22 所示。在设置完各个选项并选取了一组规格尺寸后，单击“完成”按钮。

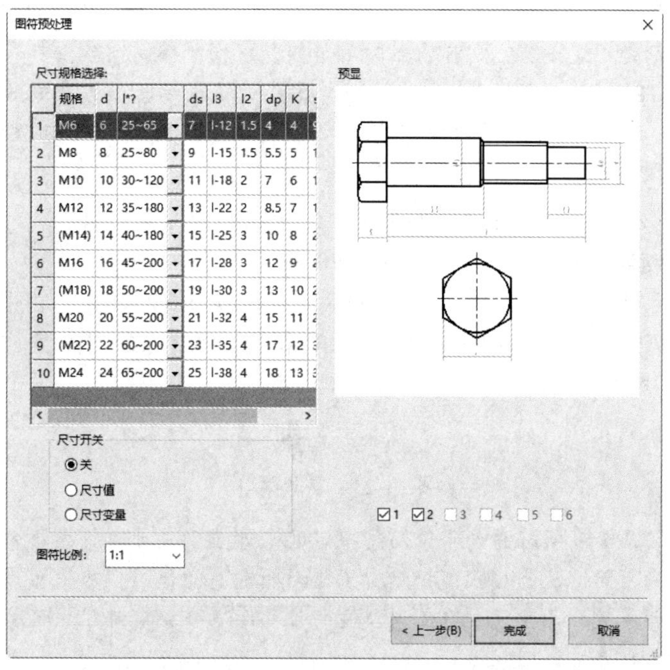

图 11-22　“图符预处理”对话框

在“图符预处理”对话框中可以对已选定的参量图符进行设置，如尺寸规格的选择、尺寸标注形式的设置、是否打散，以及是否消隐，对于有多个视图的图符还可以选择提取哪几个视图。

Note

“图符预处理”对话框操作方法如下。

❶ 尺寸规格选择：从“尺寸规格选择”栏中选择合适的规格尺寸。可以用鼠标或键盘将插入符移到任一单元格并输入数值来替换原有的数值，若按 F2 键，则当前单元格进入编辑状态且插入符被定位在单元格内文本的最后。列头的尺寸变量名后面如果有星号，说明该尺寸是系列尺寸，单击相应行中系列尺寸对应的单元格，单元格右端将出现一按钮，单击此按钮弹出一个下拉列表框，从中选择合适的系列尺寸值；尺寸变量名后面如果有问号，说明该尺寸是动态尺寸，如果右击相应行中动态尺寸对应的单元格，单元格内尺寸值后面将出现一问号，这样在插入图符时可以通过鼠标拖动来动态决定该尺寸的数值。再次右击该单元格，则问号消失，插入时不作为动态尺寸。确定系列尺寸和动态尺寸后，单击相应行左端的选择区以选择一组合适的规格尺寸。

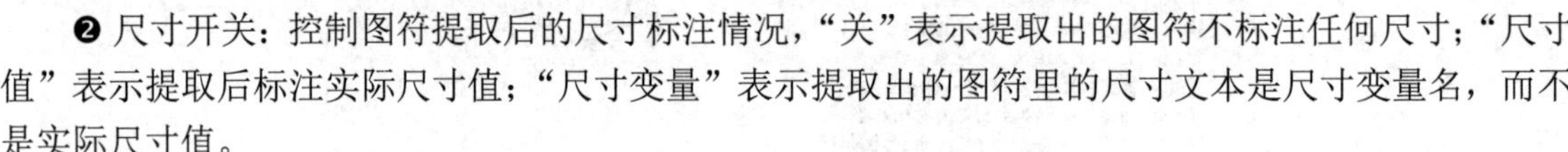

❷ 尺寸开关：控制图符提取后的尺寸标注情况，“关”表示提取出的图符不标注任何尺寸；“尺寸值”表示提取后标注实际尺寸值；“尺寸变量”表示提取出的图符里的尺寸文本是尺寸变量名，而不是实际尺寸值。

❸ 预显：位于对话框的右边，下面排列有 6 个视图控制开关，通过选中或取消选中任意一个视图的复选框可打开或关闭相应的视图，被关闭的视图将不被提取出来。

❹ 如果预显区里的图形显示太小，右击预显区内任一点，则图形将以该点为中心放大显示，可以反复放大；在预显区内同时按鼠标的左右两键，则图形恢复最初的显示大小。

注意：如果选定的是固定图符，则略过上述步骤（3）而直接进入下面的步骤（4）插入图符的交互过程，通过交互将图符插入图中的合适位置处。

（4）确定了要提取的图符并做了相应选择后，对话框消失，在十字光标处将出现提取的图符的第一个打开的视图。图符的基点被吸附在光标的中心，图符的位置随十字光标的移动而移动。

注意：如果提取的是固定图符，则弹出立即菜单，要求指定横向缩放倍数和纵向缩放倍数，默认值均为 1。如果不想采用默认值，可以单击缩放倍数编辑框，在弹出的输入框中输入新值并按 Enter 键，也可以在立即菜单中输入新值。图符将按指定的缩放倍数沿水平和/或竖直方向进行放大或缩小。

（5）系统提示输入“图符定位点”，将图符的基点定位在合适的位置处。在拖曳过程中可以按空格键弹出工具点菜单帮助精确定位，也可以利用智能点、导航点等定位。

（6）图符定位后，打开立即菜单，可以选择块是否打散和是否消隐，如图 11-23 所示。状态栏的提示变为“旋转角”，此时右击则接受默认值，图符的位置完全确定；否则输入旋转角度值并按 Enter 键，或用鼠标拖曳图符旋转至合适的角度并单击定位。

1. 不打散 2. 消隐

图 11-23　立即菜单

注意：如果提取的是参量图符并设置了动态确定的尺寸且该尺寸包含在当前视图中，则在确定了视图旋转角度后，状态栏出现提示“请拖动确定 x 的值:”，其中 x 为尺寸名，此时该尺寸值随鼠标位置变化而变化，拖曳到合适的位置时单击就确定了该尺寸的最终大小，也可以用键盘输入该尺寸的数值

（7）插入完图符的第一个打开的视图后，光标处又出现该图符的下一个打开的视图（如有）或同一视图（如果图符只有一个打开的视图），因此可以将提取的图符一次插入多个，插入的交互过程同上。当不再需要插入时，右击结束插入过程。

11.3.2　定义图符

定义图符就是用户将自己要用到而图库中没有的参数化图形或固定图形加以定义，存储到图库中，供以后调用。执行方式如下。

☑　命令行：symdef。

☑　菜单栏：选择菜单栏中的“绘图”→“图库”→“定义图符”命令。

☑　工具栏：单击“图库”工具栏中的“定义图符”按钮。

☑　选项卡：单击“插入”选项卡“图库”面板中的“定义”按钮。

注意： 可以被定义到图库中的图形元素的类型有直线、圆、圆弧、点、尺寸、块、文字、剖面线、填充。如果有其他类型的图形元素，如多义线、样条等，则需要定义到图库中，可以将其做成块。

视频讲解

【例 11-1】 将如图 11-24 所示轴承座零件图定义为图符。

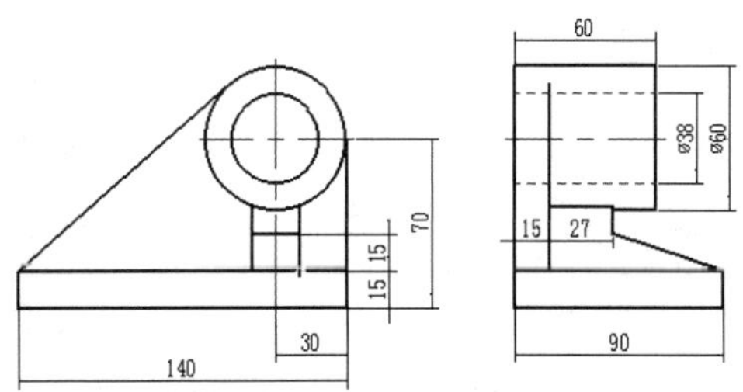

图 11-24　轴承座零件图

操作步骤：

（1）首先绘制好要定义的图形，并标注好尺寸，然后单击“插入”选项卡“图库”面板中的“定义”按钮。

（2）状态栏提示“请选择第 1 视图”，用鼠标窗选图符的第一视图，如果一次没有选全，可以接着选取遗漏的图形元素。选取完后，右击结束选择。

（3）状态栏提示“请单击或输入视图的基点”，用鼠标指定基点，指定基点时可以用空格键弹出工具点菜单来帮助精确定点，也可以利用智能点、导航点等定位。

注意： 基点的选择很重要，如果选择不当，不仅会增加元素定义表达式的复杂程度，而且使提取时图符的插入定位很不方便。

（4）系统提示“请为该视图的各个尺寸指定一个变量名”，单击主视图中的一个尺寸，系统弹出“请输入变量名称”对话框，输入变量名后单击“确定”按钮，如图 11-25 所示。

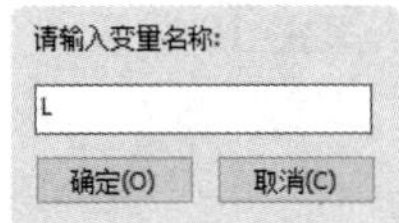

图 11-25　“请输入变量名称”对话框

（5）根据系统提示选择其他尺寸并指定变量名，指定完后右击进入下一步。

（6）根据系统提示拾取第二个视图并指定基点，方法同步骤（2）～（5）。

（7）指定完所有的视图后，右击确认，系统弹出“元素定义”对话框，如图 11-26 所示。在该

Note

对话框中，单击“下一元素”按钮，依次对每一个元素进行定义，定义结束后单击“下一步”按钮。

对于元素定义过程中需要多次用到的表达式以及不直接出现在图形中但可以作为选择尺寸规格的依据的信息，可以定义成中间变量。单击“中间变量”按钮，则弹出“中间变量”对话框，如图 11-27 所示。在该对话框中可以进行中间变量的定义和编辑。

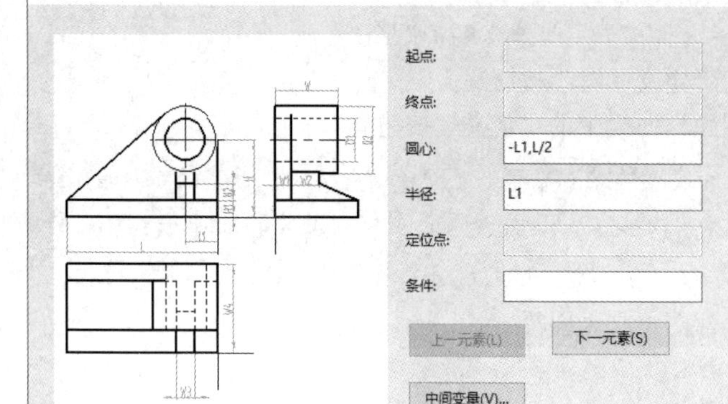

图 11-26 “元素定义”对话框

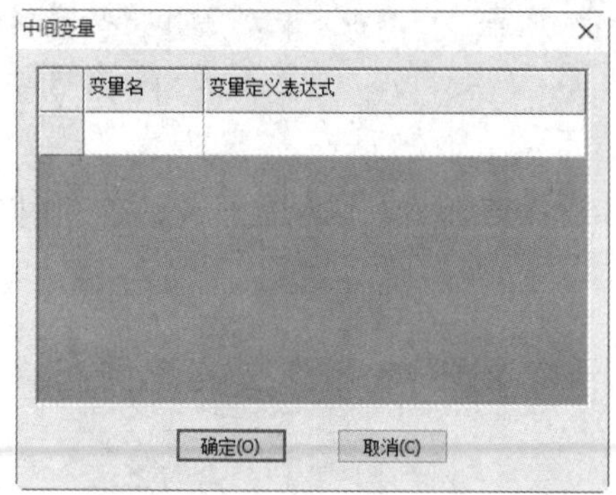

图 11-27 “中间变量”对话框

另外，在定义图形元素和中间变量时常常要用到一些数学函数，这些函数的使用格式与 C 语言中的用法相同，所有函数的参数需要用括号括起来，且参数本身也可以是表达式。有 sin、cos、tan、asin、acos、atan、sinh、cosh、tanh、sqrt、fabs、ceil、floor、exp、log、log10、sign 共 17 个函数。

☑ 三角函数 sin、cos、tan 的参数单位采用角度，如 sin(30) = 0.5，cos(45) = 0.707。

☑ 反三角函数 asin、acos、atan 的返回值单位为角度，如 acos(0.5) = 60，atan(1) = 45。

☑ sinh、cosh、tanh 为双曲函数。

☑ sqrt(*x*)表示 *x* 的平方根，如 sqrt(36) = 6。

☑ fabs(*x*)表示 *x* 的绝对值，如 fabs(-18) = 18。

☑ ceil(*x*)表示大于或等于 *x* 的最小整数，如 ceil(5.4) = 6。

☑ floor(*x*)表示小于或等于 *x* 的最大整数，如 floor(3.7) = 3。

☑ exp(*x*)表示 e 的 *x* 次方。

☑ log(*x*)表示 lnx(自然对数)，log10(*x*)表示以 10 为底的对数。

☑ sign(*x*)在 *x* 大于 0 时返回 *x*，在 *x* 小于或等于 0 时返回 0，如 sign(2.6) = 2.6，sign(-3.5) = 0。

☑ 幂用^表示，如 *x*^5 表示 *x* 的 5 次方。

☑ 求余运算用%表示，如 18%4 = 2，2 为 18 除以 4 后的余数。

在表达式中，乘号用“*”表示，除号用“/”表示；表达式中没有中括号和大括号，只能用小括号。如以下表达式是合法的表达式：

1.5*h*sin(30)-2*d^2/sqrt(fabs(3*t^2-x*u*cos(2*alpha)))

（8）系统弹出“变量属性定义”对话框，如图 11-28 所示。在此对话框中可以定义变量的属性，即系统变量、动态变量。系统默认的变量属性均为否，即变量既不是系列变量，也不是动态变量，用户可单击相应的单元格，这时单元格的字变为蓝色。可用空格键切换是和否，也可直接从键盘输入 Y 和 N 进行发换，变量的序号从 0 开始，决定了在输入标准数据和选择尺寸规格时各个变量的排列顺

序。一般应将选择尺寸规格作为主要依据的尺寸变量的序号指定为 0，序号列出了已经默认的序号，可以编辑修改。设定完成后单击“下一步”按钮。

（9）系统弹出“图符入库”对话框，如图 11-29 所示。首先在该对话框中输入新建类别和图符名称；然后单击“属性编辑”按钮，在系统弹出的“属性编辑”对话框中输入图符的属性，如图 11-30 所示；再单击“数据编辑”按钮，在系统弹出的“标准数据录入与编辑”对话框中输入相应的数据，如图 11-31 所示，输入完成后，单击“确定”按钮；最后返回“图符入库”对话框中，单击“完成”按钮，这时图符定义结束。

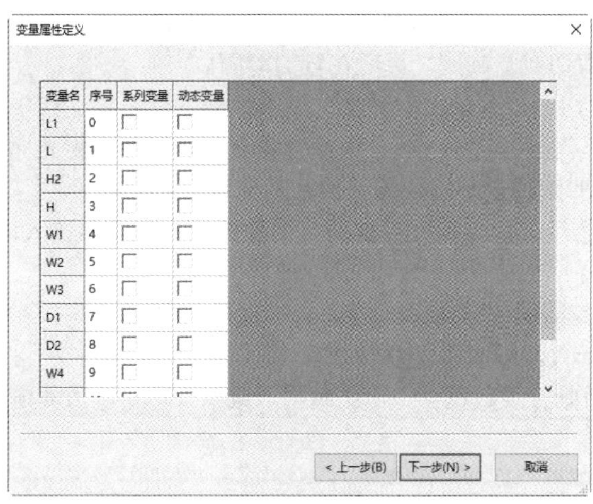

图 11-28　“变量属性定义”对话框

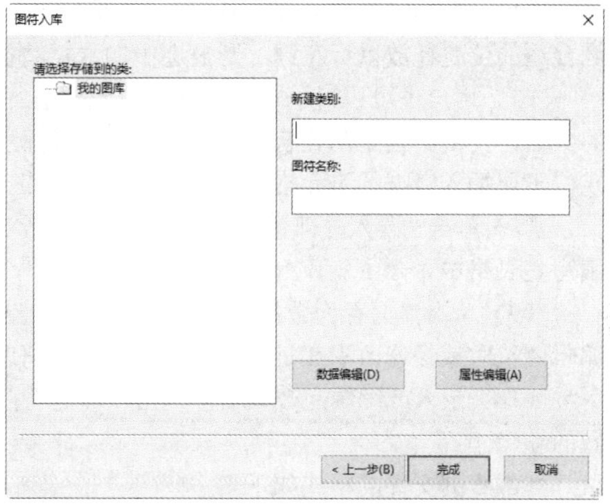

图 11-29　“图符入库”对话框

图 11-30　“属性编辑”对话框

图 11-31　“标准数据录入与编辑”对话框

“标准数据录入与编辑”对话框的操作方法如下。

（1）当输入焦点在表格中时，如果按 F2 键，则当前单元格进入编辑状态且插入符被定位在单元格内文本的最后。

（2）要增加一组新的数据时，直接在表格最后左端选择区有星号的行即选择区为 * 的行中输入即可。输入任一行数据的系列尺寸值时，尺寸取值下限和取值上限之间用一个除数字、小数点、字母 E 以外的字符分隔，例如“10-40”“16/80”“25,100”等，但应尽量保持统一，以利美观。

（3）在标题行的系列变量名后将有一个星号，单击系列变量名所在的标题格，将弹出“系列变量值输入与编辑”对话框，在该对话框中按由小到大的顺序输入系列变量的所有取值，用逗号分隔，对于标准中建议尽量不采用的数据可以用括号括起来。

（4）如果某一列的宽度不合适，将光标移动到该列标题的右边缘，光标的形状将发生改变，此

Note

时按住鼠标左键并水平拖曳，就可以改变相应列的宽度；同样，如果行的高度不合适，将光标移动到表格左端任意两个相邻行的选择区交界处，光标的形状将发生改变，此时按住鼠标左键并竖直拖曳，就可以改变所有行的高度。该对话框对输入的数据提供了以行为单位的各种编辑功能。

（5）将光标定位在任一行，按 Insert 键则在该行前面插入一个空行，以供在此位置输入新的数据；单击任一行左端的选择区则选中该行，按 Delete 键可以删除该行。

（6）在选择了一行或连续的多行数据（选择多行数据时需要在按住鼠标左键的同时按 Ctrl 键，其中选择第一行时可以不按 Ctrl 键，可以通过鼠标的拖放来实现数据的剪切或复制）后，按住鼠标左键并拖曳（复制时要同时按 Ctrl 键），光标的形状将改变，提示用户当前处于剪切或复制状态。拖曳到合适的位置释放鼠标左键，则被选中的数据将被剪切或复制到光标所在行的前面。

（7）用户也可以对单个单元格中的数据进行剪切、复制和粘贴操作。单击或双击任一单元格中的数据，使数据处于高亮状态，按 Ctrl+X 快捷键实现剪切，按 Ctrl+C 快捷键实现复制，然后将光标定位于要插入数据的单元格中，按 Ctrl+V 快捷键，剪切或复制的数据就被粘贴到该单元格中。

（8）单击“读入外部数据文件”按钮可以将已经用其他编辑软件编辑好的数据纯文本文件读入，填写到表格中。

（9）单击“另存为数据文件”按钮可以将当前表格中的数据存储到一个纯文本文件中，可以在编辑图符时或经修改后在定义数据相类似的图符时读入，以减少重复劳动。

（10）录入或编辑完数据后，单击“确定”按钮则记录数据并退出；单击“取消”按钮则放弃所做的编辑。

外部数据文件的格式如下。

（1）用户可以用任何一种文字处理软件输入编辑参量图符的标准数据，然后在定义图符需输入数据时读入；也可以在定义某个图符时将输入的数据另存为文本文件，用文字处理软件编辑后在定义另一种相类似的图符时读入。数据文件应满足一定的格式要求。

（2）数据文件的第一行输入尺寸数据的组数。从第二行起，每行记录一组尺寸数据，其中标准中建议尽量不采用的值可以用括号括起来。一行中的各个数据之间用若干个空格分隔，一行中的各个数据的排列顺序应与将在变量属性定义时指定的顺序相同。

（3）在记录完各组尺寸数据后，如果有系列尺寸，则在新的一行里按由小到大的顺序输入系列尺寸的所有取值，同样标准中建议尽量不采用的值可以用括号括起来。各数值之间用逗号分隔，一个系列尺寸的所有取值应输入同一行中，不能分成多行。如果图符的系列尺寸不止一个，则各行系列尺寸数值的先后顺序也应与将在变量属性定义时指定的顺序相对应。

11.3.3 图库管理

图库管理功能为用户提供了对图库文件及图库中的各个图符进行编辑修改的功能。

1. 执行方式

☑ 命令行：symman。

☑ 菜单栏：选择菜单栏中的“绘图”→“图库”→“图库管理”命令。

☑ 工具栏：单击“图库”工具栏中的“图库管理”按钮。

☑ 选项卡：单击“插入”选项卡“图库”面板中的“管理”按钮。

2. 操作步骤

进入图库管理命令后，弹出“图库管理”对话框，如图 11-32 所示；在此对话框中进行图符浏览、预显放大、检索及设置当前图符的方法与“插入图符”对话框完全相同。

3. 选项说明

（1）图符编辑

应用图符编辑可以对已经定义的图符进行全面的编辑修改，也可以利用这个功能从一个定义好的图符出发定义另一个相类似的图符，以减少重复劳动。操作方法如下。

在“图库管理”对话框中选定要编辑的图符后，单击“图符编辑”按钮，将弹出如图 11-33 所示的下拉菜单。

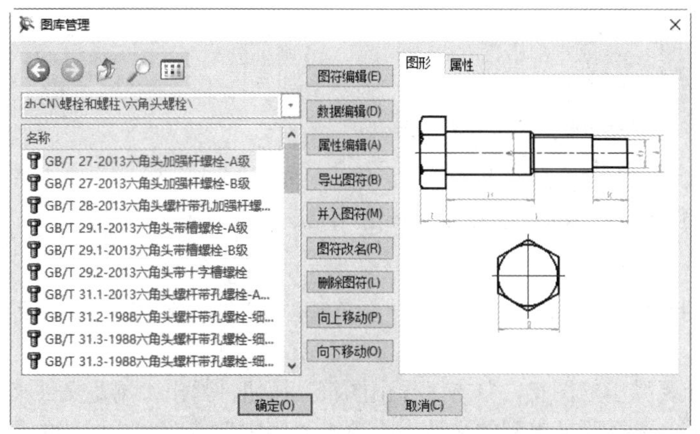

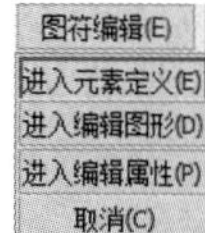

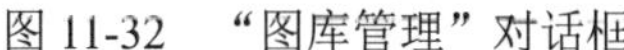
图 11-32　“图库管理”对话框

图 11-33　图符编辑下拉菜单

如果只是要修改参量图符中图形元素的定义或尺寸变量的属性，可以选择“进入元素定义”，此时“图库管理”对话框被关闭，进入元素定义，开始对图符的定义进行编辑修改。

如果需要对图符的图形、基点、尺寸或尺寸名进行编辑，可以选择“进入编辑图形”，同样“图库管理”对话框被关闭。此时，需要编辑的图符以布局窗口的形式添加到已打开的文件内，可以切换回模型以显示进入图符编辑之前的图形。图符的各个视图显示在绘图区，此时可以对图形进行编辑修改。修改完成后单击“定义图符”按钮，后续操作与定义图符完全一样。该图符仍含有除被编辑过的图形元素的定义表达式外的全部定义信息，因此编辑时只需对要变动的图形元素进行修改，其余保持原样。在图符入库时如果输入了一个与原来不同的名字，就定义了一个新的图符。

如果只是修改图符中图形元素的图层、线型、线宽、颜色、标注风格、文字风格，则可以选择“进入编辑属性”。同样“图库管理”对话框被关闭，系统将自动打开“图符编辑”选项卡，此时可以开始对图符的属性进行编辑修改。

如果选择“取消”，则结束操作并放弃编辑。

（2）数据编辑

数据编辑就是对参量图符的标准数据进行编辑修改。操作方法如下。

在“图库管理”对话框中选定要编辑的图符后，单击“数据编辑”按钮，将弹出如图 11-34 所示的“标准数据录入与编辑”对话框，在该对话框中的表格里显示了该图符已有的尺寸数据以供编辑修改，编辑方法见 11.3.2 节中的“标准数据录入与编辑”对话框的操作。

编辑完成后单击“确定”按钮，系统将保存编辑后的数据；单击“取消”按钮，系统将放弃所做的修改并退出。

（3）属性编辑

属性编辑就是对图符的属性进行编辑修改。操作方法如下。

在“图库管理”对话框中选定要编辑的图符后，单击“属性编辑”按钮，将弹出“属性编辑”对话框，在该对话框中的表格里显示了该图符已定义的属性信息以供编辑修改，编辑方法见 11.3.2 节中

的“属性编辑”对话框的操作。编辑完成后单击“确定”按钮，系统将保存编辑后的属性；单击“取消”按钮，系统将放弃所做的修改并退出。

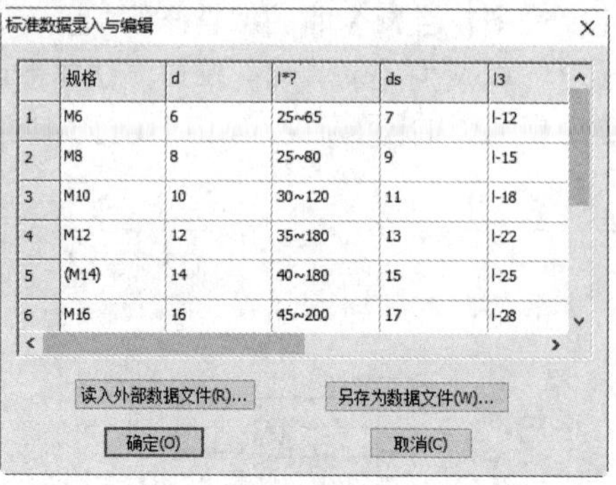

	规格	d	l*?	ds	l3
1	M6	6	25~65	7	l-12
2	M8	8	25~80	9	l-15
3	M10	10	30~120	11	l-18
4	M12	12	35~180	13	l-22
5	(M14)	14	40~180	15	l-25
6	M16	16	45~200	17	l-28

图 11-34　“标准数据录入与编辑”对话框

（4）导出图符

导出图符就是将需要导出的图符以“图库 lib 文件”（*.sbl）的方式在系统中进行保存备份或者用于图库交流。操作方法如下。

在“图库管理”对话框中选择要导出的图符，单击“导出图符”按钮，弹出“浏览文件夹”对话框，如图 11-35 所示。在该对话框中选择要导出到的文件夹，单击“确定”按钮完成图符的导出。

（5）并入图符

并入图符用于将用户在另一台计算机上的定义或其他目录下的图符加入本计算机系统目录下的图库中。操作方法如下。

在“图库管理”对话框中单击“并入图符”按钮，弹出“并入图符”对话框，如图 11-36 所示。在该对话框中选择要并入的图库的索引文件，单击“并入”按钮，被选中的图符会存入指定的类别中。并入成功后，被并入的图符从列表中消失。接下来可以再进行其余图符的并入。

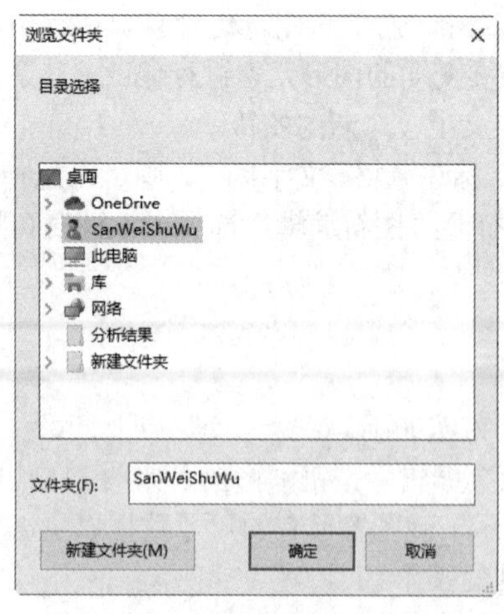

图 11-35　“浏览文件夹”对话框

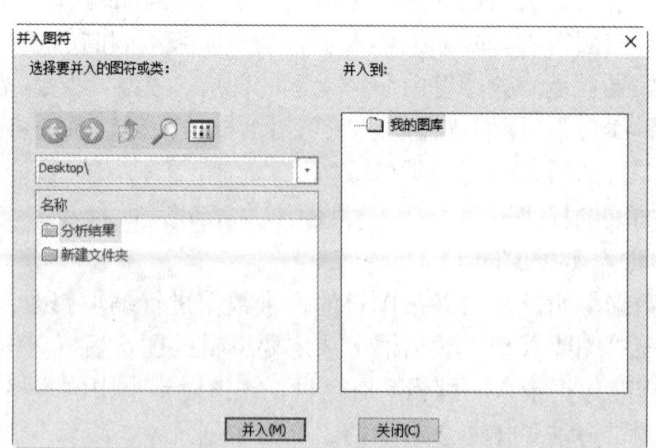

图 11-36　“并入图符”对话框

（6）图符改名

图符改名用来给图符更改名称。操作方法如下。

在“图库管理”对话框中选中想要改名的图符（如果是重命名小类或大类，可以不选择具体的图符），再单击“图符改名”按钮，弹出“图符改名”对话框，如图 11-37 所示。

在“请输入新的名称”文本框中输入新名字，单击“确定”按钮完成改名；单击“取消”按钮放弃修改。

（7）删除图符

删除图符用于从图库中删除图符。操作方法如下。

在“图库管理”对话框中选中想要删除的图符（如果是删除整个小类或大类，可以不选择具体的图符），再单击“删除图符”按钮，在弹出的警示对话框（见图 11-38）中单击“确定”按钮即可完成操作。

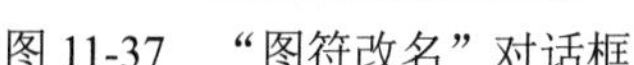

图 11-37 “图符改名”对话框

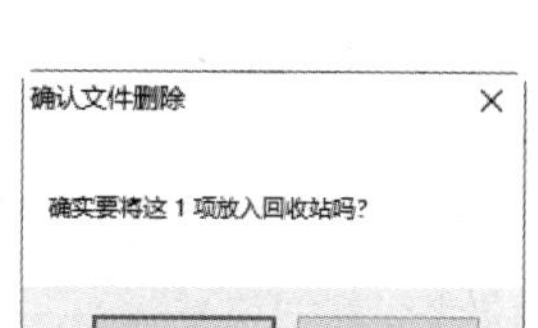

图 11-38 “确认文件删除”警示对话框

注意：删除的图符文件不可恢复，删除之前请注意备份。

11.3.4 驱动图符

驱动图符就是将已经插入图中的参量图符的某个视图的尺寸规格进行修改。

1. 执行方式

☑ 命令行：symdrv。
☑ 菜单栏：选择菜单栏中的“绘图”→“图库”→“驱动图符”命令。
☑ 工具栏：单击“图库”工具栏中的“驱动图符”按钮。
☑ 选项卡：单击“插入”选项卡“图库”面板中的“驱动”按钮。

2. 操作步骤

（1）启动驱动图符命令后，当前绘图中所有未被打散的图符将被加亮显示。

（2）选取要驱动的图符，弹出“图符预处理”对话框。在这个对话框中修改所要驱动的图符的尺寸及各选项的设置，操作方法与图符预处理时相同。然后单击“完成”按钮，被驱动的图符将在原来的位置以原来的旋转角被按新尺寸生成的图符所取代。

11.3.5 图库转换

图库转换用来将用户在低版本 CAXA CAD 电子图板中的图库（可以是自定义图库）转换为当前版本 CAXA CAD 电子图板的图库格式，以继承用户的劳动成果。

1. 执行方式

☑ 命令行：symexchange。
☑ 菜单栏：选择菜单栏中的“绘图”→“图库”→“图库转换”命令。
☑ 工具栏：单击“图库”工具栏中的“图库转换”按钮。
☑ 选项卡：单击“插入”选项卡“图库”面板中的“图库转换”按钮。

2. 操作步骤

（1）启动图库转换命令后，弹出“图库转换”对话框，如图 11-39 所示。单击“下一步”按钮。

Note

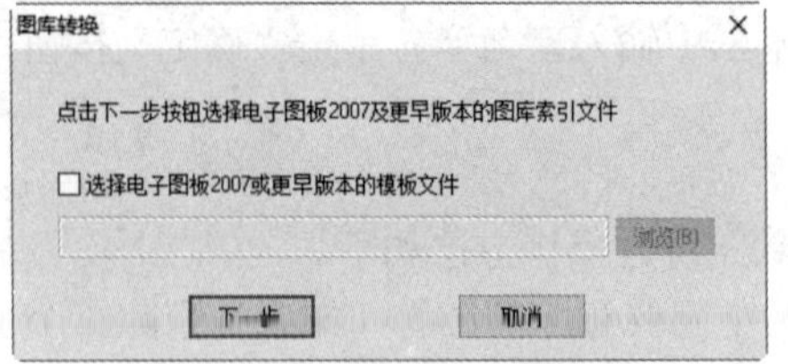

图 11-39 "图库转换"对话框

(2)系统弹出"打开旧版本主索引或小类索引文件"对话框，如图 11-40 所示。在该对话框中选择要转换的图库的索引文件，单击"打开"按钮，该对话框被关闭。

(3)弹出"转换图符"对话框，如图 11-41 所示。选择需要转换的图符和存储的类，单击"转换"按钮完成图库转换。

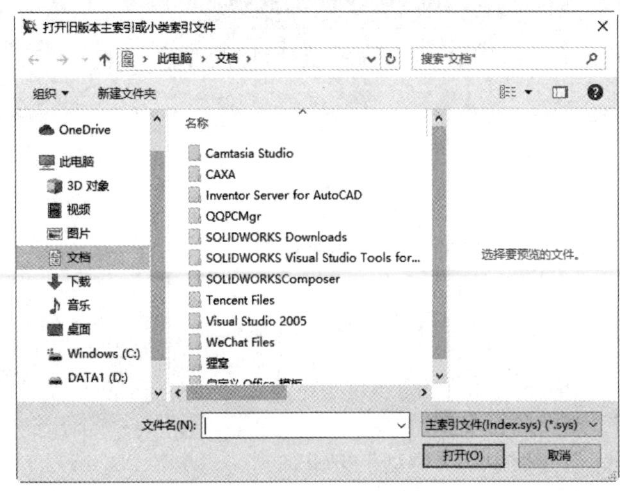

图 11-40 "打开旧版本主索引或小类索引文件"对话框

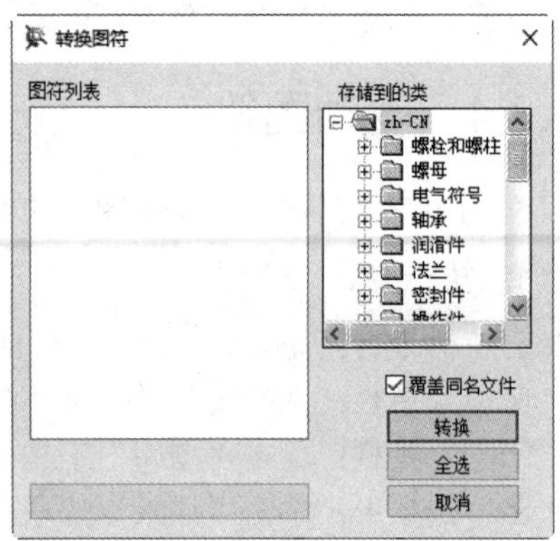

图 11-41 "转换图符"对话框

11.3.6 构件库

构件库是一种新的二次开发模块的应用形式。

1. 执行方式

☑ 命令行：component。

☑ 菜单栏：选择菜单栏中的"绘图"→"构件库"命令。

☑ 选项卡：单击"插入"选项卡"图库"面板中的"构件库"按钮。

2. 操作步骤

(1)启动构件库命令后，系统弹出"构件库"对话框，如图 11-42 所示。

(2)在"构件库"下拉列表框中可以选择不同的构件库，在"选择构件"栏中以图标按钮的形式列出了这个构件库中的所有构件，单击选中某个构件后，在"功能说明"栏中就会列出所选构件的功能说明，单击"确定"按钮后，就会执行所选的构件。

构件库的开发和普通二次开发基本上是一样的，只是在使用上与普通二次开发应用程序有以下区别。

(1)构件库在 CAXA CAD 电子图板启动时自动载入，在 CAXA CAD 电子图板关闭时可自动退出，不需要通过应用程序管理器进行加载和卸载。

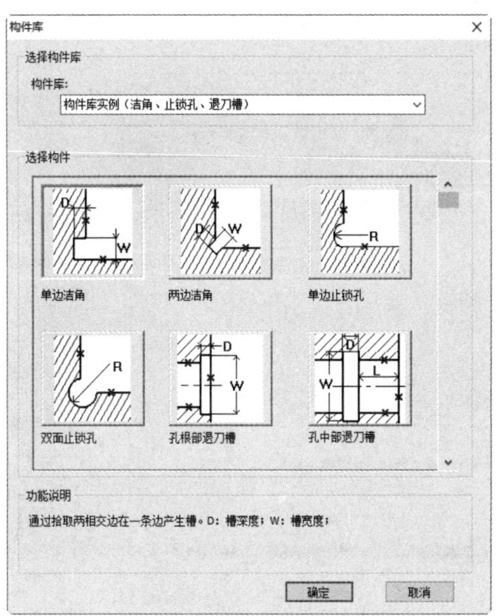

图 11-42　“构件库”对话框

（2）普通二次开发程序中的功能是通过菜单激活的，而构件库模块中的功能是通过构件库管理器进行统一管理和激活的。

（3）构件库一般用于不需要对话框进行交互，而只需要立即菜单进行交互的功能。

（4）构件库的功能使用更直观，它不仅有功能说明等文字说明，还有图片说明，因而更加形象。

在使用构件库之前，首先应该把编写好的库文件.eba 复制到 EB 安装路径下的构件库目录\Conlib 中（注：在该目录中已经提供了一个构件库的例子 EbcSample），然后启动 CAXA CAD 电子图板。

11.3.7　技术要求库

技术要求库用数据库文件分类记录了常用的技术要求文本项，可以辅助生成技术要求文本以插入工程图中，也可以对技术要求库中的类别和文本进行添加、删除和修改，即进行技术要求库管理。

1. 执行方式

☑　命令行：speclib。

☑　菜单栏：选择菜单栏中的“标注”→“技术要求”命令。

☑　工具栏：单击“标注”工具栏中的“技术要求”按钮。

☑　选项卡：单击“标注”选项卡“文字”面板中的“技术要求”按钮。

2. 操作步骤

（1）启动技术要求库命令后，系统弹出“技术要求库”对话框，如图 11-43 所示。

注意： 在“技术要求库”对话框中，左下角的列表框中列出了所有已有的技术要求类别；右下角的表格中列出了当前类别的所有文本项；顶部的编辑框用来编辑需要插入工程图中的技术要求文本。

（2）如果技术要求库中已经有了要用的文本，则可以在切换到相应的类别后用鼠标直接将文本从表格中拖到上面编辑框中的合适的位置处，也可以直接在编辑框中输入和编辑文本。

单击“正文设置”按钮可以进入“文字参数设置”对话框，修改技术要求文本要采用的文字参数，

Note

如图 11-44 所示。

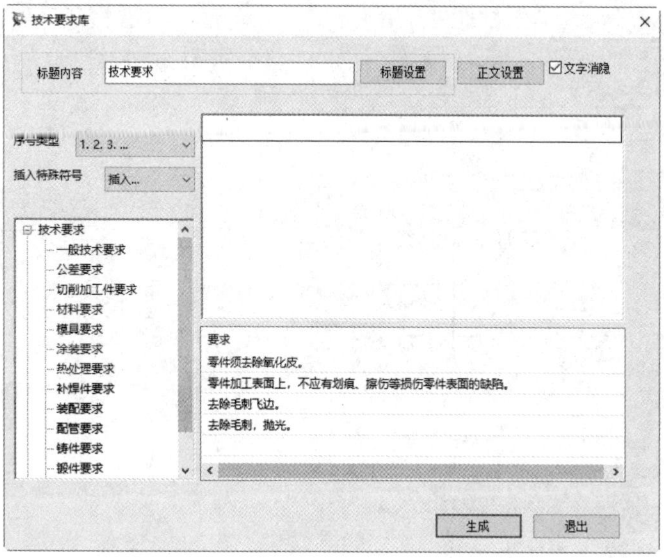

图 11-43 “技术要求库”对话框

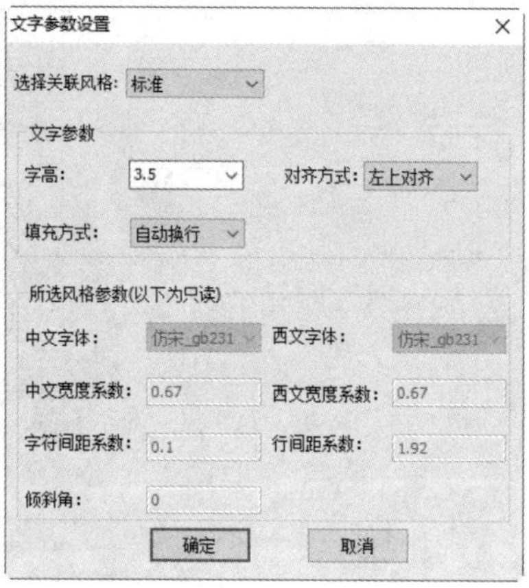

图 11-44 “文字参数设置”对话框

完成编辑后，单击“生成”按钮，根据提示指定技术要求所在的区域，可将系统生成技术要求文本插入工程图中。

注意： 设置的文字参数是技术要求正文的参数，而标题“技术要求”4 个字由系统自动生成，并相对于指定区域中上对齐，因此在编辑框中无须输入这 4 个字。

另外，技术要求库的管理工作可以在如图 11-43 所示的对话框中进行，方法如下。

要增加新的文本项，可以在表格最后的空行中输入；要删除文本项，先单击相应行选择区选中该行，系统将出现警告提示，单击“否”按钮，再按 Delete 键删除（此时输入焦点应在表格中）；要修改某个文本项的内容，只需直接在表格中修改。

要增加一个类别，选择列表框中的最后一项“我的技术要求”，并右击，在弹出的快捷菜单中选择“添加表”命令，输入新建表的名字，然后在“要求”表格中为新建表增加文本项；要删除一个类别，可选中该类别后右击，在弹出的快捷菜单中选择“删除表”命令（为防止用户误删除，当选中 CAXA CAD 电子图板中系统自带的类别后右击时，不会出现“删除表”快捷菜单）；要修改类别名，先双击，再进行修改。完成管理工作后，单击“退出”按钮退出对话框。

11.4 上机实验

（1）从图库中调用如图 11-45 所示的标准件并对其进行相应的操作。

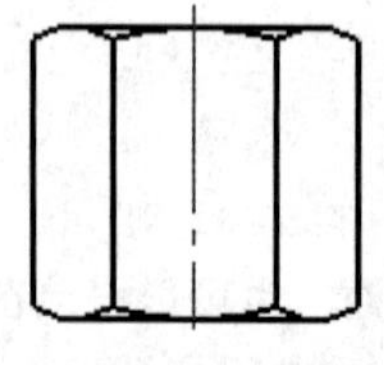

图 11-45 标准螺母

❶ 执行分解命令。

❷ 进行相应的编辑，将中心线缩短，并将所有的线条改为细实线。

❸ 执行块生成命令重新生成块。

操作提示

图 11-45 中的螺母为图符大类“螺母”和图符小类“六角螺母”中的“GB56-1988 六角厚螺母”的第一个视图。

（2）从图库中调用如图 11-46（a）所示的标准件并对其进行相应的操作，使其结果如图 11-46（b）所示。

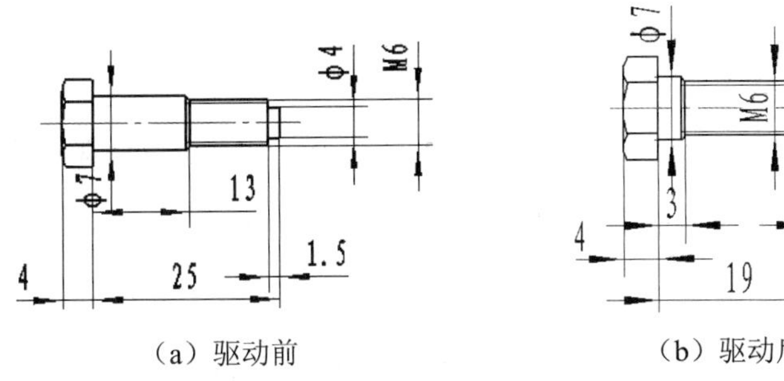

（a）驱动前　　（b）驱动后

图 11-46　标准螺栓

❶ 执行驱动图符命令，对其尺寸进行适当的改变（25 变为 19，13 变为 3）。

❷ 执行分解命令。

❸ 编辑调整尺寸线的位置。

操作提示

图 11-46 中的螺栓为“插入图符”对话框中的“zh-CN”→“螺栓和螺柱”→“六角头螺栓”→“GB/T 27—2013 六角头加强杆螺栓-A 级”的第一个视图。

11.5 思考与练习

（1）从图库中调用一个标准件，试用块操作的命令。

❶ 先执行分解命令，再执行块生成命令重新生成块。

❷ 在绘图区任意绘制一个图形，用标准件的块来练习“块消隐”命令。

（2）将如图 11-47 所示的电阻图形定义成固定图符存入图形库中。

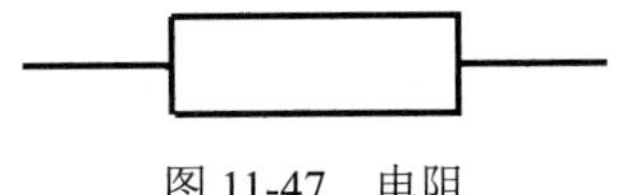

图 11-47　电阻

第12章

系统查询

CAXA CAD电子图板为用户提供了系统查询功能，可以查询点的坐标、两点间距离、角度、元素属性、周长、面积、重心、惯性矩和重量等内容，还可以将查询结果保存成文件。利用系统的查询功能，用户可以更加方便地绘制与编辑图形。

学习重点

- ☑ 查询坐标点
- ☑ 查询两点距离
- ☑ 查询角度
- ☑ 查询元素属性
- ☑ 查询周长
- ☑ 查询面积
- ☑ 查询重心
- ☑ 查询惯性矩
- ☑ 查询重量

12.1 系统查询

12.1.1 坐标点查询

坐标点查询用于查询点的坐标，执行方式如下。

☑ 命令行：id。

☑ 菜单栏：选择菜单栏中的“工具”→“查询”→“坐标点”命令，如图 12-1 所示。

☑ 工具栏：单击“查询工具”工具栏中的“坐标点”按钮，如图 12-2 所示。

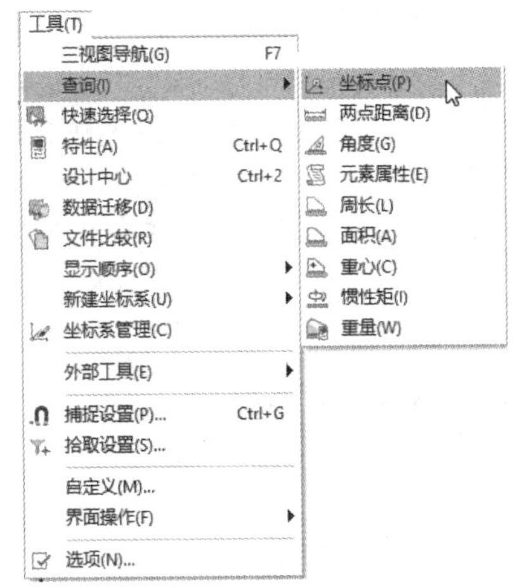

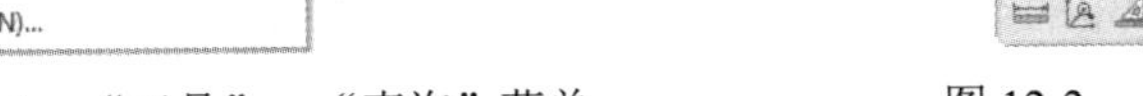

图 12-1 “工具”→“查询”菜单

图 12-2 “查询工具”工具栏

☑ 选项卡：单击“工具”选项卡“查询”面板中的“坐标点”按钮，如图 12-3 所示。

图 12-3 “工具”选项卡

【例 12-1】坐标点查询。

视频讲解

操作步骤：

（1）打开源文件，启动查询坐标点命令后，状态栏出现“拾取要查询的点”。

（2）在绘图区拾取所要查询的点，可以同时拾取多个要查询的点，如果拾取成功，则屏幕上会出现用拾取颜色显示的点标识。

（3）右击结束拾取状态，屏幕上立刻弹出“查询结果”对话框，对查询到的点坐标信息予以显示，如图 12-4 所示。

（4）当关闭“查询结果”对话框后，被拾取到的点标识也随即消失（用户也可单击“查询结果”对话框中的“保存”按钮，将查询结果保存为文本文件）。

Note

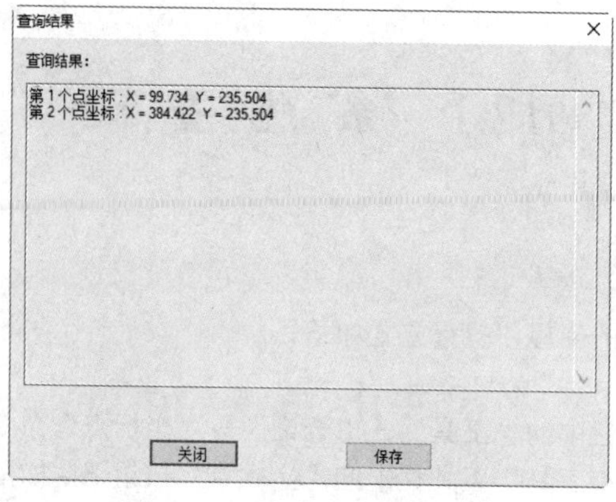

图 12-4 “坐标点”查询结果

注意： 一般查询点坐标命令是查询各种工具点方式下的一些特征点的坐标，所以这时可以按空格键弹出工具点菜单选取需要的点方式（如果对工具点菜单的热键比较熟悉则不必按空格键而直接按所需要的点方式热键即可），随后就可以移动光标至绘图区内单击进行拾取，查询到的点坐标是相对于当前用户坐标系的。另外，用户可以在系统配置里设置要查询的小数位数。

12.1.2 两点距离查询

两点距离查询用于查询两点之间的距离（包括两点的坐标，两点间的 *X* 方向与 *Y* 方向的坐标差和两点间的直线距离），执行方式如下。

☑ 命令行：dist。

☑ 菜单栏：选择菜单栏中的“工具”→“查询”→“两点距离”命令。

☑ 工具栏：单击“查询工具”工具栏中的“两点距离”按钮。

☑ 选项卡：单击“工具”选项卡“查询”面板中的“两点距离”按钮。

视频讲解

【例 12-2】 两点距离查询。

操作步骤：

（1）打开源文件，启动查询两点距离命令后，根据系统提示拾取第一点和第二点。

（2）当拾取完第二点后，屏幕上立刻弹出“查询结果”对话框，对查询到的两点距离予以显示，如图 12-5 所示。

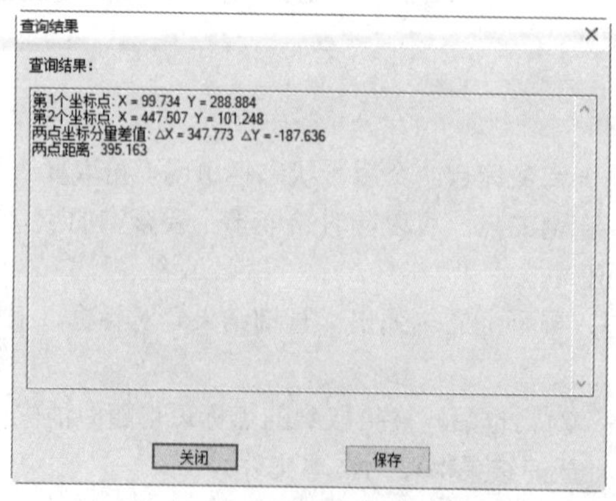

图 12-5 “两点距离”查询结果

（3）当关闭“查询结果”对话框后，被拾取到的点标识也随即消失（用户也可单击“查询结果”对话框中的“保存”按钮，将查询结果保存为文本文件）。

注意：对于两点的拾取一般采用工具点菜单来拾取。

12.1.3　角度查询

角度查询用于查询圆弧的圆心角、两直线夹角和三点夹角。

1. 执行方式

☑　命令行：angle。

☑　菜单栏：选择菜单栏中的“工具”→“查询”→“角度”命令。

☑　工具栏：单击“查询工具”工具栏中的“角度”按钮。

☑　选项卡：单击“工具”选项卡“查询”面板中的“角度”按钮。

2. 立即菜单选项说明

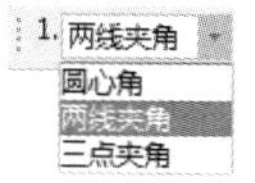

图 12-6　“查询角度”立即菜单

启动查询角度命令后，系统弹出立即菜单，如图 12-6 所示。在立即菜单 1 中可以选取不同的查询方式。

1）圆心角查询

【例 12-3】圆心角查询功能查询圆弧的圆心角。

视频讲解

操作步骤：

（1）打开源文件，启动查询角度命令后，在立即菜单 1 中选择“圆心角”。

（2）根据系统提示拾取圆弧，被拾取到的圆弧用拾取颜色显示。

（3）拾取圆弧后，屏幕上立刻弹出“查询结果”对话框，对查询到的圆弧角度予以显示，如图 12-7 所示。

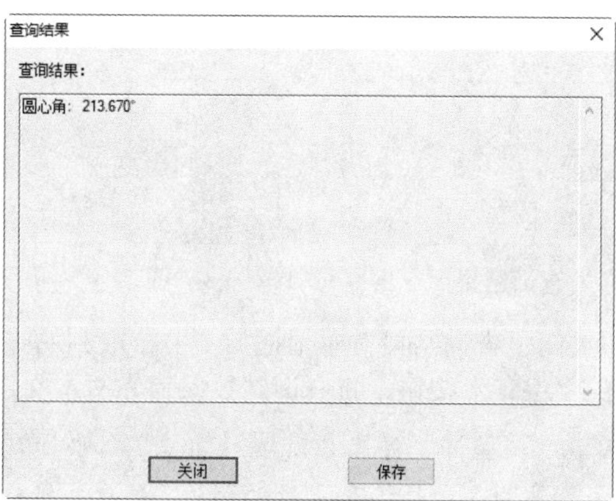

图 12-7　“圆心角”查询结果

（4）单击“关闭”按钮关闭“查询结果”对话框后，被拾取到的圆弧恢复正常颜色显示。用户也可单击“查询结果”对话框中的“保存”按钮，将查询结果保存为文本文件。

注意：用户还可以在系统配置里设置要查询的小数位数。

2）两直线夹角查询

【例 12-4】两线夹角功能查询两条直线的夹角。

视频讲解

Note

视频讲解

操作步骤：

（1）打开源文件，启动角度查询命令后，在立即菜单 1 中选择“两线夹角”。

（2）根据系统提示依次拾取第一条和第二条直线，被拾取到的直线用拾取颜色显示。

（3）拾取第二条直线后，屏幕上立刻弹出“查询结果”对话框，对查询到的两线夹角予以显示，如图 12-8 所示。

（4）单击“关闭”按钮关闭“查询结果”对话框后，被拾取到的直线恢复正常颜色显示（用户也可单击“查询结果”对话框中的“保存”按钮，将查询结果保存为文本文件）。

> **注意：** 所查询到的两线夹角是指 0°～180° 的角，并且与用户拾取直线时的位置有关。另外，用户可以在系统配置里设置要查询的小数位数。

3）三点夹角查询

【例 12-5】 三点夹角功能查询两条直线的夹角。

操作步骤：

（1）打开源文件，启动查询角度命令后，在立即菜单 1 中选择“三点夹角”。

（2）根据系统提示依次拾取顶点、起始点、终止点，拾取成功则屏幕上将出现用拾取颜色显示的点标识。

（3）拾取终止点后，屏幕上立刻弹出“查询结果”对话框，对查询到的两线夹角予以显示，如图 12-9 所示。

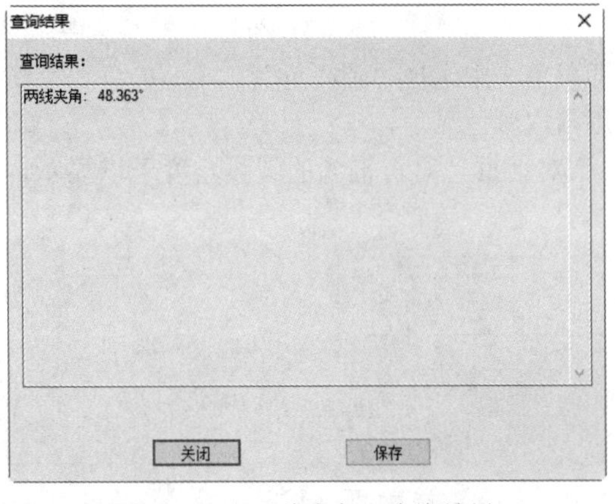

图 12-8　“两线夹角”查询结果

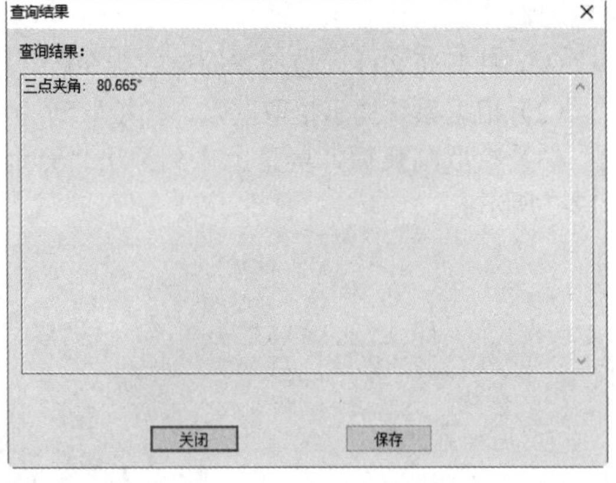

图 12-9　“三点夹角”查询结果

（4）单击“关闭”按钮关闭“查询结果”对话框后，被拾取到的点标识也随即消失（用户也可单击“查询结果”对话框中的“保存”按钮，将查询结果保存为文本文件）。

> **注意：** 一般是按空格键弹出工具点菜单选取需要的特征点，所查询到的三点夹角是指从夹角的起始点按逆时针方向旋转到夹角的终止点时的角度。另外，用户可以在系统配置里设置要查询的小数位数。

12.1.4　元素属性查询

元素属性查询用于查询图形元素的属性，执行方式如下。

☑　命令行：list。

☑　菜单栏：选择菜单栏中的“工具”→“查询”→“元素属性”命令。

☑　工具栏：单击“查询工具”工具栏中的“元素属性”按钮。

☑ 选项卡：单击“工具”选项卡“查询”面板中的“元素属性”按钮。

【例 12-6】元素属性查询。

操作步骤：

（1）打开源文件，启动查询元素属性命令后，根据系统提示依次拾取要查询属性的图形元素，被拾取到的图形元素用拾取颜色显示，拾取完毕后右击确认。

（2）系统弹出查询结果“记事本”窗口（如未显示该对话框，请将操作系统中.txt 类型文件的默认打开程序设置为记事本），对查询到的各个元素属性给予显示，如图 12-10 所示。

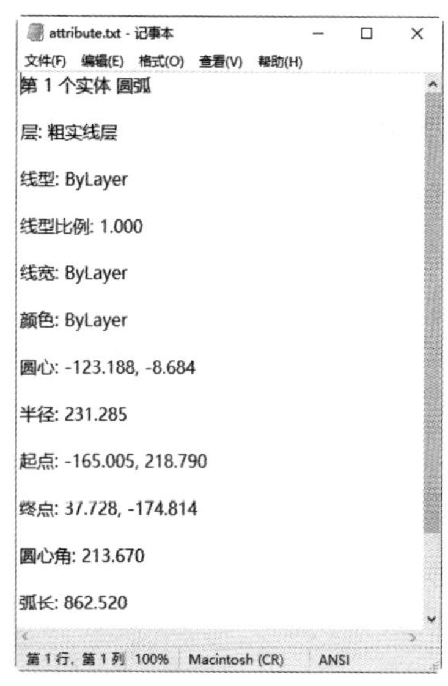

图 12-10 “元素属性”记事本查询结果

（3）单击“关闭”按钮关闭查询结果对话框后，被拾取到的图形元素恢复正常颜色显示（用户也可选择查询结果“记事本”窗口中的“文件”→“保存”命令，将查询结果保存为文本文件）。

注意：查询图形元素的属性，这些图形元素包括点、直线、圆、圆弧、尺寸、文字、多义线、块、剖面线、零件序号、图框、标题栏、明细表、填充等。用户可以在系统配置里设置要查询的小数位数。

12.1.5 周长查询

周长查询用于查询一条曲线的长度，执行方式如下。

☑ 命令行：circum。

☑ 菜单栏：选择菜单栏中的“工具”→“查询”→“周长”命令。

☑ 工具栏：单击“查询工具”工具栏中的“周长”按钮。

☑ 选项卡：单击“工具”选项卡“查询”面板中的“周长”按钮。

【例 12-7】周长查询。

操作步骤：

（1）打开源文件，启动查询周长命令后，根据系统提示拾取要查询周长的曲线，被拾取到的曲线用拾取颜色显示，拾取完毕后系统弹出“查询结果”对话框，对查询到的曲线周长予以显示，如图 12-11 所示。

Note

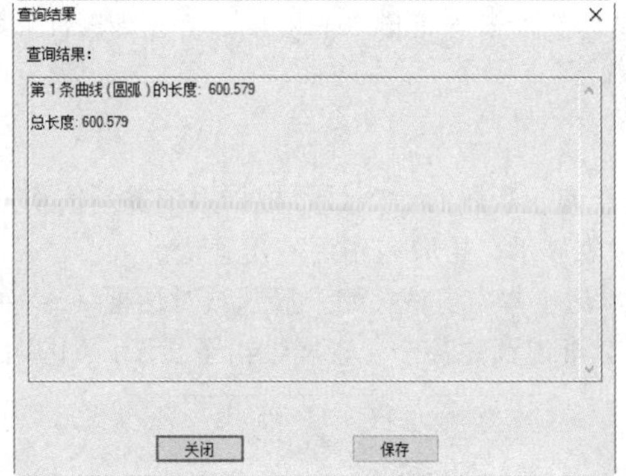

图 12-11　“曲线周长”查询结果

（2）单击“关闭”按钮关闭“查询结果”对话框后，被拾取到的曲线恢复正常颜色显示（用户也可单击“查询结果”对话框中的“保存”按钮，将查询结果保存为文本文件）。

> **注意：** 查询一条曲线的长度，这条曲线可以由多段基本曲线或高级曲线连接而成，但必须保证曲线是连续的，中间没有间断的地方。当单击“周长”按钮后，状态栏出现“拾取要查询的曲线”。另外，用户可以在系统配置里设置要查询的小数位数。

12.1.6　面积查询

面积查询用于查询一个或多个封闭区域的面积，封闭区域可以由基本曲线形成，也可以由高级曲线形成，还可以基本曲线与高级曲线组合形成。

1. 执行方式

☑　命令行：area。

☑　菜单栏：选择菜单栏中的“工具”→“查询”→“面积”命令。

☑　工具栏：单击“查询工具”工具栏中的“面积”按钮。

☑　选项卡：单击“工具”选项卡“查询”面板中的“面积”按钮。

2. 立即菜单选项说明

启动查询面积命令后，系统弹出立即菜单，如图 12-12 所示。单击立即菜单 1 可以实现以增加面积方式或减少面积方式查询面积。

1. 增加面积

图 12-12　面积查询立即菜单

☑　增加面积：当查询面积开始时，初始面积为 0，以后每拾取一个封闭区域，均在已有面积上累加新的封闭区域的面积，直至右击结束拾取，随后绘图区内的十字光标线变成沙漏形状，表明系统正在进行面积计算，当计算结束时沙漏光标消失，屏幕上立刻弹出“查询结果”对话框对查询到的面积予以显示。当关闭“查询结果”对话框后，被拾取到的封闭区域边界恢复正常颜色显示。

☑　减少面积：当查询面积开始时，初始面积为 0，以后每拾取一个封闭区域，均在已有面积上累减新的封闭区域的面积，直至右击结束拾取。

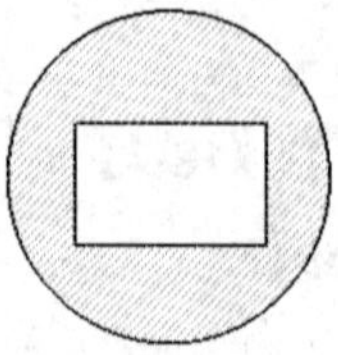

图 12-13　面积查询实例

【例 12-8】查询图 12-13 中阴影部分的面积。

操作步骤：

视频讲解

（1）打开源文件，启动面积查询命令，在立即菜单 1 中选取“增加面积”选项。

（2）系统提示拾取环内一点，单击图 12-13 中阴影部分的任意一点。

（3）将立即菜单 1 中的选项改为“减少面积”，单击图 12-13 中矩形内部的任意一点。

（4）右击确认，系统弹出面积“查询结果”对话框，如图 12-14 所示。

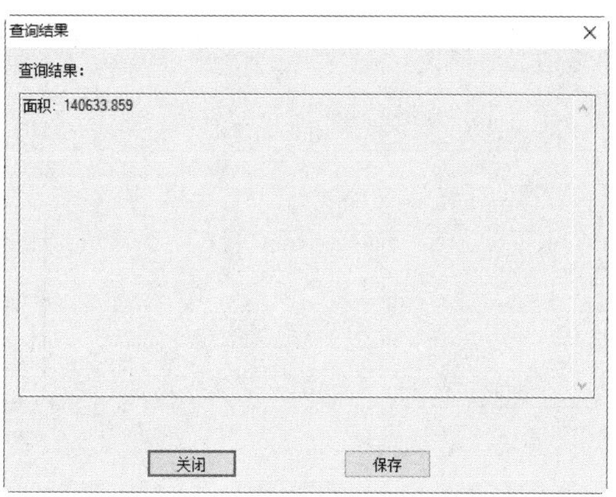

图 12-14　“面积”查询结果

> 注意：用户可以在系统配置里设置要查询的小数位数。

12.1.7　重心查询

重心查询用于查询一个或多个封闭区域的重心，封闭区域可以由基本曲线形成，也可以由高级曲线形成，还可以由基本曲线与高级曲线组合形成。

1. 执行方式

☑　命令行：barcen

☑　菜单栏：选择菜单栏中的“工具”→“查询”→“重心”命令。

☑　工具栏：单击“查询工具”工具栏中的“重心”按钮。

☑　选项卡：单击“工具”选项卡“查询”面板中的“重心”按钮。

2. 立即菜单选项说明

启动查询重心命令后，系统弹出立即菜单，如图 12-15 所示。单击立即菜单 1 可以实现以增加环方式或减少环方式查询重心。

【例 12-9】查询图 12-16 中矩形内空白部分的重心位置。

1. 增加环

图 12-15　重心查询立即菜单

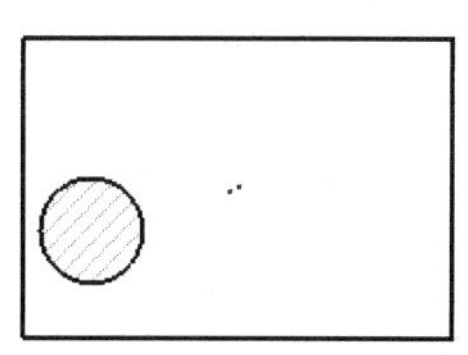

图 12-16　重心查询实例

视频讲解

操作步骤：

（1）打开源文件，启动重心查询命令，在立即菜单 1 中选取“增加环”选项。

（2）系统提示拾取环内点，单击图 12-16 中矩形内空白区域中的任意一点。

（3）将立即菜单 1 改为“减少环”，单击图 12-16 中小圆内部的任意一点。

（4）右击确认，系统弹出重心“查询结果”对话框，如图 12-17 所示。查询后系统在图形中标

Note

出了重心的位置，如图 12-18 所示。

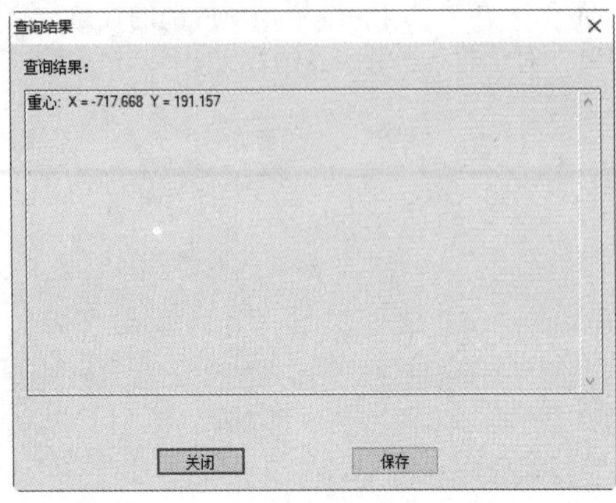

图 12-17 “重心”查询结果

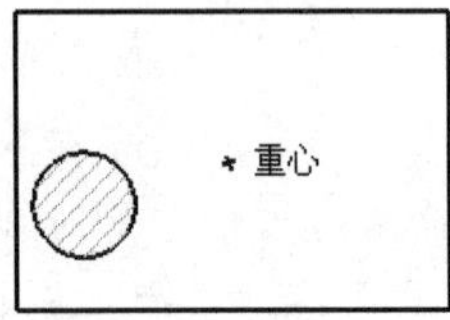

图 12-18 重心位置

12.1.8 惯性矩查询

惯性矩查询用于查询一个或多个封闭区域相对于任意回转轴、回转点的惯性矩，封闭区域可以由基本曲线形成，也可以由高级曲线形成，还可以由基本曲线与高级曲线组合形成。

1. 执行方式

☑ 命令行：iner。

☑ 菜单栏：选择菜单栏中的“工具”→“查询”→“惯性矩”命令。

☑ 工具栏：单击“查询工具”工具栏中的“惯性矩”按钮。

☑ 选项卡：单击“工具”选项卡“查询”面板中的“惯性矩”按钮。

2. 立即菜单选项说明

启动查询重心命令后，系统弹出立即菜单，如图 12-19 所示。单击立即菜单 1 可以实现以增加环方式或减少环方式查询惯性矩，2 中则可选择坐标原点、Y 坐标轴、X 坐标轴、回转点、回转轴 5 种方式。其中，坐标原点、Y 坐标轴、X 坐标轴是指所选择区域相对于当前坐标系的惯性矩，还可以通过回转点、回转轴两种方式，由用户自定义回转点和回转轴，然后系统根据用户的设定来计算惯性矩。

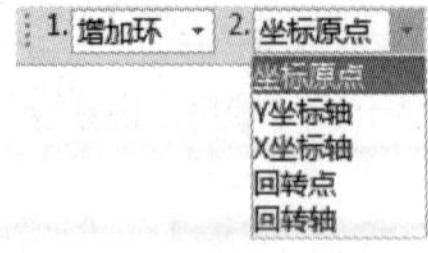

图 12-19 惯性矩查询立即菜单

【例 12-10】查询图 12-20 中大圆内空白部分相对于大圆竖直中心线的惯性矩。

视频讲解

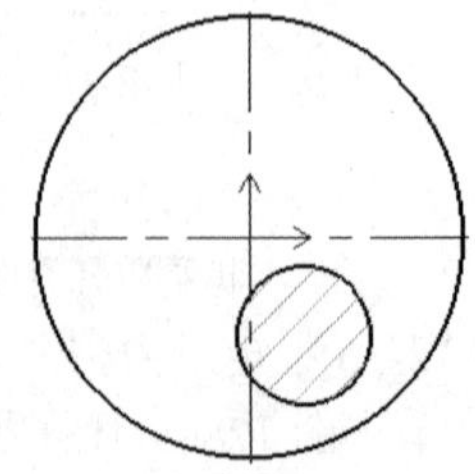

图 12-20 惯性矩查询实例

操作步骤：

（1）打开源文件，启动惯性矩查询命令，在立即菜单 1 中选取“增加环”。

（2）系统提示拾取环内点，单击图 12-20 中大圆内空白区域中的任意一点。

（3）将立即菜单 1 改为“减少环”，单击图 12-20 中小圆内部的任意一点。

（4）右击确认，系统提示拾取回转轴线，选中大圆的竖直中心线，系统弹出“查询结果”对话框，如图 12-21 所示。

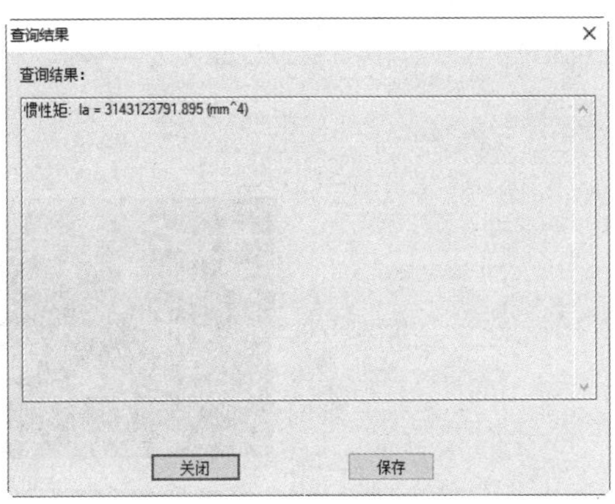

图 12-21　“惯性矩”查询结果

12.1.9　重量查询

重量查询通过拾取绘图区中的面、拾取绘图区中的直线距离及手工输入等方法得到简单几何实体的各种尺寸参数，结合密度数据自动计算出设计实体的重量。

1. 执行方式

☑ 命令行：weightcalculator。
☑ 菜单栏：选择菜单栏中的“工具”→“查询”→“重量”命令。
☑ 工具栏：单击“查询工具”工具栏中的“重量”按钮。
☑ 选项卡：单击“工具”选项卡“查询”面板中的“重量”按钮。

2. 对话框选项说明

启动重量查询命令后，系统弹出如图 12-22 所示的“重量计算器”对话框。在此对话框中的多个模块可以相互配合计算出零件的重量。

（1）密度输入：输入密度模块用于设置当前参与计算的实体的密度。在“材料”下拉列表框中提供常用材料的密度数据供计算时调用，在选择材料后，此材料的密度会被直接填入密度项目中。也可以直接在“密度”文本框中输入材料密度。

（2）计算精度：用于设置计算重量的精度，即计算的结果保留到小数点后几位。

（3）计算体积：可以选择多种基本实体的计算公式，通过拾取或手工输入获取参数，算出零件体积。在“常用”和“不常用”选项卡中包含多种实体体积的计算工具。可以直接输入参数或单击“拾取”按钮在绘图区拾取，单击“存储”按钮，可以将当前的计算结果按照相关设定累加。

注意： 在查询重量功能中，全部输入长度的单位为毫米（mm），全部输入面积的单位为平方毫米（mm^2），而输出重量的单位为千克（kg）。

Note

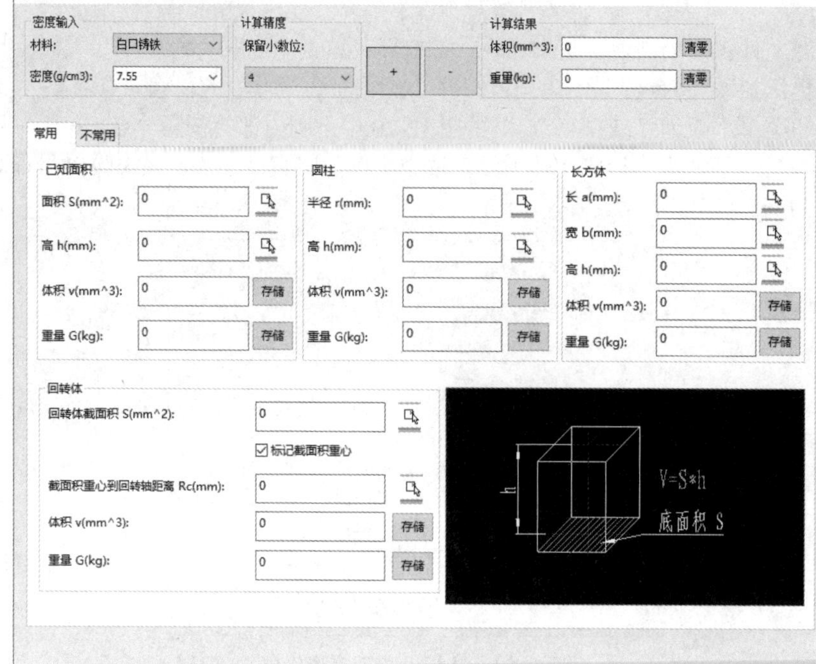

图 12-22 “重量计算器”对话框

视频讲解

12.1.10 实例——查询法兰盘属性

操作步骤：

（1）打开文件：启动 CAXA CAD 电子图板，单击“打开文件”按钮，从弹出的“打开”对话框中选择“资源包\源文件\第 12 章\法兰盘.exb”文件，单击“打开”按钮，则法兰盘的图形显示在绘图窗口中，如图 12-23 所示。

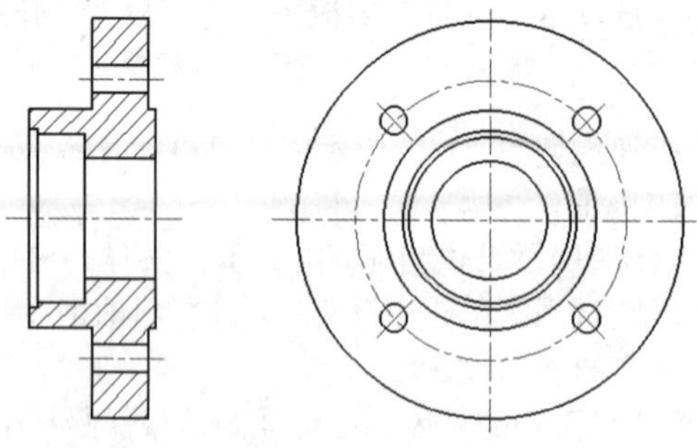

图 12-23 法兰盘

（2）点坐标查询：单击“工具”选项卡“查询”面板中的“坐标点”按钮。

命令行提示：

拾取要查询的点：（拾取图 12-24（a）中的点 1～9，选中后该点被标记为黑色）

用户可以对多个点进行拾取，拾取完毕后右击确认，弹出如图 12-24（b）所示的“查询结果”对话框。

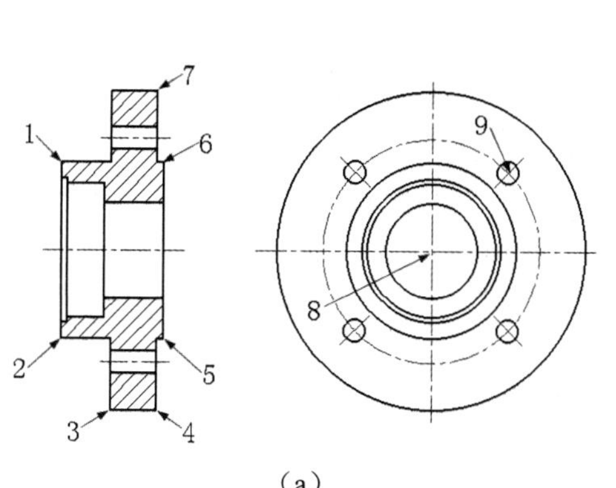

（a）

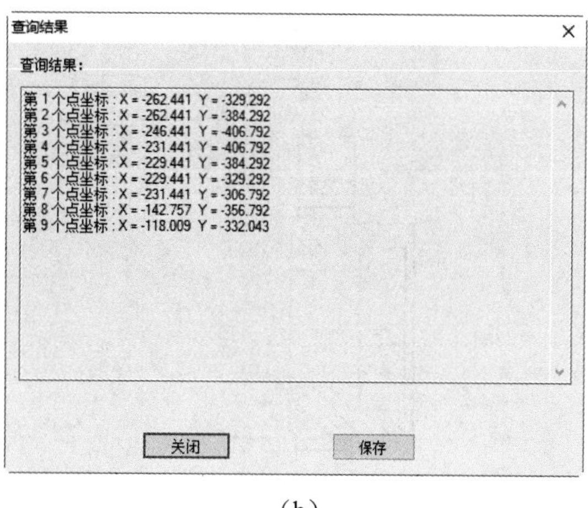

（b）

图 12-24　点的拾取及其点坐标“查询结果”对话框

在“查询结果”对话框中，单击“保存”按钮，将查询结果以文本文件的形式保存。

（3）两点距离：单击“工具”选项卡“查询”面板中的“两点距离”按钮。

命令行提示：

```
拾取第一点：(拾取图 12-25（a）中的点 1)
拾取第二点：(拾取图 12-25（a）中的点 2)
```

拾取完毕后弹出如图 12-25（b）所示的“查询结果”对话框。

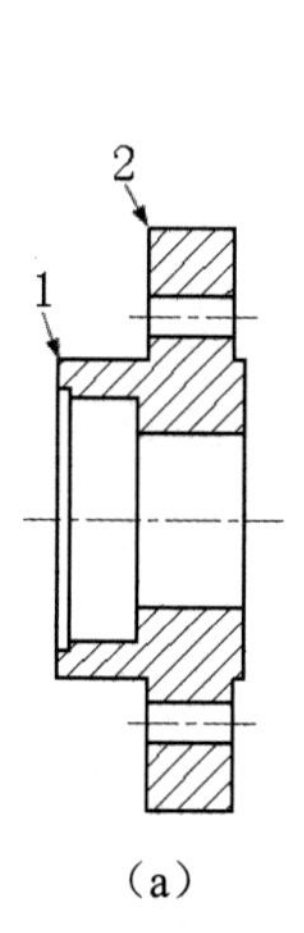

（a）

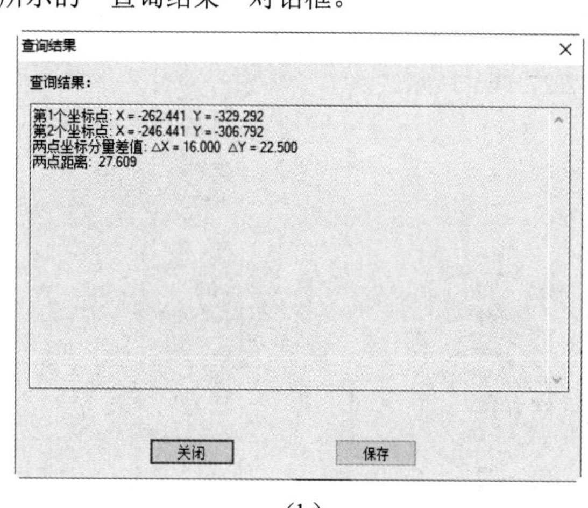

（b）

图 12-25　拾取点及两点距离“查询结果”对话框

同理，可以通过单击“查询结果”对话框中的“保存”按钮，将查询结果以文本文件的形式保存。

（4）角度：单击“工具”选项卡“查询”面板中的“角度”按钮，在弹出的立即菜单 1 中选择“两线夹角”。

命令行提示：

Note

拾取第一条直线：（拾取图 12-26（a）中任意一条直线，拾取到的直线将被标记为虚线）
拾取第二条直线：（拾取图 12-26（a）中任意一条直线，拾取到的直线将被标记为虚线）

查询结果如图 12-26（b）所示。

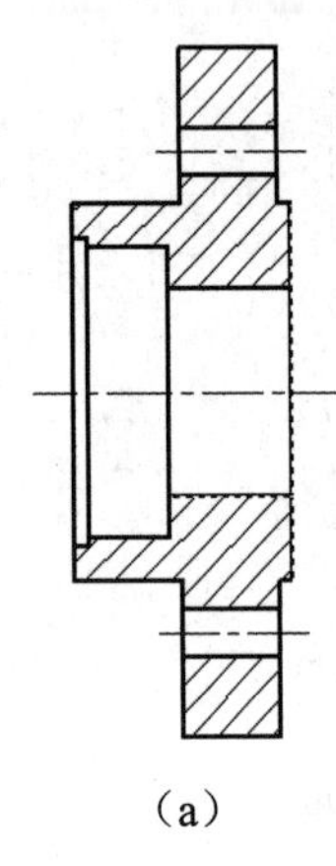
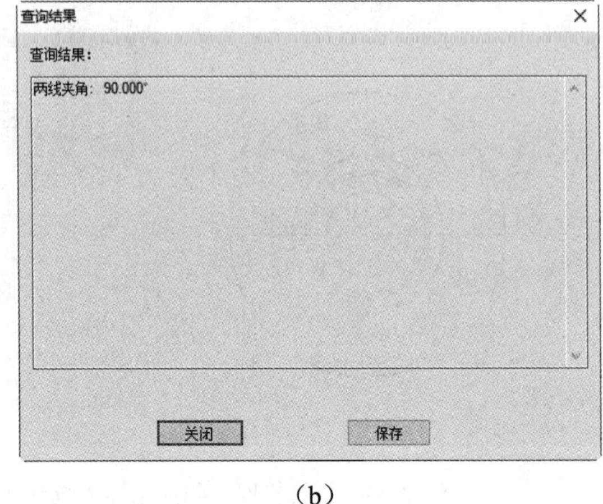

（a）　　　　（b）

图 12-26　直线的拾取及两线夹角“查询结果”对话框

同理，可以通过单击“查询结果”对话框中的“保存”按钮，将查询结果以文本文件的形式保存。
在弹出的立即菜单 1 中选择“三点夹角”。
命令行提示：

拾取夹角的顶点：（拾取图 12-27（a）中的点 1）
拾取夹角的起始点：（拾取图 12-27（a）中的点 2）
拾取夹角的终止点：（拾取图 12-27（a）中的点 3）

结果如图 12-27（b）所示。

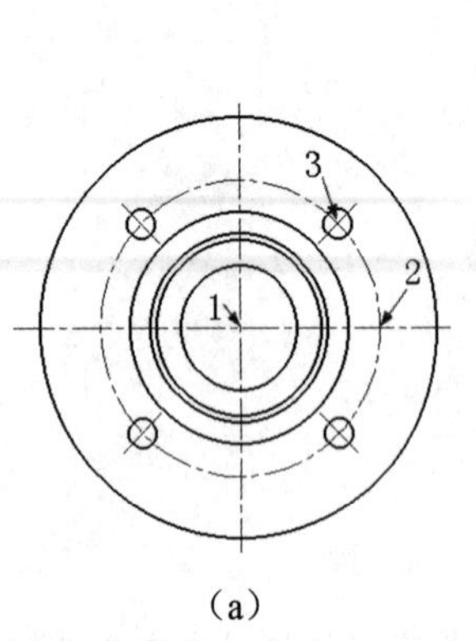

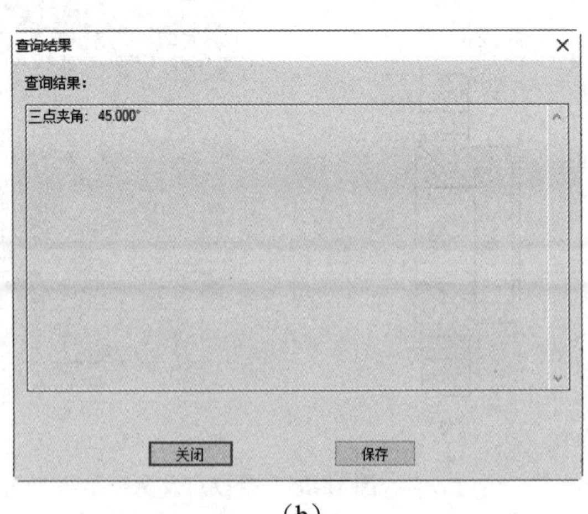

（a）　　　　（b）

图 12-27　点的拾取及其三点夹角“查询结果”对话框

同理，可以通过单击“查询结果”对话框中的“保存”按钮，将查询结果以文本文件的形式保存。
（5）元素属性，单击“工具”选项卡“查询”面板中的“元素属性”按钮。
命令行提示：

拾取添加：（用窗口拾取图 12-28（a）中的元素，拾取到的元素将被标记为虚线）

拾取结束后右击确认，查询结果如图 12-28（b）所示。

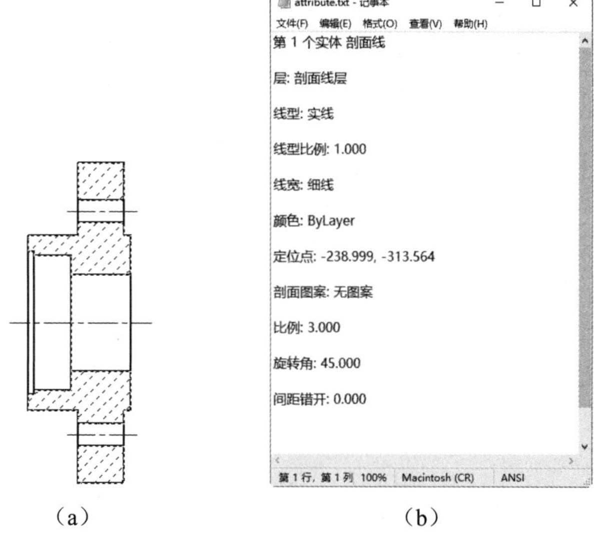

（a）　（b）

图 12-28　元素的拾取及其元素属性查询结果“记事本”窗口

同理，可以通过选择查询结果“记事本”窗口中的“文件”→“保存”命令，将查询结果以文本文件的形式保存。

（6）周长：单击“工具”选项卡“查询”面板中的“周长”按钮。

命令行提示：

拾取要查询的曲线：（拾取图 12-29（a）中的外轮廓的任意一条直线，整个外轮廓将被标记为虚线）

拾取结束后，结果如图 12-29 所示。

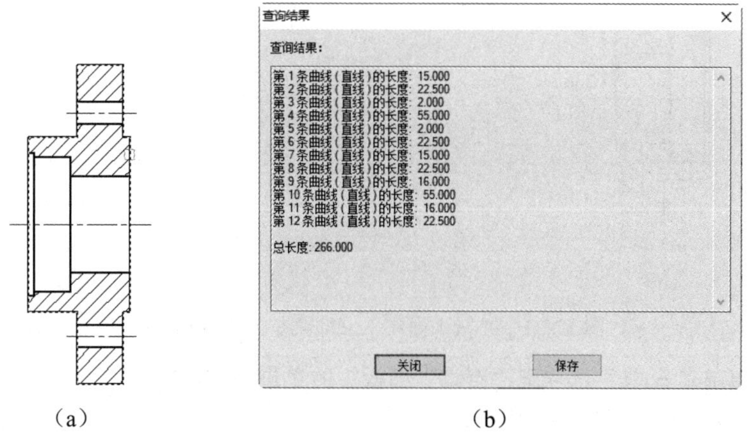

（a）　（b）

图 12-29　曲线的拾取及其周长“查询结果”对话框

同理，可以通过单击“查询结果”对话框中的“保存”按钮，将查询结果以文本文件的形式保存。

（7）面积：单击“工具”选项卡“查询”面板中的“面积”按钮，在弹出的立即菜单 1 中选择“增加面积”选项。

命令行提示：

拾取环内点：（4 次拾取填充剖面线部分，拾取图 12-30（a）中填充剖面线的部分）

Note

拾取结束后右击确认，结果如图 12-30（b）所示。

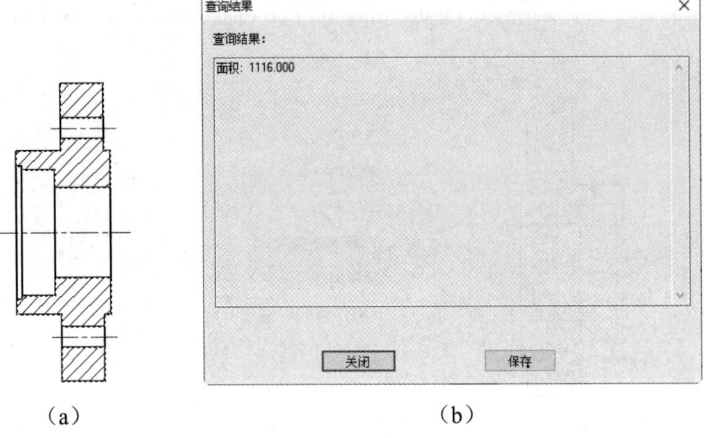

（a）　　（b）

图 12-30 “增加面积”立即菜单的查询结果

在弹出的立即菜单 1 中选择“减少面积”选项。

命令行提示：

拾取环内点：（4 次拾取填充剖面线部分，拾取图 12-31（a）中填充剖面线的部分）

拾取结束后右击确认，结果如图 12-31（b）所示。

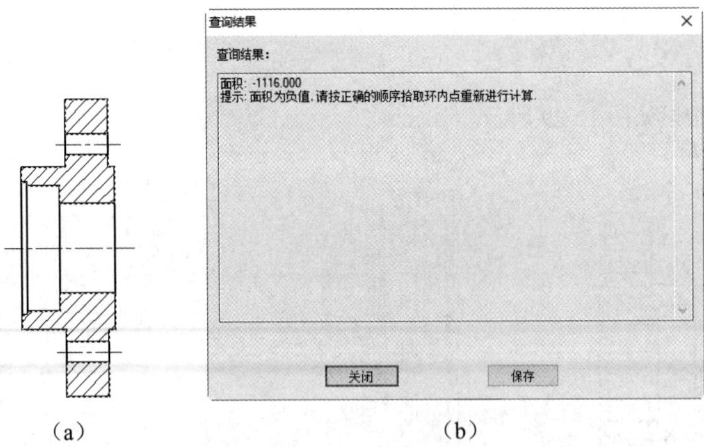

（a）　　（b）

图 12-31 “减少面积”立即菜单的查询结果

（8）重心：单击“工具”选项卡“查询”面板中的“重心”按钮。

❶ 增加环：在弹出的立即菜单 1 中选择“增加环”选项。

命令行提示：

拾取环内点：（拾取封闭区域，拾取图 12-32（a）中的上半部分）

拾取结束后右击确认，结果如图 12-32（b）所示。

❷ 减少环：将拾取的封闭区域的面积与其他的面积进行减操作。

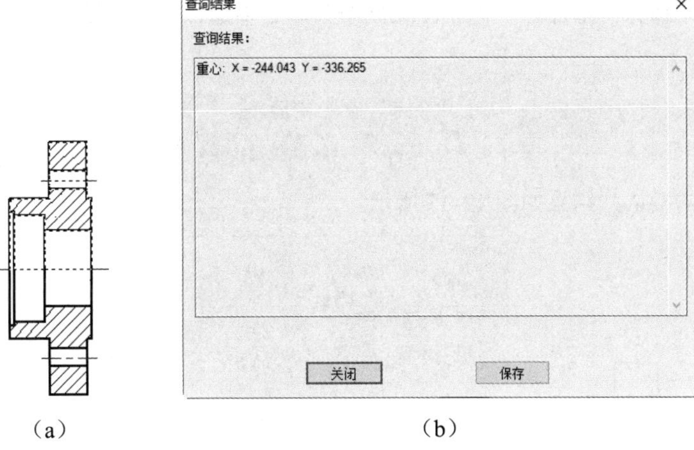

（a）　　　　　　　　（b）

图 12-32　重心查询结果（增加环）

在弹出的立即菜单中选择“增加环”选项。

命令行提示：

拾取环内点：（拾取封闭区域，拾取图 12-33（a）中的上半部分）

将立即菜单 1 中选项修改为“减少环”。

命令行提示：

拾取环内点：（拾取增加环内的一个封闭区域，如图 12-33（a）所示）

拾取结束后右击确认，结果如图 12-33（b）所示。

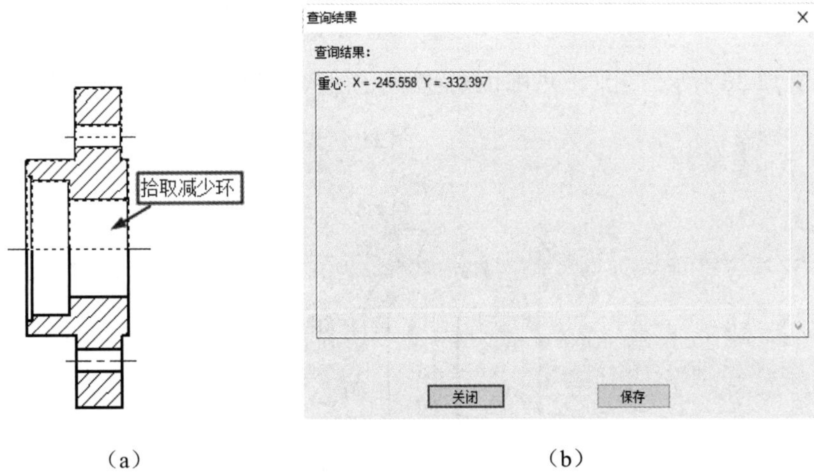

（a）　　　　　　　　（b）

图 12-33　重心查询结果（减少环）

（9）惯性矩：单击“工具”选项卡“查询”面板中的“惯性矩”按钮，立即菜单如图 12-34 所示。

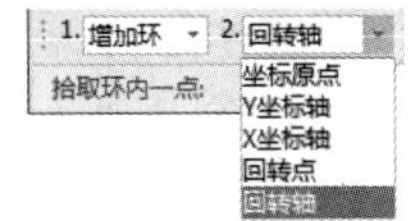

图 12-34　惯性矩立即菜单

在立即菜单1中选择“增加环”选项，在立即菜单2中选择“回转轴”选项。

命令行提示：

```
拾取环内点：(拾取图 12-35（a）中的下半部分剖面线)
拾取回转轴线.（拾取图 12 35（a）中的最右端的竖直直线作为回转轴）
```

拾取结束后右击确认，结果如图 12-35 所示。

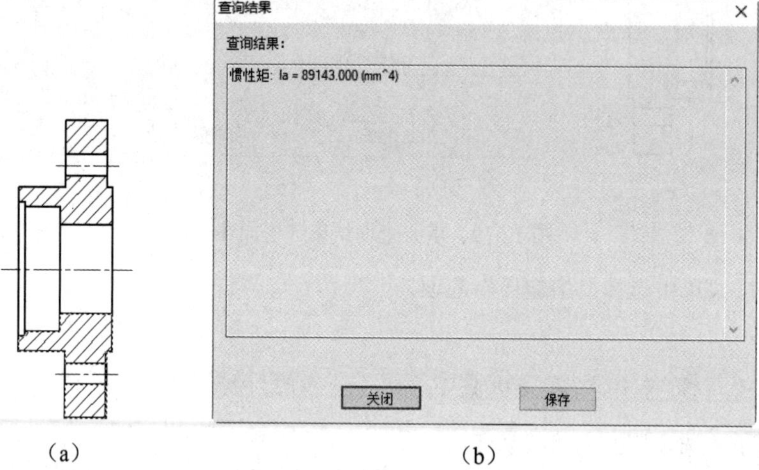

（a）　　　　（b）

图 12-35　惯性矩查询结果

12.2　上机实验

绘制如图 12-36 所示的图形，并利用查询功能进行以下几个方面的查询操作。

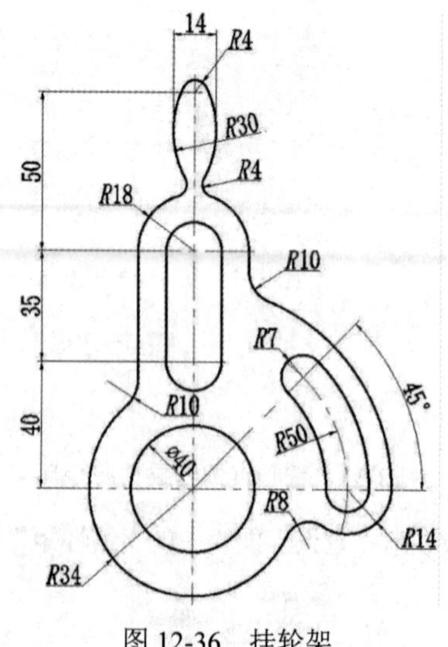

图 12-36　挂轮架

（1）查询外轮廓线的周长。

（2）查询 ϕ40 圆的周长，并与实际计算值进行比较。

（3）查询图形对 X、Y 轴的惯性矩。

（4）查询图形的重心位置，判断是不是在坐标原点。

操作提示

在查询坐标点和两点距离的过程中，注意利用工具点菜单精确定位。

Note

12.3　思考与练习

（1）常用的系统查询命令有哪些？

（2）系统查询功能在绘图过程中有什么作用？

第13章

齿轮泵设计实例

在前面的章节中，读者已经学习了基本图形的绘制方法，对CAXA CAD电子图板的各项功能也有了比较全面的了解。本章将通过对齿轮泵各零件图和装配图的绘制，复习前面所学的知识。

齿轮泵装配体由压紧螺母、密封套、锁套、齿轮轴、短齿轮轴、锥齿轮、左端盖、右端盖、基体等零部件组成。13.1～13.9节主要介绍齿轮泵各零部件的绘制方法，13.10节主要介绍齿轮泵装配体的装配过程。

学习重点

☑ 齿轮泵各零件的绘制

☑ 齿轮泵装配图

视频讲解

Note

13.1　压紧螺母

首先绘制螺母的主视图，然后绘制俯视图的正六边形，再绘制俯视图的圆，接着绘制螺母的剖面图并填充剖面线，最后对其进行标注尺寸、定义图符、图幅设置并填写标题栏，完成压紧螺母的绘制，结果如图 13-1 所示。具体绘制流程如图 13-2 所示。

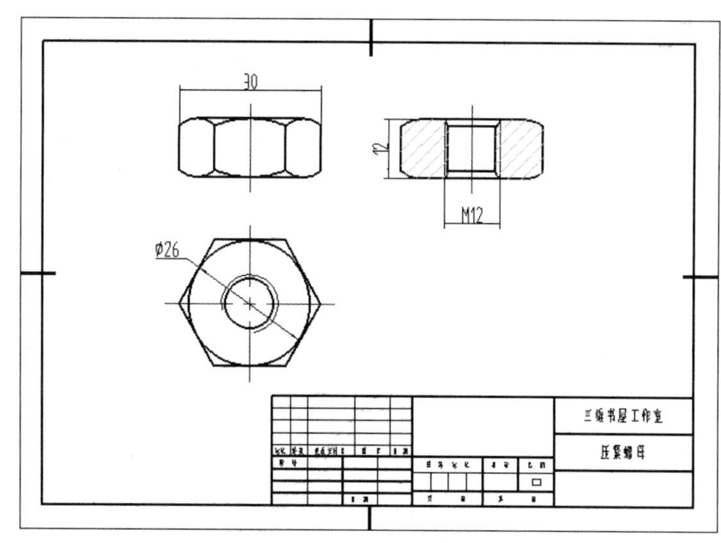

图 13-1　压紧螺母

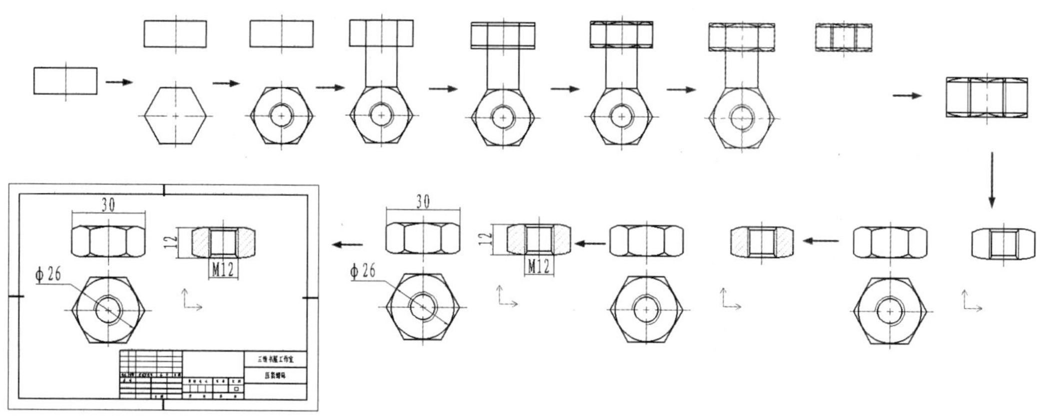

图 13-2　压紧螺母绘制流程图

操作步骤：

（1）启动 CAXA CAD 电子图板，创建一个新文件。

（2）绘制轴：单击“常用”选项卡“绘图”面板中的“孔/轴”按钮，设置立即菜单如图 13-3 所示。

1. 轴　2. 直接给出角度　3.中心线角度　90

图 13-3　绘制轴立即菜单 1

命令行提示：

```
插入点：(在绘图区域中单击一点)
```

Note

再次弹出立即菜单，设置立即菜单如图 13-4 所示。

1. 轴　2.起始直径 30　3.终止直径 30　4. 有中心线　5.中心线延伸长度 3

图 13-4　绘制轴立即菜单 2

命令行提示：

```
轴上一点或轴的长度：12↙
```

绘制结果如图 13-5 所示。

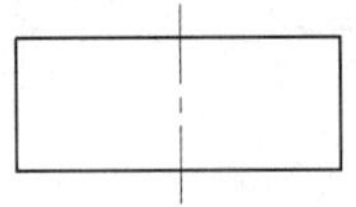

图 13-5　绘制轴

（3）绘制正多边形：单击“常用”选项卡“绘图”面板中的“正多边形”按钮，设置立即菜单如图 13-6 所示。

1. 中心定位　2. 给定半径　3. 内接于圆　4.边数 6　5.旋转角 0　6. 有中心线　7.中心线延伸长度 3

图 13-6　正多边形命令立即菜单

命令行提示：

```
中心点：(打开导航模式，在主视图的中心线上拾取一点，向下移动鼠标，在适当位置单击)
圆上点或外接圆的半径：15↙
```

绘制结果如图 13-7 所示。

（4）绘制圆：单击“常用”选项卡“绘图”面板中的“圆”按钮，设置立即菜单如图 13-8 所示。

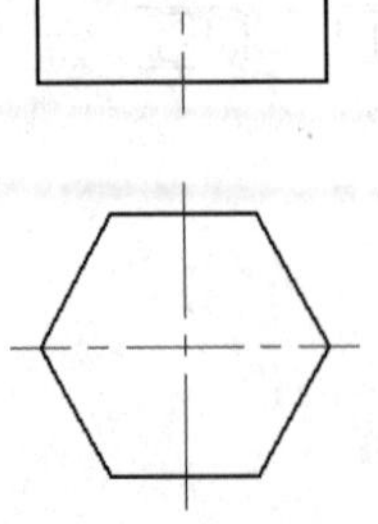

图 13-7　绘制俯视图的正多边形

1. 圆心_半径　2. 直径　3. 无中心线

图 13-8　圆命令立即菜单

命令行提示：

```
圆心点：(拾取正多边形的中心点)
输入直径或圆上一点：26↙
输入直径或圆上一点：12↙
输入直径或圆上一点：10.2↙
```

绘制结果如图 13-9 所示。

（5）修改螺纹线：单击“常用”选项卡“修改”面板中的“打断”按钮，设置立即菜单如图 13-10 所示。

命令行提示：

```
拾取曲线：(拾取直径为 12 的圆)
拾取第一点：(单击直径为 12 的圆上的一点)
拾取第二点：(单击直径为 12 的圆上的另一点)
```

然后将其层属性改为“细实线层”，结果如图 13-11 所示。

图 13-9　绘制圆　　图 13-10　打断命令立即菜单　　图 13-11　修改螺纹线

（6）绘制直线：单击“常用”选项卡“绘图”面板中的“直线”按钮，设置立即菜单如图 13-12 所示。

命令行提示：

```
第一点：(拾取俯视图中正六边形的左侧顶点)
第二点：(向上移动光标至与主视图最上方的水平直线交点处单击)
```

同理向主视图绘制另一条直线，结果如图 13-13 所示。

1. 两点线　2. 单根

图 13-12　直线命令立即菜单

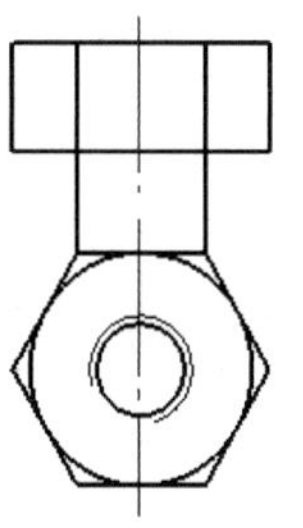

图 13-13　绘制直线

（7）绘制等距线：单击“常用”选项卡“修改”面板中的“等距线”按钮，设置立即菜单如图 13-14 所示。

1. 单个拾取　2. 指定距离　3. 单向　4. 空心　5.距离 1.4　6.份数 1　7. 保留源对象　8. 使用源对象属性

图 13-14　等距线命令立即菜单

命令行提示：

```
拾取曲线：(拾取主视图的上部水平直线)
请拾取所需方向：(在直线的下方单击)
```

重复上述命令：

> 拾取曲线：（拾取主视图的下方的水平直线）
> 请拾取所需方向：（在直线的上方单击）

Note

绘制结果如图 13-15 所示。

（8）绘制圆弧：单击“常用”选项卡“绘图”面板中的“圆弧”按钮，设置立即菜单如图 13-16 所示。

命令行提示：

> 第一点：（拾取图 13-17 中的点 1）
> 第二点：（按空格键，从弹出的快捷菜单中选择“切点”，拾取上方的水平直线）
> 第三点：（拾取图 13-17 中的点 2）

重复绘制圆弧命令：

> 第一点：（拾取图 13-17 中的点 2）
> 第二点：（按空格键，从弹出的快捷菜单中选择“切点”，拾取上方的水平直线）
> 第三点：（拾取图 13-17 中的点 3）

重复绘制圆弧命令：

> 第一点：（拾取图 13-17 中的点 3）
> 第二点：（按空格键，从弹出的快捷菜单中选择“切点”，拾取上方的水平直线）
> 第三点：（拾取图 13-17 中的点 4）

同样绘制下方的圆弧，绘制结果如图 13-17 所示。

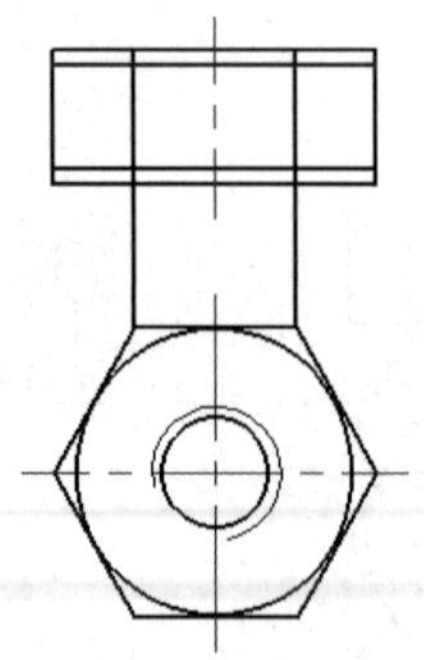

图 13-15　绘制等距线

图 13-16　圆弧命令立即菜单

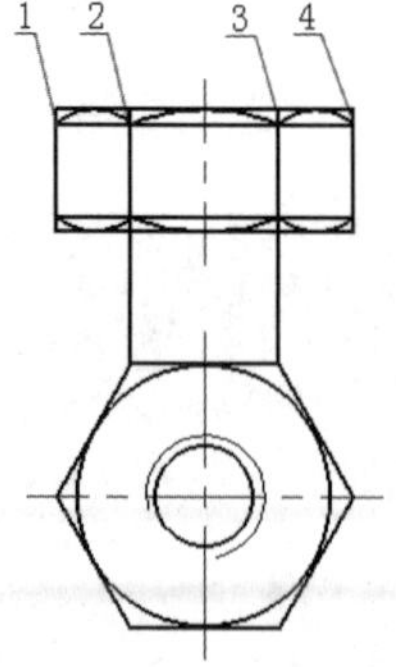

图 13-17　绘制圆弧

（9）绘制剖视图的孔：同理绘制左视图。单击“常用”选项卡“绘图”面板中的“孔/轴”按钮，设置立即菜单如图 13-18 所示。

命令行提示：

> 插入点：（拾取剖视图最下方直线的中点）

再次弹出立即菜单，设置立即菜单如图 13-19 所示。

1. 孔　2. 直接给出角度　3.中心线角度　90

图 13-18　绘制孔立即菜单 1

1. 孔　2.起始直径　12　3.终止直径　12　4. 无中心线

图 13-19　绘制孔立即菜单 2

命令行提示：

```
孔上一点或孔的长度：12↙
```

同理绘制直径为10.2的孔，结果如图13-20所示。

（10）绘制倒角线：单击“常用”选项卡“绘图”面板中的“直线”按钮，设置立即菜单如图13-21所示。绘制剖面图的倒角线，结果如图13-22所示。

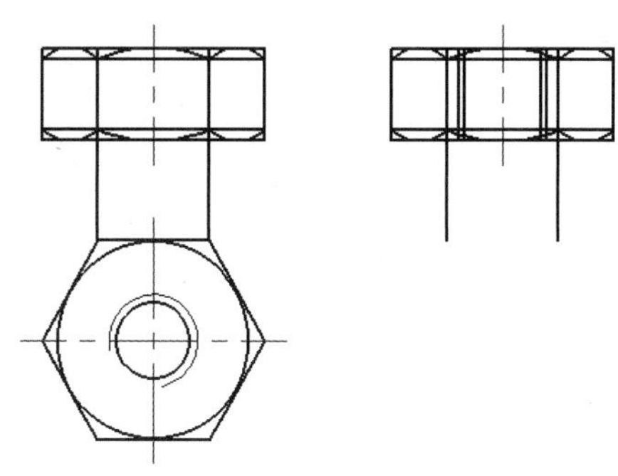

图13-20　绘制剖视图的孔

图13-21　直线命令立即菜单

（11）裁剪处理：单击“常用”选项卡“修改”面板中的“裁剪”按钮，在立即菜单1中选择“快速裁剪”，分别拾取要裁剪的曲线进行裁剪，并删除多余曲线，然后将剖视图中直径较大的孔的直线层属性修改为“细实线层”，结果如图13-23所示。

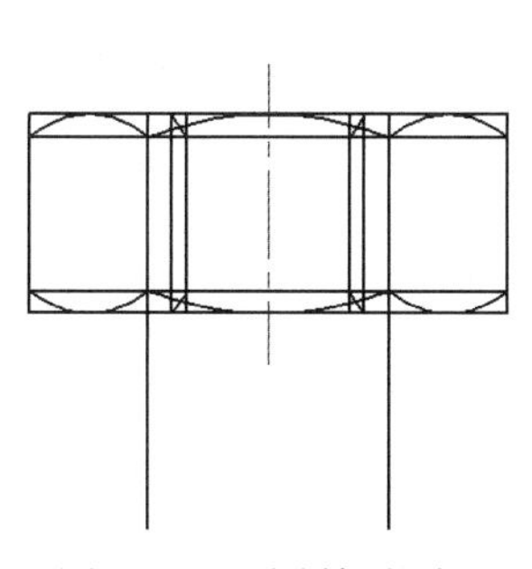

图13-22　绘制倒角线

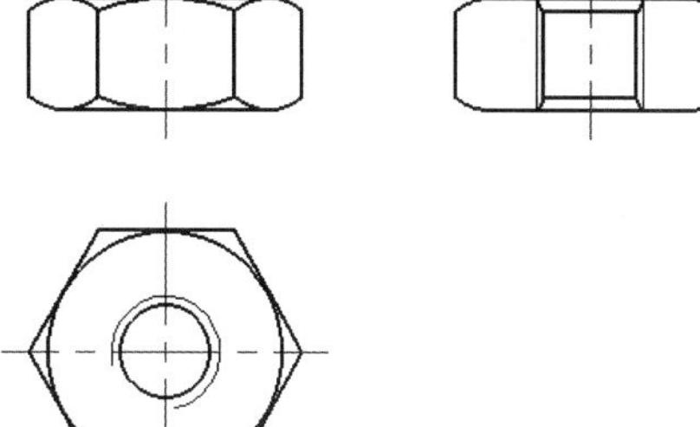

图13-23　裁剪处理

（12）填充剖面线：单击“常用”选项卡“绘图”面板中的“剖面线”按钮，设置立即菜单如图13-24所示。

1. 拾取点　2. 选择剖面图案　3. 非独立　4.允许的间隙公差　0.0035

图13-24　剖面线命令立即菜单

命令行提示：

```
拾取环内一点：(在剖面图中需要绘制剖面线的位置处拾取一点)
成功拾取到环，拾取环内一点：(在剖面图中需要绘制剖面线的位置处拾取其他点)
```

拾取完毕后，右击，弹出“剖面图案”对话框，设置该对话框如图13-25所示，设置完毕后单击“确定”按钮，结果如图13-26所示。

（13）标注尺寸：单击“常用”选项卡“标注”面板中的“尺寸”按钮，对图形进行标注，结

Note

果如图 13-27 所示。

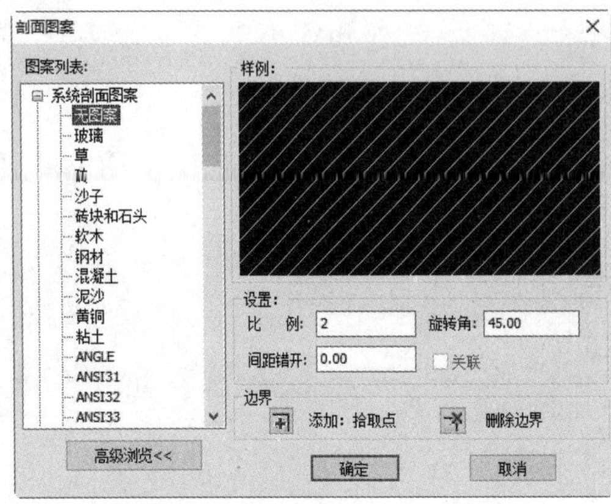

图 13-25 “剖面图案”对话框

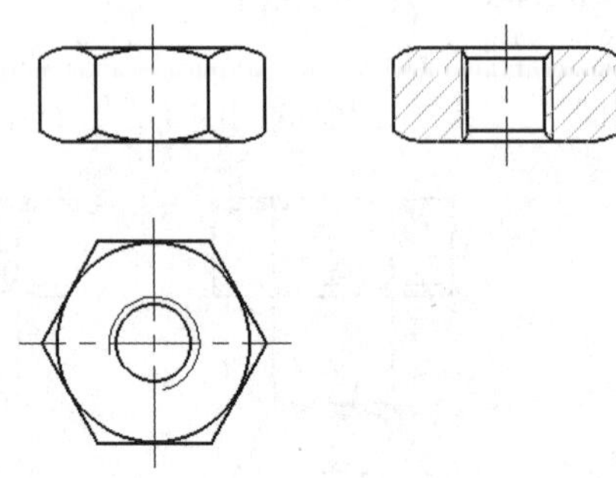

图 13-26 填充剖面线

（14）定义图符：单击“插入”选项卡“图库”面板中的“定义”按钮。

命令行提示：

请选择第 1 视图：（选择压紧螺母主视图）
请单击或输入视图的基点：（选择主视图下方水平直线中点）
请选择第 2 视图：（选择压紧螺母剖视图）
请单击或输入视图的基点：（选择剖视图下方水平直线中点）
请选择第 3 视图：（选择压紧螺母俯视图）
请单击或输入视图的基点：（选择俯视图的圆心点）

选择完毕后，右击，弹出如图 13-28 所示的“图符入库”对话框。在“新建类别”文本框中输入“螺母”，在“图符名称”文本框中输入“压紧螺母”，然后单击“完成”按钮。

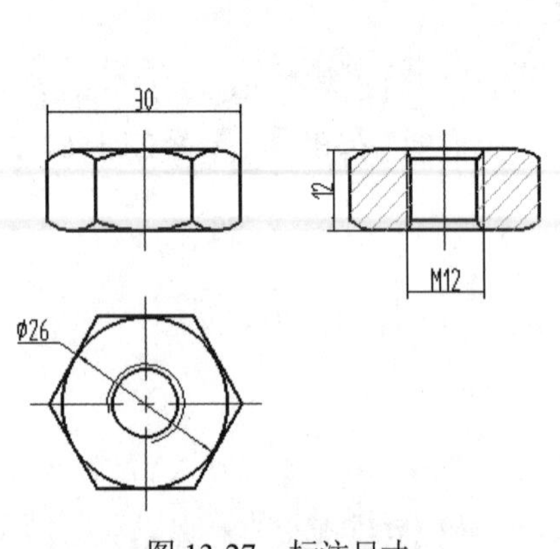

图 13-27 标注尺寸

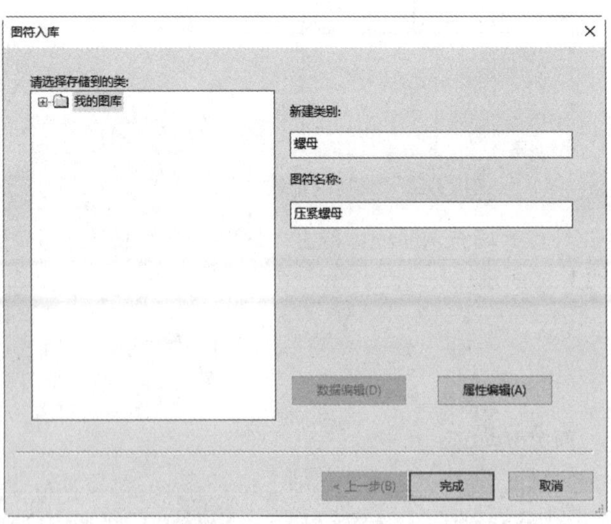

图 13-28 “图符入库”对话框

（15）图幅设置：单击“图幅”选项卡“图幅”面板中的“图幅设置”按钮，弹出如图 13-29 所示的“图幅设置”对话框。根据压紧螺母的实际尺寸在该对话框中将图纸幅面设置为 A4，绘图比例设置为 2∶1，图纸方向设置为“横放”，选择调入相应的图框与标题栏，单击“确定”按钮，结果

如图 13-30 所示。

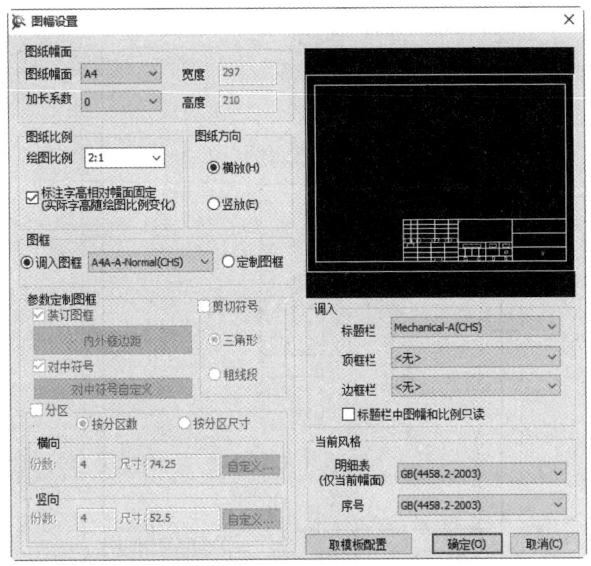

图 13-29　“图幅设置”对话框

（16）填写标题栏：单击“图幅”选项卡“标题栏”面板中的“填写”按钮，弹出如图 13-31 所示的“填写标题栏”对话框。通过键盘输入相应的文字，结果如图 13-31 所示。

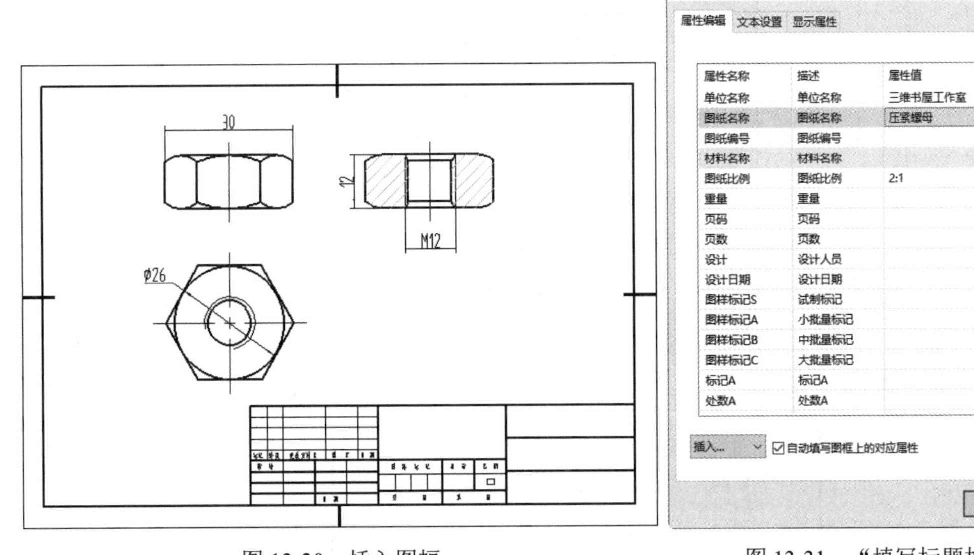

图 13-30　插入图幅

填写标题栏

属性编辑　文本设置　显示属性

属性名称	描述	属性值
单位名称	单位名称	三维书屋工作室
图纸名称	图纸名称	压紧螺母
图纸编号	图纸编号	
材料名称	材料名称	
图纸比例	图纸比例	2:1
重量	重量	
页码	页码	
页数	页数	
设计	设计人员	
设计日期	设计日期	
图样标记S	试制标记	
图样标记A	小批量标记	
图样标记B	中批量标记	
图样标记C	大批量标记	
标记A	标记A	
处数A	处数A	

插入...　自动填写图框上的对应属性　文字编辑

确定　取消

图 13-31　“填写标题栏”对话框

13.2　密　封　套

本节主要利用孔/轴、中心线、倒角、修剪等命令来绘制密封套，然后利用剖面线命令填充剖面线，再利用尺寸标注命令完成密封套的尺寸标注，接着利用定义图符命令将密封套定义成图符，最后对其进

Note

行图幅设置并填写标题栏，完成密封套的绘制，结果如图 13-32 所示。具体绘制流程如图 13-33 所示。

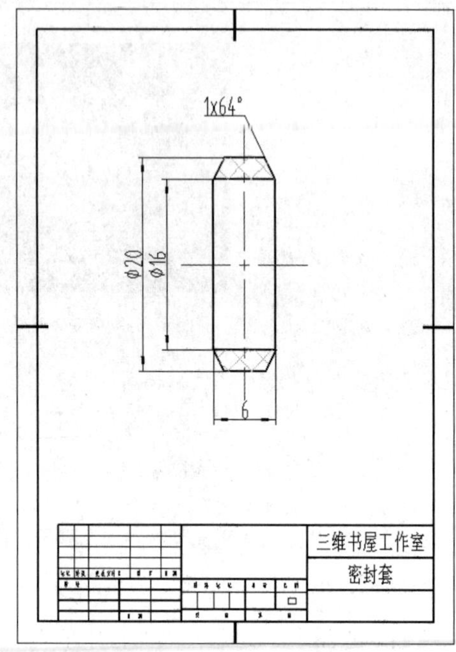

图 13-32　密封套

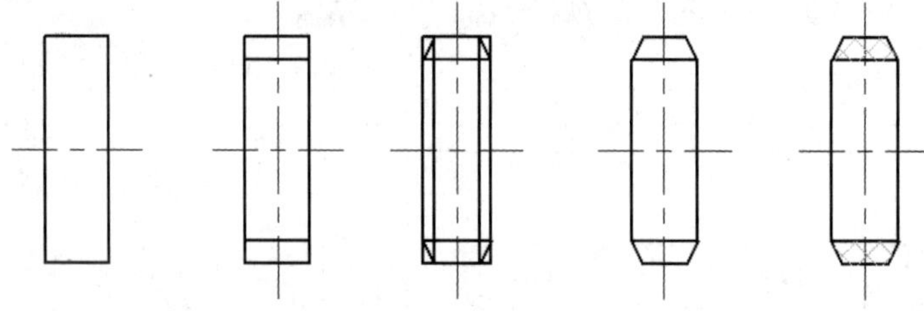

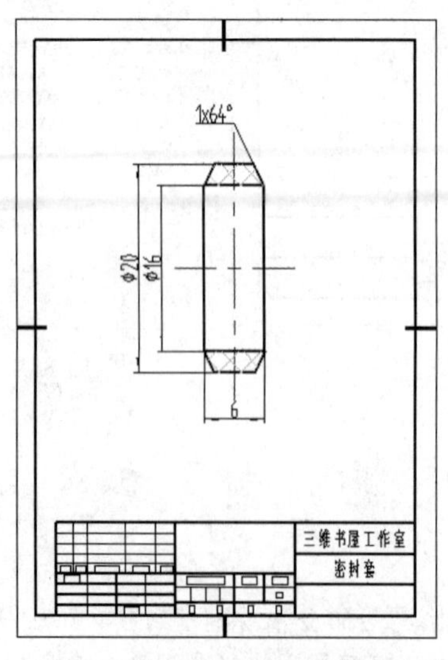

图 13-33　密封套的绘制流程图

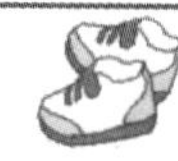

操作步骤：

（1）启动 CAXA CAD 电子图板，创建一个新文件。

（2）绘制轴：单击“常用”选项卡“绘图”面板中的“孔/轴”按钮，设置立即菜单如图 13-34 所示。

1. 轴
2. 直接给出角度
3.中心线角度
0

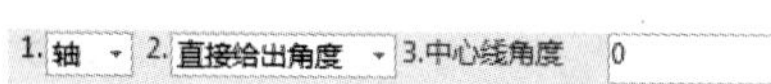

图 13-34 绘制轴立即菜单 1

命令行提示：

插入点：(在绘图区域中单击一点)

再次弹出立即菜单，设置立即菜单如图 13-35 所示。

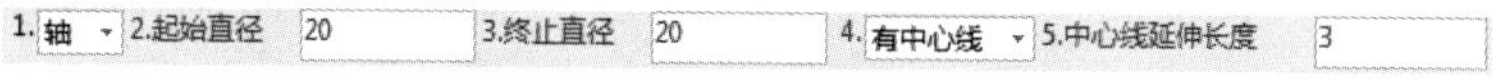

1. 轴
2.起始直径
20
3.终止直径
20
4. 有中心线
5.中心线延伸长度
3

图 13-35 绘制轴立即菜单 2

命令行提示：

轴上一点或轴的长度：6↙

绘制结果如图 13-36 所示。

（3）绘制孔：单击“常用”选项卡“绘图”面板中的“孔/轴”按钮，设置立即菜单如图 13-37 所示。

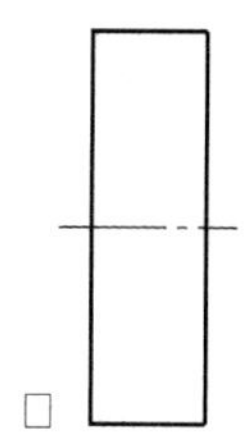

图 13-36 绘制轴

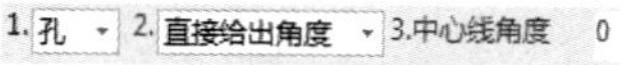

1. 孔
2. 直接给出角度
3.中心线角度
0

图 13-37 绘制孔立即菜单 1（绘制直径为 16 的孔）

命令行提示：

插入点：(拾取图 13-36 中最左侧直线的中点)

再次弹出立即菜单，设置立即菜单如图 13-38 所示。

命令行提示：

孔上一点或孔的长度：6↙

绘制结果如图 13-39 所示。

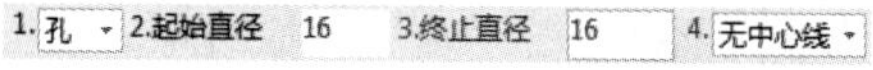

1. 孔
2.起始直径
16
3.终止直径
16
4. 无中心线

图 13-38 绘制孔立即菜单 2（绘制直径为 16 的孔）

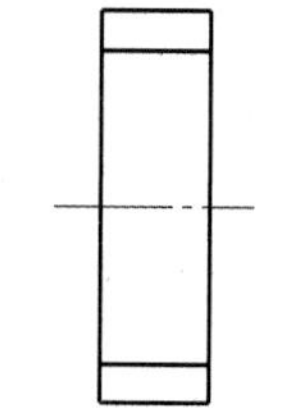

图 13-39 绘制孔

Note

（4）绘制竖直中心线：单击“常用”选项卡“绘图”面板中的“中心线”按钮，设置立即菜单如图 13-40 所示。

图 13-40　绘制中心线立即菜单

命令行提示：

```
拾取圆（弧、椭圆、圆弧形多段线）或第一条直线：(拾取图 13-39 中左侧的竖直直线)
拾取另一条直线：(拾取图 13-39 中右侧的竖直直线)
左键切换，右键确认：(右击)
```

绘制结果如图 13-41 所示。

（5）绘制孔：单击“常用”选项卡“绘图”面板中的“孔/轴”按钮，设置立即菜单如图 13-42 所示。

命令行提示：

```
插入点：(拾取图 13-41 中最下方直线的中点)
```

再次弹出立即菜单，设置立即菜单如图 13-43 所示。

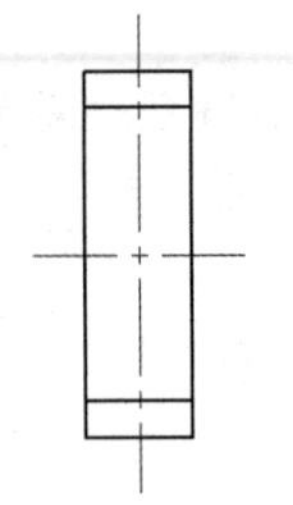

图 13-41　绘制中心线

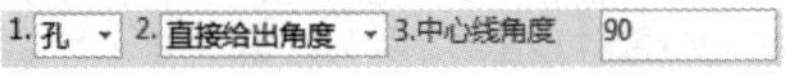

1.孔　2.直接给出角度　3.中心线角度　90

图 13-42　绘制孔立即菜单 1（绘制直径为 4 的孔）

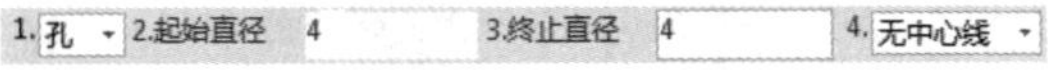

1.孔　2.起始直径　4　3.终止直径　4　4.无中心线

图 13-43　绘制孔立即菜单 2（绘制直径为 4 的孔）

命令行提示：

```
孔上一点或孔的长度：20↙
```

结果如图 13-44 所示。

（6）绘制倒角：单击“常用”选项卡“绘图”面板中的“直线”按钮，设置立即菜单如图 13-45 所示。绘制剖面图的倒角，结果如图 13-46 所示。

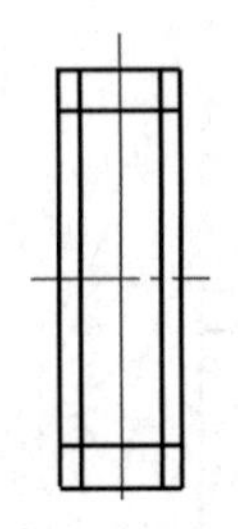

图 13-44　绘制竖直孔

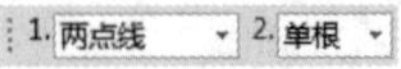

1.两点线　2.单根

图 13-45　直线命令立即菜单

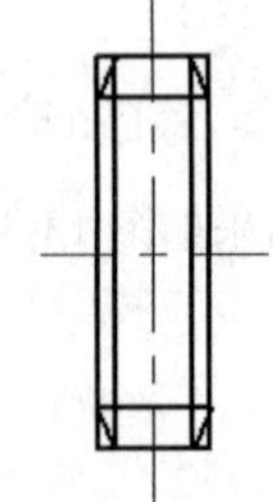

图 13-46　绘制倒角

（7）裁剪处理：单击“常用”选项卡“修改”面板中的“裁剪”按钮，在立即菜单 1 中选择“快速裁剪”，分别拾取要裁剪的曲线，裁剪结果如图 13-47 所示。

（8）填充剖面线：单击“常用”选项卡“绘图”面板中的“剖面线”按钮，设置立即菜单如图 13-48 所示。

命令行提示：

```
拾取环内一点：(在图 13-47 中需要绘制剖面线的位置拾取一点)
成功拾取到环，拾取环内一点：(在图 13-47 中需要绘制剖面线的位置拾取其他点)
```

拾取完毕后，右击，弹出“剖面图案”对话框，对该对话框进行如图 13-49 所示的设置，设置完毕后单击“确定”按钮，结果如图 13-50 所示。

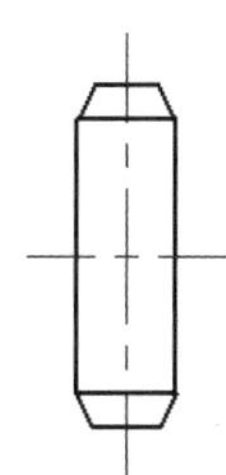

图 13-47　裁剪处理

图 13-48　剖面线命令立即菜单

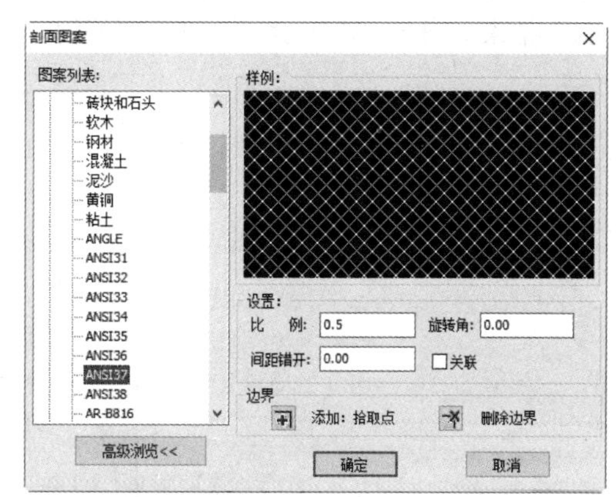

图 13-49　“剖面图案”对话框

（9）标注尺寸：分别单击“常用”选项卡“标注”面板中的“尺寸”按钮和“倒角标注”按钮，对图形进行标注，结果如图 13-51 所示。

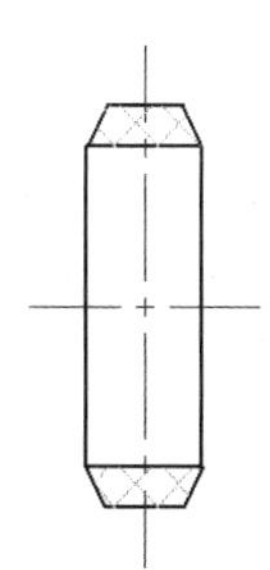

图 13-50　填充剖面线

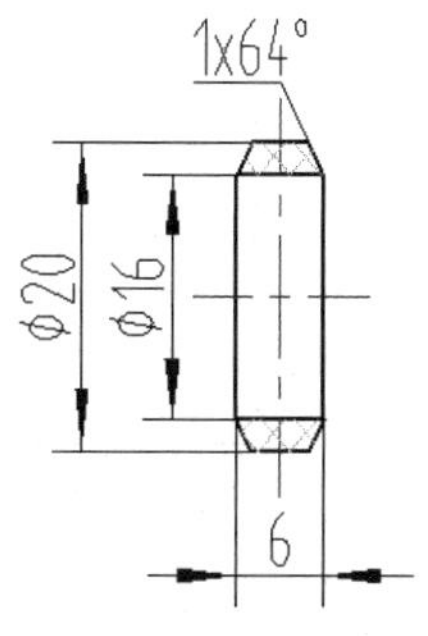

图 13-51　标注尺寸

（10）定义图符：单击“插入”选项卡“图库”面板中的“定义”按钮。

命令行提示：

```
请选择第 1 视图：(选择图 13-51 所示的密封套)
请单击或输入视图的基点：(选择图 13-51 中左侧竖直直线的中点)
```

选择完毕后，右击，弹出“图符入库”对话框。在“新建类别”文本框中输入“密封件”，在“图符名称”文本框中输入“密封套”，然后单击“完成”按钮。

（11）图幅设置：单击“图幅”选项卡“图幅”面板中的“图幅设置”按钮，弹出“图幅设置”对话框。根据压紧螺母的实际尺寸在该对话框中将图纸幅面设置为 A4，图纸比例设置为 5∶1，图纸方向设置为“竖放”，选择调入相应的图框与标题栏，单击“确定”按钮，结果如图 13-32 所示。

（12）填写标题栏：单击“图幅”选项卡“标题栏”面板中的“填写”按钮，弹出“填写标题栏”对话框。通过键盘输入相应的文字，结果如图 13-32 所示。

Note

视频讲解

13.3 锁　　套

本节主要利用孔/轴、过渡、等距线等命令来绘制锁套，然后利用尺寸标注命令完成锁套的尺寸标注，再利用定义图符命令将密封套定义成图符，最后对其进行设置图幅并填写标题栏，完成锁套的绘制，结果如图 13-52 所示。具体绘制流程如图 13-53 所示。

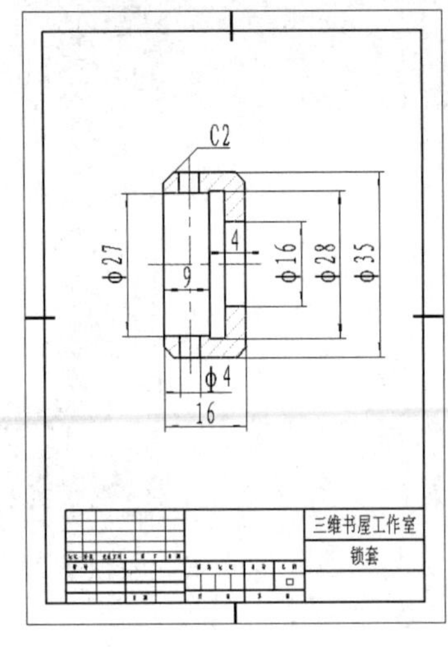

图 13-52　锁套

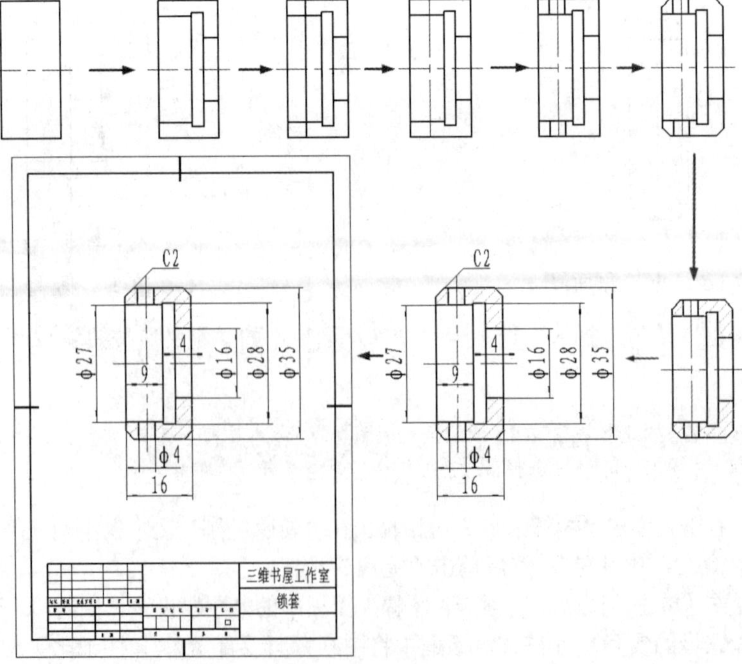

图 13-53　锁套的绘制流程图

操作步骤：

（1）启动 CAXA CAD 电子图板，创建一个新文件。

（2）绘制轴：单击“常用”选项卡“绘图”面板中的“孔/轴”按钮，设置立即菜单如图 13-54 所示。

1. 轴　2. 直接给出角度　3.中心线角度　0

图 13-54　绘制轴立即菜单 1

命令行提示：

插入点：(在绘图区域中单击一点)

再次弹出立即菜单，设置立即菜单如图 13-55 所示。

1. 轴　2.起始直径　35　3.终止直径　35　4. 有中心线　5.中心线延伸长度　3

图 13-55　绘制轴立即菜单 2

命令行提示：

轴上一点或轴的长度：16↙

绘制结果如图 13-56 所示。

采用同样的方法从左至右利用轴命令绘制各段孔，设置如下：

第一段轴直径：27，轴长度：9
第二段轴直径：28，轴长度：3
第三段轴直径：16，轴长度：4

绘制结果如图 13-57 所示。

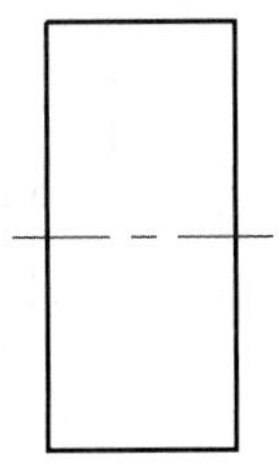

图 13-56　绘制轴

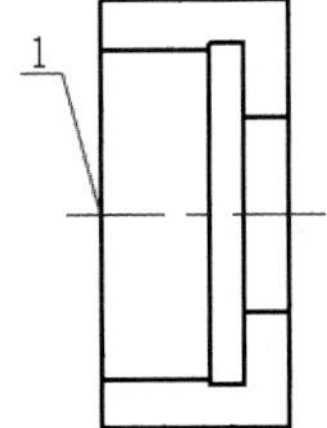

图 13-57　绘制孔

（3）绘制等距线处理：单击“常用”选项卡“修改”面板中的“等距线”按钮，设置立即菜单如图 13-58 所示。

1. 单个拾取　2. 指定距离　3. 单向　4. 空心　5.距离　5　6.份数　1　7. 保留源对象　8. 使用源对象属性

图 13-58　等距线命令立即菜单

命令行提示：

拾取曲线：(拾取图 13-57 中最左端的竖直直线)
请拾取所需的方向：(在该直线的右侧单击)

绘制结果如图 13-59 所示。

（4）修改属性：拾取步骤（3）生成的直线，将其属性修改为“中心线层”，结果如图 13-60 所示。

（5）绘制孔：单击“常用”选项卡“绘图”面板中的“孔/轴”按钮，设置立即菜单如图 13-61 所示。

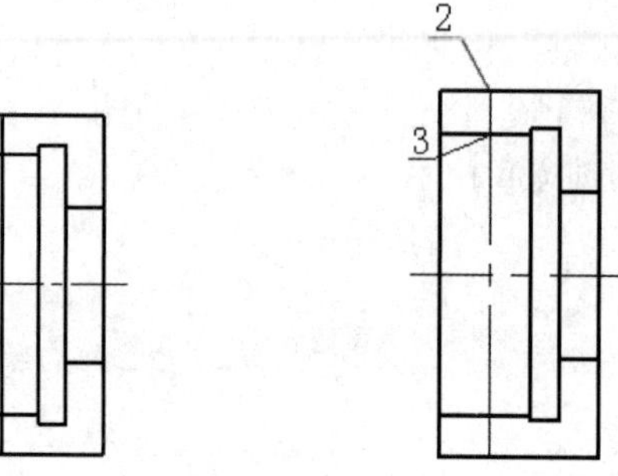

图 13-59　绘制等距线　　图 13-60　属性修改处理

1. 孔　2. 直接给出角度　3.中心线角度　90

图 13-61　绘制孔立即菜单 1

命令行提示：

> 插入点：（拾取图 13-60 中的点 2）

再次弹出立即菜单，设置立即菜单如图 13-62 所示。

命令行提示：

> 孔上一点或孔的长度：（图 13-60 中的点 3）

重复上述命令，绘制结果如图 13-63 所示。

（6）过渡处理：单击“常用”选项卡“修改”面板中的“过渡”按钮，然后在立即菜单 1 选择“多倒角”，在立即菜单“长度”中输入“2”，“角度”中输入“45”，接着拾取最外围的矩形，过渡处理结果如图 13-64 所示。

1. 孔　2.起始直径　4　3.终止直径　4　4. 无中心线

图 13-62　绘制孔立即菜单 2

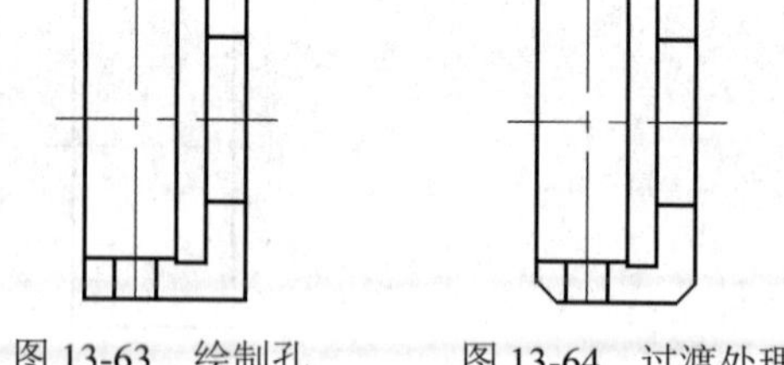

图 13-63　绘制孔　　图 13-64　过渡处理

（7）填充剖面线：单击“常用”选项卡“绘图”面板中的“剖面线”按钮，设置立即菜单如图 13-65 所示。

1. 拾取点　2. 选择剖面图案　3. 非独立　4.允许的间隙公差　0.0035

图 13-65　剖面线命令立即菜单

命令行提示：

> 拾取环内一点：（用鼠标在图中需要绘制剖面线的位置拾取一点）
> 成功拾取到环，拾取环内一点：（用鼠标在图中需要绘制剖面线的位置拾取其他点）

拾取完毕后，右击，弹出“剖面图案”对话框，对该对话框进行如图 13-66 所示的设置，设置完

毕后单击“确定”按钮，填充结果如图 13-67 所示。

图 13-66　“剖面图案”对话框

（8）标注尺寸：分别单击“常用”选项卡“标注”面板中的“尺寸”按钮和“倒角标注”按钮，对图形进行标注，结果如图 13-68 所示。

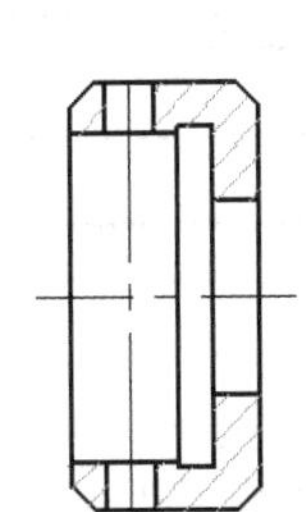

图 13-67　填充剖面

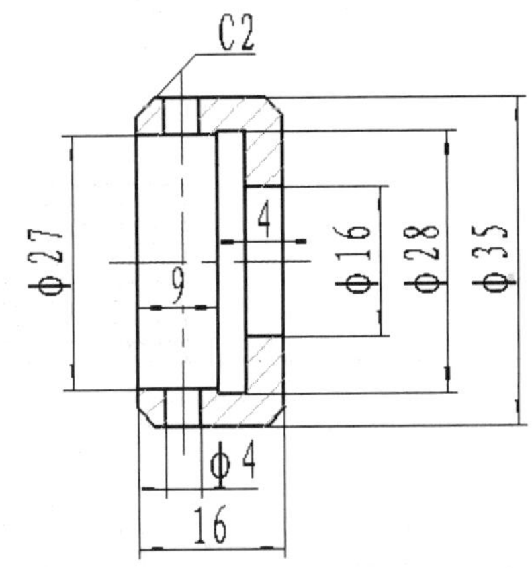

图 13-68　锁套的尺寸标注

（9）定义图符：单击“插入”选项卡“图库”面板中的“定义”按钮。

命令行提示：

```
请选择第 1 视图：（选择图 13-68 所示的锁套）
请单击或输入视图的基点：（选择图 13-68 中的右侧第二条竖直直线的中点）
```

选择完毕后，右击，弹出“图符入库”对话框。在“新建类别”文本框中输入“外部零件”，在“图符名称”文本框中输入“锁套”，然后单击“完成”按钮。

（10）图幅设置：单击“图幅”选项卡“图幅”面板中的“图幅设置”按钮，弹出“图幅设置”对话框。根据锁套的实际尺寸在“图幅设置”对话框中将图纸幅面设置为 A4，图纸比例设置为 3∶1，图纸方向设置为“竖放”，选择调入相应的图框与标题栏，单击“确定”按钮，结果如图 13-52 所示。

（11）填写标题栏：单击“图幅”选项卡“标题栏”面板中的“填写”按钮，弹出“填写标题栏”对话框。通过键盘输入相应的文字，结果如图 13-52 所示。

13.4 齿 轮 轴

Note

视频讲解

本节首先利用孔/轴命令绘制轴的外轮廓，然后绘制轴上的键槽，再绘制齿轮，接着进行轴端倒角处理，最后对其进行尺寸标注、定义图符、设置图幅并填写标题栏，完成齿轮轴的绘制，结果如图 13-69 所示。具体绘制流程如图 13-70 所示。

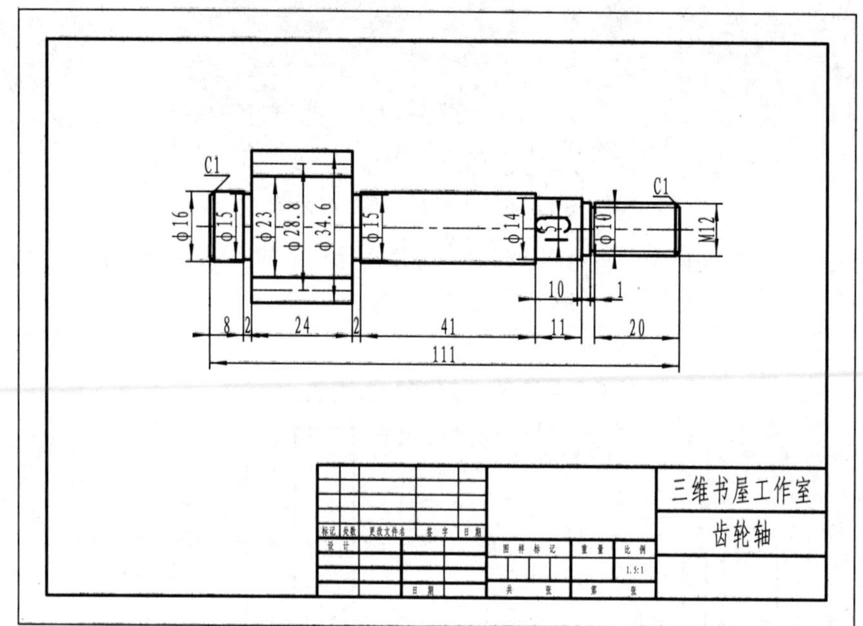

图 13-69 齿轮轴

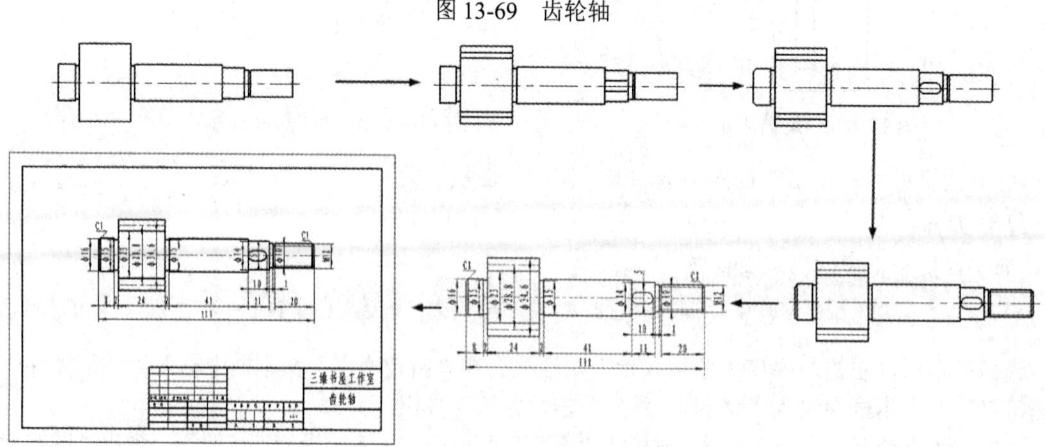

图 13-70 齿轮轴绘制流程

操作步骤：

（1）启动 CAXA CAD 电子图板，创建一个新文件。

（2）绘制轴：单击“常用”选项卡“绘图”面板中的“孔/轴”按钮，设置立即菜单如图 13-71 所示。

1.轴　2.直接给出角度　3.中心线角度　0

图 13-71　绘制轴立即菜单 1

命令行提示：

```
插入点：(在绘图区域中单击一点)
```

再次弹出立即菜单，设置立即菜单如图 13-72 所示。

1.轴　2.起始直径　16　3.终止直径　16　4.有中心线　5.中心线延伸长度　3

图 13-72　绘制轴立即菜单 2

命令行提示：

```
轴上一点或轴的长度：8↙
```

采用同样的方法从左至右绘制各段轴，设置如下：

```
第二段轴直径：15，轴长度：2
第三段轴直径：34.6，轴长度：24
第四段轴直径：15，轴长度：2
第五段轴直径：16，轴长度：41
第六段轴直径：14，轴长度：11
第七段轴直径：12，轴长度：2
第八段轴直径：10，轴长度：1
第九段轴直径：12，轴长度：20
```

绘制结果如图 13-73 所示。

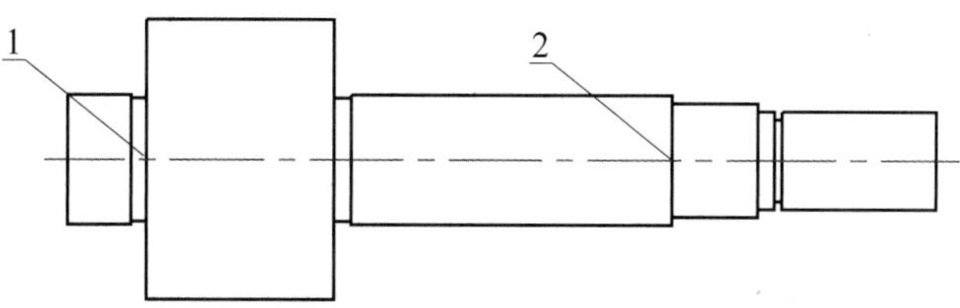

图 13-73　绘制轴

（3）绘制孔：单击“常用”选项卡“绘图”面板中的“孔/轴”按钮，设置立即菜单如图 13-74 所示。

命令行提示：

```
插入点：(拾取图 13-73 中的点 1)
```

再次弹出立即菜单，设置立即菜单如图 13-75 所示。

1.孔　2.直接给出角度　3.中心线角度　0

图 13-74　绘制孔立即菜单 1

1.孔　2.起始直径　28.8　3.终止直径　28.8　4.无中心线

图 13-75　绘制孔立即菜单 2

命令行提示：

```
孔上一点或孔的长度：24↙
```

重复上述命令：在点1处绘制直径为23、长度为24的孔；在点2处绘制直径为5、长度为10的孔，结果如图13-76所示。

（4）绘制圆弧：单击“常用”选项卡“绘图”面板中的“圆弧”按钮，设置立即菜单如图13-77所示。

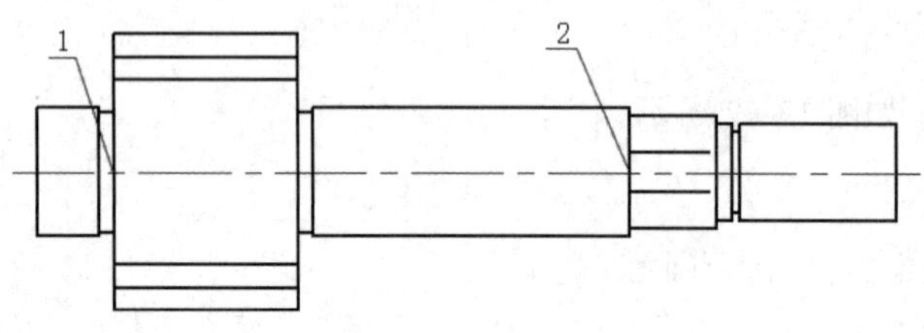

图13-76 绘制孔

1. 三点圆弧

图13-77 圆弧命令立即菜单

命令行提示：

第一点：（按空格键，从弹出的快捷菜单中选择“切点”，然后拾取图13-78中的直线6）
第二点：（按空格键，从弹出的快捷菜单中选择“切点”，然后拾取图13-78中的直线7）
第三点：（按空格键，从弹出的快捷菜单中选择“切点”，然后拾取图13-78中的直线8）

重复上述命令：

第一点：（按空格键，从弹出的快捷菜单中选择“切点”，然后拾取图13-78中的直线6）
第二点：（按空格键，从弹出的快捷菜单中选择“切点”，然后拾取图13-78中的点9，即上下水平直线的右端点的竖直连线与水平中心线的交点）
第三点：（按空格键，从弹出的快捷菜单中选择“切点”，然后拾取图13-78中的直线8）

绘制结果如图13-78所示。

（5）裁剪处理：单击“常用”选项卡“修改”面板中的“裁剪”按钮，在立即菜单1中选择“快速裁剪”，分别拾取要裁剪的曲线，结果如图13-79所示。

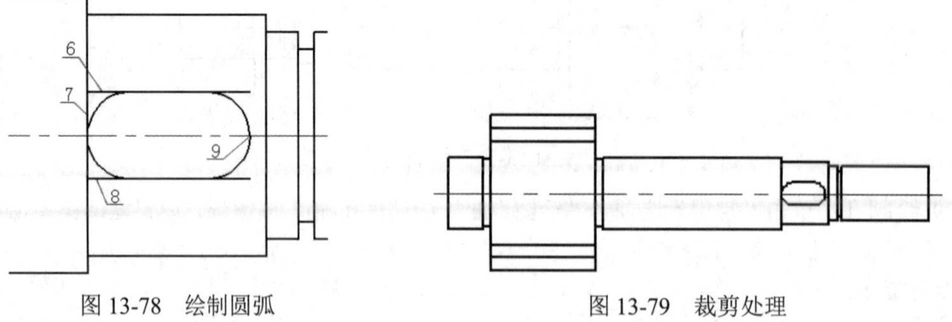

图13-78 绘制圆弧

图13-79 裁剪处理

（6）过渡处理：单击“常用”选项卡“修改”面板中的“过渡”按钮，设置立即菜单如图13-80所示。然后对齿轮轴的两端进行倒角处理，结果如图13-81所示。

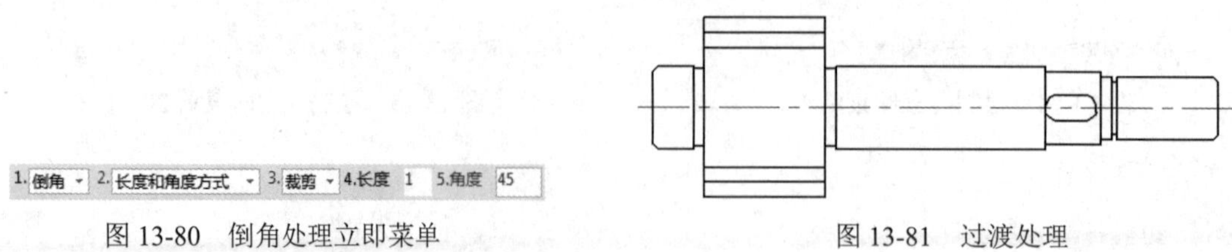

图13-80 倒角处理立即菜单

图13-81 过渡处理

（7）绘制直线：单击“常用”选项卡“绘图”面板中的“直线”按钮，设置立即菜单如图 13-82 所示。绘制倒角处的直线，结果如图 13-83 所示。

1. 两点线 2. 单根

图 13-82 直线命令立即菜单

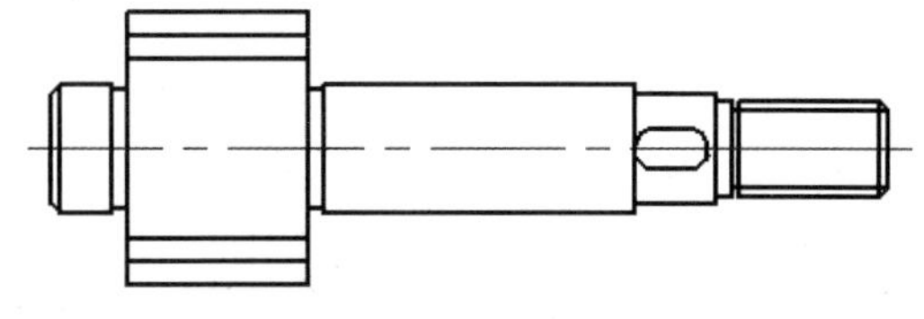

图 13-83 绘制直线

（8）修改属性：拾取直径为 28.8 的孔线，将其层属性修改为“中心线层”。重复上述操作，将螺纹线的层属性修改为“细实线层”。修改属性后的结果如图 13-84 所示。

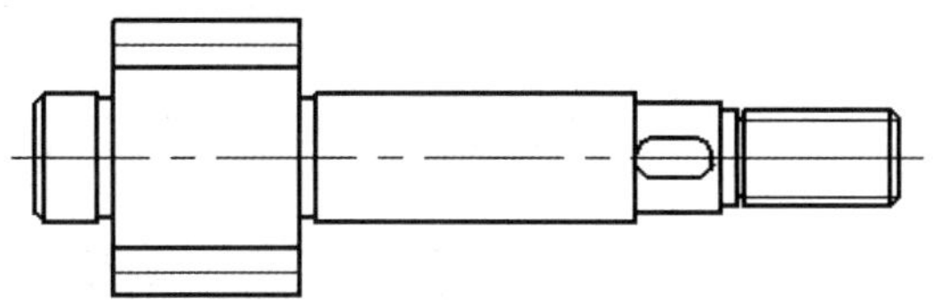

图 13-84 修改属性后的结果

（9）标注尺寸：分别单击“常用”选项卡“标注”面板中的“尺寸”按钮和“倒角标注”按钮，对图形进行标注，结果如图 13-85 所示。

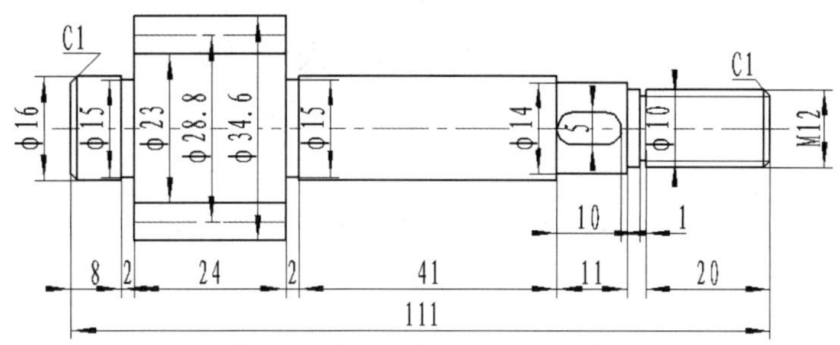

图 13-85 标注齿轮轴的尺寸

（10）定义图符：单击“插入”选项卡“图库”面板中的“定义”按钮。

命令行提示：

```
请选择第 1 视图：(选择图 13-85 所示的齿轮轴)
请单击或输入视图的基点：(选择图 13-85 中的齿轮轴直径为 34.6 的左端直线中点)
```

选择完毕后，右击，弹出“图符入库”对话框。在“新建类别”文本框中输入“轴”，在“图符名称”文本框中输入“齿轮轴”，然后单击“完成”按钮。

（11）图幅设置：单击“图幅”选项卡“图幅”面板中的“图幅设置”按钮，弹出“图幅设置”对话框。根据压紧螺母的实际尺寸在“图幅设置”对话框中将图纸幅面设置为 A4，图纸比例设置为 1.5∶1，图纸方向设置为“横放”，选择调入相应的图框与标题栏，单击“确定”按钮，结果如图 13-86 所示。

（12）填写标题栏：单击“图幅”选项卡“标题栏”面板中的“填写”按钮。通过键盘输入相应的文字，结果如图 13-69 所示。

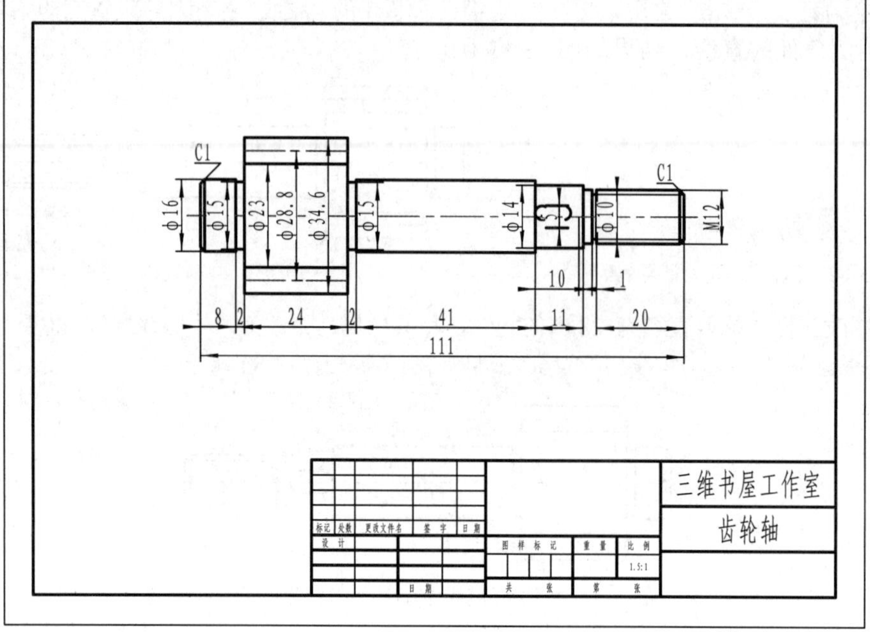

图 13-86　图幅设置

13.5　短 齿 轮 轴

绘制短齿轮轴主要利用孔/轴、倒角命令绘制轴的外轮廓，然后利用尺寸标注命令对其进行标注，最后对其进行定义图符、图幅设置并填写标题栏，完成短齿轮轴的绘制，结果如图 13-87 所示。具体绘制流程如图 13-88 所示。

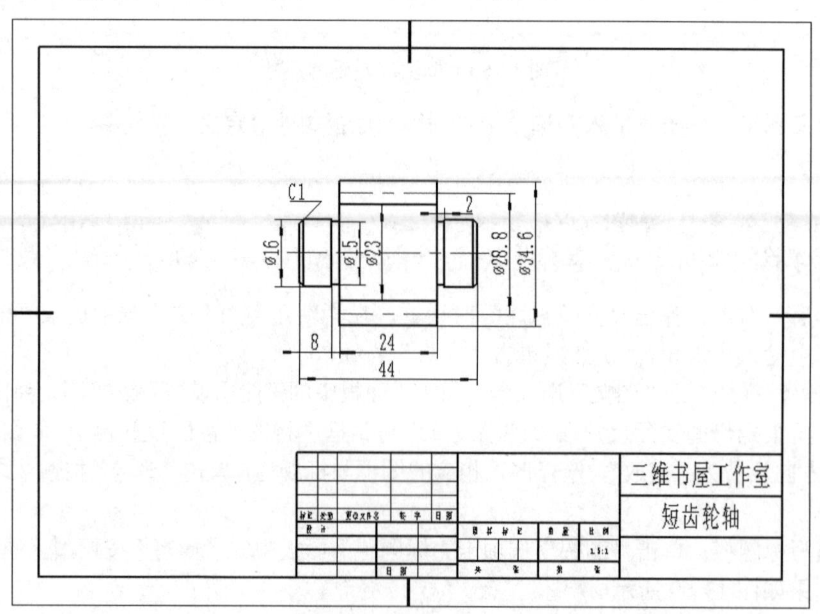

图 13-87　短齿轮轴

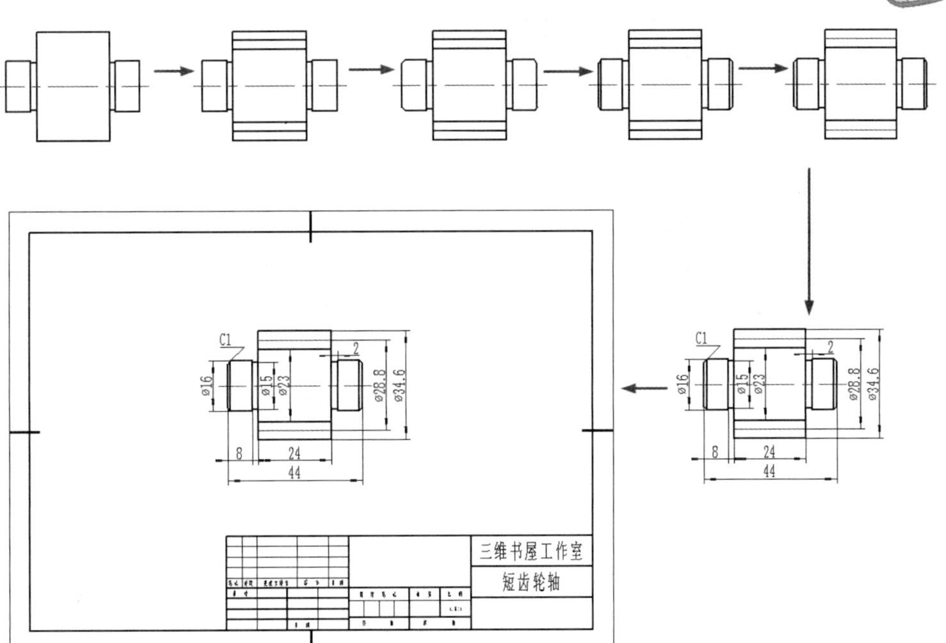

图 13-88　短齿轮轴绘制流程图

操作步骤：

（1）启动 CAXA CAD 电子图板，创建一个新文件。

（2）绘制轴：单击“常用”选项卡“绘图”面板中的“孔/轴”按钮，设置立即菜单如图 13-89 所示。

1. 轴　2. 直接给出角度　3.中心线角度　0

图 13-89　绘制轴立即菜单 1

命令行提示：

插入点：（在绘图区域中单击一点）

再次弹出立即菜单，设置立即菜单如图 13-90 所示。

1. 轴　2.起始直径　16　3.终止直径　16　4. 有中心线　5.中心线延伸长度　3

图 13-90　绘制轴立即菜单 2

命令行提示：

轴上一点或轴的长度：8↙

采用同样的方法从左至右绘制各段轴，设置如下：

第二段轴直径：15，轴长度：2
第三段轴直径：34.6，轴长度：24
第四段轴直径：15，轴长度：2
第五段轴直径：16，轴长度：8

绘制结果如图 13-91 所示。

（3）绘制孔：单击“常用”选项卡“绘图”面板中的“孔/轴”按钮，设置立即菜单如图 13-92 所示。

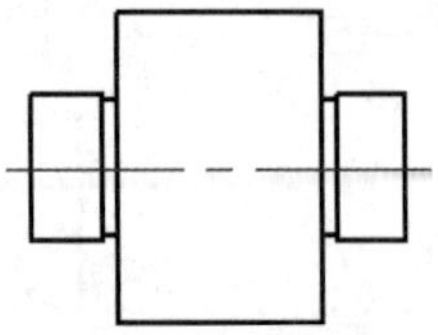

图 13-91　绘制轴

图 13-92　绘制孔立即菜单 1

命令行提示：

```
插入点：(拾取图 13-93 中的点 1)
```

再次弹出立即菜单，设置立即菜单如图 13-94 所示。

命令行提示：

```
孔上一点或孔的长度：24↙
```

重复上述命令：再点 1 处绘制直径为 23，长度为 24 的孔，结果如图 13-93 所示。

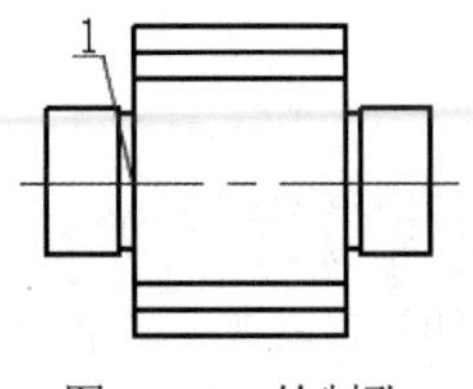

图 13-93　绘制孔

图 13-94　绘制孔立即菜单 2

（4）过渡处理：单击“常用”选项卡“修改”面板中的“过渡”按钮，设置立即菜单如图 13-95 所示。

图 13-95　倒角处理立即菜单

然后对短齿轮轴的两端进行倒角处理，处理结果如图 13-96 所示。

（5）绘制直线：单击“常用”选项卡“绘图”面板中的“直线”按钮，设置立即菜单如图 13-97 所示。绘制倒角处的直线，结果如图 13-98 所示。

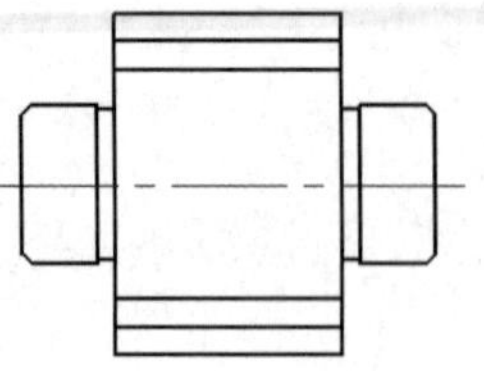

图 13-96　过渡处理

图 13-97　直线命令立即菜单

（6）属性修改：拾取直径为 28.8 的孔线，将其属性修改为“中心线层”，结果如图 13-99 所示。

（7）标注尺寸：分别单击“常用”选项卡“标注”面板中的“尺寸”按钮和“倒角标注”按钮，对图形进行标注，结果如图 13-100 所示。

（8）定义图符：单击“插入”选项卡“图库”面板中的“定义”按钮。

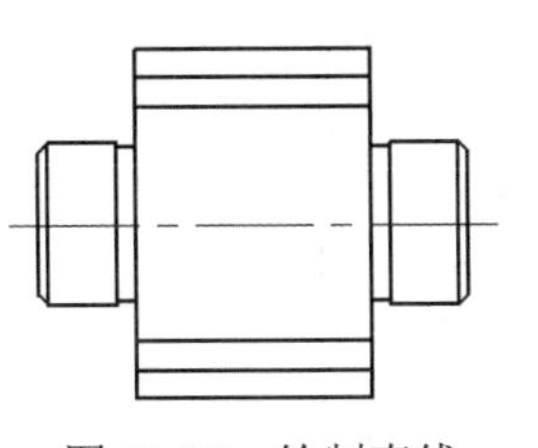

图 13-98　绘制直线

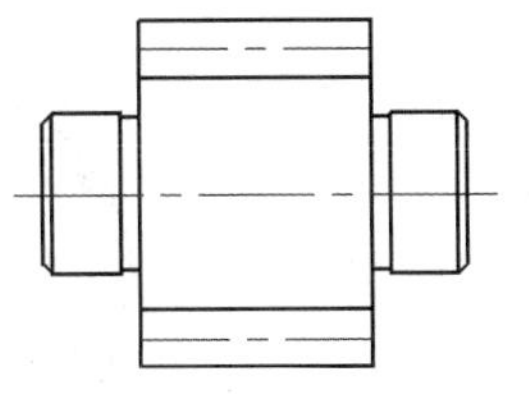

图 13-99　修改属性结果

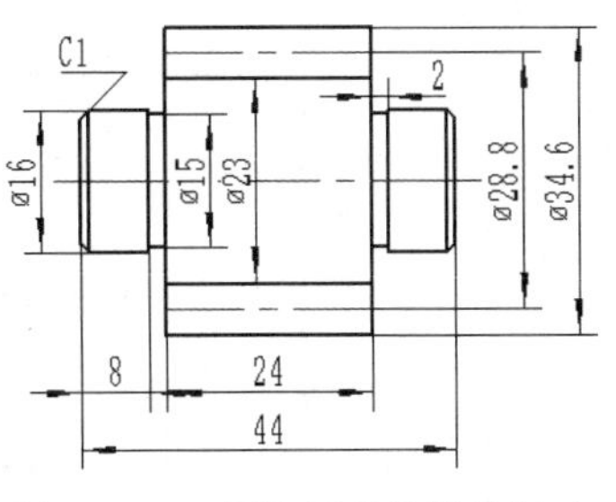

图 13-100　标注短齿轮轴的尺寸

命令行提示：

```
请选择第 1 视图：(选择图 13-100 中的短齿轮轴)
请单击或输入视图的基点：(选择图 13-100 中的齿轮轴直径为 34.6 的左端直线中点)
```

选择完毕后，右击，弹出“图符入库”对话框。在“新建类别”文本框中输入“轴”，在“图符名称”文本框中输入“短齿轮轴”，然后单击“完成”按钮。

（9）图幅设置：单击“图幅”选项卡“图幅”面板中的“图幅设置”按钮，弹出“图幅设置”对话框。根据压紧螺母的实际尺寸在该对话框中将图纸幅面设置为 A4，图纸比例设置为 1.5∶1，图纸方向设置为“横放”，选择调入相应的图框与标题栏，单击“确定”按钮，结果如图 13-101 所示。

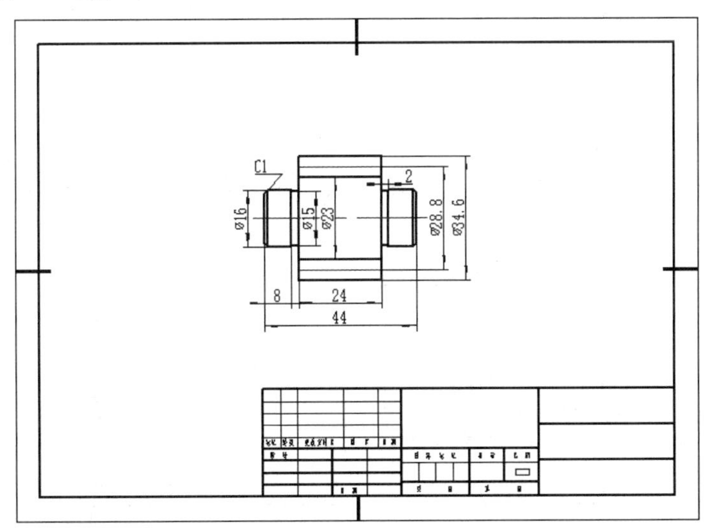

图 13-101　插入图幅

（10）填写标题栏：单击“图幅”选项卡“标题栏”面板中的“填写”按钮，弹出“填写标题栏”对话框。通过键盘输入相应的文字，最后的结果如图 13-87 所示。

13.6　锥　齿　轮

由于锥齿轮有锥度，因此首先利用角度线绘制锥齿轮在主视图中的外轮廓，然后利用直线命令来绘制主视图的其余直线，再利用剖面线命令填充剖面线，接着利用绘圆和孔/轴命令绘制锥齿轮的左视图，最后对其进行尺寸标注、定义图符、图幅设置并填写标题栏，完成锥齿轮的绘制，结果如图 13-102 所示。具体绘制流程如图 13-103 所示。

Note

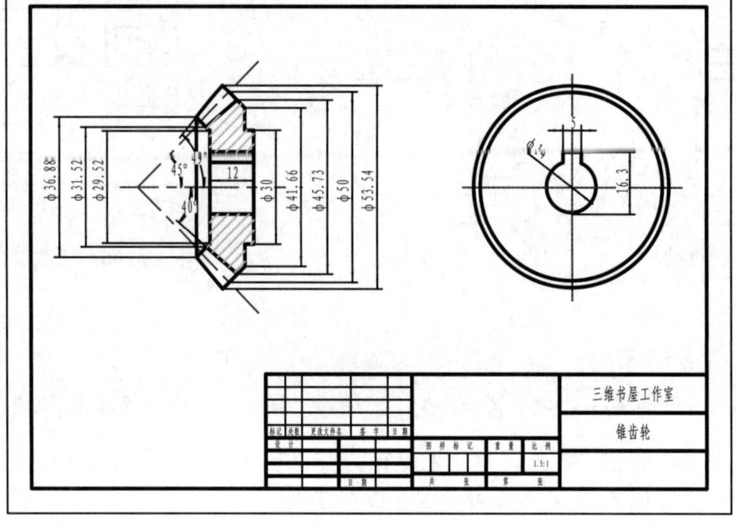

图 13-102 锥齿轮

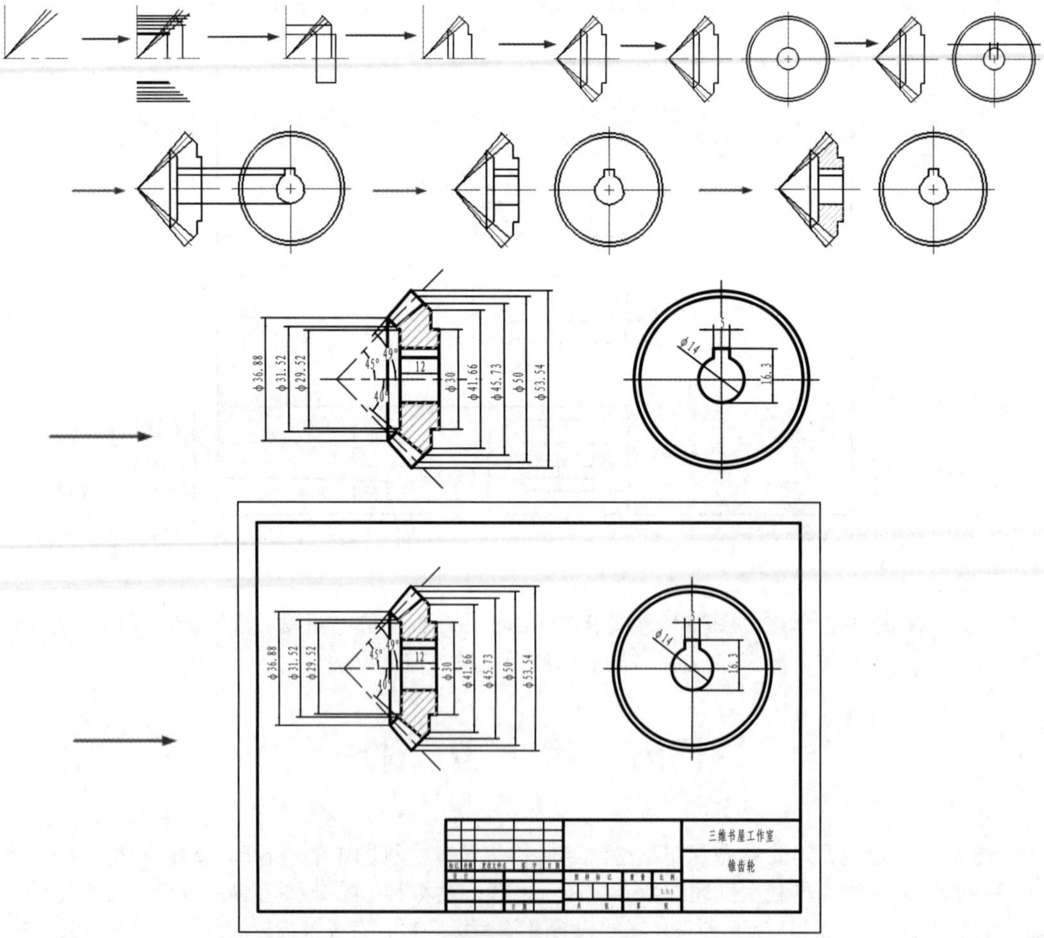

图 13-103 锥齿轮绘制流程

Note

操作步骤：

（1）启动 CAXA CAD 电子图板，创建一个新文件。

（2）绘制中心线：将“中心线层”设置为当前图层。单击“常用”选项卡“绘图”面板中的“直线”按钮，设置立即菜单如图 13-104 所示。绘制两条相互垂直的中心线，结果如图 13-105 所示。

1. 两点线　2. 单根

图 13-104　直线命令立即菜单 1

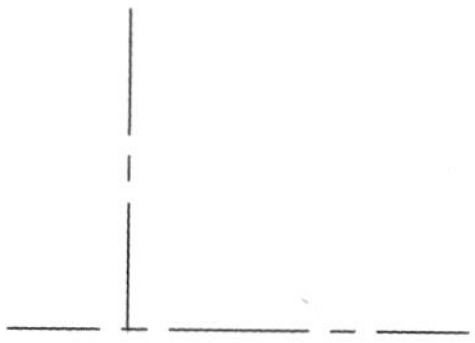

图 13-105　绘制直线

（3）绘制角度线：将“0 层”设置为当前图层。单击“常用”选项卡“绘图”面板中的“直线”按钮，设置立即菜单如图 13-106 所示。

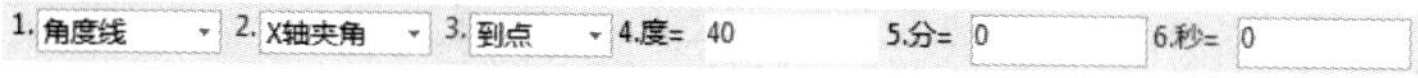

1. 角度线　2. X轴夹角　3. 到点　4.度= 40　5.分= 0　6.秒= 0

图 13-106　直线命令立即菜单 2

命令行提示：

第一点：（拾取步骤（2）绘制的两条中心线的交点）
第二点或长度：（向两条中心线交点的右上方移动光标，在适当位置处单击）

绘制一条与 X 轴夹角为 40° 的角度线。

重复直线命令，并将立即菜单 4 分别修改为 45° 和 49°，绘制两条与 X 轴夹角分别为 45°、49° 的角度线，结果如图 13-107 所示。

（4）绘制孔：单击“常用”选项卡“绘图”面板中的“孔/轴”按钮，设置立即菜单如图 13-108 所示。

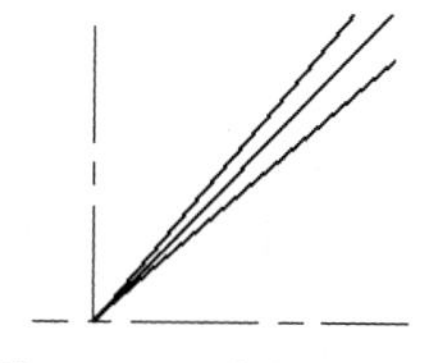

图 13-107　绘制角度线

1. 孔　2. 直接给出角度　3.中心线角度　0

图 13-108　绘制孔立即菜单 1（绘制直径为 53.54 的孔）

命令行提示：

插入点：（拾取图 13-107 中的水平和竖直中心线的交点）

再次弹出立即菜单，设置该立即菜单如图 13-109 所示。

命令行提示：

孔上一点或孔的长度：（在斜直线的右侧单击一点）

同理绘制直径分别为 50、45.73、41.66、29.52、31.52、36.88 的孔，结果如图 13-110 所示。

（5）绘制直线：单击“常用”选项卡“绘图”面板中的“直线”按钮，设置立即菜单如图 13-111 所示。分别连接图 13-112 中的点 1 与点 2、点 4 与点 5，并分别延长到点 3 和点 6，然后分别向下延长到水平中心线上，结果如图 13-112 所示。

Note

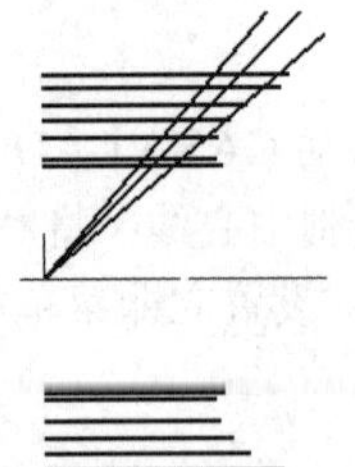

1.孔 2.起始直径 53.54 3.终止直径 53.54 4.无中心线

图 13-109　绘制孔立即菜单 2（绘制直径为 53.54 的孔）

图 13-110　绘制孔

（6）裁剪处理：单击“常用”选项卡“修改”面板中的“裁剪”按钮，在立即菜单 1 中选择“快速裁剪”，分别拾取要裁剪的曲线，然后删除多余的直线，结果如图 13-113 所示。

1.两点线 2.单根

图 13-111　直线命令立即菜单 3

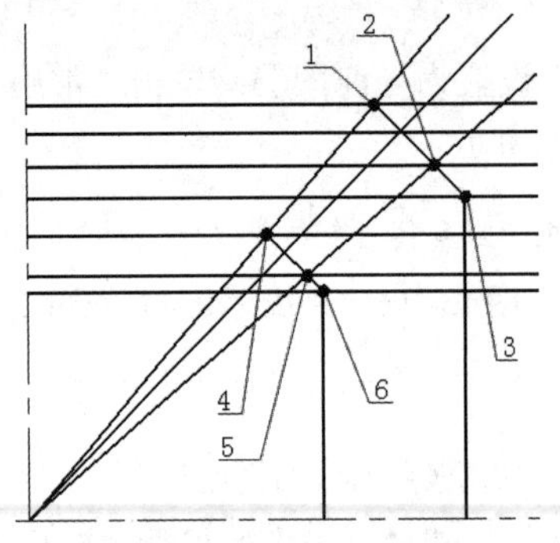

图 13-112　绘制直线

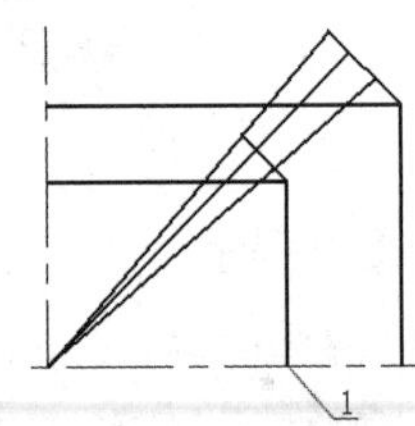

图 13-113　裁剪处理

（7）绘制轴：单击“常用”选项卡“绘图”面板中的“孔/轴”按钮，设置立即菜单如图 13-114 所示。

命令行提示：

插入点：(选择图 13-113 中的点 1)

再次弹出立即菜单，设置立即菜单如图 13-115 所示。

1.轴 2.直接给出角度 3.中心线角度 0

图 13-114　绘制轴立即菜单 1（绘制轴直径为 30）

1.轴 2.起始直径 30 3.终止直径 30 4.无中心线

图 13-115　绘制轴立即菜单 2（绘制轴直径为 30）

命令行提示：

轴上一点或轴的长度：12↙

绘制结果如图 13-116 所示。

（8）裁剪处理：单击“常用”选项卡“修改”面板中的“裁剪”按钮，在立即菜单 1 中选择“快速裁剪”，分别拾取要裁剪的曲线，裁剪结果如图 13-117 所示。

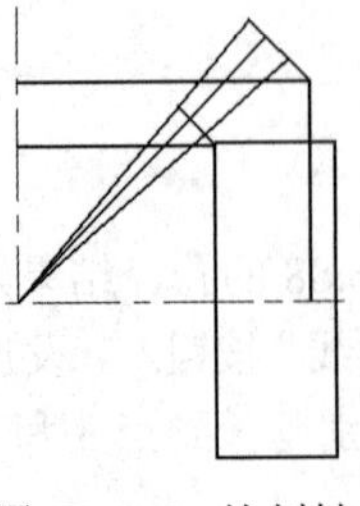

图 13-116　绘制轴

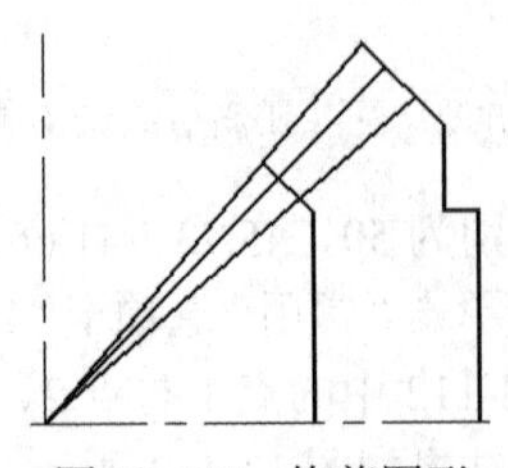

图 13-117　修剪图形

（9）绘制直线：单击“常用”选项卡“绘图”面板中的“直线”按钮，设置立即菜单如图13-118所示，绘制直线，然后将中间的斜直线的图层修改为“中心线层”，结果如图13-119所示。

（10）镜像处理：单击“常用”选项卡“修改”面板中的“镜像”按钮，对锥齿轮的上半部分以水平中心线为轴线进行镜像处理，然后删除竖直中心线，结果如图13-120所示。

1. 两点线 ▾ 2. 单根 ▾

图13-118　直线命令立即菜单4

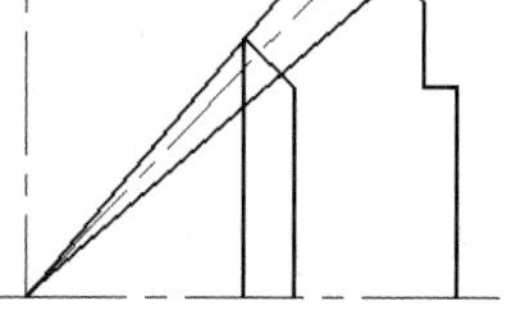

图13-119　绘制直线

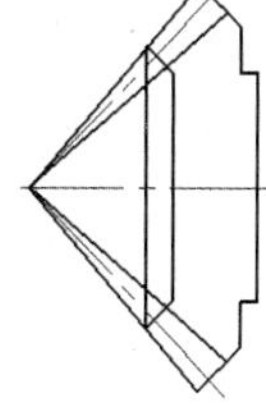

图13-120　镜像处理

（11）绘制左视图的圆：单击“常用”选项卡“绘图”面板中的“圆”按钮，设置立即菜单如图13-121所示。

1. 圆心_半径 ▾ 2. 直径 ▾ 3. 有中心线 ▾ 4.中心线延伸长度 3

图13-121　圆命令立即菜单

命令行提示：

```
圆心点：(拾取水平中心线延长线上的一点)
输入直径或圆上一点：53.54↙
```

重复圆命令，设置立即菜单3为“无中心线”，分别绘制直径为50和14的同心圆，右击或按Enter键结束画圆命令。绘制的圆如图13-122所示。

（12）绘制孔：单击“常用”选项卡“绘图”面板中的“孔/轴”按钮，设置立即菜单如图13-123所示。

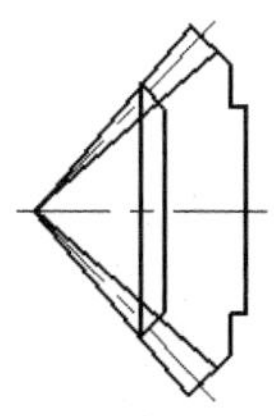

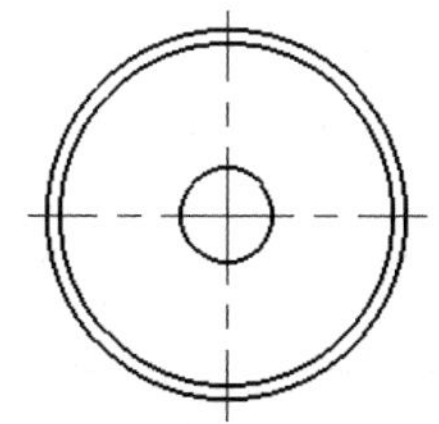

图13-122　绘制左视图的圆

1. 孔 ▾ 2. 直接给出角度 ▾ 3.中心线角度 90

图13-123　绘制孔立即菜单1（绘制直径为5的孔）

命令行提示：

```
插入点：(拾取圆心点)
```

再次弹出立即菜单，设置立即菜单如图13-124所示。

命令行提示：

```
孔上一点或孔的长度：(向上移动光标，在适当位置处单击)
```

结果如图13-125所示。

（13）绘制等距线：单击“常用”选项卡“修改”面板中的“等距线”按钮，设置立即菜单如图13-126所示。

Note

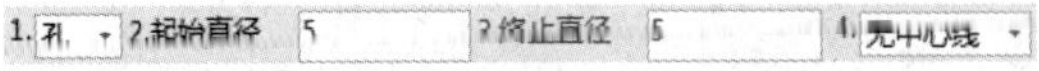

1.孔 2.起始直径 5 3.终止直径 5 4.无中心线

图 13-124　绘制孔立即菜单 2（绘制直径为 5 的孔）

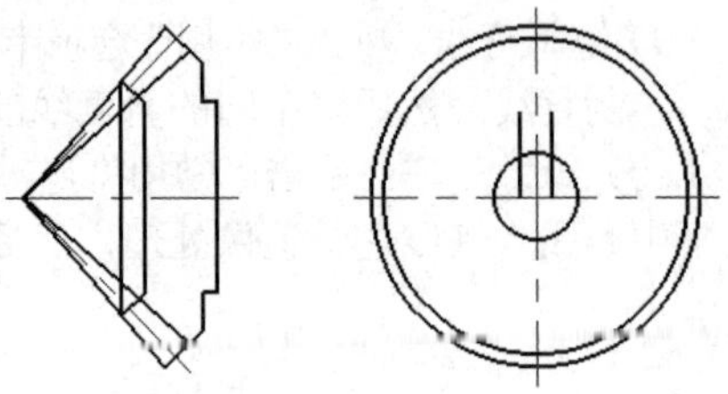

图 13-125　绘制孔

1.单个拾取 2.指定距离 3.单向 4.空心 5.距离 9.3 6.份数 1 7.保留源对象 8.使用源对象属性

图 13-126　等距线命令立即菜单

命令行提示：

拾取曲线：（拾取水平中心线）
请拾取所需的方向：（在中心线的上方单击）

然后将偏移后的中心线所在层设置为“0 层”，结果如图 13-127 所示。

（14）裁剪处理：单击“常用”选项卡“修改”面板中的“裁剪”按钮，在立即菜单 1 中选择“快速裁剪”，分别拾取要裁剪的曲线，裁剪结果如图 13-128 所示。

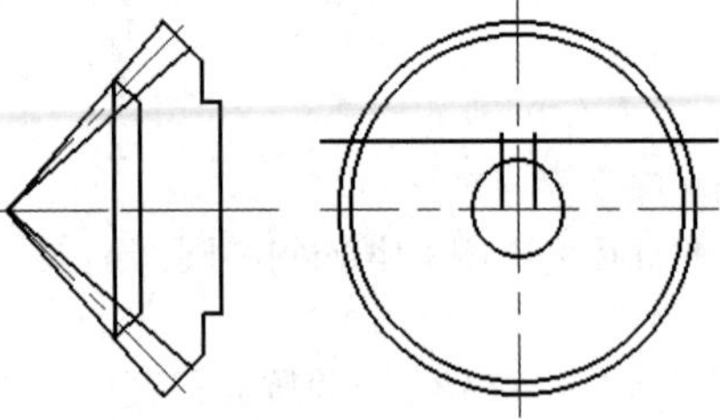

图 13-127　绘制等距线

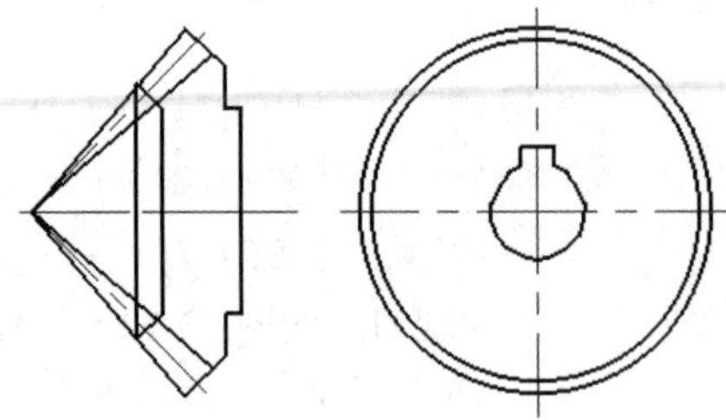

图 13-128　裁剪处理

（15）绘制直线：单击“常用”选项卡“绘图”面板中的“直线”按钮，设置立即菜单如图 13-129 所示。以左视图的特征点为起点向左绘制直线，结果如图 13-130 所示。

1.两点线 2.单根

图 13-129　直线命令立即菜单 5

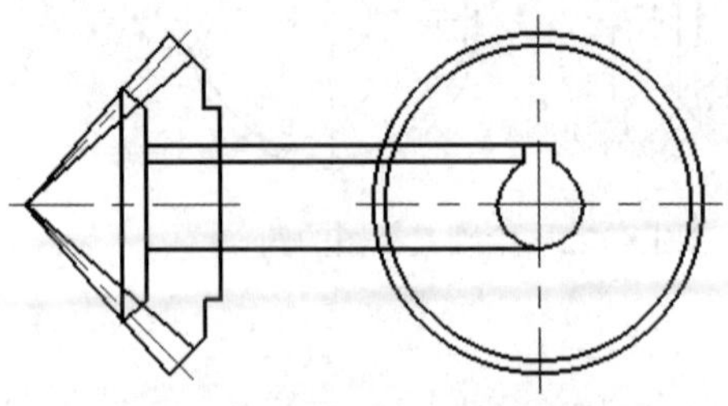

图 13-130　绘制直线

（16）裁剪处理：单击“常用”选项卡“修改”面板中的“裁剪”按钮，在立即菜单 1 中选择“快速裁剪”，然后分别拾取要裁剪的曲线，裁剪结果如图 13-131 所示。

（17）填充剖面线：单击“常用”选项卡“绘图”面板中的“剖面线”按钮，设置立即菜单如图 13-132 所示。

命令行提示：

拾取环内一点：（在剖面图中，在需要绘制剖面线的位置上拾取一点）
成功拾取到环，拾取环内一点：（在剖面图中，在需要绘制剖面线的位置上拾取其他点）

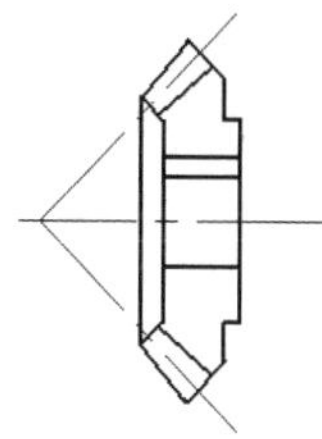

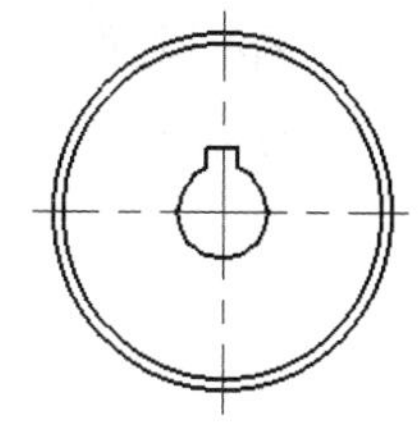

图 13-131　裁剪处理

图 13-132　剖面线命令立即菜单

拾取完毕后，右击，弹出“剖面图案”对话框，设置对话框如图 13-133 所示，设置完毕后单击“确定”按钮，结果如图 13-134 所示。

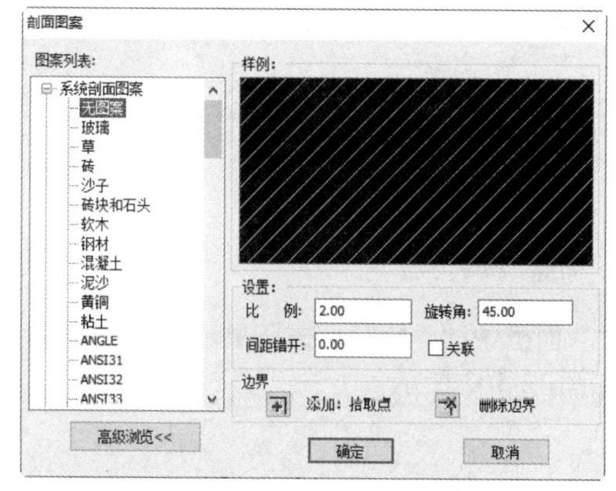

图 13-133　“剖面图案”对话框

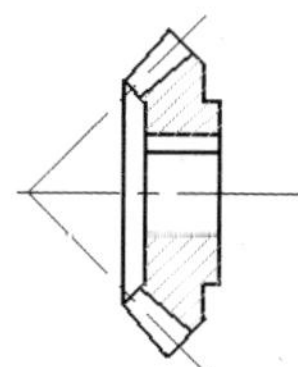

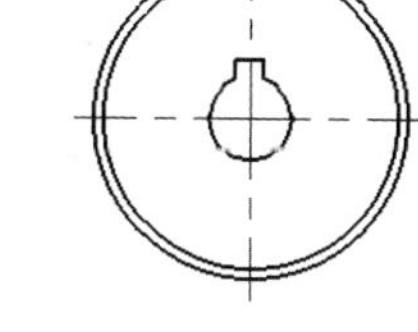

图 13-134　填充剖面线

（18）标注尺寸：单击“常用”选项卡“标注”面板中的“尺寸”按钮，对图形进行标注，结果如图 13-135 所示。

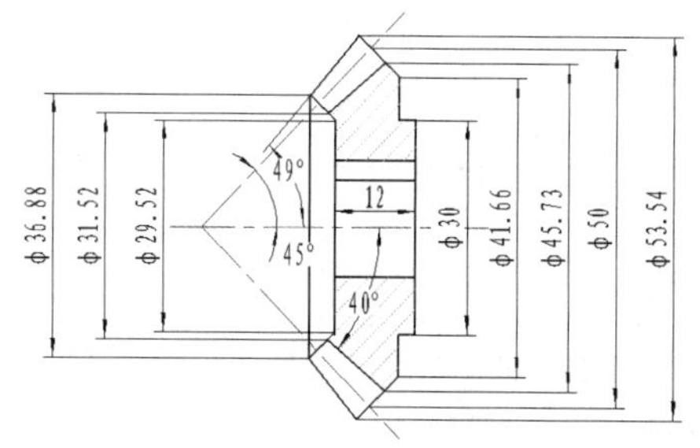

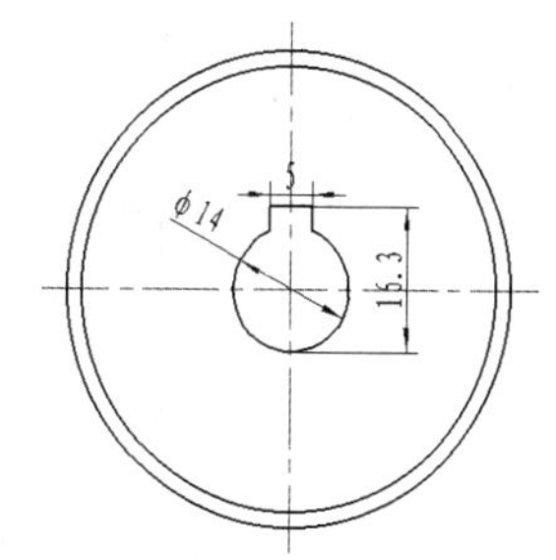

图 13-135　尺寸标注

（19）定义图符：关闭“尺寸线层”，然后单击“插入”选项卡“图库”面板中的“定义”按钮。

命令行提示：

```
请选择第 1 视图：(选择图 13-135 中的锥齿轮主视图)
请单击或输入视图的基点：(选择图 13-135 中的主视图最左侧第二条竖直直线的中点)
请选择第 2 视图：(选择图 13-135 中的锥齿轮左视图)
请单击或输入视图的基点：(选择图 13-135 中的左视图的圆心点)
```

选择完毕后，右击，弹出“图符入库”对话框。在“新建类别”文本框中输入“齿轮”，在“图符名称”文本框中输入“锥齿轮”，然后单击“完成”按钮。

（20）图幅设置：单击“图幅”选项卡“图幅”面板中的“图幅设置”按钮，弹出“图幅设置”

Note

对话框，根据压紧螺母的实际尺寸在“图幅设置”对话框中将图纸幅面设置为 A4，图纸比例设置为 1.5∶1，图纸方向设置为“横放”，选择调入相应的图框与标题栏，单击“确定”按钮，打开“尺寸线层”，结果如图 13-136 所示。

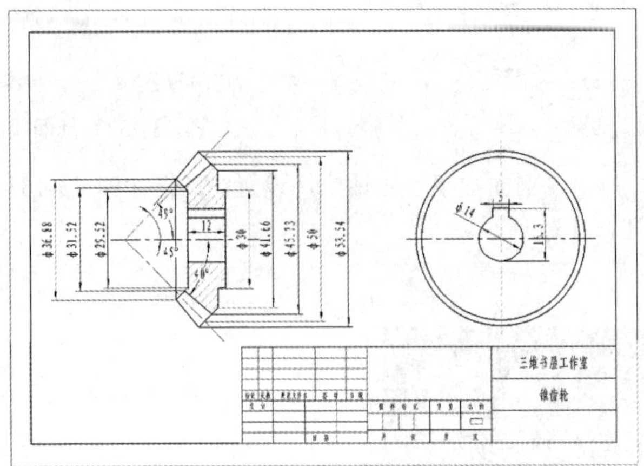

图 13-136　插入图幅

（21）填写标题栏：单击“图幅”选项卡“标题栏”面板中的“填写”按钮，弹出“填写标题栏”对话框。通过键盘输入相应的文字，最后的结果如图 13-102 所示。

视频讲解

13.7　左　端　盖

首先绘制左端盖的俯视图，然后绘制其主视图，这里将主视图进行剖切，再填充剖面线，接着标注剖切符号，再接着标注尺寸，最后定义图符、图幅设置并填写标题栏，完成左端盖零件图的绘制，结果如图 13-137 所示。具体绘制流程如图 13-138 所示。

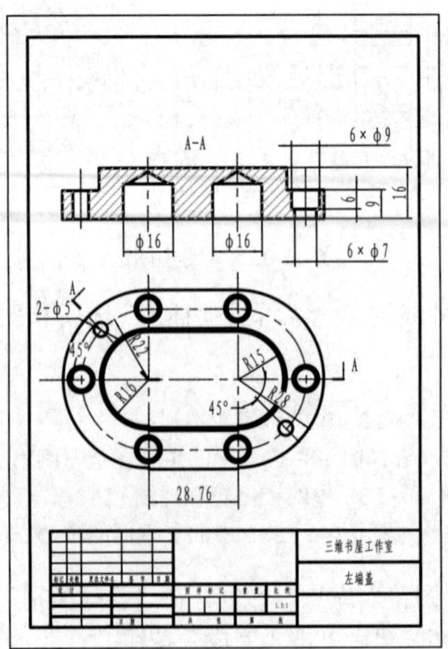

图 13-137　左端盖

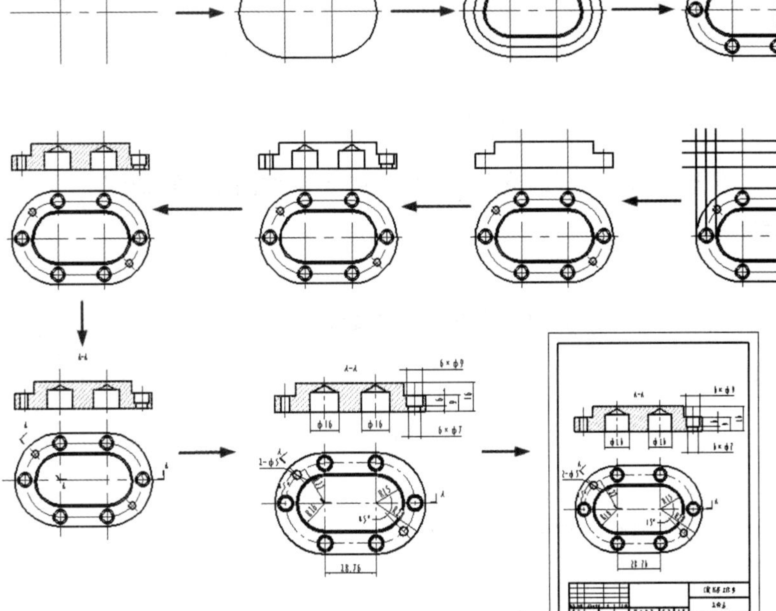

图 13-138　左端盖绘制流程图

操作步骤：

（1）启动 CAXA CAD 电子图板，创建一个新文件。

（2）绘制中心线：将“中心线层”设置为当前图层。单击“常用”选项卡“绘图”面板中的“直线”按钮，设置立即菜单如图 13-139 所示。绘制两条相互垂直的中心线，结果如图 13-140 所示。

图 13-139　直线命令立即菜单 1　　　　图 13-140　绘制中心线

（3）绘制等距线：单击“常用”选项卡“修改”面板中的“等距线”按钮，设置立即菜单如图 13-141 所示。

1. 单个拾取　2. 指定距离　3. 单向　4. 空心　5.距离 28.76　6.份数 1　7. 保留源对象　8. 使用源对象属性

图 13-141　等距线命令立即菜单 1

命令行提示：

拾取曲线：（拾取图 13-140 中的竖直中心线）
请拾取所需的方向：（在图 13-140 中的竖直中心线的右侧单击）

绘制结果如图 13-142 所示。

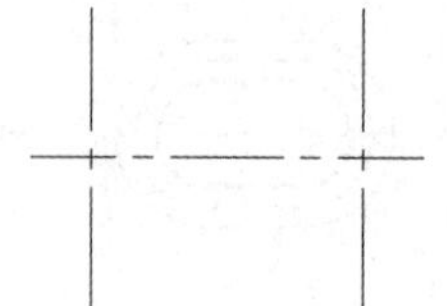

图 13-142　绘制等距线 1

Note

（4）绘制圆弧：将“0 层”设置为当前图层。单击“常用”选项卡“绘图”面板中的“圆弧”按钮，设置立即菜单如图 13-143（a）所示。

命令行提示：

圆心点：（拾取图 13-142 中左端的竖直中心线与水平中心线的交点）

重复上述命令，设置立即菜单如图 13-143（b）所示。

1. 圆心_半径_起终角　2.半径= 28　3.起始角= 90　4.终止角= 270

（a）

1. 圆心_半径_起终角　2.半径= 28　3.起始角= 270　4.终止角= 90

（b）

图 13-143　圆弧命令立即菜单

命令行提示：

圆心点：（拾取图 13-142 中右端的竖直中心线与水平中心线的交点）

绘制圆弧的结果如图 13-144 所示。

（5）绘制直线：单击“常用”选项卡“绘图”面板中的“直线”按钮，设置立即菜单如图 13-145 所示。绘制连接两圆弧端点的水平直线，结果如图 13-146 所示。

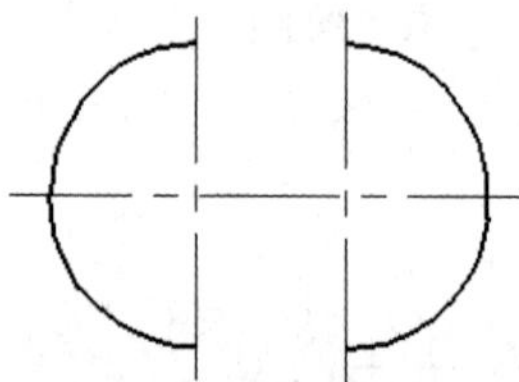

图 13-144　绘制圆弧

图 13-145　直线命令立即菜单 2

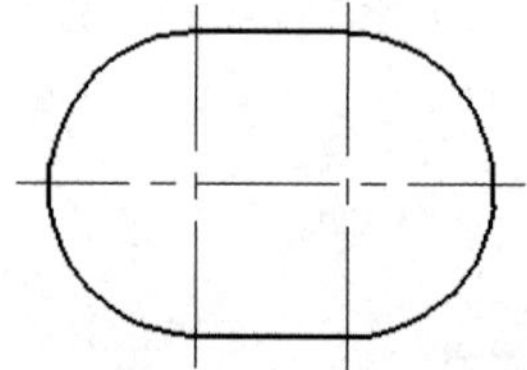

图 13-146　绘制直线

（6）绘制等距线：单击“常用”选项卡“修改”面板中的“等距线”按钮，设置立即菜单如图 13-147 所示。

1. 链拾取　2. 指定距离　3. 单向　4. 尖角连接　5. 空心　6.距离 6　7.份数 1　8. 保留源对象

图 13-147　等距线命令立即菜单 2

命令行提示：

拾取首尾相连的曲线：（拾取“0 层”的曲线）
请拾取所需的方向：（在曲线内侧单击）

重复等距线命令，将最外侧的曲线继续向内分别偏移 12 和 13。

绘制结果如图 13-148 所示。

（7）绘制圆：将半径为 22 的圆弧所组成的图形的层属性设为“中心线层”。单击“常用”选项卡“绘图”面板中的“圆”按钮，设置立即菜单如图 13-149 所示。

Note

命令行提示：

> 圆心点：(拾取中心线层曲线的交点)
> 输入直径或圆上一点：9↙
> 输入直径或圆上一点：7↙

重复上述命令，绘制其余的圆，结果如图 13-150 所示。

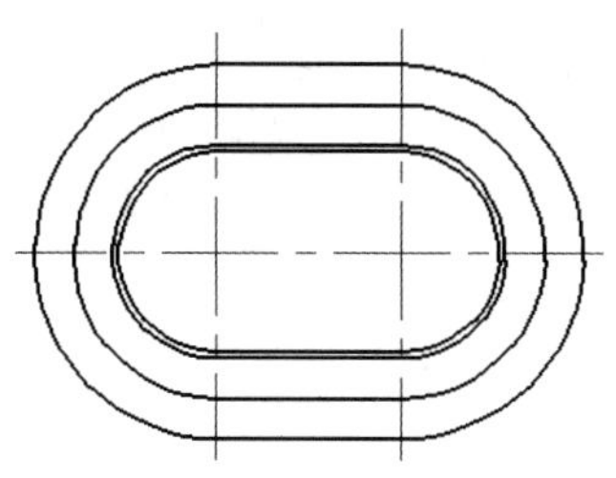
图 13-148　绘制等距线 2

图 13-149　圆命令立即菜单 1

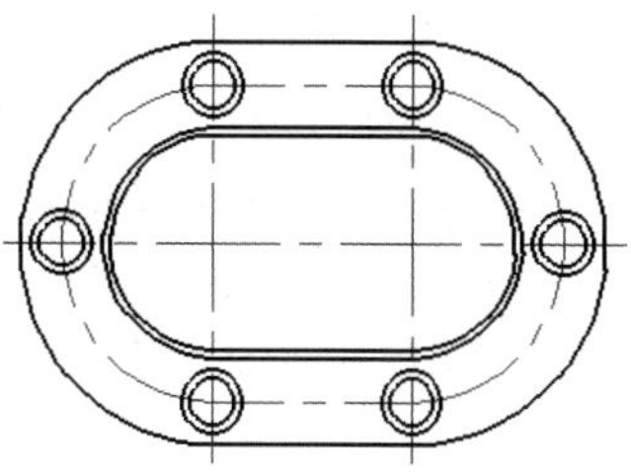
图 13-150　绘制圆

（8）绘制角度线：单击“常用”选项卡“绘图”面板中的“直线”按钮╱，设置立即菜单如图 13-151 所示。通过竖直中心线和水平中心线的交点绘制角度线，结果如图 13-152 所示。

1. 角度线　2. X轴夹角　3. 到点　4.度= 135　5.分= 0　6.秒= 0

图 13-151　直线命令立即菜单 3

（9）绘制圆：单击“常用”选项卡“绘图”面板中的“圆”按钮⊙，设置立即菜单如图 13-153 所示。

命令行提示：

> 圆心点：(拾取步骤（8）绘制的角度线与半径为 22 的圆弧的交点)
> 输入直径或圆上一点：5↙

重复上述命令，绘制另一个圆。然后将绘制的角度线的层属性设置为“中心线层”并修改其长度，结果如图 13-154 所示。

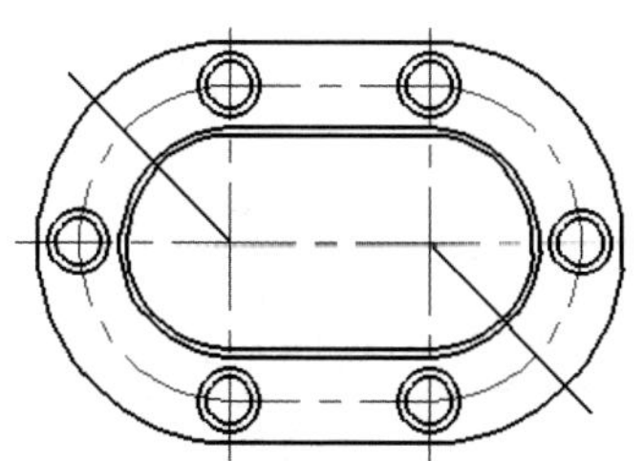
图 13-152　绘制角度线

1. 圆心_半径　2. 直径　3. 无中心线

图 13-153　圆命令立即菜单 2

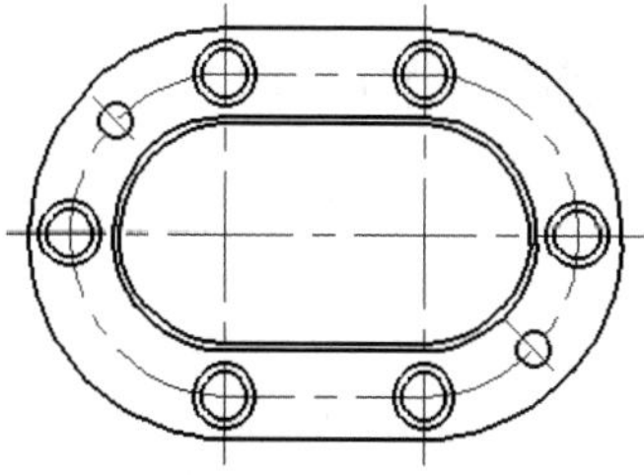
图 13-154　绘制圆

（10）绘制直线：单击“常用”选项卡“绘图”面板中的“直线”按钮╱，设置立即菜单如图 13-155 所示。引出到主视图的直线，结果如图 13-156 所示。

（11）绘制水平直线：单击“常用”选项卡“绘图”面板中的“直线”按钮╱，设置立即菜单如图 13-155 所示。绘制一条水平直线，结果如图 13-157 所示。

（12）绘制等距线：单击“常用”选项卡“修改”面板中的“等距线”按钮，向上等距水平直线，距离分别设置为 9、16，结果如图 13-158 所示。

Note

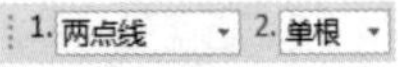

1. 两点线 2. 单根

图 13-155　直线命令立即菜单 4

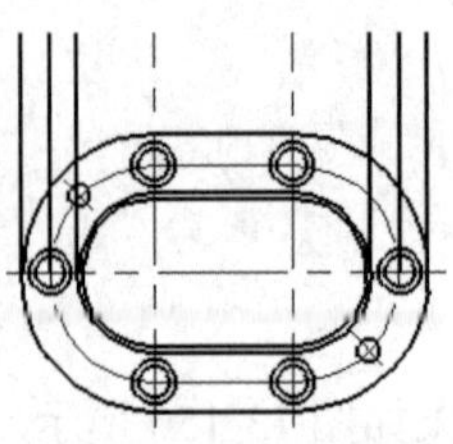

图 13-156　绘制直线

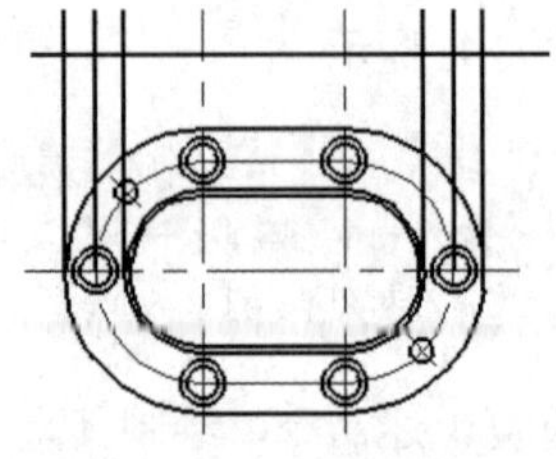

图 13-157　绘制水平直线

（13）裁剪处理：单击“常用”选项卡“修改”面板中的“裁剪”按钮，在立即菜单 1 中选择“快速裁剪”，分别拾取要裁剪的直线，然后将图 13-158 所示的直线 1 和直线 2 的层属性均设置为“中心线层”，并修改其长度，结果如图 13-159 所示。

（14）绘制孔：单击“常用”选项卡“绘图”面板中的“孔/轴”按钮，设置立即菜单如图 13-160 所示。

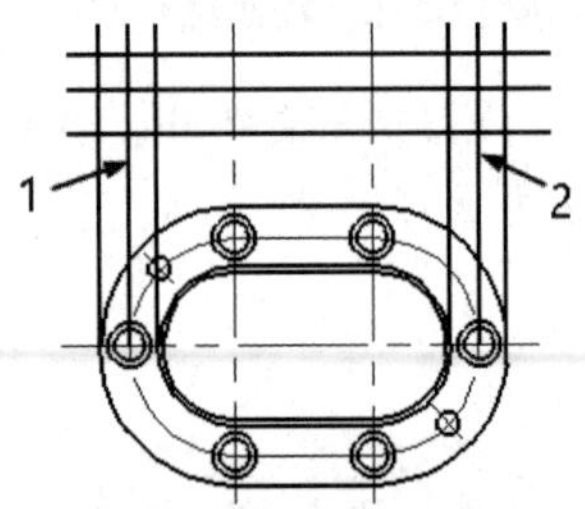

图 13-158　绘制等距线

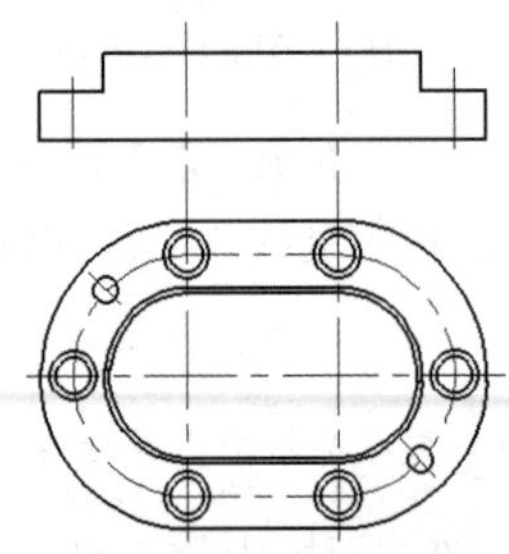

图 13-159　裁剪处理

图 13-160　绘制孔立即菜单 1

命令行提示：

插入点：(拾取剖视图中最左侧竖直中心线与最下方水平直线的交点)

再次弹出立即菜单，设置立即菜单如图 13-161 所示。

命令行提示：

孔上一点或孔的长度：9↙

结果如图 13-162 所示。

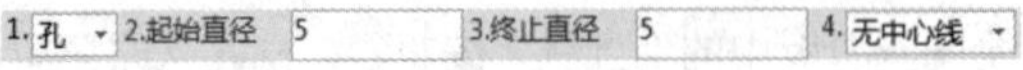

1. 孔 2.起始直径 5 3.终止直径 5 4. 无中心线

图 13-161　绘制孔立即菜单 2

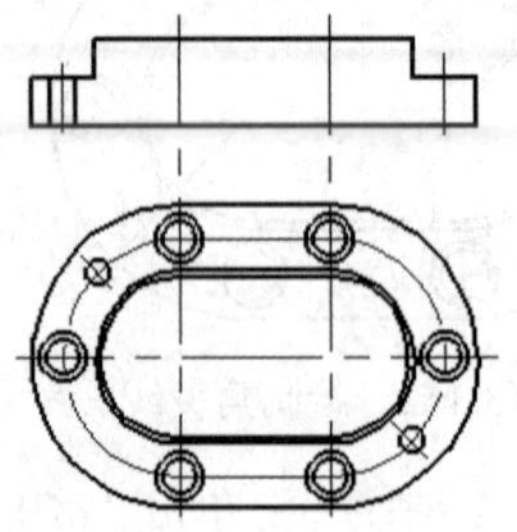

图 13-162　绘制孔

（15）绘制轴：单击“常用”选项卡“绘图”面板中的“孔/轴”按钮，设置立即菜单如图 13-163 所示。

命令行提示：

插入点：(拾取主视图中左侧第二条竖直中心线与最下方水平直线的交点)

再次弹出立即菜单，设置立即菜单如图 13-164 所示。

1. 轴　2. 直接给出角度　3.中心线角度　90

图 13-163　绘制轴立即菜单 1

1. 轴　2.起始直径　16　3.终止直径　16　4. 无中心线

图 13-164　绘制轴立即菜单 2

命令行提示：

```
轴上一点或孔的长度：11↙
```

采用同样的方法，绘制右侧的轴孔，它们分别为直径 16，长度 11；直径 7，长度 3；直径 9，长度 6。然后利用直线命令，绘制直径为 16 的轴孔的锥度角，结果如图 13-165 所示。

（16）填充剖面线：单击“常用”选项卡“绘图”面板中的“剖面线”按钮，设置立即菜单如图 13-166 所示。

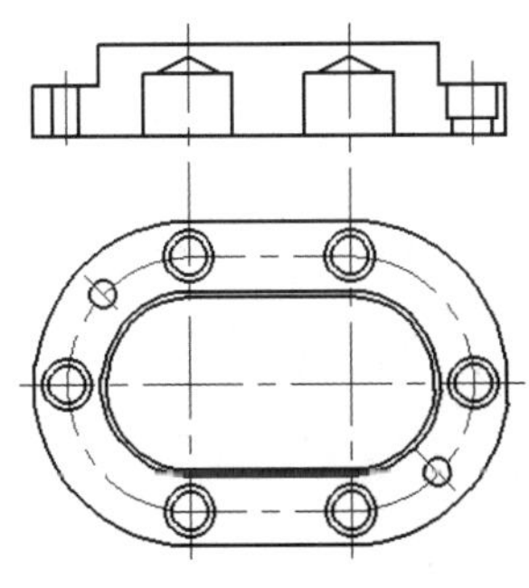

图 13-165　绘制轴孔

1. 拾取点　2. 选择剖面图案　3. 非独立　4.允许的间隙公差　0.0035

图 13-166　剖面线命令立即菜单

命令行提示：

```
拾取环内一点：(在剖视图中需要绘制剖面线的位置处拾取一点)
成功拾取到环，拾取环内一点：(在剖视图中需要绘制剖面线的位置处拾取其他点)
```

拾取完毕后，右击，弹出“剖面图案”对话框，设置该对话框如图 13-167 所示，设置完毕后单击“确定”按钮，结果如图 13-168 所示。

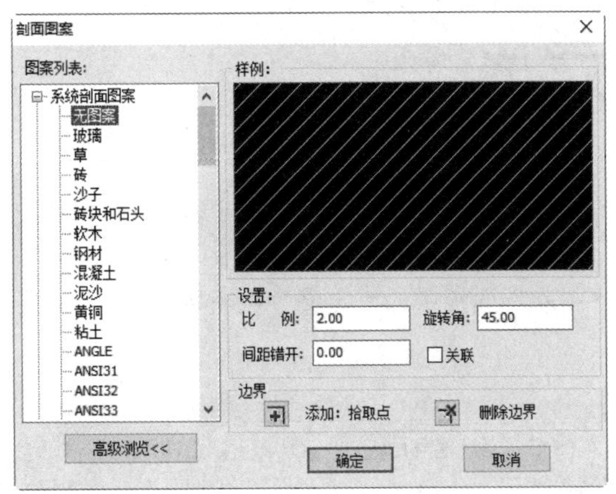

图 13-167　“剖面图案”对话框

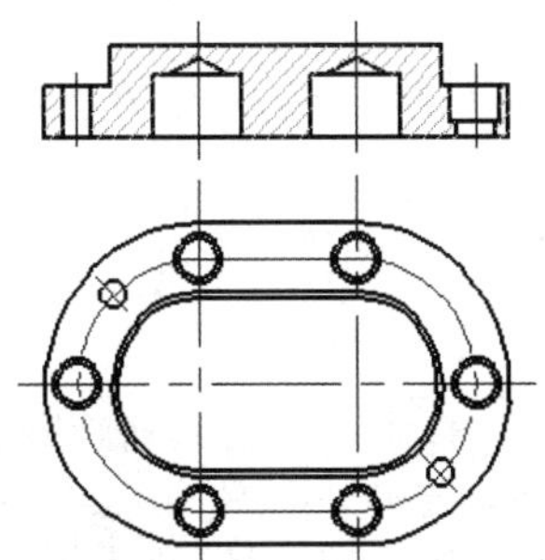

图 13-168　填充剖面线

（17）标注剖切符号：单击“常用”选项卡“标注”面板中的“剖切符号”按钮，设置立即菜单如图 13-169 所示。

Note

命令行提示：

> 画剖切轨迹（画线）：（单击俯视图中水平中心线的右端点）
> 指定下一个：（单击俯视图中左侧圆弧的圆心点）
> 指定下一个，或右键单击选择剖切方向：（单击俯视图左上角直径为 5 的圆的圆心延长线上的一点）
> 指定下一个，或右键单击选择剖切方向：（右击）
> 请单击箭头选择剖切方向：（选择指向右上方的箭头）

此时继续弹出立即菜单，如图 13-170 所示。

1. 不垂直导航 2. 手动放置剖切符号名

图 13-169　剖切符号命令立即菜单 1

1.剖面名称 A

图 13-170　剖切符号命令立即菜单 2

命令行提示：

> 指定剖面名称标注点：（在右侧剖切线箭头处放置剖面名称）
> 指定剖面名称标注点：（在左侧圆弧圆心点放置剖面名称）
> 指定剖面名称标注点：（在左侧剖切线箭头处放置剖面名称）

放置完成后右击，命令行提示：

> 指定剖面名称标注点：（在剖视图上方单击）

完成剖切符号的标注，结果如图 13-171 所示。

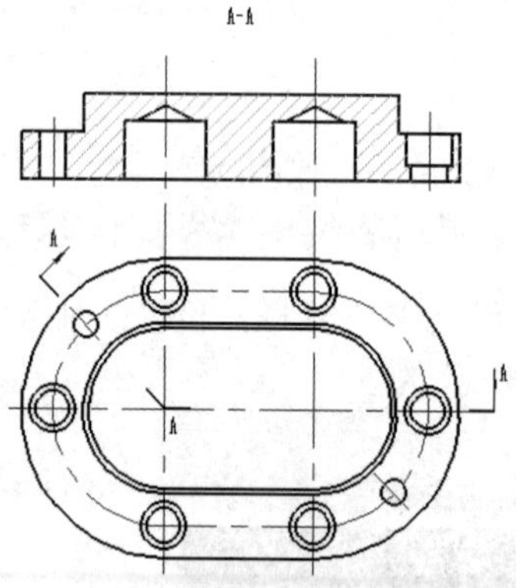

图 13-171　标注剖切符号

（18）标注尺寸：单击“常用”选项卡“标注”面板中的“尺寸”按钮，对图形进行标注，结果如图 13-172 所示。

（19）定义图符：单击“插入”选项卡“图库”面板中的“定义”按钮。

命令行提示：

> 请选择第 1 视图：（选择左端盖的剖视图）
> 请单击或输入视图的基点：（选择剖视图右侧直径为 16 的轴孔竖直中心线和下方水平直线的交点）
> 请选择第 2 视图：（选择左端盖的俯视图）
> 请单击或输入视图的基点：（选择俯视图最左侧圆弧的圆心）

选择完毕后，右击，弹出“图符入库”对话框。在“新建类别”文本框中输入“外部零件”，在“图符名称”文本框中输入“左端盖”，然后单击“完成”按钮。

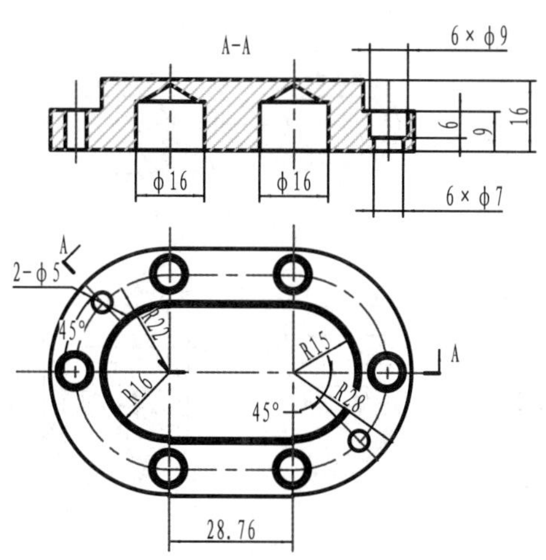

图 13-172　尺寸标注

(20) 图幅设置：单击“图幅”选项卡“图幅”面板中的“图幅设置”按钮，弹出“图幅设置”对话框。根据压紧螺母的实际尺寸在该对话框中将图纸幅面设置为 A4，图纸比例设置为 1.5∶1，图纸方向设置为“竖放”，选择调入相应的图框与标题栏，单击“确定”按钮。

(21) 填写标题栏：单击“图幅”选项卡“标题栏”面板中的“填写”按钮，弹出“填写标题栏”对话框。通过键盘输入相应的文字，最后结果如图 13-137 所示。

13.8　右　端　盖

视频讲解

本节首先绘制右端盖的俯视图，然后绘制其主视图，这里将主视图进行剖切，再填充剖面线，接着标注剖切符号，再接着标注尺寸，最后定义图幅、设置图符、填写标题栏，完成右端盖零件图的绘制，结果如图 13-173 所示。具体绘制流程如图 13-174 所示。

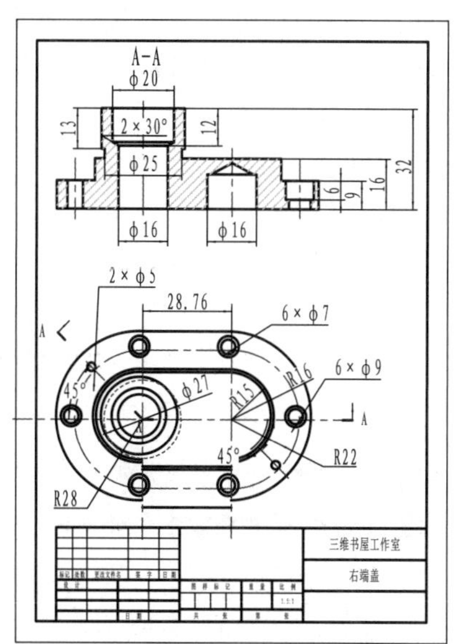

图 13-173　右端盖

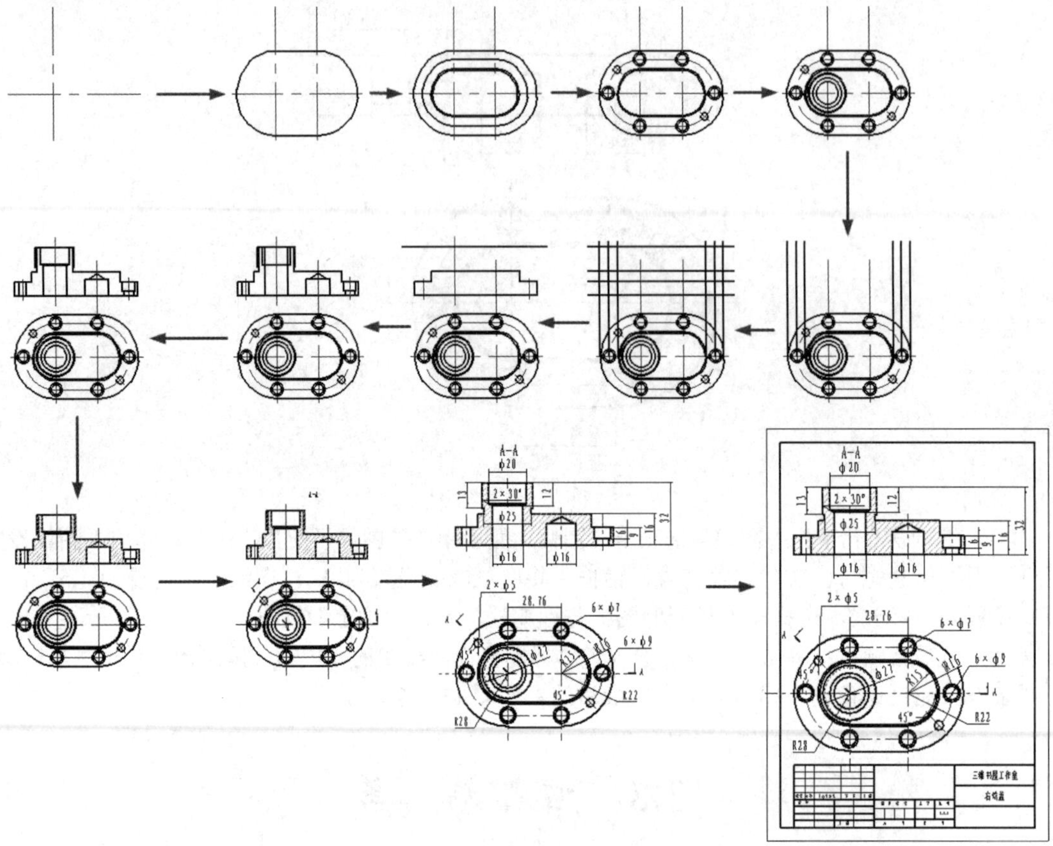

图 13-174　右端盖绘制流程图

操作步骤：

（1）启动 CAXA CAD 电子图板，创建一个新文件。

（2）绘制中心线：将“中心线层”设置为当前图层。单击“常用”选项卡“绘图”面板中的“直线”按钮，设置立即菜单如图 13-175 所示。绘制两条相互垂直的中心线，结果如图 13-176 所示。

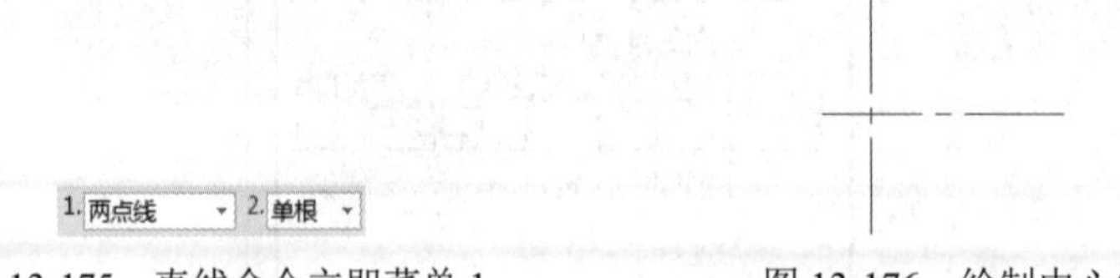

图 13-175　直线命令立即菜单 1　　　图 13-176　绘制中心线

（3）绘制等距线：单击“常用”选项卡“修改”面板中的“等距线”按钮，设置立即菜单如图 13-177 所示。

1. 单个拾取　2. 指定距离　3. 单向　4. 空心　5.距离 28.76　6.份数 1　7. 保留源对象　8. 使用源对象属性

图 13-177　等距线命令立即菜单 1

命令行提示：

拾取曲线：（拾取图 13-176 中的竖直中心线）
请拾取所需的方向：（在图 13-176 中的竖直中心线的右侧单击）

Note

绘制等距线的结果如图 13-178 所示。

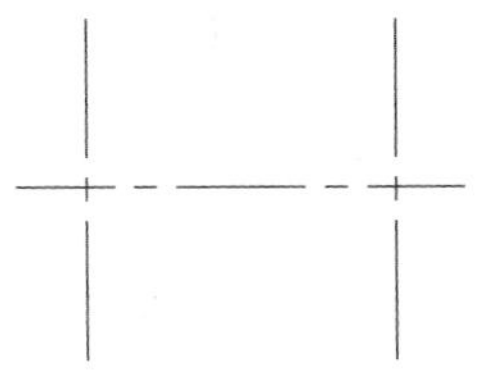

图 13-178　绘制等距线

（4）绘制圆弧：将“0 层”设置为当前图层。单击“常用”选项卡“绘图”面板中的“圆弧”按钮，设置立即菜单如图 13-179（a）所示。

命令行提示：

```
圆心点：（拾取左端交点）
```

重复上述命令，设置立即菜单如图 13-179（b）所示。

（a）　　　　（b）

图 13-179　圆弧命令立即菜单

命令行提示：

```
圆心点：（拾取右端交点）
```

绘制圆弧的结果如图 13-180 所示。

（5）绘制直线：单击“常用”选项卡“绘图”面板中的“直线”按钮，设置立即菜单如图 13-181 所示。绘制连接两圆弧端点的水平直线，结果如图 13-182 所示。

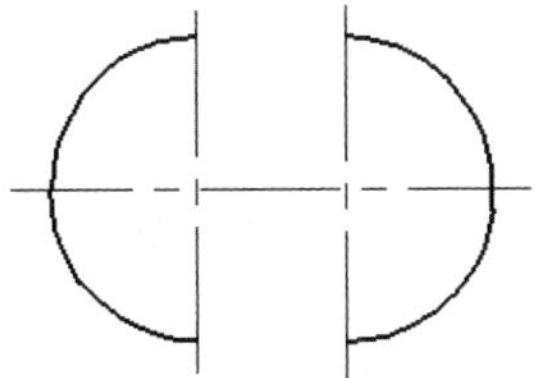

图 13-180　绘制圆弧

图 13-181　直线命令立即菜单 2

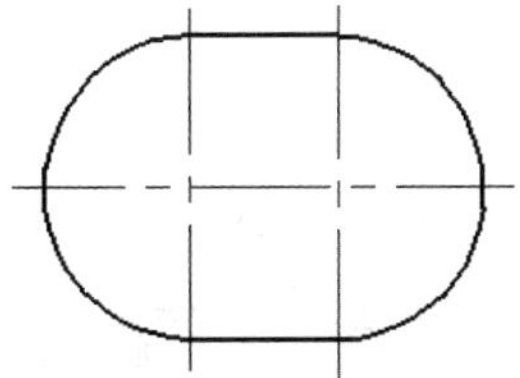

图 13-182　绘制直线

（6）绘制等距线：单击“常用”选项卡“修改”面板中的“等距线”按钮，设置立即菜单如图 13-183 所示。

1. 链拾取　2. 指定距离　3. 单向　4. 尖角连接　5. 空心　6.距离 6　7.份数 1　8. 保留源对象

图 13-183　等距线命令立即菜单 2

命令行提示：

```
拾取首尾相连的曲线：（拾取“0 层”的曲线）
请拾取所需的方向：（在曲线内侧单击）
```

重复等距线命令，将最外侧的曲线分别向内偏移 6、12 和 13。

绘制结果如图 13-184 所示。

（7）绘制圆：将半径为 22 的圆弧所组成的图形的层属性设为“中心线层”。单击“常用”选项卡“绘图”面板中的“圆”按钮⊙，设置立即菜单如图 13-185 所示。

命令行提示：

Note

圆心点：(拾取中心线层曲线的交点)
输入直径或圆上一点：9↙
输入直径或圆上一点：7↙

重复上述命令，绘制其余的圆，结果如图 13-186 所示。

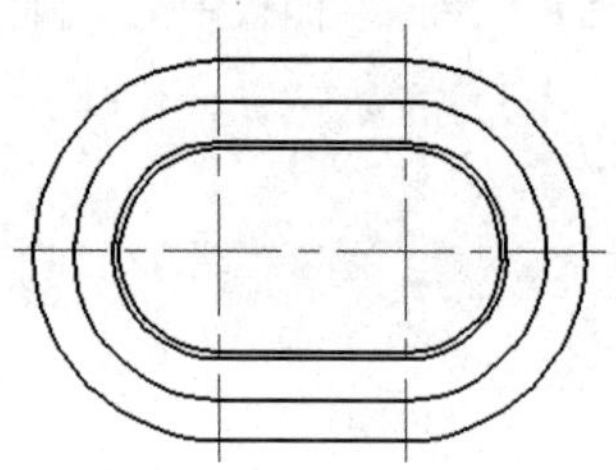

图 13-184　绘制等距线

图 13-185　圆命令立即菜单 1

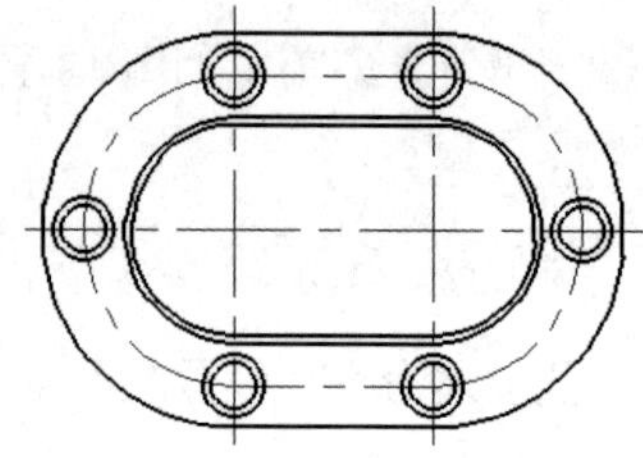

图 13-186　绘制圆

（8）绘制角度线：单击“常用”选项卡“绘图”面板中的“直线”按钮╱，设置立即菜单如图 13-187 所示。通过竖直中心线和水平中心线的交点绘制角度线，结果如图 13-188 所示。

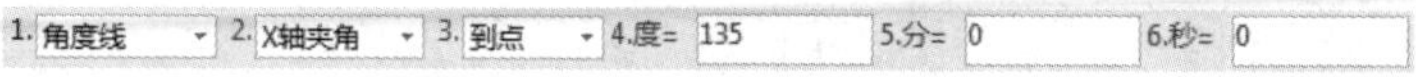

1. 角度线　2. X轴夹角　3. 到点　4.度= 135　5.分= 0　6.秒= 0

图 13-187　直线命令立即菜单 3

（9）绘制圆：单击“常用”选项卡“绘图”面板中的“圆”按钮⊙，设置立即菜单如图 13-189 所示。

命令行提示：

圆心点：(拾取步骤（8）绘制的角度线与半径为 22 的圆弧交点)
输入直径或圆上一点：5↙

然后将绘制的角度线的层属性设置为“中心线层”，并修改其长度，结果如图 13-190 所示。

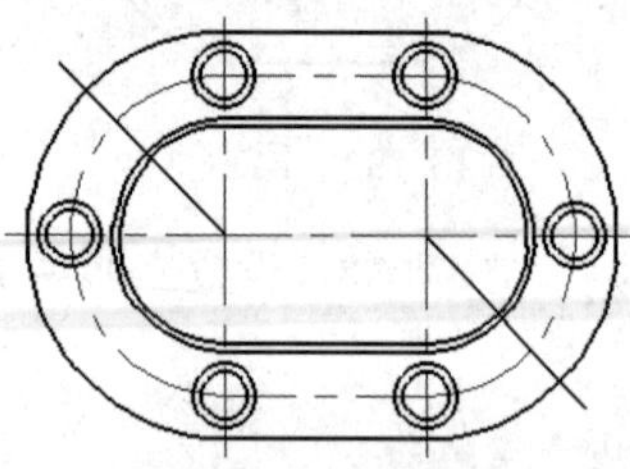

图 13-188　绘制角度线

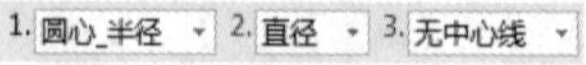

1. 圆心_半径　2. 直径　3. 无中心线

图 13-189　圆命令立即菜单 2

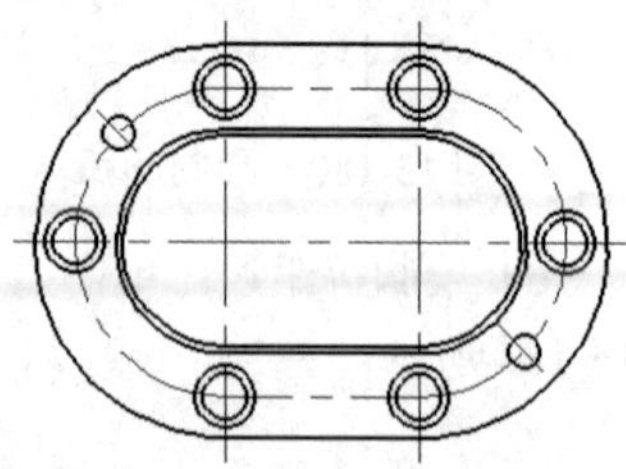

图 13-190　绘制圆

采用同样的方法，以左侧圆弧的圆心为圆的圆心，分别绘制直径为 27、25、20 和 16 的圆，结果如图 13-191 所示。

（10）绘制直线：单击“常用”选项卡“绘图”面板中的“直线”按钮╱，设置立即菜单如图 13-192 所示。引出到主视图的直线，结果如图 13-193 所示。

（11）绘制水平直线：单击“常用”选项卡“绘图”面板中的“直线”按钮╱，设置立即菜单如图 13-192 所示。绘制一条水平直线，结果如图 13-194 所示。

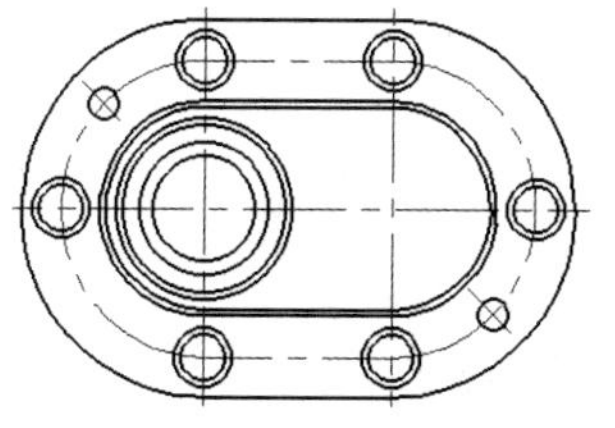

图 13-191　绘制圆 3

1. 两点线　2. 单根

图 13-192　直线命令立即菜单 4

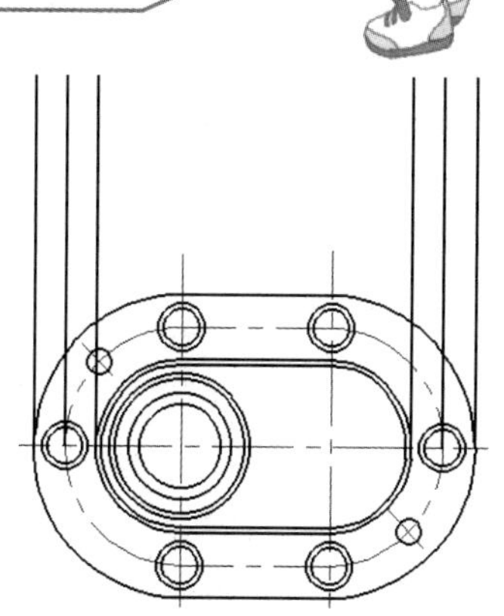

图 13-193　绘制直线

（12）绘制等距线：单击“常用”选项卡“修改”面板中的“等距线”按钮，向上等距水平直线，距离分别设置为 9、16 和 32，结果如图 13-195 所示。

（13）裁剪处理：单击“常用”选项卡“修改”面板中的“裁剪”按钮，在立即菜单 1 中选择“快速裁剪”，分别拾取要裁剪的曲线，然后将图 13-195 所示的直线 1 和直线 2 的层属性均设置为“中心线层”，并修改长度，结果如图 13-196 所示。

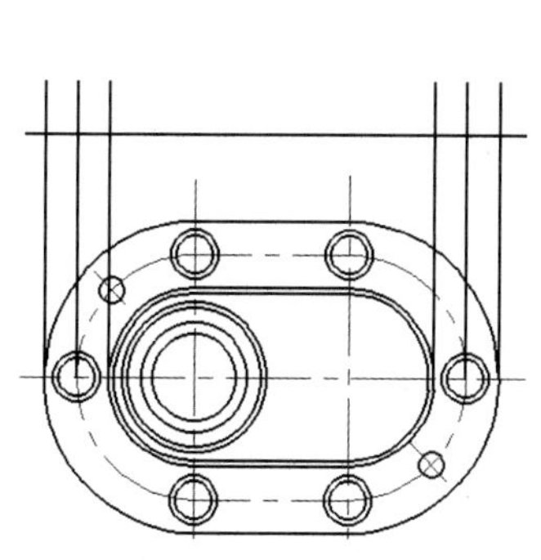

图 13-194　绘制水平直线

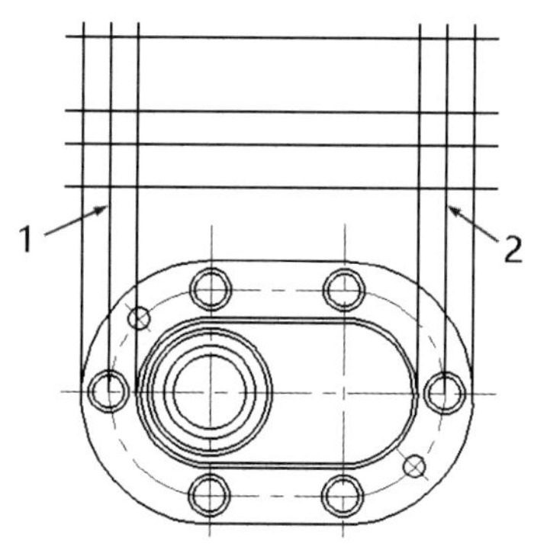

图 13-195　绘制等距线

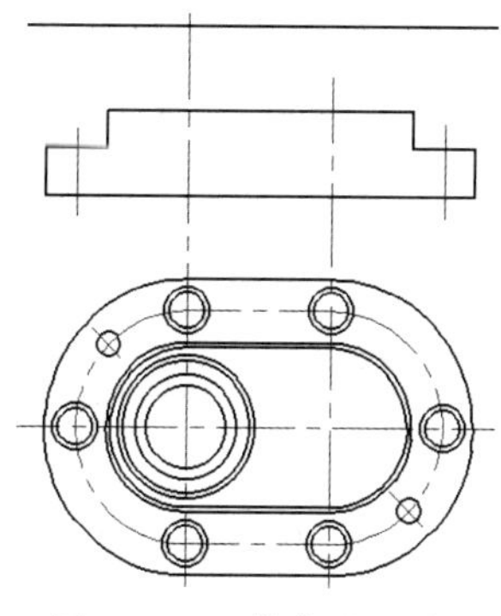

图 13-196　裁剪处理结果

（14）绘制孔：单击“常用”选项卡“绘图”面板中的“孔/轴”按钮，设置立即菜单如图 13-197 所示。

命令行提示：

插入点：(拾取主视图中最左侧竖直中心线与最下方水平直线的交点)

再次弹出立即菜单，设置该立即菜单如图 13-198 所示。

1. 孔　2. 直接给出角度　3.中心线角度　90

图 13-197　绘制孔立即菜单 1

1. 孔　2.起始直径　5　3.终止直径　5　4. 无中心线

图 13-198　绘制孔立即菜单 2

命令行提示：

孔上一点或孔的长度：9↙

结果如图 13-199 所示。

采用同样的方法，在图 13-199 所示的点 1 处分别向下绘制直径为 27，长度为 13 的孔；直径为 25，长度为 16 的孔；直径为 16，长度为 32 的孔，结果如图 13-200 所示。

Note

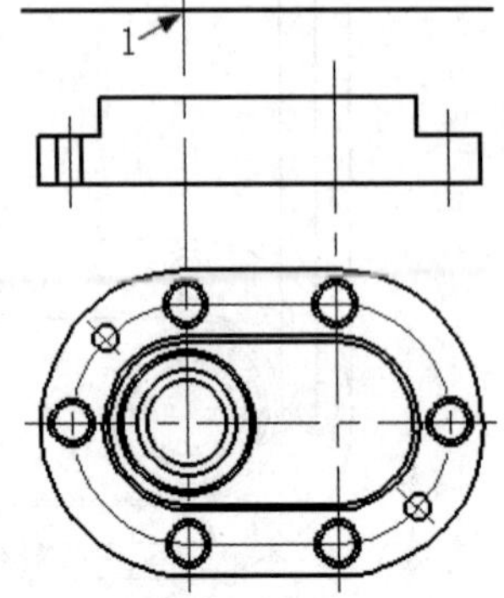

图 13-199 绘制孔 1

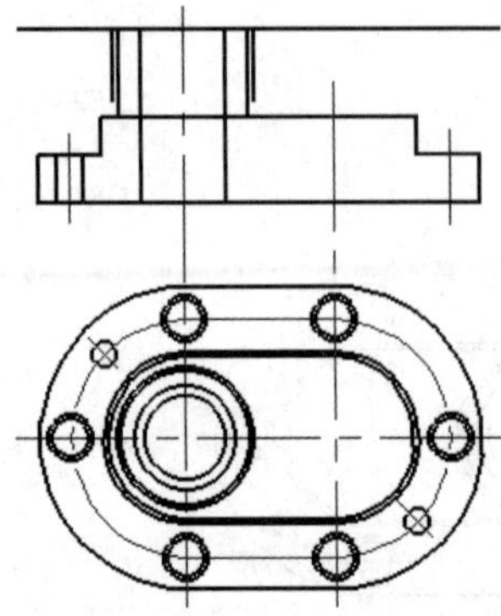

图 13-200 绘制孔 2

（15）绘制轴：单击“常用”选项卡“绘图”面板中的“孔/轴”按钮，设置立即菜单如图 13-201 所示。

命令行提示：

插入点：（拾取图 13-199 中的点 1）

再次弹出立即菜单，设置立即菜单如图 13-202 所示。

1. 轴 2. 直接给出角度 3.中心线角度 90

图 13-201 绘制轴立即菜单 1

1. 轴 2.起始直径 20 3.终止直径 20 4. 无中心线

图 13-202 绘制轴立即菜单 2

命令行提示：

轴上一点或孔的长度：12↙

采用同样的方法，绘制右侧的轴孔，它们分别为直径 16，长度 11；直径 7，长度 3；直径 9，长度 6，然后利用直线命令，绘制中间轴孔的锥度角，结果如图 13-203 所示。

（16）裁剪处理：单击“常用”选项卡“修改”面板中的“裁剪”按钮，在立即菜单 1 中选择“快速裁剪”。然后分别拾取要裁剪的曲线，裁剪结果如图 13-204 所示。

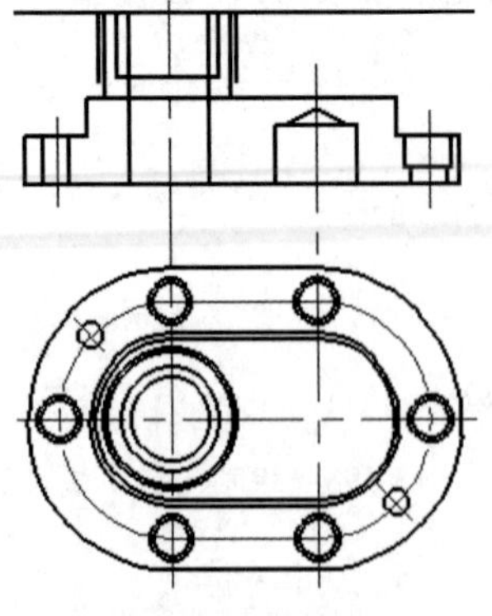

图 13-203 绘制轴孔

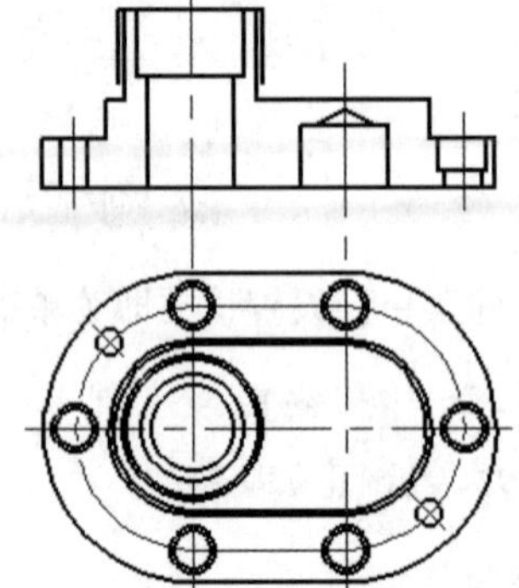

图 13-204 裁剪处理结果

（17）过渡处理：单击“常用”选项卡“修改”面板中的“过渡”按钮，设置立即菜单如图 13-205 所示。然后对右端盖进行倒角处理，最后利用直线命令绘制直线，以补全图形，结果如图 13-206 所示。

1. 倒角　2. 长度和角度方式　3. 裁剪　4.长度 2　5.角度 30

图 13-205　倒角处理立即菜单

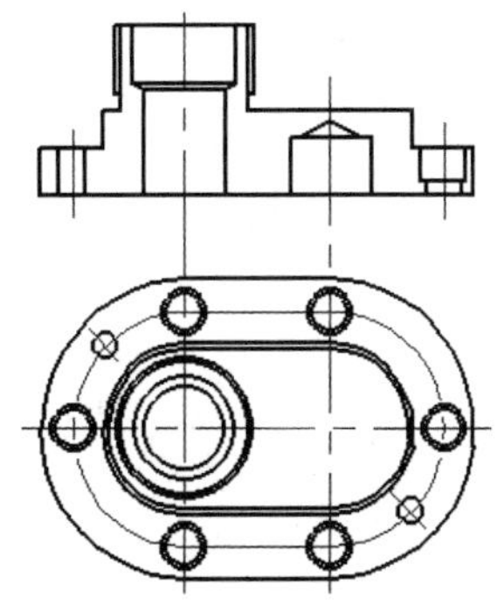

图 13-206　过渡处理

（18）填充剖面线：单击“常用”选项卡“绘图”面板中的“剖面线”按钮，设置立即菜单如图 13-207 所示。

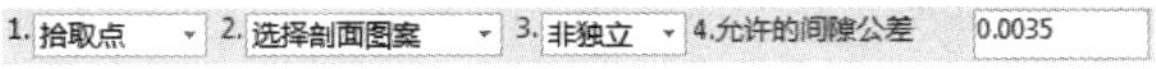

1. 拾取点　2. 选择剖面图案　3. 非独立　4.允许的间隙公差 0.0035

图 13-207　剖面线命令立即菜单

命令行提示：

拾取环内一点：(在剖视图中需要绘制剖面线的位置处拾取一点)
成功拾取到环，拾取环内一点：(在剖视图中需要绘制剖面线的位置处拾取其他点)

拾取完毕后，右击，弹出“剖面图案”对话框，设置对话框如图 13-208 所示。设置完毕后单击“确定”按钮，结果如图 13-209 所示。

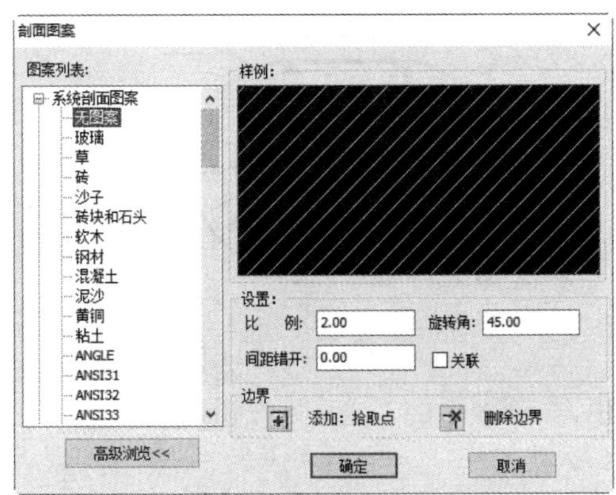

图 13-208　“剖面图案”对话框

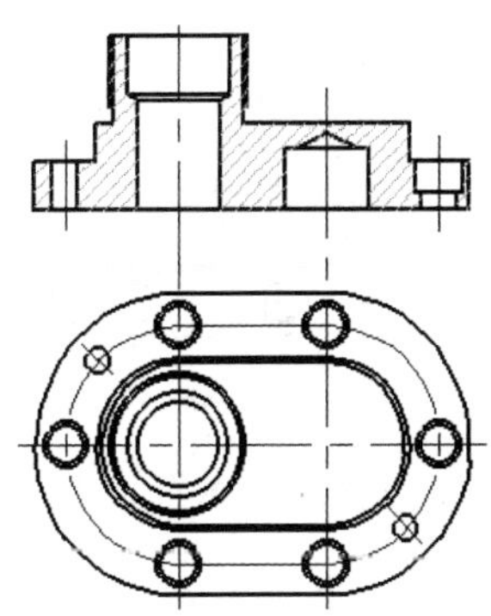

图 13-209　填充剖面线

（19）标注剖切符号：单击“常用”选项卡“标注”面板中的“剖切符号”按钮，设置立即菜单如图 13-210 所示。

命令行提示：

画剖切轨迹（画线）：(单击俯视图中水平中心线的右端点)
指定下一个：(单击俯视图中左侧圆弧的圆心点)
指定下一个，或右键单击选择剖切方向：(单击俯视图左上角直径为 5 的圆的圆心延长线上的一点)
指定下一个，或右键单击选择剖切方向：(右击)
请单击箭头选择剖切方向：(选择指向右上方的箭头)

Note

此时，继续弹出立即菜单，如图 13-211 所示。

1. 不垂直导航 2. 手动放置剖切符号名

图 13-210　剖切符号命令立即菜单 1

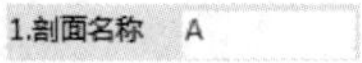

1.剖面名称 A

图 13-211　剖切符号命令立即菜单 2

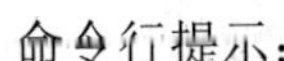

命令行提示：

指定剖面名称标注点：（在右侧剖切线箭头处放置剖面名称）
指定剖面名称标注点：（在左侧圆弧圆心点放置剖面名称）
指定剖面名称标注点：（在左侧剖切线箭头处放置剖面名称）

放置完成后，右击，命令行提示：

指定剖面名称标注点：（在剖视图上方单击）

完成剖切符号的标注，结果如图 13-212 所示。

（20）标注尺寸：单击“常用”选项卡“标注”面板中的“尺寸”按钮，对图形进行标注，结果如图 13-213 所示。

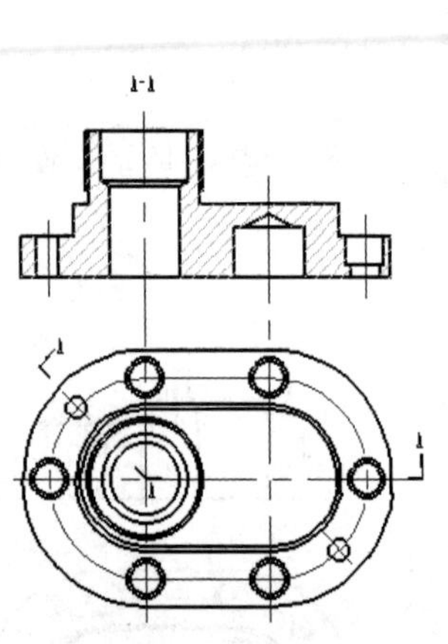

图 13-212　标注剖切符号

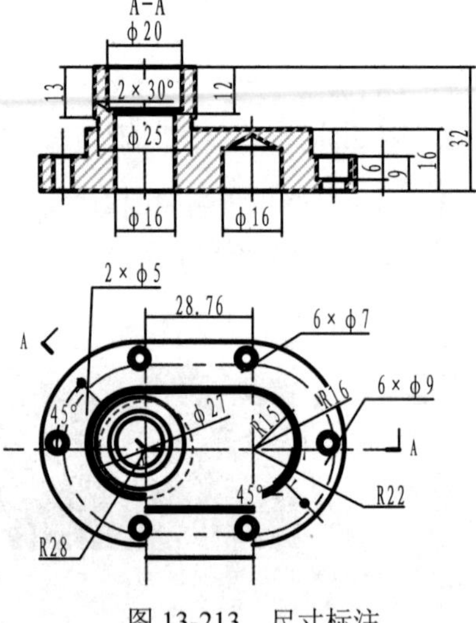

图 13-213　尺寸标注

（21）定义图符：单击“插入”选项卡“图库”面板中的“定义”按钮。

命令行提示：

请选择第 1 视图：（选择右端盖的剖视图）
请单击或输入视图的基点：（选择剖视图左侧直径为 16 的轴孔竖直中心线和下方水平直线的交点）
请选择第 2 视图：（选择右端盖的俯视图）
请单击或输入视图的基点：（选择俯视图最左侧圆弧的圆心）

选择完毕后，右击，弹出“图符入库”对话框。在“新建类别”文本框中输入“外部零件”，在“图符名称”文本框中输入“右端盖”，然后单击“完成”按钮。

（22）图幅设置：单击“图幅”选项卡“图幅”面板中的“图幅设置”按钮，弹出“图幅设置”对话框。根据压紧螺母的实际尺寸在“图幅设置”对话框中将图纸幅面设置为 A4，图纸比例设置为 1.5∶1，图纸方向设置为“竖放”，选择调入相应的图框与标题栏，单击“确定”按钮，结果如图 13-214 所示。

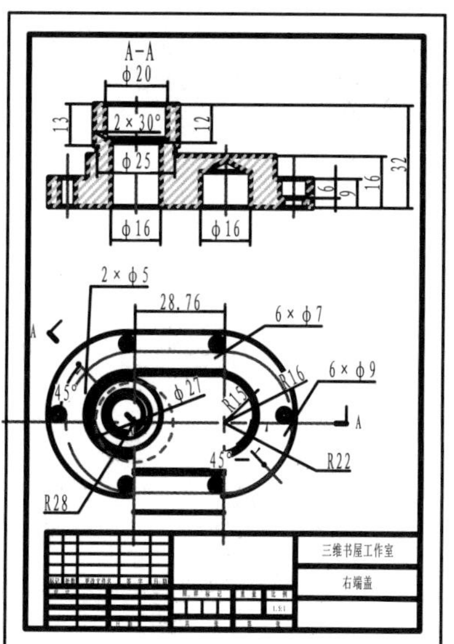

图 13-214　插入图幅

（23）填写标题栏：单击“图幅”选项卡“标题栏”面板中的“填写”按钮，弹出“填写标题栏”对话框。通过键盘输入相应的文字，结果如图 13-173 所示。

13.9　基　　体

本节首先利用孔/轴、圆、直线、等距线、修剪、镜像等命令绘制基体主视图的外轮廓，然后绘制基体主视图中的局部剖视图并填充剖面线，再利用直线、等距线、圆等命令绘制基体的左视图，最后进行尺寸标注、生成图符、圆幅设置、填写标题栏，完成基体的绘制，结果如图 13-215 所示。具体绘制流程如图 13-216 所示。

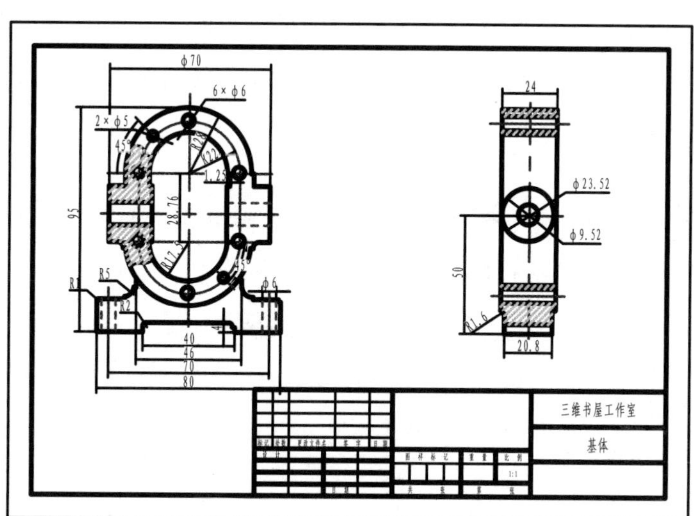

图 13-215　基体

Note

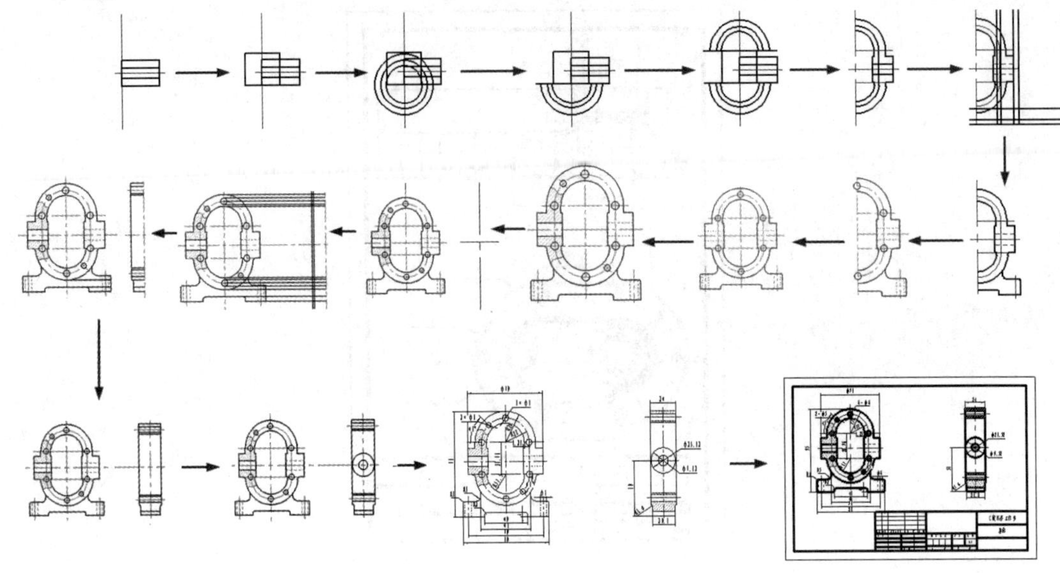

图 13-216　基体绘制流程图

操作步骤：

（1）启动 CAXA CAD 电子图板，创建一个新文件。

（2）修改层：将“中心线层”设置为当前图层。

（3）绘制中心线：单击“常用”选项卡“绘图”面板中的“直线”按钮，设置立即菜单如图 13-217 所示。绘制两条相互垂直的中心线，结果如图 13-218 所示。

1. 两点线　2. 单根

图 13-217　直线命令立即菜单 1

图 13-218　绘制中心线

（4）绘制轴：将“0 层”设置为当前图层。单击“常用”选项卡“绘图”面板中的“孔/轴”按钮，设置立即菜单如图 13-219 所示。

命令行提示：

```
插入点：(拾取图 13-218 中两条中心线的交点)
```

再次弹出立即菜单，设置立即菜单如图 13-220 所示。

1. 轴　2. 直接给出角度　3.中心线角度　0

图 13-219　绘制轴立即菜单 1

（绘制直径为 23.52 的轴）

1. 轴　2.起始直径　23.52　3.终止直径　23.52　4.无中心线

图 13-220　绘制轴立即菜单 2

（绘制直径为 23.52 的轴）

命令行提示：

```
轴上一点或孔的长度：35
```

绘制结果如图 13-221 所示。

Note

（5）绘制孔：单击“常用”选项卡“绘图”面板中的“孔/轴”按钮，设置立即菜单如图 13-222 所示。

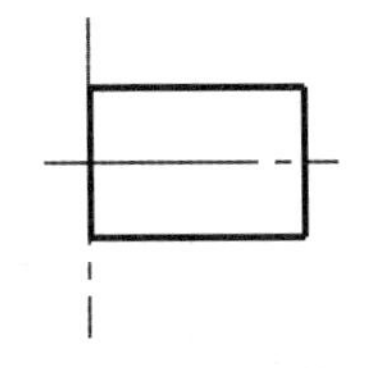

图 13-221　绘制轴

1.孔　2.直接给出角度　3.中心线角度　0

图 13-222　绘制孔立即菜单 1（绘制直径为 9.52 的孔）

命令行提示：

```
插入点：(拾取图 13-221 中两条中心线的交点)
```

再次弹出立即菜单，设置立即菜单如图 13-223 所示。

命令行提示：

```
孔上一点或孔的长度：35↙
```

绘制结果如图 13-224 所示。

1.孔　2.起始直径　9.52　3.终止直径　9.52　4.无中心线

图 13-223　绘制孔立即菜单 2（绘制直径为 9.52 的孔）

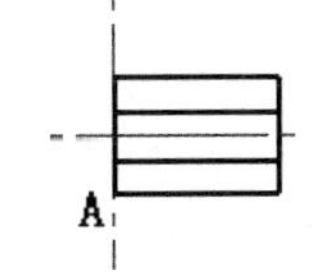

图 13-224　绘制孔

（6）绘制竖直轴：单击“常用”选项卡“绘图”面板中的“孔/轴”按钮，设置立即菜单如图 13-225 所示。

1.轴　2.直接给出角度　3.中心线角度　90

图 13-225　绘制轴立即菜单 1（绘制直径为 32.5 的轴）

命令行提示：

```
插入点：(拾取图 13-224 中的点 A)
```

再次弹出立即菜单，设置立即菜单如图 13-226 所示。

1.轴　2.起始直径　32.5　3.终止直径　32.5　4.无中心线

图 13-226　绘制轴立即菜单 2（绘制直径为 32.5 的轴）

命令行提示：

```
轴上一点或孔的长度：28.76↙
```

绘制结果如图 13-227 所示。

（7）绘制圆：单击“常用”选项卡“绘图”面板中的“圆”按钮，设置立即菜单如图 13-228 所示。

命令行提示：

```
圆心点：(拾取图 13-229 中的点 A 为圆心点)
```

Note

```
输入直径或圆上一点：35↙
输入直径或圆上一点：44↙
输入直径或圆上一点：56↙
```

结果如图 13-229 所示。

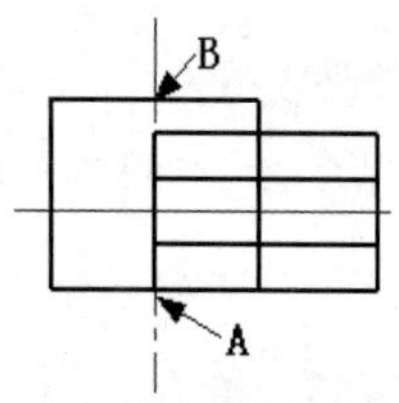

图 13-227　绘制竖直轴

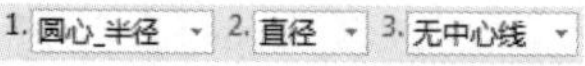

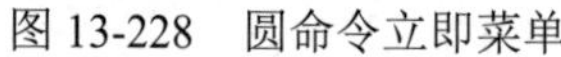

图 13-228　圆命令立即菜单

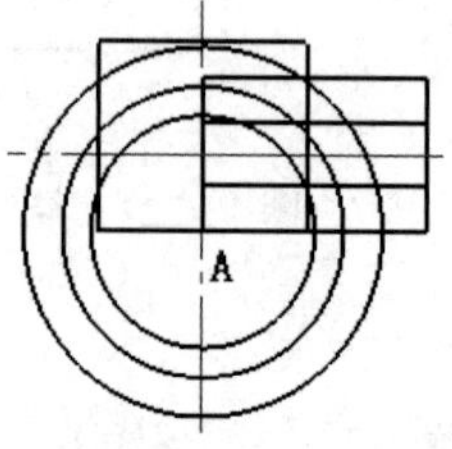

图 13-229　绘制圆

（8）裁剪处理：将点 A 处的水平直线适当延长，然后单击“常用”选项卡“修改”面板中的“裁剪”按钮，在立即菜单 1 中选择“快速裁剪”，分别拾取要裁剪的曲线，裁剪结果如图 13-230 所示。

（9）绘制圆：单击“常用”选项卡“绘图”面板中的“圆”按钮，设置立即菜单如图 13-231 所示。

命令行提示：

```
圆心点：(拾取图 13-232 中的点 B 为圆心点)
输入直径或圆上一点：35↙
输入直径或圆上一点：44↙
输入直径或圆上一点：56↙
```

结果如图 13-232 所示。

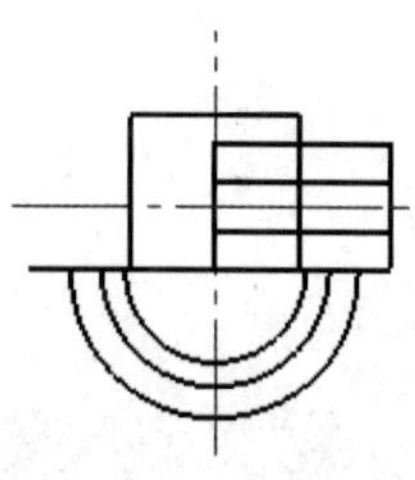
图 13-230　裁剪处理

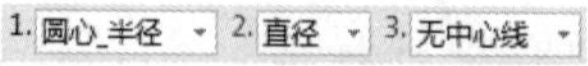

1. 圆心_半径　2. 直径　3. 无中心线

图 13-231　圆命令立即菜单

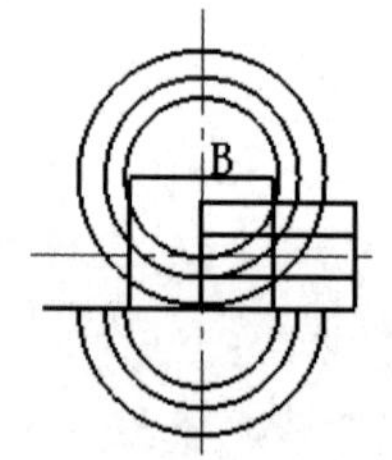

图 13-232　绘制圆

（10）裁剪处理：将点 B 处的水平直线适当延长，然后单击“常用”选项卡“修改”面板中的“裁剪”按钮，在立即菜单 1 中选择“快速裁剪”，分别拾取要裁剪的曲线，裁剪结果如图 13-233 所示。

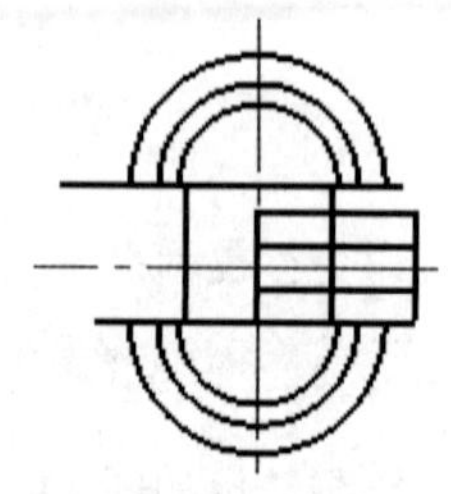
图 13-233　裁剪结果

（11）绘制直线：单击“常用”选项卡“绘图”面板中的“直线”按钮，连接中心线右侧的圆弧，结果如图 13-234 所示。

（12）裁剪处理：单击“常用”选项卡“修改”面板中的“裁剪”按钮，在立即菜单 1 中选择“快速裁剪”，分别拾取要裁剪的曲线，裁剪结果如图 13-235 所示。

（13）修改线型：拾取孔的线段，将中间的孔线属性修改为“虚线层”；将中间圆弧及其连接线、图 13-235 中的直线 1 和直线 2 线型属性修改为“中心线层”，并将直线 1 适当延长，结果如图 13-236 所示。

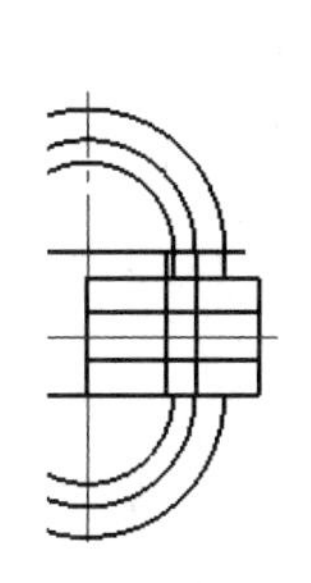
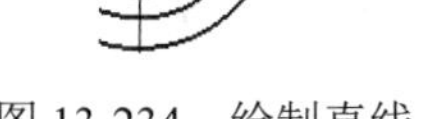

图 13-234　绘制直线

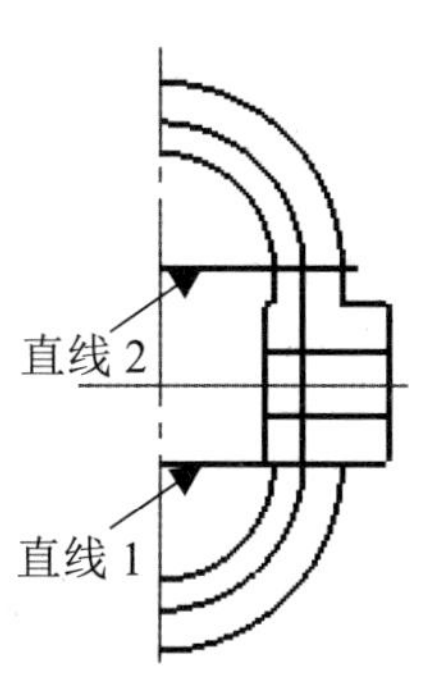

图 13-235　裁剪结果

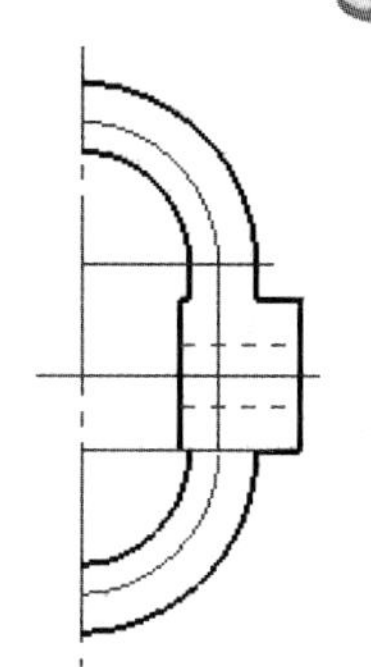

图 13-236　修改线型

（14）绘制等距线：单击“常用”选项卡“修改”面板中的“等距线”按钮，设置立即菜单如图 13-237 所示。

1. 链拾取　2. 指定距离　3. 单向　4. 尖角连接　5. 空心　6.距离 36　7.份数 1　8. 保留源对象

图 13-237　等距线命令立即菜单

命令行提示：

拾取曲线：（拾取主视图的水平中心线）
请拾取所需方向：（在直线的下方单击）

采用同样的方法，将水平中心线向下分别偏移 46 和 50；将竖直中心线向右分别偏移 20、23、35 和 40，结果如图 13-238 所示。

（15）裁剪处理：单击“常用”选项卡“修改”面板中的“裁剪”按钮，在立即菜单 1 中选择“快速裁剪”，分别拾取要裁剪的曲线，然后将右侧第 2 条竖直直线层属性修改为“中心线层”，结果如图 13-239 所示。

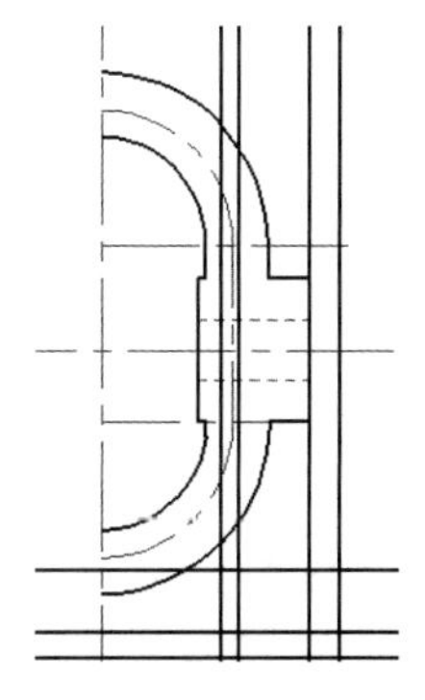

图 13-238　绘制等距线结果

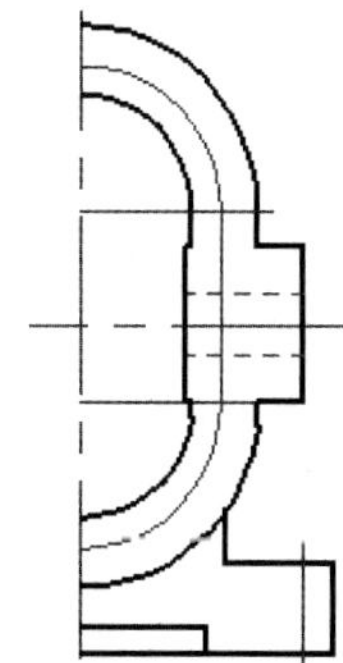

图 13-239　修改线型结果

（16）过渡处理：单击“常用”选项卡“修改”面板中的“过渡”按钮，设置立即菜单如图 13-240 所示。然后对图形进行倒圆角处理，采用同样的方法对图形的其他部分进行倒圆角处理，结果如图 13-241 所示。

（17）绘制孔：单击“常用”选项卡“绘图”面板中的“孔/轴”按钮，设置立即菜单如图 13-242 所示。

命令行提示：

插入点：（拾取视图中最右侧竖直中心线与最下方水平直线的交点）

Note

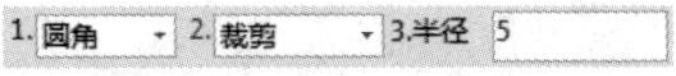

1.圆角 2.裁剪 3.半径 5

图 13-240　等距线命令立即菜单

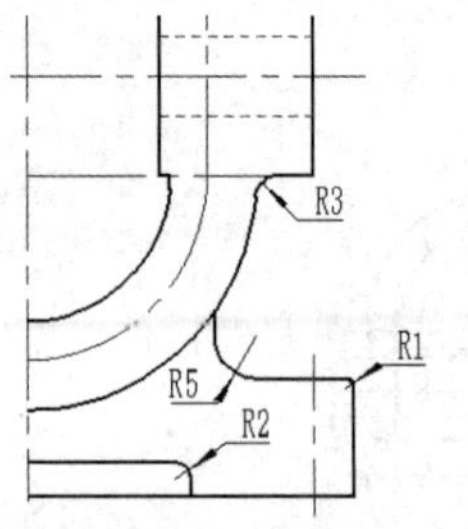

图 13-241　圆角修改结果

再次弹出立即菜单，设置立即菜单如图 13-243 所示。

1.孔 2.直接给出角度 3.中心线角度 90

图 13-242　绘制孔立即菜单 1（绘制直径为 6 的孔）

1.孔 2.起始直径 6 3.终止直径 6 4.无中心线

图 13-243　绘制孔立即菜单 2（绘制直径为 6 的孔）

命令行提示：

```
孔上一点或孔的长度：14↙
```

选中绘制的孔并将其放置在“虚线层”，结果如图 13-244 所示。

（18）绘制圆：单击“常用”选项卡“绘图”面板中的“圆”按钮，设置立即菜单如图 13-245 所示。

命令行提示：

```
圆心点：(拾取竖直中心线和下方圆弧中心线的交点)
输入直径或圆上一点：6↙
```

采用同样的方法绘制其他 3 个圆，其位置和最后生成的结果如图 13-246 所示。

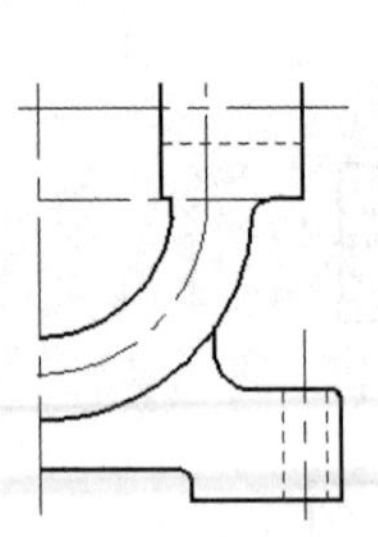

图 13-244　绘制孔

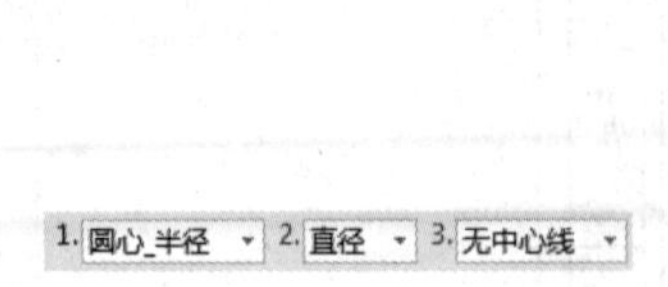

图 13-245　圆命令立即菜单

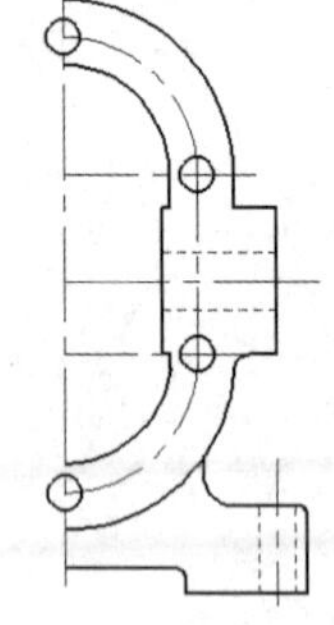

图 13-246　绘制圆

（19）镜像处理：单击“常用”选项卡“修改”面板中的“镜像”按钮，设置立即菜单如图 13-247 所示。

命令行提示：

```
拾取元素：(拾取图 13-246 中的中间竖直中心线右端的所有图形)
第一点：(拾取图 13-246 中的中间竖直中心线的顶点)
第二点：(拾取图 13-246 中的中间竖直中心线的底点)
```

结果如图 13-248 所示。

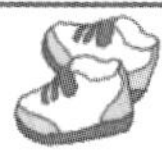

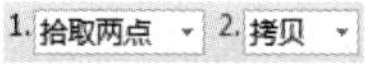

1. 拾取两点
2. 拷贝

图 13-247 圆命令立即菜单

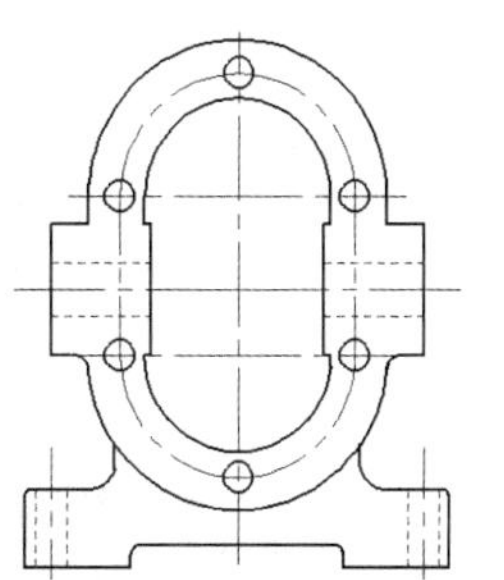

图 13-248 镜像处理结果

（20）绘制直线：单击“常用”选项卡“绘图”面板中的“直线”按钮，设置立即菜单如图 13-249 所示。通过竖直中心线和水平中心线的交点绘制角度线，结果如图 13-250 所示。

1. 角度线
2. X轴夹角
3. 到点
4.度= 135
5.分= 0
6.秒= 0

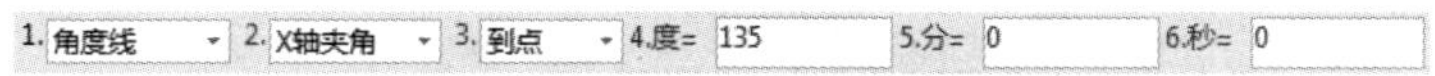

图 13-249 直线命令立即菜单

（21）绘制圆：单击“常用”选项卡“绘图”面板中的“圆”按钮，设置立即菜单如图 13-251 所示。

命令行提示：

圆心点：（拾取步骤（20）中绘制的角度线与线型为中心线的圆弧的交点）
输入直径或圆上一点：5↙

然后将绘制的角度线属性设置为“中心线层”，并修改其长度，结果如图 13-252 所示。

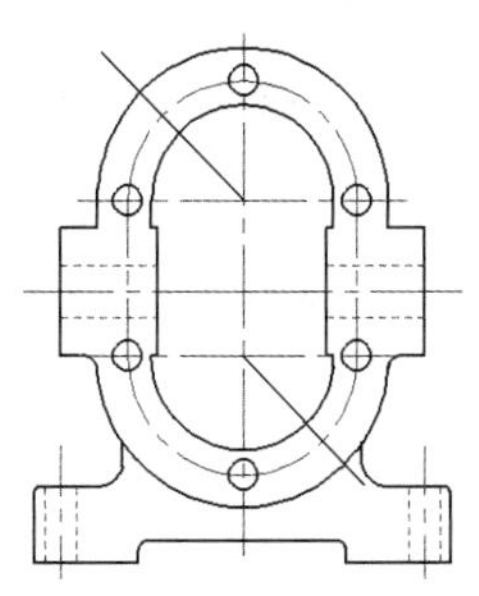

图 13-250 绘制角度线

1. 圆心_半径
2. 直径
3. 无中心线

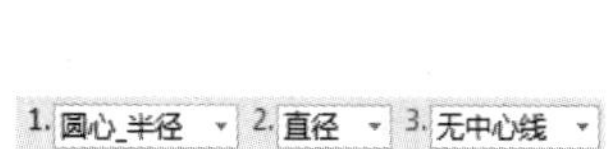

图 13-251 圆命令立即菜单

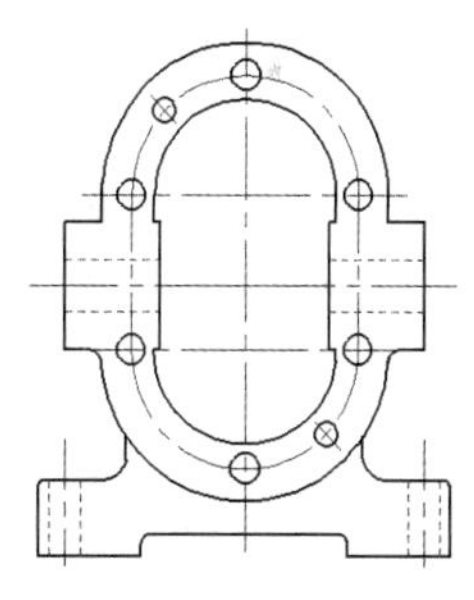

图 13-252 绘制圆

（22）绘制样条线：单击“常用”选项卡“绘图”面板中的“样条”按钮，设置立即菜单如图 13-253 所示。然后利用鼠标绘制样条线，并修改其层属性为“细实线层”，结果如图 13-254 所示。

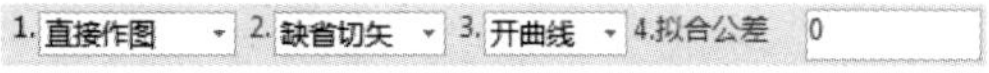

1. 直接作图
2. 缺省切矢
3. 开曲线
4.拟合公差 0

图 13-253 样条命令立即菜单

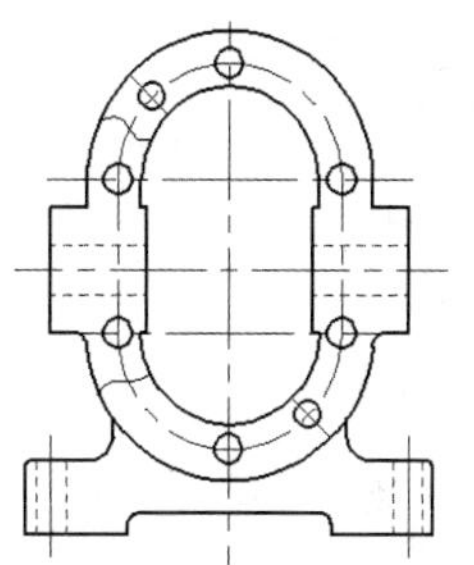

图 13-254 绘制样条线

（23）填充剖面线：将左侧孔的虚线放置在“0 层”，然后单击“常用”选项卡“绘图”面板中

Note

的“剖面线”按钮，设置立即菜单如图 13-255 所示。

1. 拾取点 2. 选择剖面图案 3. 非独立 4.允许的间隙公差 0.0035

图 13-255　剖面线命令立即菜单

命令行提示：

> 拾取环内一点：(在剖面图中需要绘制剖面线的位置处拾取一点)
> 成功拾取到环，拾取环内一点：(在剖面图中需要绘制剖面线的位置处拾取其他点)

拾取完毕后，右击，弹出“剖面图案”对话框，设置对话框如图 13-256 所示。设置完毕后单击“确定”按钮，结果如图 13-257 所示。

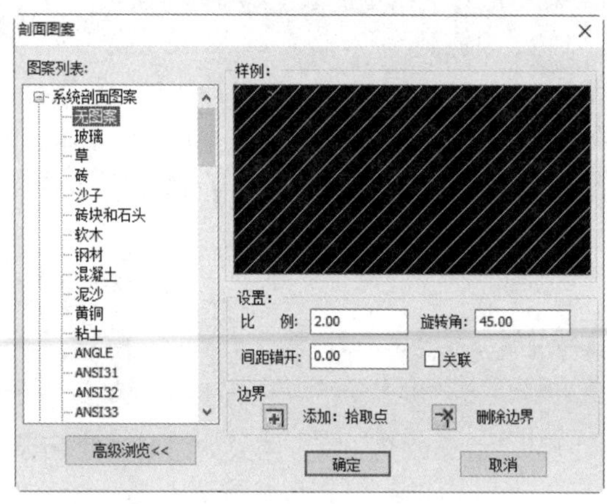

图 13-256　“剖面图案”对话框

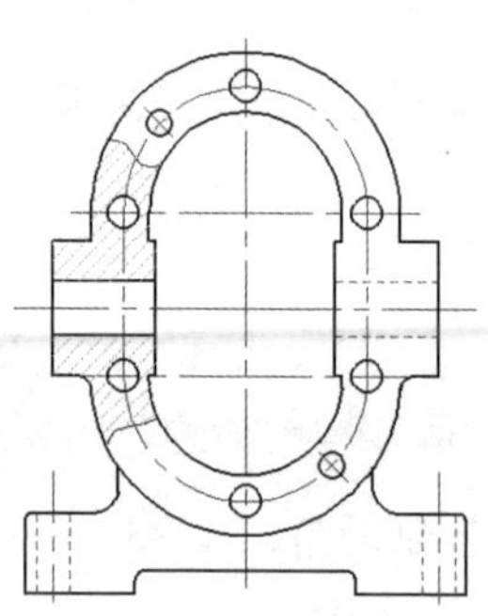

图 13-257　填充剖面线结果

（24）绘制中心线：将“中心线层”设置为当前图层。单击“常用”选项卡“绘图”面板中的“直线”按钮，设置立即菜单如图 13-258 所示。绘制两条相互垂直的中心线，结果如图 13-259 所示。

1. 两点线 2. 单根

图 13-258　直线命令立即菜单

（25）绘制直线：将“0 层”设置为当前图层。单击“常用”选项卡“绘图”面板中的“直线”按钮，设置立即菜单如图 13-258 所示。从主视图中引出如图 13-260 所示的直线。

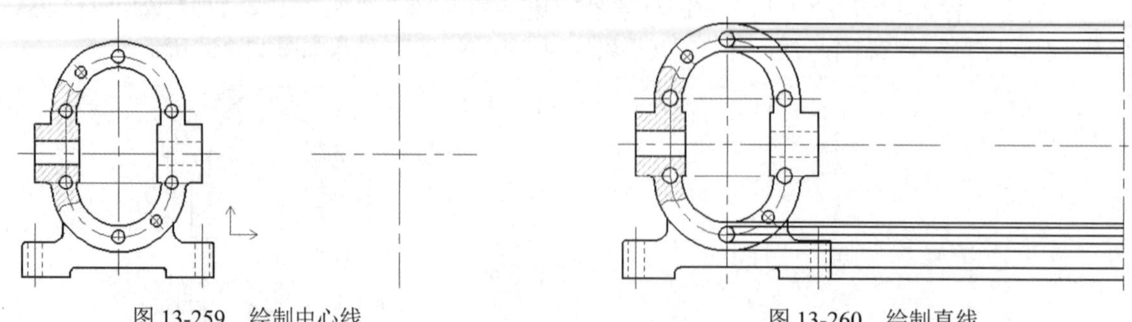

图 13-259　绘制中心线　　　图 13-260　绘制直线

（26）绘制等距线：单击“常用”选项卡“修改”面板中的“等距线”按钮，设置立即菜单如图 13-261 所示。

1.单个拾取　2.指定距离　3.单向　4.空心　5.距离 10.4　6.份数 1　7.保留源对象　8.使用当前属性

图 13-261　等距线命令立即菜单

命令行提示：

> 拾取曲线：（拾取步骤（24）中绘制的竖直中心线）
> 请拾取所需的方向：（在该竖直中心线的左侧单击）

采用同样的方法，将竖直中心线向左偏移 12，并将等距后的中心线放置在“0 层”，结果如图 13-262 所示。

（27）裁剪处理：单击“常用”选项卡“修改”面板中的“裁剪”按钮，在立即菜单 1 中选择“快速裁剪”，分别拾取要裁剪的曲线，裁剪后将上数第 3 条直线和下数第 5 条直线放置在“中心线层”，并适当调其长度，结果如图 13-263 所示。

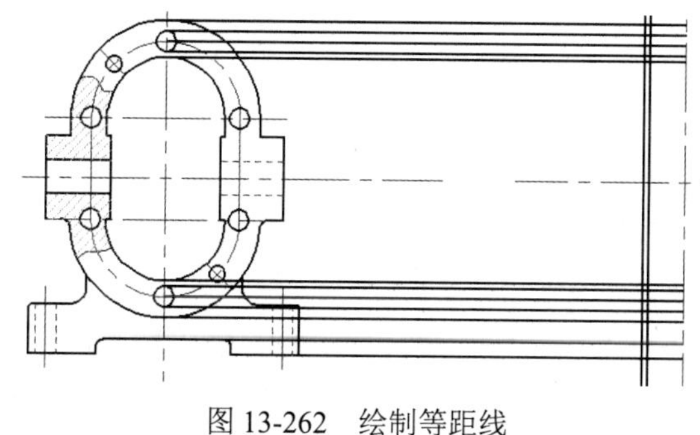

图 13-262　绘制等距线

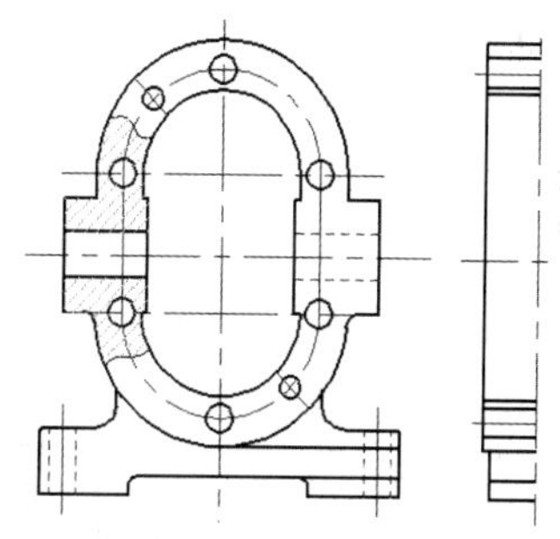

图 13-263　裁剪处理 4

（28）过渡处理：单击“常用”选项卡“修改”面板中的“过渡”按钮，设置立即菜单如图 13-264 所示。然后对图形进行倒圆角处理，结果如图 13-265 所示。

（29）镜像处理：单击“常用”选项卡“修改”面板中的“镜像”按钮，设置立即菜单如图 13-266 所示。

1.圆角　2.裁剪　3.半径 1.6

图 13-264　等距线命令立即菜单

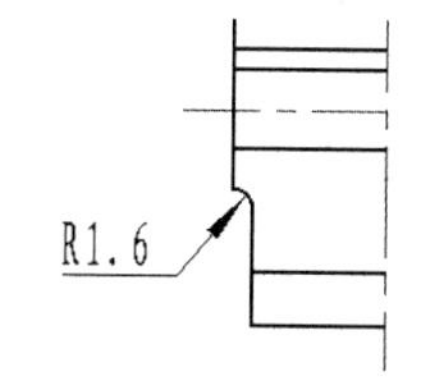

图 13-265　过渡处理

1.拾取两点　2.拷贝

图 13-266　圆命令立即菜单

命令行提示：

> 拾取元素：（拾取图 13-265 中竖直中心线左端的所有图形）
> 第一点：（拾取图 13-265 中竖直中心线的顶点）
> 第二点：（拾取图 13-265 中竖直中心线的底点）

结果如图 13-267 所示。

（30）绘制圆：单击“常用”选项卡“绘图”面板中的“圆”按钮，设置立即菜单如图 13-268 所示。

命令行提示：

> 圆心点：（拾取左视图中的中心线的交点）

Note

```
输入直径或圆上一点：23.52↙
输入直径或圆上一点：9.52↙
```

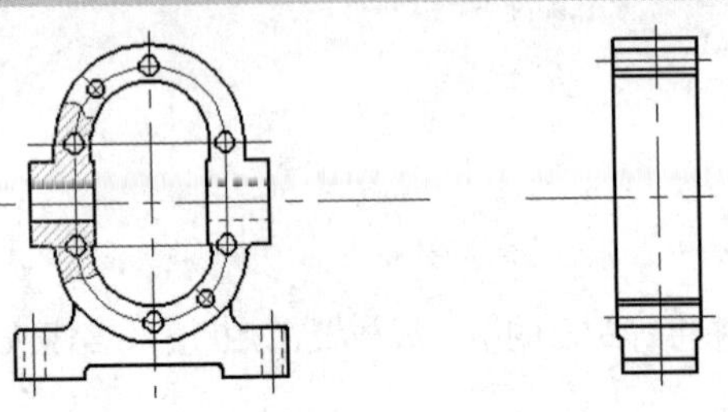

图 13-267 镜像处理结果

1.圆心_半径 2.直径 3.无中心线

图 13-268 圆命令立即菜单

结果如图 13-269 所示。

（31）填充剖面线：单击“常用”选项卡“绘图”面板中的“剖面线”按钮，设置立即菜单如图 13-270 所示。

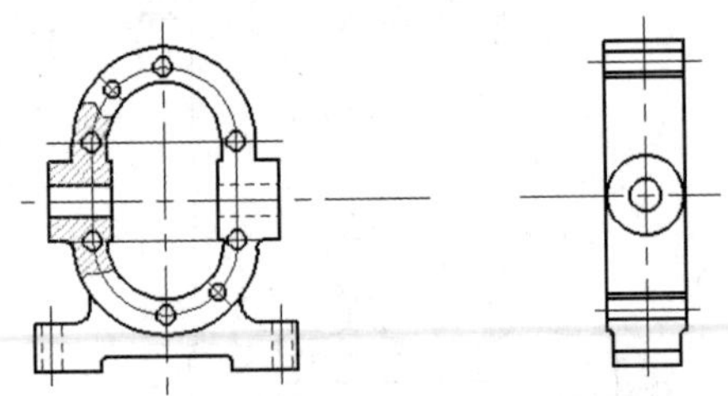

图 13-269 绘制圆结果

1.拾取点 2.选择剖面图案 3.非独立 4.允许的间隙公差 0.0035

图 13-270 剖面线命令立即菜单

命令行提示：

```
拾取环内一点：(在剖面图中需要绘制剖面线的位置处拾取一点)
成功拾取到环，拾取环内一点：(在剖面图中需要绘制剖面线的位置处拾取其他点)
```

拾取完毕后，右击，弹出“剖面图案”对话框，设置对话框如图 13-256 所示，设置完毕后单击“确定”按钮，结果如图 13-271 所示。

（32）标注尺寸：单击“常用”选项卡“标注”面板中的“尺寸”按钮，对图形进行标注，结果如图 13-272 所示。

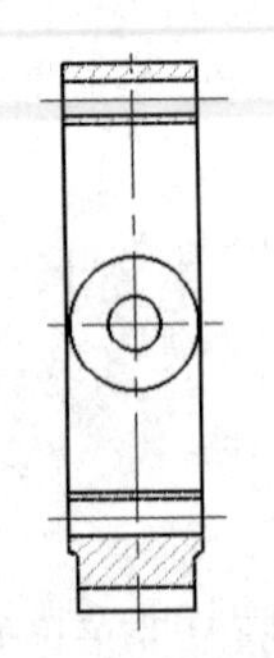

图 13-271 填充剖面线结果

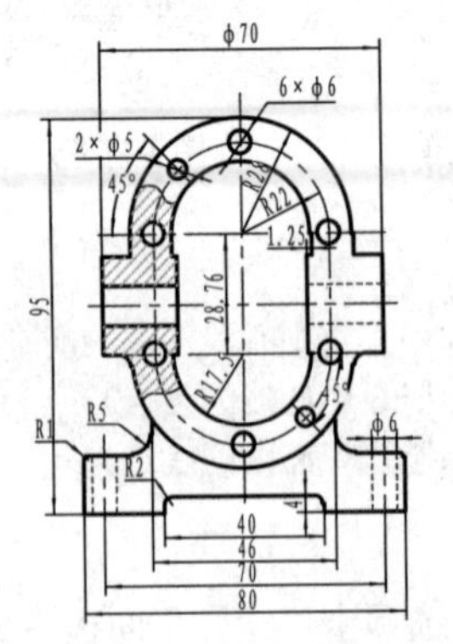

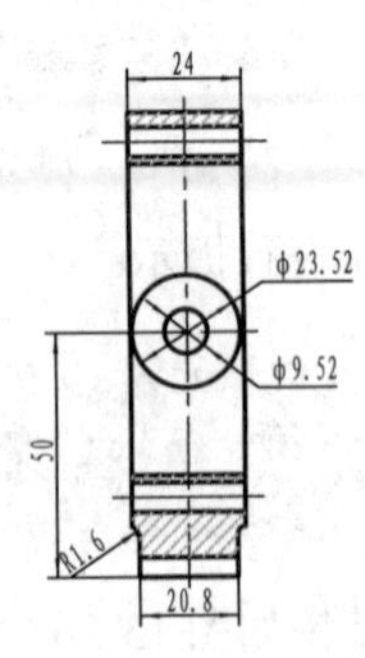

图 13-272 尺寸标注

（33）定义图符：将“尺寸线层”关闭，然后单击“插入”选项卡“图库”面板中的“定义图符”按钮。

命令行提示：

```
请选择第 1 视图：（选择基体主视图）
请单击或输入视图的基点：（选择主视图最下方水平直线的中点）
请选择第 2 视图：（选择基体左视图）
请单击或输入视图的基点：（选择左视图的圆心）
```

选择完毕后，右击，弹出“图符入库”对话框。在“新建类别”文本框中输入“外部零件”，在“图符名称”文本框中输入“基体”，完成图符的设置。

（34）图幅设置：单击“图幅”选项卡“图幅”面板中的“图幅设置”按钮，弹出“图幅设置”对话框。根据压紧螺母的实际尺寸在“图幅设置”对话框中将图纸幅面设置为 A4，图纸比例设置为 1∶1，图纸方向设置为“横放”，选择调入相应的图框与标题栏，单击“确定”按钮。

（35）填写标题栏：单击“图幅”选项卡“标题栏”面板中的“填写”按钮，弹出“填写标题栏”对话框。通过键盘输入相应的文字，结果如图 13-215 所示。

视频讲解

13.10 齿轮泵装配图

本节主要讲述用定义图符的方法来绘制装配图的方法。首先提取基体图符并将其插入适当位置处，随后以基体为基础，通过提取图符操作提取其他零件并将其插入指定的位置处，完成齿轮泵的绘制；其次标注必要的尺寸，包括基本尺寸、装配、安装等尺寸；然后生成明细表序号，并填写明细表；最后填写标题栏，结果如图 13-273 所示。具体绘制流程如图 13-274 所示。

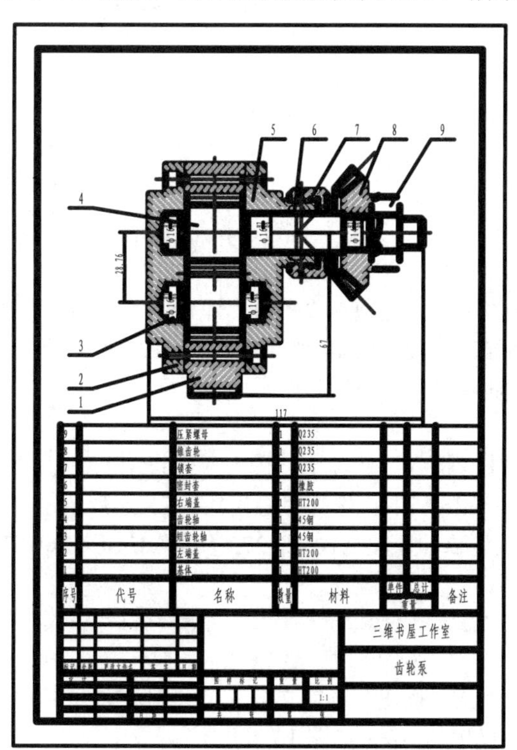

图 13-273 齿轮泵装配图

Note

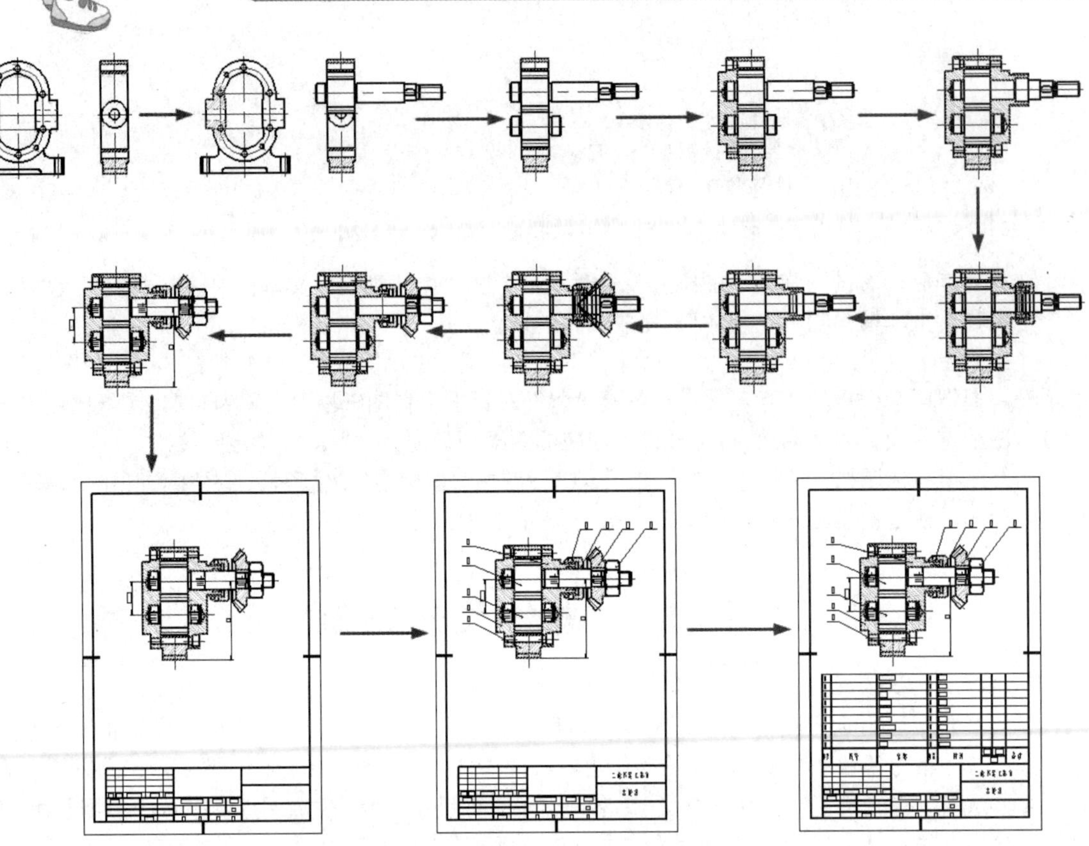

图 13-274　齿轮泵装配流程图

操作步骤：

（1）启动 CAXA CAD 电子图板，创建一个新文件。

（2）提取基体图符：单击“插入”选项卡“图库”面板中的“插入”按钮，弹出如图 13-275 所示的“插入图符”对话框，双击“外部零件”，选择“基体”。然后单击“下一步”按钮，在弹出的对话框中选中视图 2 的复选框，单击“完成”按钮，设置立即菜单如图 13-276 所示。

将基体的两个视图插入当前绘图区中，结果如图 13-277 所示。

（3）提取齿轮轴：单击“插入”选项卡“图库”面板中的“插入”按钮，弹出如图 13-275 所示的“插入图符”对话框，双击“轴”，选择“齿轮轴”。然后单击“下一步”按钮，在弹出的对话框中单击“完成”按钮，设置立即菜单如图 13-276 所示，从而将齿轮轴插入合适位置处，结果如图 13-278 所示。

（4）提取短齿轮轴：单击“插入”选项卡“图库”面板中的“插入”按钮，弹出如图 13-275 所示的“插入图符”对话框，双击“轴”，选择“短齿轮轴”。然后单击“下一步”按钮，在弹出的对话框中单击“完成”按钮，设置立即菜单与图 13-276 相同，从而将短齿轮轴插入合适位置处，结果如图 13-279 所示。

（5）提取左端盖：单击“插入”选项卡“图库”面板中的“插入”按钮，弹出如图 13-275 所示的“插入图符”对话框，双击“外部零件”，选择“左端盖”。然后单击“下一步”按钮，在弹出的对话框中选中视图 1，单击“完成”按钮，设置立即菜单如图 13-276 所示，从而将左端盖的主视图插入合适位置处，且旋转角度为 90°，结果如图 13-280 所示。

（6）提取右端盖：单击“插入”选项卡“图库”面板中的“插入”按钮，弹出如图 13-275 所

示的“插入图符”对话框，双击“外部零件”，选择“右端盖”。然后单击“下一步”按钮，在弹出的对话框中选中视图 1，继续单击“完成”按钮，设置立即菜单如图 13-281 所示，从而将右端盖的主视图插入合适位置处，且旋转角度为-90°，结果如图 13-282 所示。

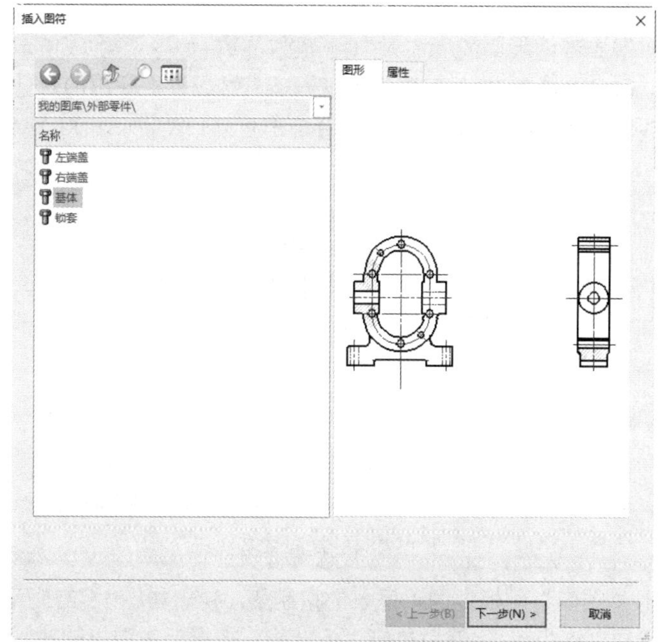

图 13-275　“插入图符”对话框

图 13-276　插入图符的立即菜单

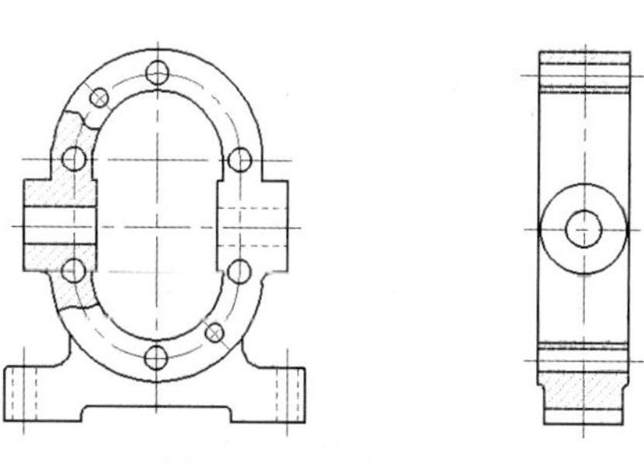

图 13-277　基体图符

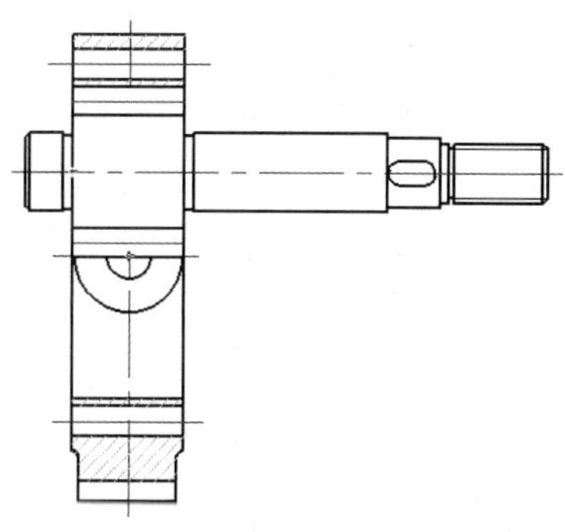

图 13-278　提取长齿轮轴图符

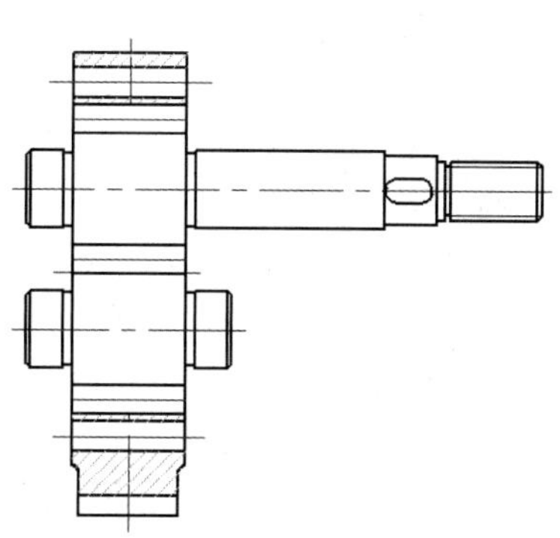

图 13-279　提取短齿轮轴图符

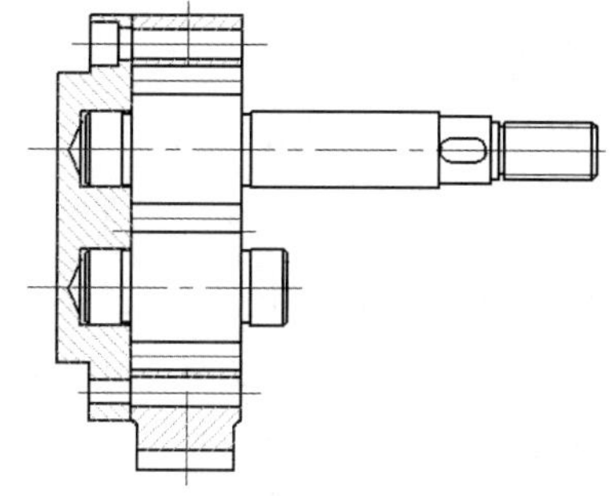

图 13-280　提取左端盖图符

图 13-281　插入图符的立即菜单

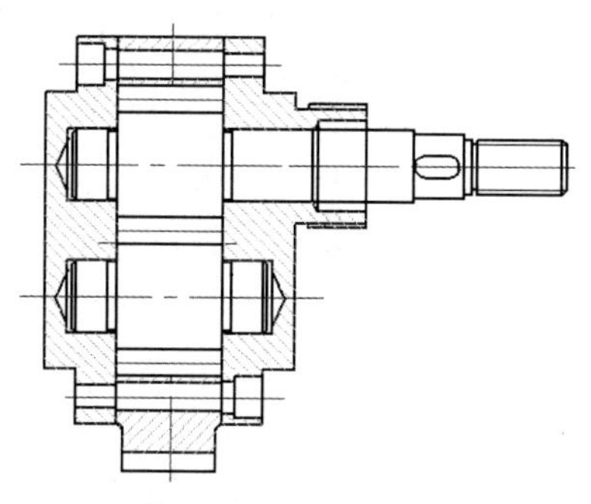

图 13-282　提取右端盖图符

（7）提取密封套：单击“插入”选项卡“图库”面板中的“插入”按钮，弹出如图 13-275 所示的“插入图符”对话框，双击“密封件”，选择“密封套”。然后单击“下一步”按钮，在弹出的对话框中单击“完成”按钮，设置立即菜单如图 13-281 所示，从而将密封套插入合适位置处，结果如图 13-283 所示。

Note

（8）提取锁套：单击“插入”选项卡“图库”面板中的“插入”按钮，弹出如图 13-275 所示的“插入图符”对话框，双击“外部零件”，选择“锁套”。然后单击“下一步”按钮，在弹出的对话框中单击“完成”按钮，设置立即菜单如图 13-281 所示，从而将锁套插入合适位置处，结果如图 13-284 所示。

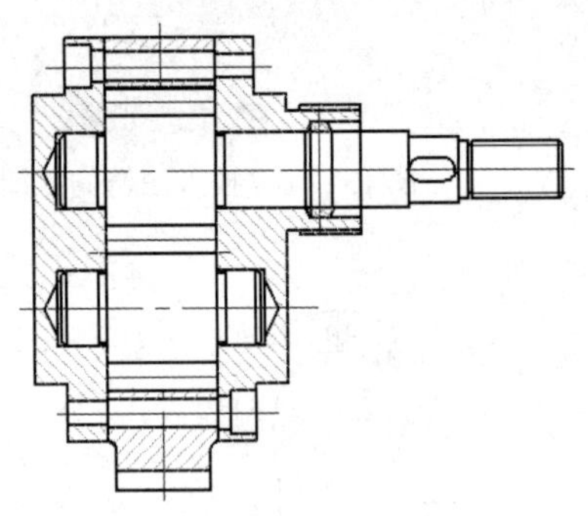
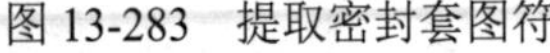
图 13-283　提取密封套图符

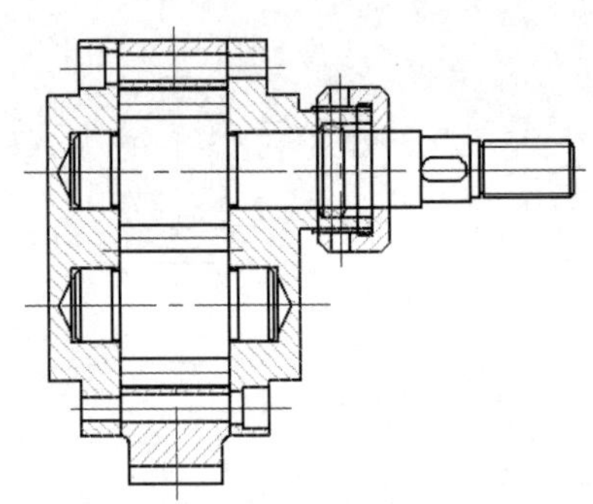
图 13-284　提取锁套图符

（9）提取锥齿轮：单击“插入”选项卡“图库”面板中的“插入”按钮，弹出如图 13-275 所示的“插入图符”对话框，双击“齿轮”，选择“锥齿轮”。然后单击“下一步”按钮，在弹出的对话框中选中视图 1，单击“完成”按钮，设置立即菜单如图 13-281 所示。选择视图 1，从而将锥齿轮插入合适位置处，结果如图 13-285 所示。

（10）提取压紧螺母：单击“常用”选项卡“修改”面板中的“分解”按钮。选中基体和齿轮轴将其分解。单击“插入”选项卡“图库”面板中的“插入”按钮，弹出如图 13-275 所示的“插入图符”对话框，双击“螺母”，选择“压紧螺母”。然后单击“下一步”按钮，在弹出的对话框中选中视图 1，单击“完成”按钮，设置立即菜单如图 13-276 所示。选择视图 1，从而将压紧螺母插入合适位置处，且旋转角度为−90°，结果如图 13-286 所示。

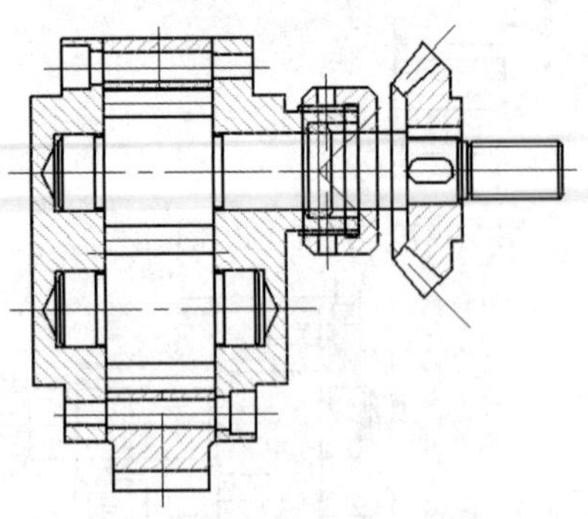
图 13-285　提取锥齿轮图符

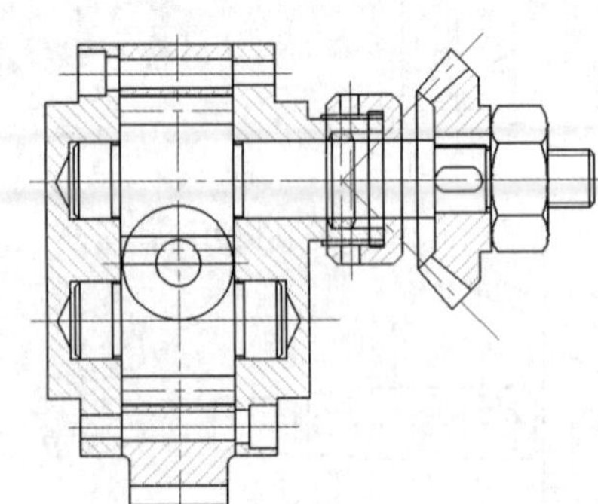
图 13-286　提取压紧螺母图符

（11）修剪处理：单击“常用”选项卡“修改”面板中的“裁剪”按钮，在立即菜单 1 中选择“快速裁剪”，分别拾取要裁剪的曲线进行裁剪，然后删除“基体”的左视图，结果如图 13-287 所示。

（12）标注尺寸：单击“常用”选项卡“标注”面板中的“尺寸”按钮，对图形进行标注，结果如图 13-288 所示。

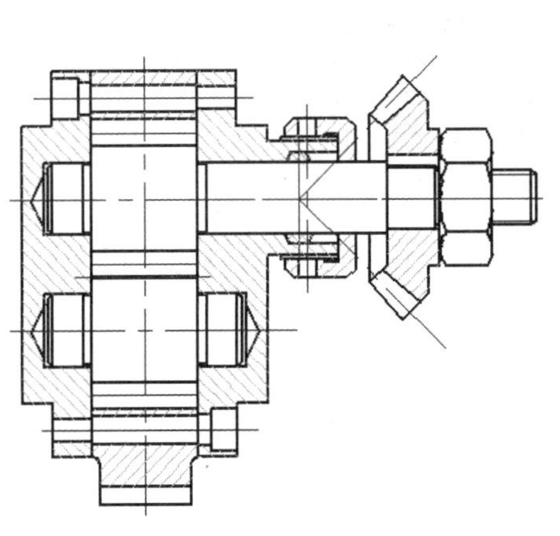

图 13-287　修剪图形

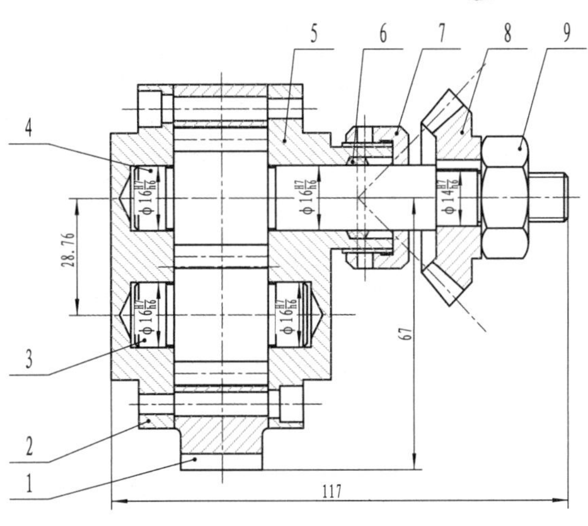

图 13-288　标注尺寸

（13）图幅设置：单击“图幅”选项卡“图幅”面板中的“图幅设置”按钮，弹出“图幅设置”对话框。根据装配图的实际尺寸在“图幅设置”对话框中将图纸幅面设置为 A4，图纸比例设置为 1∶1，图纸方向设置为“竖放”，选择调入相应的图框与标题栏，单击“确定”按钮，结果如图 13-289 所示。

（14）生成明细表的序号：单击“图幅”选项卡“序号”面板中的“生成序号”按钮，依次拾取图中的零件，结果如图 13-290 所示。

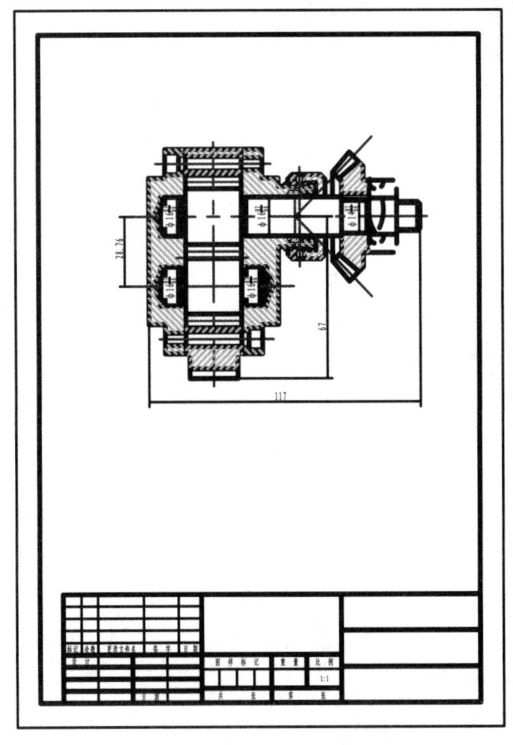

图 13-289　插入图符

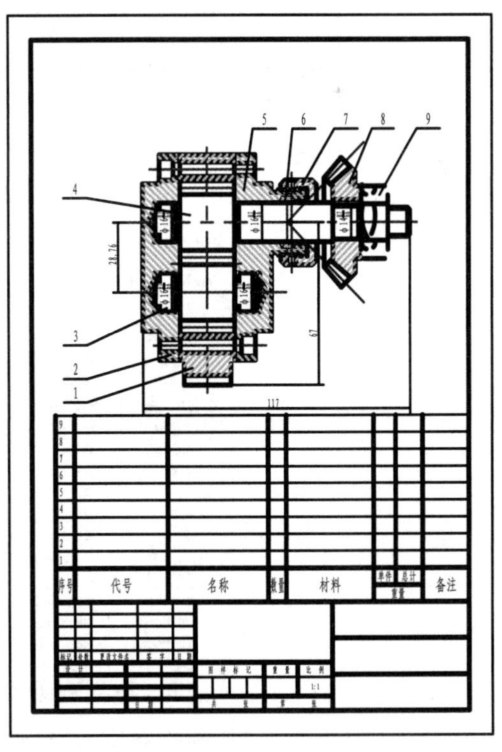

图 13-290　生成图号

（15）填写明细表：单击“图幅”选项卡“明细表”面板中的“填写明细表”按钮，弹出“填写明细表”对话框，如图 13-291 所示。然后填写零件的信息，结果如图 13-292 所示。

Note

图 13-291 “填写明细表”对话框

序号	代号	名称	数量	材料	单件	总计	备注
9		压紧螺母	1	Q235			
8		锥齿轮	1	Q235			
7		销套	1	Q235			
6		密封套	1	橡胶			
5		右端盖	1	HT200			
4		齿轮轴	1	45钢			
3		短齿轮轴	1	45钢			
2		左端盖	1	HT200			
1		基体	1	HT200			
序号	代号	名称	数量	材料	单件 重量	总计 重量	备注

图 13-292 填写明细表

（16）填写标题栏：单击“图幅”选项卡“标题栏”面板中的“填写”按钮，弹出“填写标题栏”对话框，如图 13-293 所示。最终结果如图 13-273 所示。

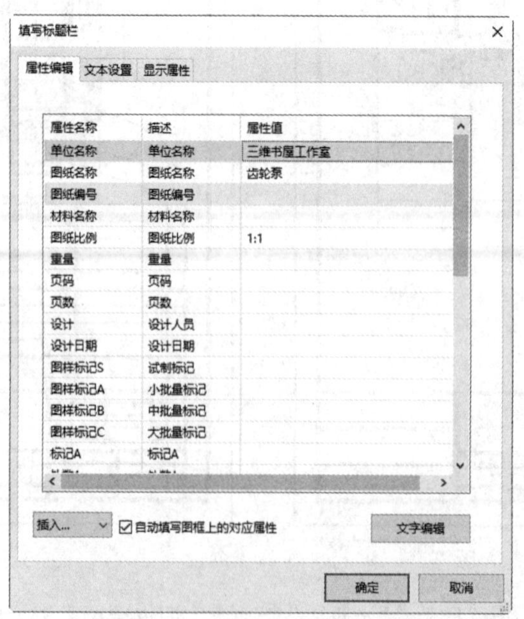

图 13-293 “填写标题栏”对话框

附录 A　CAXA CAD 电子图板命令一览表

下拉菜单		键盘命令	图标	快捷键	功能
文件	新文件	new		Ctr+N	调出模板文件
	打开文件	open		Ctr+O	读取已有文件
	存储文件	save		Ctr+S	存储当前文件
	另存文件	saveas		—	用另一个文件名存储当前文件
	并入文件	merge		—	将原有文件并入当前文件中
	部分存储	partsave	—	—	将当前绘制的图形的一部分存储为一个文件
	绘图输出	plot		Ctr+P	输出图形文件
	文件检索	idx	—	—	按给定条件查找符合条件的图形文件
	DWG/DXF 批转换器	—		—	实现 DWG/DXF 和 Exb 文件的格式转换
	模块管理器	—	—	—	加载和管理其他功能模块
	退出	quit/exit/end	—	Alt+X	退出电子图板系统
编辑	取消操作	undo		Ctrl+Z	取消上一项的操作
	重复操作	redo		Ctrl+Y	取消一个“取消操作”命令
	图形剪切	cut		Ctrl+X	将选中的图形或 OLE 对象剪切到剪贴板中
	图形复制	copy		Ctrl+C	将选中的图形或 OLE 对象复制到剪贴板中
	图形粘贴	paste		Ctrl+V	将剪贴板中存储的图形或 OLE 对象粘贴到文件中
	选择性粘贴	specialpaste		—	将剪贴板中内容按所需类型和方式粘贴到文件中
	插入对象	insertobject		—	在文件中插入一个 OLE 对象
	链接	—		—	实现以链接方式插入文件中对象的有关链接操作
	OLE 对象	—		—	它可以使用户将其他 Windows 应用程序创建的“对象”（如图片、图表、文本、电子表格等）插入文件中
	删除	del/delete/e		—	删除拾取到的实体
	删除所有	delall		—	删除所有的系统拾取设置所选中的实体
	重生成	refresh		—	将拾取到的显示失真图形进行重新生成
	全部重新生成	—		—	将绘图区中所有显示失真的图形进行重新生成

续表

下拉菜单			键盘命令	图标	快捷键	功能
编辑	显示窗口		zoom		—	用窗口将图形放大
	显示平移		dyntrans		—	指定屏幕显示中心，将图形平移
	显示全部		zoomall		—	将当前所绘制的图形全部显示在屏幕绘图区内
	显示复原		home		Home	恢复初始显示状态
	显示比例		vscale		—	按用户输入的比例系数将图形缩放
	显示回溯		prev	—	—	返回上一次显示变换前的状态
	显示向后		next	—	—	返回下一次显示变换后的状态
	显示放大		zoomin		Pageup	按固定比例（1.25 倍）放大显示当前图形
	显示缩小		zoomout		Pagedown	按固定比例（0.8 倍）缩小显示当前图形
	动态平移		dyntrans		Shift+鼠标左键	用鼠标拖动，进行动态平移
	动态缩放		dynscale		Shift+鼠标右键	用鼠标拖动，进行动态缩放
格式	图层		layer		—	通过层控制对话框进行层操作
	线型		ltype		—	为系统定制线型
	颜色		color		—	为系统设置颜色
	文本样式		textpara		—	设置绘图区文字的各种参数
	尺寸样式		dimpara		—	设置绘图区的标注参数
	点样式		ddptype		—	设置点的形状和大小
幅面	图幅设置		setup		—	调用并设置图幅参数
	调入图框		frmload		—	调入与当前绘图幅面一致的标准图框
	定义图框		frmdef		—	将绘制的图形定义成图框
	存储图框		frmsave		—	将当前界面中的图框存储到文件中以供以后使用
	调入标题栏		headload		—	选取所需标题栏插入当前图纸中
	定义标题栏		headdef		—	将绘制的图形定义成标题栏
	存储标题栏		headsave		—	将当前定义的标题栏存储到文件中以供以后使用
	填写标题栏		headerfill		—	填写系统提供的标题栏
	生成序号		ptno		—	生成或插入零件的序号
	删除序号		ptnodel		—	删除不需要的零件序号
	编辑序号		ptnoedit		—	编辑零件序号的位置和排列方式
	交换序号		ptnowap		—	交换序号的位置，并根据需要交换明细表内容
	幅面	删除表项	tbldel	—	—	删除明细表的表项及序号
		表格折行	tblbrk	—	—	使明细表从某一行处进行左折或右折
		填写明细表	tbledit		—	填写或修改明细表各项的内容
		插入空行	tblnew		—	插入空行明细表
		输出明细表	—		—	将当前图纸中的明细表单独在一张图纸中输出
		数据库操作	tbldata		—	与其他外部文件交换数据并且可以关联

续表

下拉菜单			键盘命令	图标	快捷键	功能
绘图	直线		line		—	绘制直线
	平行线		ll		—	根据已知直线，绘制平行线
	圆		circle		—	绘制圆
	圆弧		arc		—	绘制圆弧
	样条		spline		—	生成样条曲线
	点		point		—	绘制点
	公式曲线		fomul		—	绘制数学表达式的曲线图形
	椭圆		ellipse		—	绘制椭圆
	矩形		rect		—	绘制矩形
	正多边形		polygon		—	绘制正多边形
	中心线		centerl		—	绘制孔、轴或圆、圆弧的中心线
	等距线		offset		—	绘制等矩线
	剖面线		hatch		—	绘制封闭图形的剖面线
	填充		solid		—	填充封闭区域
	文字		text		—	标注文字
	局部放大图		enlarge		—	将图形的任意一个局部图形进行放大
	多段线		contour		—	生成由直线和圆弧构成首尾相接或不相接轮廓线
	波浪线		waved		—	按给定方式生成波浪曲线
	双折线		condup		—	用于表达直线的延伸
	箭头		arrow		—	绘制单个的实心箭头或给弧、直线增加实心箭头
	齿形		gear		—	按给定参数生成整个齿轮或生成给定个数的齿形
	圆弧拟合样条		nhs		—	用圆弧来表示样条
	孔/轴		hole		—	画出带有中心线的孔和轴
	块操作	创建块	block		—	将一组实体组成一整体
		块消隐	hide		—	用前景零件的外环对背景实体进行填充式调整
		块属性定义	attrib		—	创建一组用于在块中存储非图形数据的属性定义
	库操作	插入图符	sym		—	从图库中选择合适的图符插入图中合适的位置处
		定义图符	symdef		—	对自己要用到而图库中没有的参数化图形或固定图形加以定义，存储到图库中
		图库管理	symman		—	对图库文件及图库中的各个图符进行编辑修改
		驱动图符	symdrv		—	将已经插入图中的参量图符的某个视图的尺寸规格进行修改
		图库转换	symexchange		—	将用户在低版本电子图板中的图库（可以是自定义图库）转换为当前版本电子图板的图库格式

Note

续表

下拉菜单			键盘命令	图标	快捷键	功能
绘图	库操作	构件库	component		—	二次开发模块的应用形式
		技术要求库	speclib		—	
标注	尺寸标注		dim		—	按不同形式标注尺寸
	坐标标注		dimco		—	按坐标形式标注尺寸
	倒角标注		dimch		—	标注倒角尺寸
	引出说明		ldtext		—	标注引出注释
	粗糙度		rough		—	标注表面粗糙度
	基准代号		datum		—	标注基准代号或基准目标
	形位公差		fcs		—	标注形位公差
	焊接符号		weld		—	标注焊接符号
	剖切符号		hatchpos		—	标出剖面的剖切位置
修改	删除		del/delete/e		Delete	删除选中的图形
	删除重线		deloverl		—	删除重复的图形
	平移复制		copy		—	对拾取到的实体进行复制操作
	平移		move		—	对拾取到的实体进行平移操作
	旋转		rotate		—	对拾取到的实体进行旋转或复制操作
	镜像		mirror		—	对拾取到图形元素进行镜像复制或镜像位置移动
	缩放		scale		—	对拾取到的实体按给定比例进行缩小或放大
	阵列		array		—	对图形进行阵列复制
	裁剪		trim		—	对给定曲线进行裁剪修整
	过渡		corner		—	绘制圆角、尖角、倒角
	延伸		edge		—	以一条曲线为边界对一系列线进行裁剪或延伸
	打断		break		—	将一条曲线在指定点处打断成两条曲线
	拉伸		stretch		—	对曲线或曲线组进行拉伸操作
	分解		explode		—	将块打散成为单个实体
	改变颜色		mcolor		—	改变所拾取图形元素的颜色
	改变线型		mltype		—	改变所拾取图形元素的线型
	标注编辑		dimedit		—	对工程标注（尺寸、符号和文字）进行编辑
	尺寸驱动		driver		—	对当前拾取实体组（已标注尺寸）进行尺寸驱动
	特性匹配		match		—	使目标对象依照源对象的属性进行变化
工具	三视图导航		guide	—	F7	根据两个视图生成第三个视图
	特性		—		Ctrl+Q	对所选取的图素进行属性查看以及属性修改
	查询	点坐标	id		—	查询点的坐标
		两点距离	dist		—	查询两点之间的距离
		角度	angle		—	查询圆弧的圆心角、两直线夹角和三点夹角
		元素属性	list		—	查询图形元素的属性
		周长	circum		—	查询一条曲线的长度

续表

下拉菜单			键盘命令	图标	快捷键	功能
工具	查询	面积	area		—	查询一个或多个封闭区域的面积
		重心	barcen		—	查询一个或多个封闭区域的重心
		惯性矩	iner		—	查询一个或多个封闭区域相对于任意回转轴、回转点的惯性矩
		可见	drawucs	—	—	显示或隐藏系统的用户坐标系
		删除	delucs	—	—	删除当前的用户坐标系
	外部工具	记事本	—	—	—	记事本是一个小的应用程序，采用一个简单的文本编辑器进行文字信息的记录和存储
		计算器	—	—	—	能进行数学运算的手持电子机器
		外部关联工具	—	—	—	加快文件运行速度
	捕捉设置		potset		—	设置鼠标在屏幕上的捕捉方式
	拾取过滤设置		objectset			设置拾取图形元素的过滤条件和拾取盒大小
	自定义操作		customize	—	—	定制界面
	界面操作	界面重置	—		—	使软件界面恢复成软件的出厂设置界面
		加载界面配置	—		—	调用自定义的用户界面
		保存界面配置	—		—	将自定义的用户界面进行保存
	选项		—		—	配置与系统环境相关的参数
帮助	日积月累		—		—	提供CAXA CAD电子图板一些使用技巧
	帮助		help		F1	CAXA CAD电子图板的帮助
	新增功能		—	NEW	—	CAXA CAD电子图板的新增功能
	关于电子图板		about	about	—	CAXA CAD电子图板的版本信息

附录B　绘制直线、圆、圆弧的二级命令

键盘命令	功　能	说　明
lpp	两点线	绘制两点直线
la	角度线	绘制角度线
lia	角等分线	绘制角等分线
ltn	切线/法线	绘制切线或法线
ccr	绘制圆	以圆心_半径方式绘制圆
cpp	绘制圆	绘制两点圆
cppp	绘制圆	绘制三点圆
cppr	绘制圆	以两点_半径方式绘制圆
appp	绘制圆弧	绘制三点圆弧
acsa	绘制圆弧	通过圆心_起点_圆心角方式绘制圆弧
appr	绘制圆弧	以两点_半径方式绘制圆弧
acra	绘制圆弧	以圆心_半径_起终角方式绘制圆弧
asea	绘制圆弧	以起点_终点_圆心角方式绘制圆弧
asra	绘制圆弧	以起点_终点_起终角方式绘制圆弧

附录 C　CAXA CAD 电子图板图库种类清单

1．螺栓和螺柱
六角头螺栓
其他螺栓
双头螺栓
焊接螺栓
2．螺母
六角螺母
六角锁紧螺母
六角开槽螺母
圆螺母
滚花螺母
其他螺母
3．螺钉
十字槽螺钉
紧定螺钉
圆柱头螺钉
定位螺钉
其他螺钉
木螺钉
自攻螺钉
4．轴承
向心球轴承
圆柱滚子轴承
推力球轴承
滚针轴承
球面滚子轴承
圆锥滚子轴承
角接触球轴承
三点和四点接触球轴承
非磨球轴承
关节轴承
滑动轴承
深沟球轴承
双列角接触球轴承
调心滚子轴承
凸缘外圈微型向心球轴承
推力调心滚子轴承
推力圆柱滚子轴承
推力圆锥滚子轴承
外球面球轴承
5．销
圆柱销
圆锥销
其他销
槽销
6．键
平键
楔键
半圆键
花键
键槽
切向键
7．垫圈和挡圈
圆形垫圈
弹簧垫圈
弹性挡圈
异形垫圈
止动垫圈
轴端挡圈
锁紧挡圈
其他挡圈
8．弹簧
圆柱螺旋弹簧
碟形弹簧
其他弹簧
9．型钢
槽钢
钢棒
钢轨
工字钢
焊接管
角钢
其他型钢
无缝钢管
专业用型钢
10．常用图形
常用剖面图
中心孔
孔
螺纹
其他图形
11．铆钉
粗制铆钉
其他铆钉
12．机构运动简图符号
机构构件的运动
运动副
构件及其组成部分的连接
多杆构件及其组成部分
摩擦机构与齿轮机构

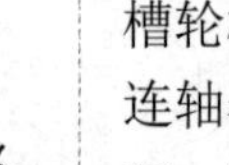

凸轮机构
槽轮机构和棘轮机构
连轴器、离合器及制动器

13. 液压气动符号

泵和马达
气缸和液压缸
阀
控制方式符号
测量指示符号
液压附件
排气装置
其他装置

14. 电气符号

连接器件
无源元件
半导体
电子管
电机和变压器
触点和开关
二进制逻辑单元
模拟单元
转换器
其他符号
电路开关
电路接点
元器件标注
电子元件

15. 润滑件

油杯
油标
油环
油枪

16. 法兰

整体法兰-PN
螺纹法兰-PN
对焊法兰-PN
板式平焊钢制管法兰
板式松套钢制管法兰
大直径钢制管法兰
带颈承插焊法兰-Class
带颈承插焊法兰-PN
带颈螺纹法兰-Class
带颈平焊法兰-Class
带颈平焊法兰-PN
对焊法兰
对焊法兰-Class
对焊环板式松套钢制管法兰
对焊环带颈松套钢制管法兰
钢制管法兰盖
螺纹法兰
平焊环板式松套钢制管法兰
整体法兰
整体法兰-Class

17. 密封件

密封圈
油封
垫片
其他密封件

18. 操作件

手柄
把手
弹性套
定位销
嵌套
手柄杆
手柄套
手柄座
手轮
转套

19. 管接头

通用管接头
液压用管接头
弯头
标准通用管接头
新增管接头
新增管接头二

20. 电机

三相异步电动机
电磁调速电动机

21. 机床夹具

螺栓
螺母
螺钉
垫圈
销和键
压板
压块、挡块和 V 形块
衬套、钻套和镗套
支承（钉）
其他零件
操作件
对刀件
支柱支角角铁

22. 农机符号

风机和泵
种植业设备
粮食加工设备
养殖业设备
喷头和喷枪
其他装置

23. 夹紧符号